普通高等教育"十二五"规划教材

微生物发酵工艺学原理

韩德权　王　莘　主　编

赵　辉　孙玉梅　副主编

化学工业出版社

·北京·

本书共十章，系统论述了利用微生物发酵的基本工艺学知识，包括微生物发酵代谢控制的基本原理与方法、工业微生物育种与种子制备、工业生产用培养基、发酵工程中的灭菌操作、发酵设备简介、发酵过程优化和工艺控制、通气和搅拌、发酵产物的常用提取分离方法、发酵产品生产简介等。内容紧紧围绕微生物发酵工艺主线，各章既相互联系又有一定的独立性，简洁、实用，克服了以往一些教材大而全、不便于学生自学的弊端。通过本书的学习，可系统掌握微生物发酵生产的基本原理和技术，为从事发酵行业和进行发酵新工艺的开发研究打下良好的基础。

　　本书可作为理工科生物工程、生物技术、食品、生物制药、生物化工及相关专业的教科书，也可供从事生物产业的相关技术人员及相关专业的研究生参考。

图书在版编目（CIP）数据

微生物发酵工艺学原理/韩德权，王莘主编. —北京：
化学工业出版社，2013.3（2024.11重印）
普通高等教育"十二五"规划教材
ISBN 978-7-122-16603-6

Ⅰ.①微…　Ⅱ.①韩…②王…　Ⅲ.①发酵学-微生
物学-高等学校-教材　Ⅳ.①TQ920.1

中国版本图书馆 CIP 数据核字（2013）第 038987 号

责任编辑：赵玉清　　　　　　　　　　文字编辑：张春娥
责任校对：宋　夏　　　　　　　　　　装帧设计：尹琳琳

出版发行：化学工业出版社（北京市东城区青年湖南街 13 号　邮政编码 100011）
印　　装：北京科印技术咨询服务有限公司数码印刷分部
787mm×1092mm　1/16　印张 16　字数 416 千字　2024 年 11 月北京第 1 版第 9 次印刷

购书咨询：010-64518888　　　　　　　售后服务：010-64518899
网　　址：http://www.cip.com.cn
凡购买本书，如有缺损质量问题，本社销售中心负责调换。

定　　价：48.00 元　　　　　　　　　　　　　　版权所有　违者必究

编写人员

主　编　韩德权　王　莘
副主编　赵　辉　孙玉梅
编　者（以姓氏笔画为序）
　　　　王　莘（吉林农业大学）
　　　　孙玉梅（大连工业大学）
　　　　李冲伟（黑龙江大学）
　　　　赵　辉（黑龙江大学）
　　　　姜　云（吉林农业大学）
　　　　贾树彪（黑龙江大学）
　　　　董　浩（吉林农业大学）
　　　　韩德权（黑龙江大学）

前　言

微生物发酵工艺学原理是凝练微生物发酵产品生产过程的基本原理、基本方法、科学分析和优化生产工艺与实践的综合应用科学，是生物工程的重要组成部分。生物产业是 21 世纪发达国家优先发展的支柱产业。2007 年 4 月 8 日，国家发改委颁布了《生物产业发展"十一五"规划》，首次将生物产业作为国民经济的战略性产业进行了总体部署，对我国生物工程技术的发展起到了积极的推动作用。2012 年国家发改委又推出了《生物产业"十二五"规划》，预计到 2015 年，全国生物产业产值将超过 4 万亿元，2020 年将达到 10 万亿元以上。而生物产业中的生物医药、生物能源、生物环保、生物制造等绝大部分都是以微生物发酵技术为手段。目前，很多微生物发酵技术成果被广泛应用于工农业生产和医药卫生等各个领域。另外，对于一些环境污染的治理和新的活性物质的开发，采用微生物发酵方法是最简捷而有效的方法之一。因此可以说，微生物发酵技术是一门 21 世纪最具发展潜力的理论与应用的学科。

近年来，随着我国生物人才需求的不断扩大，许多高校相继开设了生物工程、生物制药、食品生物技术、生物化工或与之相近的专业。微生物发酵工艺学原理是这些专业的主干课程，食品工程等其他一些专业也都融入了大量的发酵工程技术的内容，甚至一些管理学科也把微生物发酵技术设为选修课。但现有的发酵技术教材还相对较少，有的篇幅较大，缺乏针对性；有的是缺乏新的发酵技术内容和实用性，学生学习掌握起来比较困难。鉴于这种情况，我们组织有关高校从事微生物发酵工艺教学的教师编写了这本《微生物发酵工艺学原理》，以使学生能更好地掌握微生物发酵工艺的基本理论和实践应用；克服类似教材的大而全、与其他课程交叉重复太多的弊端，力求简洁明了，便于自学，为生物工程类学生毕业后从事生物制药、食品发酵及相关生物产业工作打下坚实基础。

参加本书编写的教师都有多年从事生产实践和教学科研的经历，有着丰富的理论基础和实践经验。本书内容特别注重理论与实践的结合，并吸纳了现代生物工程的有关理论和应用实例，既可以作为一般理工科院校的教材，也可供从事生物产业的技术人员研发参考。

本书共十章，第一、二章由韩德权编写；第四、八章由王莘、姜云、董浩编写；第三、六章由赵辉编写；第七、九章由孙玉梅编写；第五章由李冲伟、韩德权编写；第十章由贾树彪、韩德权编写。全书由韩德权统稿，由贾树彪教授主审。

本书在编写过程中得到了黑龙江大学、吉林农业大学、大连工业大学等有关单位的领导和部门的大力支持，本教材为黑龙江大学十二五重点支持计划项目，在此一并表示衷心的感谢。

鉴于作者水平有限和时间仓促，书中存在的错误和不当之处，衷心欢迎广大读者给予批评指正。

编者

2012 年 11 月 20 日

目 录

第一章 绪 论

利用微生物发酵生产各种适合人类社会需要的物质和产品是生物产业的重要内容之一，现代微生物发酵工艺学的内容随着科学技术的发展而不断地充实和丰富，包括微生物菌种的选育、培养基的优化、发酵条件的控制、产物的提取纯化和精制等。学习微生物发酵工艺学原理，对掌握具体的食品或药物等利用现代发酵技术生产具有重要的现实意义。

第一节 微生物发酵的基本概念

一、微生物发酵的含义

1. 传统意义上的微生物发酵

发酵（fermentation）一词最早由拉丁语发泡 boil 而来，表达的是酵母作用于果汁或麦汁而产生的一种现象。即，传统意义上的微生物发酵是用来描述酵母菌作用于果汁或麦芽汁产生气泡的现象，或者是指酒的生产过程。

2. 生化和生理学意义的微生物发酵

随着人们对酵母利用果汁产生酒精现象的不断研究和生物化学的进展，在机理上对微生物发酵有了新的认识，从生化和生理学意义上讲，认为微生物发酵是微生物在无氧条件下，分解各种有机物质产生能量的一种方式，或者更严格地说，发酵是以有机物作为电子受体的氧化还原产能反应。除酵母发酵产生乙醇外，其他很多发酵都有类似的氧化还原过程。

糖的好氧代谢是利用 NAD 或 NADP 的氧化还原，通过细胞色素系统最终将电子传递给氧。而厌氧代谢则是 NADH 或 NADPH 直接与各种代谢中间体形成氧化还原体系。酵母作用于果汁或麦汁时，NADH 和丙酮酸形成氧化还原体系，由丙酮酸生成乙醇的同时，NADH 被氧化成 NAD。由丙酮酸的还原可得到多种最终产物。如图 1-1 所示，为自丙酮酸

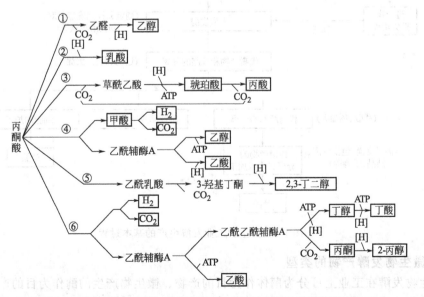

图 1-1 自丙酮酸开始的一些发酵产物（方框内的是最终发酵产物）

开始的一些发酵产物。不同种类的微生物代谢产物不同，因此，从生物化学角度，更严格地说，发酵是有机化合物成为电子的供体或受体，通过其氧化还原反应而产生生化能量的过程。

3. 工业上的微生物发酵

随着工业微生物应用技术的进步和发展，在工业领域，把所有通过微生物培养而获得目的物的过程也统称为微生物发酵。即工业上的微生物发酵是泛指通过微生物的生长培养和化学变化，大量生产细胞本身和积累专门的代谢产物的反应过程。如青霉素发酵、谷氨酸发酵等即为利用培养相应的微生物来大量生产目的物青霉素和谷氨酸的过程。而利用酵母的作用由果汁或麦汁生产酒精可以说是把微生物生产物工业化的最初的发酵工业。

二、微生物工业发酵的基本过程及产物类型

1. 微生物工业发酵的基本过程

微生物工业发酵的基本过程如图 1-2 所示，主要包括如下内容：

① 用作培养菌种及扩大生产的发酵罐的培养基的配制；

② 培养基、发酵罐以及辅助设备的消毒灭菌；

③ 将已培养好的有活性的纯菌株以一定量转接到发酵罐中；

④ 将接种到发酵罐中的菌株控制在最适条件下生长并形成代谢产物；

⑤ 将产物抽提并进行精制，以得到合格的产品；

⑥ 回收或处理发酵过程中产生的废物和废水。

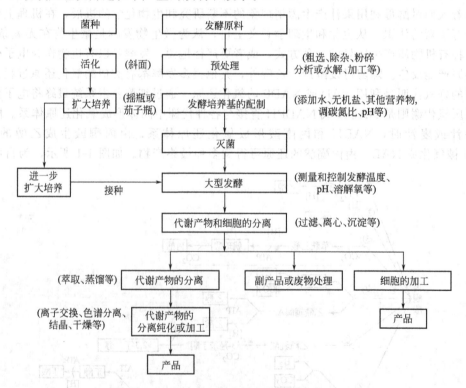

图 1-2　微生物工业发酵生产的基本过程

2. 微生物发酵产物的类型

微生物发酵在工业上可分为菌体作为目的产物、微生物产生的酶作为目的产物、微生物代谢产物作为目的产物和将添加的化学物质通过微生物进行化学改变或修饰后作为目的产物

四个主要类型。

（1）微生物菌体发酵　目前工业上的菌体生产主要有面包酵母的生产、以食用蛋白为目的菌体生产（SCP）、食药用真菌和微生物菌体生物防治剂等。

面包酵母从 20 世纪初开始就能生产了。据资料记载，在第一次世界大战期间，德国就对酵母的食用问题进行了开发研究。但直到 20 世纪 60 年代以饲料或食用蛋白为目的的 SCP 才开始大量生产。近年来，由于 SCP 开发的需要，世界上的很多公司采用不同的碳源相继开发了大型连续发酵设备，面包酵母生产蓬勃发展。

食药用真菌生产在我国具有悠久的历史，如香菇类、木耳类、茯苓、灵芝、依赖虫蛹而生存的冬虫夏草和与天麻共生的密环菌等。这些食药用真菌都可以通过发酵手段进行生产。我国已经分离出虫草头孢菌，并用于工业化生产冬虫夏草产品。所得菌丝体内含有的氨基酸、微量元素等与天然虫草相同。另外，我国已利用自吸式发酵罐来培养灵芝，为药用真菌的发酵生产开辟了新途径。

微生物菌体生物防治剂如苏云金杆菌、蜡状芽孢杆菌和侧孢芽孢杆菌等，其细胞中的伴孢晶体可毒杀双翅目和鳞翅目害虫。丝状真菌白僵菌和绿僵菌可防治松毛虫等。所以，有些微生物的剂型产品可制成新型的微生物杀虫剂，如苏云金杆菌杀虫剂已经普遍用于生产实践，效果良好。相对于 SCP 而言，微生物杀虫剂的发酵是新的以菌体为目的物的发酵。

（2）微生物酶发酵　酶可从植物、动物、微生物等中工业化生产出来。最早人们是从动植物中提取酶，如从动物胰脏和植物麦芽中提取淀粉酶，从动物胃膜和植物菠萝中提取蛋白酶等。但从可应用发酵技术进行大规模生产这一点看，发酵法的微生物酶生产比其他方法更有利。而且与动植物相比，通过改变微生物的性状而增加产率更容易。微生物酶主要被用在食品工业和医药工业及其与之相关的工业中。酶的生产受到微生物的严格调控。为了提高酶的生产能力，必须改善这些调控体系。在这些调控体系中，有酶的诱导和酶的反馈抑制等。通过向培养基中添加诱导因子或使菌种变异而改善调控体系，可使菌体的产酶能力大幅提高。

目前，工业上使用的酶大都来自微生物发酵。我国酶制剂以 α-淀粉酶、蛋白酶、糖化酶为主，多用于食品和轻工业中，如将微生物生产的淀粉酶和糖化酶用于淀粉的糖化，以及将氨基酰化酶用于拆分 DL-氨基酸等。在医药生产和医疗检测方面，酶的应用也很广。如用青霉素酰化酶催化合成 δ-氨基青霉烷酸用于半合成青霉素的中间体，用胆固醇氧化酶检查血清中胆固醇的含量，以及用葡萄糖氧化酶检查血中葡萄糖的含量等。

（3）微生物的代谢产物发酵　微生物的代谢产物分为初级代谢产物和次级代谢产物。在微生物的生长发育过程中，分为延滞期、对数期、平衡期和死亡期。在对数生长期产生的代谢产物如氨基酸、核酸、蛋白质、脂质、碳水化合物等对菌体的生长繁殖是必需的物质。这些产物称为初级代谢产物；很多初级代谢产物都具有相当的经济价值，被工业化大规模生产。由于在野生菌株中初级代谢产物只是菌体生长繁殖所必需的量，不能产生过多。因此，工业上为了使产物能更有效地蓄积，采用诱变等方法使菌株变异来进行改良或调整培养条件等，在得到更多的产物方面下工夫。

在菌体生长的平衡期，有时一些菌体能合成在生长期中不能合成的，与菌的本质代谢不直接相关的物质，这些物质称为次级代谢产物，如抗生素、生物碱、细菌毒素、植物生长因子等。形成次级代谢产物的菌体生长时期叫生产期。这样的次级代谢产物在连续发酵时，要在低稀释率，即菌的生长非常慢，甚至几乎可认为在不生长的培养条件下才易生成。另外，在自然环境下，微生物生长速度比较低，由此可以想到，在自然界中，微生物在平衡期会产生比对数期更复杂、种类更多的代谢产物。

（4）微生物转化发酵　微生物可以通过酶的作用，把某些化合物转化成结构相似但更具经济价值的物质。这种转化一般是通过脱氢、氧化、羟基化、脱水、缩合、脱羧、氨基化、脱氨、异构化等的酶促反应。由微生物进行的这些反应相对于化学合成法而言，优点是不使用特殊的化学药品，不使用容易发生污染的重金属催化剂，且在相对较低的温度下就可进行反应。把酒精转换为醋酸的醋的制造就是利用微生物转换反应的代表。近年来，更高附加值的化学品也通过各种微生物反应生产了出来，如甾醇、抗生素、前列腺素等都可通过微生物化学的转换及修饰法产生。为了提高反应的效率，用这些微生物化学的转换及修饰法时，一般高浓度的菌体是必要的。因此，把菌体或从菌体提取分离到的酶固定在担体上，确保有其高密度的生物酶而进行这样的反应，即固定化细胞或固定化酶，是其很重要的发展方向。

第二节　微生物发酵技术的发展历史

微生物发酵生产具有悠久的历史。早在公元前二三千年甚至六七千年以前，我国人民就已经利用微生物进行曲蘖酿酒，公元前 3 世纪古巴比伦居民就用谷物酿造啤酒，3000 年前，中国已经有用长霉的豆腐治疗皮肤病的记载，这可能是人类最早使用青霉素的实例（但当时不知）。其他应用较早较多的主要是面包、干酪、醋等。但是，作为微生物发酵工业发展起来却仅仅是近百年的时间，经历了对发酵本质的认识和从经验到理论实践的曲折过程。

一、对发酵本质的认识过程

1. 自然发生学说

在古时科学很不发达的情况下，认为生命是自然发生的。古希腊伟大的哲学家亚里士多德在当时就认为鱼、蛙、虫等都是污泥生成的，也就是说是自然发生的，这种自然发生说直到中世纪仍被人们所公认。

对于自然发生说首先提出异议的是意大利物理学家弗朗西斯科·雷迪，并在 1688 年以简单的生蛆实验加以证明。弗朗西斯科·雷迪用一张网布盖在肉罐的罐口，发现由于苍蝇在网布上产卵，肉块生蛆，这说明生命非自然发生。但其结果未被人们所接受。在 1745 年，英国牧师尼达姆（Needham）以实验证明了自然发生说，他把肉汁放在敞开的瓶中煮沸，然后放置一段时间，发现肉汤仍会腐败。他认为既然通过煮沸已经杀死了肉汁中的卵，肉汁理应不会腐败，事实上却腐败了，这证明生命是自然发生的。时隔两年后的 1747 年，史派兰珊尼（Spallanzani）驳斥了尼达姆的实验结果，说尼达姆试验瓶内的肉汁之所以发生腐败，其原因是进入瓶中的空气未过火（杀菌）。1836 年，佛兰兹·苏尔茨（Franz Schuze）用试验反驳了自然发生说，支持了史派兰珊尼的观点。他将空气通过硫酸，再通入已经煮沸并冷却的肉汁中，经过很长时间，其肉汁没有出现腐败现象；而空气不通过硫酸直接通入已经煮沸并冷却的肉汁中则发生腐败现象。所以，他认为，空气中存在使肉汁腐败的东西（微生物）。1839 年，施旺（Schwann）进一步证明了史派兰珊尼说法的正确性。他将空气预先加热，然后通入煮沸并冷却的肉汁中，经过很长时间，肉汁也不发生腐败，而实验完将盛有煮沸并冷却的肉汁瓶口开放，不久肉汁就出现了腐败。这个实验为现代消毒工作奠定了基础。1853 年，施罗德（Schroder）和杜施（Dusch）使用棉花为介质的空气过滤器，做相同的肉汁实验，也得到了与施旺相同的结果。这是现代空气过滤的基础。

上述一系列实验虽然充分反驳了自然发生说，但反对者仍然坚持说空气中含有某种物质，可使无生命的肉汁变成生物，并促进物质的变化。认为空气加热后，某些物质被破坏，这样就不适于生命的自然发生。无论空气经过加热还是用硫酸或棉花过滤，空气中的某些物质都会失去或破坏，因而使肉汁丧失腐败并生成生物的能力。

2. 微生物作用学说与验证

法国微生物学家巴斯德（Pasteur）为了充分研究肉汁腐败现象与空气的关系，经过探索研究，发明了一种特殊的巴氏瓶，这种巴氏瓶是把一般烧瓶的头拉伸成"S"状毛细管，空气可通过其进入瓶内，但由于弯管和重力的作用，空气中的微生物较难进入瓶内。因此，在不对空气进行任何处理的情况下，巴氏瓶内煮沸并冷却的肉汁经过很长时间仍然不腐败。而反对者说肉汁既然经过加热，就不适于生物的发生。巴斯德除去"S"状瓶头，则肉汁很快就腐败了。通过巴斯德的实验，有力地证明了肉汁腐败是微生物作用的结果，且肉汁中的微生物不是自然发生的，而是来源于空气中，使自然发生说被彻底否定。1857 年，巴斯德以实验证明，培养基中的微生物必须经加热并有一定的加热时间和温度才能杀灭，并且经过加热灭菌的培养基仍然适用于微生物的繁殖。这不但为发酵的生命本质提供了实验依据，也为培养基灭菌提供了技术和理论支持。巴斯德在当年发现了能进行乳酸发酵的细菌，对醋酸发酵和丁酸发酵进行了研究。他发现在无氧条件下，细菌发酵可以产生丁酸。巴斯德进一步把微生物发酵分为好氧发酵和厌氧发酵两种，并证实了各种发酵如酒精、乳酸等的发酵都是由不同微生物作用的结果，建立了发酵的生命理论。

3. 酶催化学说

巴斯德的发酵生命理论建立后，人们很快又注意到另一个问题，那就是微生物如何作用肉汁导致其腐败？即发酵的本质是什么？1858 年，莫里兹·特劳博（Morits Traube）（1826—1894）设想发酵是由于酵母细胞含有叫做酵素的物质所引起，但无法证明；1894 年，埃米尔·费舍尔（Emil Fischer）（1852—1919）在合成碳水化合物时受到启发，提出酵母对糖的分解利用，可用其含有糖的分解酵素解释，遗憾的是也没有得到实验验证。1897 年，德国化学家毕希纳（Buchner）（1860—1917）在前人的基础上继续研究。他发现把酵母的细胞壁磨碎，得到的酵母汁液也可使糖发酵。他把酵母汁液中含有的有发酵能力的物质叫酒化酶（酵素，enzyme）。由此得出：酵母可以产生酶，酶即使离开酵母体，仍可发酵。这就是近代酶学的基础。人们从此才真正认识到发酵的本质是微生物生命活动所产生的酶的催化反应。

二、微生物发酵技术发展的不同阶段

1. 天然发酵阶段

从史前至 19 世纪末，在微生物的性质尚未被人们所认识时，人类已经利用自然接种方法进行发酵制品的生产。主要产品有酒、酒精、醋、啤酒、干酪、酸乳等。当时还谈不上发酵工业，仅仅是家庭或作坊式的手工业生产。多数产品为厌氧发酵，非纯种培养，凭经验传授技术和产品质量不稳定是这个阶段的特点。

2. 纯培养发酵技术阶段

1675 年荷兰人列文虎克发明了显微镜，首次观察到大量活着的微生物（当时称微动体）之后，被现代誉为微生物学鼻祖、发酵学之父的巴斯德首次证明酒精发酵是酵母所引起的，认识到发酵现象是由微生物所引起的化学反应。自此，对发酵的生理学意义才有了认识。后来，微生物学发展史上的又一奠基人科赫（Koch）建立了微生物分离纯化和纯培养技术，人类才开始人为地控制微生物的发酵进程，从而使发酵的生产技术得到了巨大的改良，提高了产品的稳定性。这对发酵工业起到了巨大的推动作用。

由于采用纯种培养与无菌操作技术，包括灭菌和使用密闭式发酵罐，使发酵过程避免了杂菌污染，使生产规模扩大，产品质量得到提高。特别是在第一次世界大战期间，由于战争的需要，使丙酮、丁醇和甘油等工业飞速发展，建立起了真正的发酵工业。

3. 通气搅拌发酵技术阶段

1928 年，英国细菌学家弗莱明发现了能够抑制葡萄球菌的点青霉（*Penicillium notatum*），其点青霉的产物被称为青霉素。而当时弗莱明的研究成果并没有引起人们的重视。20 世纪 40 年代初，第二次世界大战中对于抗细菌感染药物的极大需求，使人们重新研究了青霉素。经过多年的研究，在 1945 年大规模投入生产，使千百万生命免除了死亡的威胁。同时在发酵工业发展史上也开创了崭新的一页。由抗生素发酵开始发展起来的通气搅拌液体发酵技术是现代发酵工业最主要的生产方式，它使需氧菌的发酵生产从此走上了大规模工业化生产途径。与此同时，也有力地促进了甾体转化、微生物酶与氨基酸发酵工业的迅速发展。因而可以说通气搅拌发酵技术的建立是发酵工业发展上的一个转折点。

4. 人工诱变育种与代谢控制发酵技术阶段

随着生物化学、微生物生理学以及遗传学的深入发展，对微生物代谢途径和氨基酸生物合成的研究和了解的加深，人类开始利用调控代谢的手段进行微生物选种育种和控制发酵条件。1956 年，日本首先成功地利用自然界存在的生理缺陷型菌株进行谷氨酸生产是以代谢调控为基础的新的发酵技术。它是根据氨基酸生物合成途径采用遗传育种方法进行微生物人工诱变。选育出某些营养缺陷株或抗代谢类似物的菌株在营养条件进行控制的情况下发酵生产使之大量积累人们预期的氨基酸。由于氨基酸发酵而开始的代谢控制发酵，使发酵工业进入了一个新阶段。随后，核苷酸、抗生素以及有机酸等也利用代谢调控技术进行发酵生产。

5. 利用基因工程技术进行发酵阶段

自 20 世纪 70 年代开始，由于 DNA 体外重组技术的建立，发酵技术又进入了一个崭新的阶段，这就是以基因工程技术为中心的生物工程时代。

基因工程是采用酶学的方法，将不同来源的 DNA 进行体外重组，再把重组 DNA 设法传入受体细胞内，并进行繁殖和遗传下去，这样人们就能够根据自己的意愿将微生物以外的基因构件导入微生物细胞体内，从而达到定向地改变生物性状与功能，创造新的"物种"，使发酵工业能够生产出自然界微生物所不能合成的产物，大大地丰富了发酵工业的范围，使发酵技术发生了革命性的变化。

第三节 微生物发酵的产品种类

人们利用发酵生产各种产品已达数千年。开始仅限于发酵食品与酿酒。随着近代微生物技术与生化技术的发展，微生物发酵技术应用领域逐渐扩大到医药、轻工、农业、化工、能源、环保及冶金等多个行业。特别是随着基因工程和细胞工程等现代生物技术的发展，人们通过细胞水平和分子水平改良或创建微生物新的菌种，使发酵的水平大幅度提高，发酵产品的种类和范围不断增加。目前，发酵产品根据其用途或性质的不同，常见的种类主要可归纳为以下十四类。

1. 微生物发酵食品

微生物发酵食品根据功能的不同，可分为发酵主食品、发酵副食品、发酵调味品和发酵乳制品等。发酵主食品，如面包、馒头、包子、发面饼等；发酵副食品，如火腿、发酵香肠、豆腐乳、泡菜、咸菜等；发酵调味品，如酱、酱油、豆豉、食醋、酵母自溶物等；发酵乳制品，如马奶酒、干酪、酸奶等。发酵食品是人类较早利用微生物发酵的一个领域。天然食品经微生物（包括细菌、霉菌和酵母）适度发酵后，既有利于贮存，又可产生各种风味物质，使之更加适口。

2. 酒类产品

酒类是以含糖原料（果汁、甘蔗汁、蜂蜜等）和淀粉质原料（米、麦、高粱、玉米、红薯、马铃薯等）发酵而成，是先利用霉菌将淀粉转变为麦芽糖和葡萄糖等，然后再利用酵母进一步将其转化为酒精，同时，由于微生物酶的作用而产生各种风味物质。据估计，目前全世界每年饮料酒产量约在 2 亿吨，其产量之大和分布之广在发酵工业中均占首位。饮料酒分为非蒸馏酒和蒸馏酒两大类，非蒸馏酒包括葡萄酒、啤酒、果酒、黄酒和青酒等，蒸馏酒有白酒、白兰地、威士忌、朗姆酒等。

3. 酶制剂

1898 年，日本人高峰让吉从米曲霉中提取到高峰淀粉酶，这是利用微生物生产酶制剂产品的开端。目前，生物界已发现的酶有数千种，用微生物发酵法生产的酶有上百种。按照酶催化反应的类型，将其分为氧化还原酶、转移酶、水解酶、裂解酶、异构酶和连接酶（合成酶）六大类。而工业化生产的酶制剂，按用途不同分为工业用酶和医药用酶两大类，前者一般不需要纯制品，而后者要求的纯度较高，其价格是前者的数千倍至数百万倍。由微生物生产的工业用酶制剂主要有糖化酶、α-淀粉酶、异淀粉酶、转化酶、异构酶、乳糖酶、纤维素酶、蛋白酶、果胶酶、脂肪酶、凝乳酶、氨基酰化酶、甘露聚糖酶、过氧化氢酶等，医药用酶主要有蛋白酶、胃蛋白酶、胰蛋白酶、核酸酶、脂肪酶、尿激酶、链激酶、天冬酰胺酶、超氧化物歧化酶、溶菌酶、植酸酶等。

4. 醇及有机溶剂

乙醇的工业化生产始于 19 世纪初，而丙酮、丁醇、异丙醇、甘油等的生产始于 20 世纪初，可用微生物发酵法生产的其他醇类和溶剂还有丁二醇、二羟丙酮、甘露糖醇、阿拉伯糖醇、木糖醇、赤藓糖醇等。目前全世界酒精年总产量约为 250 万吨，其中 60% 以上用于燃料酒精，其余用于饮料工业、化学工业和医药工业等。

5. 有机酸

醋酸和乳酸的生产和利用在人们认识微生物之前就开始了。饮料酒在有氧条件下自然放置可制成醋，牛乳酸败可制成酸奶。有机酸工业是随着近代发酵技术的建立而逐渐形成的。霉菌（特别是曲霉）和细菌都具有生产有机酸的能力，其生产方法可分为两类：一类是以碳水化合物和碳氢化合物为原料的中间代谢产物发酵；另一类是以糖、糖醇、醇、有机酸等为原料的生物转化发酵。目前，采用发酵法生产的有机酸主要有醋酸（乙酸）、丙酸、丙酮酸、乳酸、丁酸、琥珀酸、延胡索酸、苹果酸、酒石酸、衣康酸、α-酮戊二酸、柠檬酸、异柠檬酸、葡萄糖酸、水杨酸等。

6. 氨基酸

氨基酸是构成蛋白质的基本化合物，也是营养学中极为重要的物质。1957 年日本人木下从自然界中分离得到谷氨酸棒杆菌并成功地用发酵法获得谷氨酸，自此，很多氨基酸被陆续发酵生产。目前全世界氨基酸的总产量约为 10 多万吨，其中产量最大的是谷氨酸（味精），其余的产量较少，主要有赖氨酸、精氨酸、蛋氨酸、苯丙氨酸、脯氨酸、天冬氨酸等。

7. 抗生素

抗生素是由微生物产生的具有生理活性的物质，属次级代谢产物。它不但可以抑制其他微生物的生长与代谢，有的还可抑制癌细胞的生长，还具有抗血纤维蛋白溶酶（plasmin）作用。自从 1928 年弗莱明（A. Fleming）发现青霉素以来至今已发现的抗生素有 6000 余种，其中绝大多数来自于微生物，目前由微生物生产的医用和兽用抗生素已达上千种。此外，某些天然抗生素在长期的使用中，会诱使一些病原菌产生抗药性。为了解除抗药性，同时也为了扩大抗菌谱，采用半合成的方法，将天然抗生素的侧链去掉，再用化学法加上新的侧链。研究最多的是青霉素型（如甲氧苯青霉素、氨苄青霉素、羧苄青霉素等）和头孢菌素型（如头孢Ⅰ号、头孢Ⅱ号、头孢Ⅲ号、头孢Ⅳ号、头孢Ⅴ号、头孢Ⅵ号等）半合成抗生素，其他半合成抗生素有强力霉素、二甲胺四环素、四氢吡咯甲基四环素、乙酰螺旋霉素、丁胺卡那霉素、甲烯土霉素、去甲基金霉素、利福平、氯林肯霉素等。

8. 核酸类物质

核酸的单体是核苷酸，由含氮碱基（嘌呤或嘧啶）、戊糖（核糖或脱氧核糖）与磷酸三部分组成。核苷酸发酵始于 20 世纪 60 年代，最早的产品是鲜味剂肌苷酸（IMP）和鸟苷酸（GMP）。后来，相继发现许多核酸类物质如肌苷、腺苷、三磷酸腺苷（ATP）、烟酰胺腺苷二核苷酸（NAI），辅酶 1、黄素腺嘌呤二核苷酸（FAL）、单磷酸核苷（UMP）等具有特殊的疗效且用途正在日益扩大，从而促进了核酸类的生产。

9. 微生物菌体产品

微生物菌体产品是指发酵的最终产物是微生物本身。目前主要有如下几类：

① 活性乳酸菌制剂　用于改善人体肠道微生物生态区系，也可由各种乳酸菌制成的干剂用做直投型酸奶发酵剂。

② 饲用单细胞蛋白（SCP）　藻类、酵母、细菌、丝状真菌和放线菌等，作为饲料蛋白质，其粗蛋白含量高达 40%～80%。

③ 食用和药用酵母　包括作为营养强化剂或添加剂使用的普通食用酵母，用于协助消化的普通药用酵母，以及具有特殊功效或治疗作用的富集酵母，如富锌酵母、富铁酵母、富铬酵母、富硒酵母和富维生素酵母等。

④ 活性干酵母（ADY）　包括面包活性干酵母和各种酿酒活性干酵母。

⑤ 其他菌体产品　其他菌体产品有食用菌、药用真菌、某些工业用粗酶制剂（胞内酶）和生物防治剂等。

10. 生物农药及生物增产剂

① 生物除草剂　如环己酰胺、谷氨酰胺合成酶等。

② 防治植物病害微生物　如细菌（假单胞菌属、土壤杆菌属等）、放线菌（细黄链霉菌）、真菌（木霉）、各种弱病毒和农用抗生素（如杀稻瘟菌素、春日霉素、庆丰霉素）等。

③ 微生物杀虫剂　包括病毒杀虫剂，如核型多角体病毒、质型多角体病毒、颗粒体病毒、重组杆状病毒；细菌杀虫剂，如苏云金芽孢杆菌、重组苏云金芽孢杆菌；真菌杀虫剂，如虫霉菌杀虫剂、白僵菌杀虫剂；动物杀虫剂，如原生动物微孢子虫杀虫剂、新线虫杀虫剂、索线虫杀虫剂等。

④ 生物增产剂　有固氮菌、钾细菌、磷细菌、抗病害菌制剂等，为农业生产的辅助肥料及抗菌增产剂。

11. 生物能产品

如乙醇可替代石油作为可再生能源，目前世界上 60% 以上的乙醇用于汽油醇。甲烷是微生物利用有机废弃物厌氧发酵的产物。其他还有微生物产氢、微生物燃料电池、沼气等都是目前开发和生产的生物能源。

12. 转基因产品

可利用基因重组技术将动、植物细胞的基因转入微生物，通过微生物发酵生产动、植物细胞产品。常用的受体菌有大肠杆菌、枯草杆菌、啤酒酵母、毕赤酵母等。产品有胰岛素、生长激素、干扰素、疫苗、血纤维蛋白溶解剂、红细胞生成素、单克隆抗体等。

13. 生理活性物质

生理活性物质是指能促进或抑制某些生化反应，使生物维持其正常的生命活动的一类物质。如前所述的抗生素和某些核酸类物质（AMP、ATP、NAD 等）都应归为生理活性物质，除此之外，其他生理活性物质还有维生素、激素、酶抑制剂、杀菌剂、杀虫剂和生物防腐剂等。

14. 其他

其他微生物发酵产品有多糖（如普鲁兰多糖、黄原胶等）、高果糖浆、甜味肽等。

第四节 微生物发酵的特征与发酵方式

一、微生物发酵的特征

微生物发酵和其他化学方法生产的最大区别在于它是生物体所进行的化学反应，其特点表现为以下几点：

（1）发酵所用的原料通常以淀粉、糖蜜或其他农副产品为主，只要加入少量的有机和无机氮源就可进行反应。可以利用废水和废物等作为发酵的原料进行生物资源的改造和更新。

（2）微生物菌种是进行发酵的根本因素，通过变异和菌种选育，可以获得高产的优良菌株并使生产设备得到充分利用，也可以因此而获得按常规方法难以生产的产品。

（3）微生物发酵过程一般来说都是在常温常压下进行的生物化学反应，反应安全，要求条件简单。

（4）微生物发酵对杂菌的污染的防治至关重要。反应必须在无菌条件下进行。

（5）由于微生物菌体本身所具有的反应机制，能够专一地和高度选择性地对某些较为复杂的化合物进行特定部位的氧化、还原等化学转化反应，所以可以产生比较复杂的高分子化合物。

（6）微生物发酵过程是通过菌体的自动调节方式来完成的，反应的专一性强，因而可以得到相对较为单一的代谢产物。

（7）微生物发酵工业与其他工业相比，投资少，见效快，并可以取得较显著的经济效益。

（8）除直接利用微生物外，还可以用人工构建的遗传工程菌进行生产。

二、微生物发酵方式

微生物发酵生产过程中，根据不同的产品和微生物的生理特性及经济性的需要等，可采用不同的发酵方式，主要分为如下几种：

（1）根据微生物需氧或不需氧分为厌氧发酵和好氧发酵。

（2）根据培养基物理性状分为液态发酵和固态发酵。

（3）根据发酵位置是表面或深层分为表面发酵和深层发酵。

（4）根据发酵是间歇或连续进行分为分批发酵（图 1-3）和连续发酵（图 1-4）。

（5）根据菌种是否被固定分为游离发酵和固定化发酵。

（6）根据所用菌种是单一的或多菌种分为单一菌种发酵和混合菌种发酵。

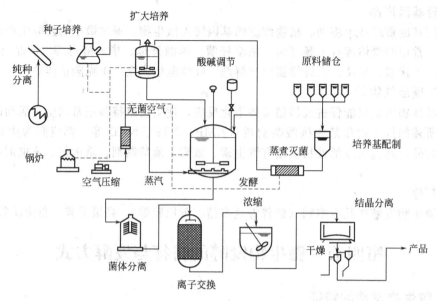

图1-3 典型的分批发酵流程示意

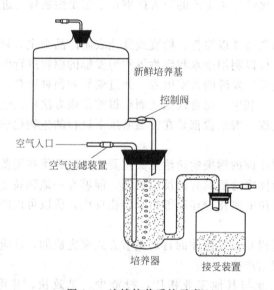

图1-4 连续培养系统示意

第五节 我国微生物发酵工业的现状和今后发展趋向

一、我国微生物发酵工业的现状

微生物发酵工业在国民经济中具有一定的地位,微生物发酵工业的总产值在一些发达国家可占国民经济总产值的5%,产品市场的年平均增长率达7%,其中以医药产品尤为重要,产值约占2%,在一些发达国家,医用抗生素的用量约占临床用药的50%,而多数抗生素又都是发酵产品,在我国,抗生素发酵产品占医药产品总产值的20%左右。除抗生素以外,氨基酸是较大的发酵工程产品,而其中以谷氨酸的产量为最大,目前,我国味精产量已占世界产量的70%左右,居全球第一位。而我国谷氨酸生产在原料利用率方面却要比日本低

10%左右。

新型发酵工业主要包括氨基酸、有机酸、淀粉糖、酶制剂、酵母、多元醇以及功能性生物制品等。2010年中国发酵工业主要产品产量达到 1500 万吨左右。随着行业的发展和竞争的加剧，企业加快了新产品的研发速度，高附加值的小品种氨基酸迅速崛起，以满足日益增长的国内外需求。

近年来，以柠檬酸为代表的有机酸行业产品产量实现了较快增长，年均增长达到 18% 以上。目前柠檬酸行业已经成为生产集中度较高的行业，柠檬酸产品已经成为我国发酵行业的重点出口产品，其出口量占总产量的 77% 以上，产量和出口量均居世界第一位。

在酵母行业，近些年来一直保持着平稳较快发展，年均增长率达到 18% 以上，2010 年全国各类酵母产品总产量近 20 万吨。随着应用领域的拓展，产品品种也趋于多样化。目前酵母应用领域已从面食发酵、酿酒等传统用途向营养保健、动物养殖、生物培养基等应用领域扩张，产品也从发面酵母、酿酒用酵母发展到微量元素酵母、营养酵母和生物饲料酵母等，酵母深加工产品已有酵母抽提物、酵母细胞壁、β-葡聚糖、甘露聚糖、酵母核酸、核苷酸。国产酵母品牌特别是拥有自主品牌的企业成功地打入了欧洲、美洲、亚洲、非洲等国家和地区，2010 年酵母及其制品出口总量达到 6.6 万吨。目前，发酵行业企业已经从以中小企业为主体转变为以大企业、大集团为主导地位的格局。随着企业生产经营水平和市场信用的提高，我国已经形成了一批跨地区、跨行业且具有较强竞争力的优势企业、集团。我国已经拥有玉米综合加工能力亚洲第一、世界第三的大发酵企业。

发酵工业是运用现代生物技术对农产品进行深加工、生产高附加值产品的高技术产业，这一产业历经几十年的发展，实现了质的飞跃。发酵工业不仅丰富了我们的餐桌，更重要的是对促进我国粮食生产、延长农业产业链条、引导农业结构调整、实现工业反哺农业、促进农民增收发挥了积极的作用，成为我国农产品深加工和微生物制造的重点行业，也成为食品工业的重要组成部分，在国民经济发展中占有重要的地位。

另外，近几年发酵工业企业根据各个行业的特点，纷纷加大资金投入，对生产过程中产生的废水、废渣和废气进行治理和回收利用，取得了显著成效。在味精行业，味精生产过程中将高浓度有机废水进行有效处理，通过综合利用，生产出副产品饲料蛋白粉、固体硫酸铵和液体蛋白，高浓度有机废水实现零排放。同时改革相关生产工艺，提高味精的总收率，并将生产中的水循环利用，大大节约了味精生产用水。在酵母行业，酵母生产中产生的废水，在排放源头实行清污分流、浓淡分开治理，减少清水的处理环节，降低处理运行成本，实现中水回用；对高浓度废水进行四效板式蒸发浓缩后干燥造粒制成商品有机肥料，从而使高浓度有机废水得到根本治理；低浓度废水采用生化处理技术进行处理，达标后排放。

在淀粉糖行业，淀粉和淀粉糖生产企业将生产用水封闭循环利用；利用膜分离技术，回收淀粉废水中的蛋白质，再进行污水治理，既回收了蛋白质资源，又解决了环保问题。

在抗生素行业，近年来，世界抗生素市场的平均年增长率为 8% 左右，全球抗生素的市场份额约为 250 亿～260 亿美元，各大制药企业纷纷投入巨资进行抗生素药物的研发，使抗生素新品不断出现。在中国医药市场中，抗感染药物已经连续多年位居销售额第一位，年销售额为 200 多亿元人民币，占全国药品销售额的 30%，全国 5000 多个国家药品生产企业中，有 1000 多家生产各类抗生素，产品竞争异常激烈。青霉素类、头孢类抗生素同属 β-内酰胺类抗生素，是临床应用中最为普遍的一大类抗生素，也是我国制药业最为强大的体系。

从我国抗生素工业的现状来看，我国是一个抗生素生产大国，是大宗抗生素品种的主要生产国。但从抗生素（微生物药物）新品种的生产来看，我国还不是抗生素生产强国，其原因或是由于专利保护的原因，或是由于关键技术没有能够突破而无法生产。一些高端的抗生素品种还是被国外大公司的产品垄断。

从我国抗生素（微生物药物）企业的发展情况来看，从事大宗抗生素品种生产企业的规模愈来愈大，以体现规模效益，如青霉素、红霉素、金霉素和盐霉素等生产企业。一些规模不是最大但具有专业化特点的抗生素生产企业正在形成，如国内正在形成一些专业生产和销售抗耐药菌抗生素、抗肿瘤抗生素、免疫抑制剂、他汀类和降糖类微生物药物等的企业，这样不仅能够整合技术资源，同时能够发挥市场优势，特别是在国际市场上形成企业的品牌效应。另外，有些规模较小的企业，当它们优先获得某个品种的技术时，能够迅速做强做大，其主要市场是出口国外。

长期以来，国内一批从事抗生素研发的科研院所对我国抗生素工业的长足发展起到了极其重要的作用。改革开放前我国工业化生产的抗生素品种和技术几乎都来自于科研院所，但企业对内部的研究工作也非常重视，特别是像原华北制药厂和上海第三制药厂等抗生素生产骨干企业，都拥有一支实力强大的研究队伍，因而使抗生素生产的技术水平不断得到提高。改革开放以来，企业获得技术的渠道大大拓展，但企业内部的研究力量普遍较小，企业吸收消化再创新的能力相对薄弱。我国大多数抗生素研究机构的方向和内容是仿制国外产品：从土壤中筛选已知的微生物菌种，进而通过菌种选育提高发酵水平，通过代谢研究获得发酵工艺，通过分离纯化研究获得合格的产品；或是对原来的化合物进行结构改造获得半合成抗生素。如上海医药工业研究院和四川抗生素工业研究所，他们为我国提供了大量抗肿瘤、抗感染和其他治疗领域的重大抗生素品种；江苏微生物研究所、福建微生物研究所和其他一些研究院所也为我国的抗生素工业发展做出了重要的贡献。

近年来，这些研究院所在保持应用性工艺创新的特色下，加强抗生素创新药物的研究和开发，取得了一批具有良好开发前景的成果。中国医学科学院医药生物技术研究所（原北京抗生素研究所）是国内实力较强的抗生素创新药物研究机构，他们早期发现的创新霉素尽管最终没有能够实现产业化，但在国内外的同行中引起了很大的反响，特别是近年来利用抗生素组合生物合成原理和技术获得的必特螺旋霉素正在进行Ⅲ期临床试验；烯二炔类抗肿瘤抗生素力达霉素正在进行Ⅱ期临床试验，展示了良好的开发前景。华北制药集团下属的新药研究中心，从20世纪90年代中后期开始进行微生物新药筛选工作。目前已经建立了菌种库（库容达3万余株）、特色化合物库（积累5万余样品），在世界上首次发现了近30个新结构的微生物产生的活性化合物。浙江医药股份有限公司下属上海来益生物药物研究开发中心，经过6年多的努力，已经建立了具有4000株植物内生菌的微生物菌种库和15000个发酵粗提物的样品库，并出现了数个具有开发前景的先导化合物。国家科技部在"十五"期间分别在中国医学科学院医药生物技术研究所、福建微生物研究所和华北制药集团建立了微生物新药筛选重点实验室。但是，分析我国微生物药物研究现状和进展，近年来这一领域的研究队伍规模（大多数企业已经设有研究队伍）、国家和企业关注和支持的力度以及所取得的研究成果等，与化学药物、生物技术药物和中药的研究开发相比进展缓慢；尽管如此，仍有为数不多的研究院所和企业中心更加专注和投入。抗生素新药的研究任重而道远，国家的支持和企业的热情是成功开发微生物新药的关键。

总体而言，我国发酵行业经过多年的努力，特别是改革开放以后取得了较快的发展，尽管有些规模做得很大，但其应用水平与国外相比，尚存在一定的差距。集中体现在以下几方面：一是菌种诱变技术只限于常规方法，应用基因工程、蛋白质工程和细胞融合技术诱变菌种，在国外发达国家已相当普遍。诺维信公司研制的食品工业用酶制剂菌种，70%来自重组DNA方法。我国使用此种方法起步较晚，成功的有2～3个菌种，如植酸酶产生菌、α-乙酰脱氢酶产生菌。二是发酵水平有差距，如谷氨酸，其产酸率国内为11%～13%，而国外为

14%～15%；柠檬酸的产酸率国内为 12%～13%（山芋），国外则为 18%～20%（精料）；酶制剂耐高温淀粉酶活力国内为 5000～6000 单位/mL，国外为 8000～10000 单位/mL；高转化率糖化酶活力国内为 30000～35000 单位/mL，国外为 40000～50000 单位/mL；中温淀粉酶活力国内为 400～500 单位/mL，国外为 800～1000 单位/mL 以上；青霉素发酵单位国内为 70000U/mL 左右，而西方发达国家青霉素发酵水平在 100000U/mL 以上。三是高新分离提纯技术在发酵行业还没有普遍采用，膜技术只在酶制剂和抗生素生产中应用，而在味精、柠檬酸生产中仍处于研究和工业化试验阶段，大生产中应用只限于个别企业。另外，检控技术相对落后，装备水平差。生物反应器单一，不能适应多菌种发酵的要求，因此即便有好的菌种，但反应条件跟不上，水平提高幅度小。

二、我国微生物发酵工业的发展趋势

生物技术是当前迅速发展的学科产业部门，世界各国都把它列为发展的重要内容。生物技术与发酵工业有着密切的关系。一般认为生物工程包括基因工程、细胞工程、酶工程和发酵工程，发酵工程是生物工程的重要内容之一。随着生物技术的研究进展，已经筛选出各种生物活性物质和具有各种转化活性的菌株以及 DNA 重组的"工程菌"，为发酵工业开辟了新的领域，人体内活性蛋白基因也能在微生物细胞中克隆和表达。所以，今天的微生物发酵工业技术与过去相比，水平已得到明显提高。今后若干年内微生物发酵工业的技术攻关应包括如下内容：

（1）应用现代生物技术改造现有（或传统）的工艺、装备，即采用重组 DNA 基因工程等手段或与常规育种方法相结合定向改造现有菌种，提高发酵水平和生产稳定性。

（2）革新生产工艺，研究利用固定化酶、固定化细胞的方法在谷氨酸等发酵产品生产中的应用，逐步实现生产过程连续化。

（3）研制开发大型、高效、节能的新型微生物反应器和酶反应器，研究开发酶和发酵产品的分离纯化装备，如酶工业化的结晶技术和设备、采用色谱分离法规模化提取技术设备等。

（4）研究开发计算机过程控制和生物传感器，开发有效处理高浓度有机废水的优良微生物菌种和酶制剂，为清洁环保做出贡献。

（5）开发新型微生物资源，加强在特殊环境（如耐高温、耐低温、耐盐、嗜酸、耐高渗透压等）下微生物资源的开发，促进农业副产物等可再生资源的有效利用。我国微生物资源丰富，从中可定向开发一些市场需求品种；选育适合不同原料的高产菌种。利用微生物生物技术生产安全且具有保健功能的食品素材，如微生物多糖、多价不饱和脂肪酸、复合脂类、乳酸菌类、低聚糖类等。

（6）利用微生物发酵法或酶法逐步取代目前仍以合成法生产的氨基酸（如蛋氨酸、胱氨酸）。

（7）利用微生物发酵技术开发新的生物能源，筛选新的活性物质，适应现代社会的医疗和保健需求。

我国地域广阔，自然条件的多样性造就了我国微生物资源多样性的优势，发展微生物发酵技术、培育生态型发酵工业具有非常大的潜力。过去我国的药物研究主要是仿制，微生物资源并没有被很好地开发利用，发酵研究成果转化率较低，近年来，从事微生物新药研究开发的队伍正在逐渐壮大，研究成果逐渐凸现。在不同的实验室分别建立了一些具有特色菌种的资源库和特色样品，建立了高通量筛选与活性评价技术平台、活性化合物的分离纯化技术平台和化合物结构解析技术平台等，为产品的开发提供了较为有利的条件。

微生物发酵工业具有所需技术复杂、综合效益高、环境友好等特点，随着我国社会主义建设事业的不断发展，必将在国民经济中发挥越来越重要的作用。微生物发酵新技术的研究和应用必将进一步促进发酵工业向更高的水平发展。

思　考　题

1. 发酵的概念。
2. 微生物发酵生产的基本过程。
3. 微生物发酵的特征。
4. 微生物发酵方式有哪些？
5. 查阅文献，讨论我国微生物发酵工业的发展前景。

第二章 发酵代谢调控的基本原理与方法

第一节 概 述

代谢是一切生命活动的基本规律。在正常生理条件下微生物通过其代谢调节系统吸收利用营养物质用于合成细胞结构，进行生长和繁殖，它们通常不浪费原料和能量，也不积累中间代谢产物。发酵代谢控制，是人为地打破微生物的代谢控制体系，使其代谢朝着人们希望的方向进行。而要达到这种目的，掌握微生物的代谢规律是非常必要的。

正常的生物代谢具有三大特点：一是反应都在温和条件下进行，大多为酶所催化；二是反应具有顺序性；三是具有灵敏的自动调节机制。这种正常的代谢特点源于细胞内遗传基因的控制。以大肠杆菌为例，一个大肠杆菌染色体 DNA 约含 400 万个碱基对，用来编码蛋白的基因大约有 3000 多个。细胞内各种物质代谢的转换就像自动化的工厂一样，各种基因、结构蛋白、酶和代谢物等就像工厂的车间一样彼此相互协调和制约，且随细胞内外条件的变化而迅速改变代谢反应的速度、流量和方向，使代谢物既不蓄积而造成浪费，也不会因代谢物的缺少而影响其正常生物功能，充分保持各种代谢物的浓度相对稳定和动态平衡，使细胞得以正常生长和繁殖。并且微生物在代谢过程中，总是能最经济地利用环境中的营养物质，不浪费能量合成自身不需要的物质。如大肠杆菌只有在乳糖存在的情况下才会合成乳糖苷酶；如果环境中有多种可利用的基质，会首先利用那些更容易利用的，将容易利用的基质耗尽后才开始利用其他较难利用的基质；如果能从环境中获得足量的某一单体化合物，则自身的合成就会停止，所有的合成前体的速率和利用其合成大分子的速率协调一致。也就是说，微生物细胞除具有内源性调节机制外，对外界反应也有自我调节的能力。如细胞受到各种离子、激素、代谢物等特异或非特异信息的刺激时，能够及时调整自己的酶活性水平、基因表达水平，使一些酶激活或抑制，控制相应的代谢物的量，以适应环境的变化。发酵代谢控制就是利用遗传学的方法或其他生物化学的方法，人为地在脱氧核糖核酸（DNA）的分子水平上改变和控制微生物的代谢，使目的产物大量积累。

微生物发酵代谢控制的研究过程经历了从自然到理性的过程。如抗生素（青霉素）的发酵生产早在 20 世纪 40 年代就已开始进行，那时，因为没有代谢控制发酵理论的指导，只能采取自然选择的方法，以 10^{-6} 突变的概率来筛选高产菌株，直到 60 年代仍处于盲目的经验式阶段。1957 年，日本学者木下等人研究谷氨酸的发酵生长，也很盲目。因为在正常活细胞内，每种物质的代谢由于都有其严格的调控机制，其中间产物和终产物都不会被积累，如果要选育可大量积累某种代谢物的菌株，必须破坏或解除原有的代谢调控关系并建立新的调节机制才能达到目的。所以说，由发酵所生成的目的产物都是微生物中间代谢产物或终产物的积累，是改变微生物正常代谢的结果。也就是说，代谢控制发酵的关键问题，是怎样使微生物代谢控制机制被有效解除，是否能打破微生物正常的代谢调节而进行人为控制微生物的代谢。

近年来，随着世界各国对代谢控制发酵理论的深入研究，许多发达国家转向了发酵菌株本身的研究，获得了一些优秀的氨基酸高产菌株。核酸类物质发酵生产菌也以代谢控制理论进行选育，成为后起之秀。氨基酸、核酸类物质代谢控制发酵理论的研究，极大地推动了抗生素发酵的研究与生产。随着代谢控制发酵理论的应用，发酵已由用野生型菌株的发酵转向高度人为控制的发酵，由侧重于微生物分解代谢的传统的自然发酵转向侧重于生物合成代谢的现代发酵。育种是发酵的基础，将微生物遗传学的理论与育种实践密切结合，由以往从大量的菌种中盲目地挑选高产菌株，转向先研究目的产物的生物合成途径、遗传控制及代谢调节机制，然后进行定向育种，这是现代发酵工程育种的必由之路，也是发酵育种方面质的飞跃。

第二节　微生物细胞的代谢调节机制

一、微生物初级代谢产物调节机制

微生物细胞对环境具有很强的适应能力，对环境的变化和刺激可作出相应反应，进行自我调节。根据微生物代谢过程中产生的代谢产物对微生物本身的作用不同，可分为初级代谢和次级代谢。初级代谢是使环境中的营养物质转换成菌体细胞物质，维持微生物正常生命活动的生理活性物质或能量的代谢，其产物为初级代谢产物，如氨基酸、核苷酸、蛋白质、核酸、脂类、碳水化合物等；次级代谢为某些微生物在特定条件下进行的非细胞结构物质和非维持微生物正常生命活动的非细胞必需物质的代谢，其产物主要有抗生素、生物碱、毒素、激素、维生素等。在正常情况下，细胞只合成本身所需要的中间代谢产物，如严格防止氨基酸、核苷酸等物质的积累，当有氨基酸等物质进入细胞后，微生物细胞本身立即停止该物质的合成，直到所供给的氨基酸等养分消耗到很低浓度时，细胞才开始进行合成。这就是微生物细胞自身的代谢调节。这种调节控制作用其本质主要是依靠参与调节的有关酶的活性和酶量，即反馈抑制和反馈阻遏作用，如图 2-1 所示为微生物代谢调节示意图。大量研究表明，酶的生物合成受基因的控制并受代谢物影响。

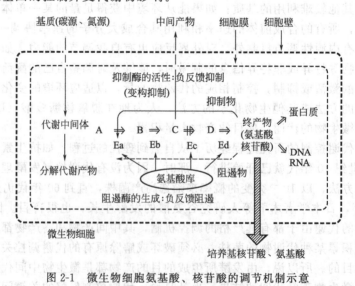

图 2-1　微生物细胞氨基酸、核苷酸的调节机制示意

——→ 反馈抑制线路；　----→ 反馈阻制线路；　‖ 遗传缺陷；
········ 渗透性增高了的细胞膜；　------ 渗透性增高了的细胞壁；

Ea～Ed　酶a～酶d

在 DNA 的分子水平上说，酶的合成和其他普通蛋白质的合成一样，受基因的控制，由基因决定酶分子的合成。但仅仅有某种基因，并不能保证大量产生某种酶。酶的合成还受代谢物如酶反应的底物、产物及其类似物的调节。当有诱导物存在时，酶的生成量可以成几倍乃至几百倍增加。与此相反，某些酶反应的产物，特别是终产物，又可产生阻遏作用，使酶的合成量大大减少。

　　这种现象可用操纵子学说进行解释。该学说认为：细胞的基因中存在操纵子，操纵子由细胞中的操纵基因和邻近的几个结构基因组成。结构基因能转录遗传信息，合成相应的信使RNA（mRNA），进而再翻译合成特定的酶。操纵基因能够控制结构基因作用的发挥。细胞中还有一种调节基因，能够产生一种细胞质阻遏物，细胞质阻遏物与酶反应的终产物或其他阻遏物结合时，由于变构效应而使结构改变，导致和操纵基因的亲和力增大，从而使有关的结构基因不能合成 mRNA，使酶的合成受到阻遏。另一方面，诱导物也能和细胞质阻遏物结合，使其结构发生改变，减少与操纵基因的亲和力，使操纵基因恢复自由，允许结构基因进行转录合成 mRNA，进而翻译合成微生物需要的酶（见图 2-2）。

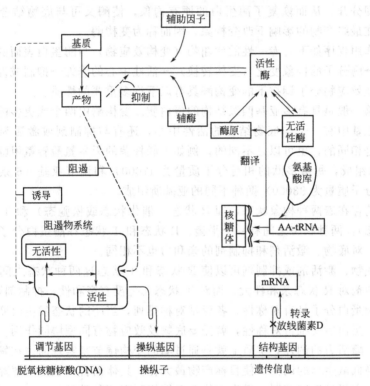

图 2-2　酶的生物合成和活性的控制示意图

　　这些调控机制的内容大致可分为以下两类：一类是通过控制酶活性的控制机制，包括抑制或激活、通过辅酶水平的活性调节、酶原的活化和潜在酶的活化；另一类是通过控制基因的酶生物合成的控制机制，包括诱导酶的合成和阻遏酶的合成，其中阻遏又分为终产物阻遏和分解代谢物阻遏。

　　控制酶活性的控制机制，是"细调"，即调节酶分子的催化活力；控制酶的生物合成，包括诱导酶的合成和阻遏酶的合成，是"粗调"，二者往往密切配合和协调，以达到最佳调节效果。

1. 酶活性的调节

　　酶活性的调节，包括酶的激活和抑制两方面。酶的激活是指在分解代谢途径中，后面的反应可被较前面的中间产物所促进。如粪链球菌的乳酸脱氢酶活性可被 1,6-二磷酸果糖所促进；酶活性的抑制主要是反馈抑制，主要表现是在某代谢途径的末端产物（终产物）过量时，直接抑制该途径中第一个酶的活性，使整个反应过程减慢或停止，从而避免末端产物的过多积累。一般而言，调节酶活性比调节酶的合成迅速、及时而有效，这是微生物的一种经济的调节方式。通过改变代谢途径中一个或几个酶的活性，以影响代谢途径中各中间化合物的量。这种微量调节通常是由一特异的小分子代谢物（终产物等变构效应物）与酶的可逆性结合来完成的。一般当最终产物过多时会对酶产生抑制作用，而在最终产物浓度减低时，该抑制作用又会自然消失。关于这种现象的机理，一般认为，受反馈抑制的调节酶大都是变构酶，酶活性调节的实质就是变构酶的变构调节。变构酶分子除了有与底物结合的活性中心（也称催化部位或活性部位）外，还有一个能与最终产物结合的部位，称调节中心（或称变构部位），当它与最终产物结合之后就改变了酶分子的构象，从而影响了底物与活性中心的结合。由于产物和酶的调节中心的结合是可逆的，所以当最终产物的浓度降低时，最终产物与酶的结合随即分开，从而恢复了酶蛋白的原有构象，使酶又可与底物结合而发生催化作用。这种酶能在最终产物的影响下改变构象，因而称为变构酶。

变构酶的作用程序如下：专一性的代谢物（变构效应物）与酶蛋白表面的特定部位（变构部位）结合→酶分子的构象变化（变构转换）→活性中心的修饰→抑制或促进酶活性。

一般认为在效应物分子调控下的变构酶具有以下许多重要的性质。

（1）变构酶一般是具有多亚基四级结构的蛋白质。变构酶由两个或更多的亚基组成，通常为四聚体。亚基中有一个与底物结合的活性中心，还有与抑制剂或激活剂结合的调节中心。亚基大多是相同的，也可以是不同的，例如大肠杆菌的天冬氨酸转氨甲酰酶，是由催化亚基（6 条多肽组成，每条多肽的相对分子质量为 17000）和调节亚基（6 条多肽组成，每条多肽的相对分子质量为 33000）两种不同的亚基所组成。

（2）变构酶存在着两种构象状态，即 R 状态（催化状态或松弛态）和 T 状态（也称抑制状态或紧张态），两种状态之间有一个平衡。R 状态和 T 状态在酶蛋白分子的三级、四级结构上有差异，对底物、激活剂和抑制剂的亲和力也不相同。

（3）添加底物、激活剂或抑制剂可以使 R 状态和 T 状态这两种状态之间的平衡发生变化。底物或激活剂对 R 状态亲和性大，而对 T 状态几乎没有亲和性，抑制剂则与之相反。

（4）变构酶蛋白分子具有对称性，各亚基对称排列，当酶的状态发生改变时，分子的对称性维持不变。蛋白质要维持对称性，就需要底物及效应物有同型协同作用。

综上所述，酶活力的调控，实质上就是通过酶的变构调节来实现的。在发酵过程中，要想办法解除或降低微生物的调控，使目标产物最大化。具体而言，就是要解除或降低对关键变构酶的抑制，主要是反馈抑制。微生物代谢反馈抑制有两种类型。

（1）直线式代谢途径中的反馈抑制　这是一种最简单的反馈抑制类型。如异亮氨酸合成时，因产物过多可抑制途径中的第一个酶——苏氨酸脱氨酶的活性，使后续的反应减弱或停止。如图 2-3 所示。

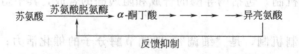

图 2-3　异亮氨酸合成途径中的直线式反馈抑制示意图

（2）分支代谢途径中的反馈抑制　在分支代谢途径中，反馈抑制的情况较为复杂。为避免在一个分支上的产物过多时影响另一分支上产物的供应，微生物已发展出多种调节方式。

① 同工酶调节　同工酶是指能催化相同的生化反应，但酶蛋白分子结构有差异的一类酶，它们虽同存于一个个体或同一组织中，但在生理、免疫和理化特性上却存在着差别。

同工酶的主要功能在于其代谢调节。在一个分支代谢途径中，如果在分支点以前的一个较早的反应是由几个同工酶所催化时，则分支代谢的几个最终产物往往分别对这几个同工酶发生抑制作用。如图 2-4 所示。

② 协同反馈抑制　指分支代谢途径中的几个末端产物同时过量时才能抑制共同途径中的第一个酶的一种反馈调节方式。如多黏芽孢杆菌在合成天冬氨酸时，天冬氨酸激酶受赖氨酸和苏氨酸的协同反馈抑制，仅苏氨酸或赖氨酸一种物质过量并不能引起抑制。如图 2-5 所示。

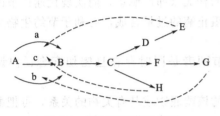

图 2-4　同工酶调节示意图

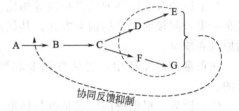

图 2-5　协同反馈抑制示意图

③ 合作反馈抑制　系指两种末端产物同时存在时，可以起着比一种末端产物大得多的反馈抑制作用，又称增效抑制。如 AMP 和 GMP 都可抑制磷酸核糖焦磷酸酶（PRPP），但其同时存在时抑制效果却要大很多。如图 2-6 所示。

④ 积累反馈抑制　每一分支途径的末端产物按一定百分率单独抑制共同途径中前面的酶，当几种末端产物共同存在时，它们的抑制作用是累积的。积累反馈抑制最早在大肠杆菌的谷氨酰胺合成酶的研究中发现，该酶受 8 个最终产物的积累反馈抑制，包括 AMP、GMP、CTP、氨基葡萄糖磷酸、氨基甲酰磷酸、组氨酸、色氨酸和其他氨基酸。如图 2-7 所示。

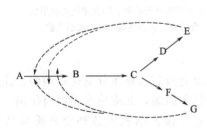

图 2-6　合作反馈抑制示意图

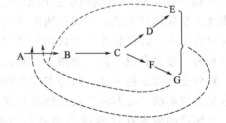

图 2-7　积累反馈抑制示意图

E 可单独抑制 20％，G 可单独抑制 50％，
当 E 与 G 同时存在时为 20％＋(100−20)×50％＝60％

⑤ 顺序反馈抑制　当 E 过多时，可抑制 C→D，这时由于 C 的浓度过大而促使反应向 F、G 方向进行，结果又造成了另一末端产物 G 浓度的增高。由于 G 过多就抑制了 C→F，结果造成 C 的浓度进一步增高。C 过多又对 A→B 间的酶发生抑制，从而达到了反馈抑制的效果。这种通过逐步有顺序的方式达到的调节，称为顺序反馈抑制。这一现象最初是在研究枯草杆菌的芳香族氨基酸生物合成时发现的。如图 2-8 所示。

2. 酶合成的调节

在微生物生物合成体系中，除调节酶的活性外，也常通过代谢产物抑制酶的生物合成或

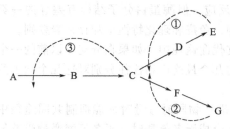

图 2-8　顺序反馈抑制示意图
①、②、③表示抑制的先后顺序

诱导酶的生物合成来调节生物合成的代谢过程。这类现象是与微生物的遗传因子密切相关的。由代谢终产物抑制酶合成的负反馈作用称为反馈阻遏，反之，正反馈称为酶诱导作用。

酶合成的调节是一种通过调节酶的合成量进而调节代谢速率的调节机制，这是一种在基因水平上（在原核生物中主要在转录水平上）的代谢调节。凡能促进酶生物合成的现象，称为诱导；能阻碍酶生物合成的现象，则称为阻遏。

与上述调节酶活性的反馈抑制等相比，调节酶的合成（即产酶量）而实现代谢调节的方式是一类较间接而缓慢的调节方式，其优点是通过阻止酶的过量合成，有利于节约生物合成的原料和能量。

在正常代谢途径中，酶活性调节和酶合成调节两者是同时存在且密切配合、协调进行的。

（1）诱导　根据酶的生成是否与环境中所存在的该酶底物或其有关物的关系，可把酶划分成组成酶和诱导酶两类。

诱导酶是细胞为适应外来底物或其结构类似物而临时合成的一类酶。能促进诱导酶产生的物质称为诱导物，它可以是该酶的底物，也可以是难以代谢的底物类似物或是底物的前体物质。

（2）阻遏　当代谢途径中某末端产物过量时，可通过阻遏作用来阻碍代谢途径中包括关键酶在内的一系列酶的生物合成，从而更彻底地控制代谢和减少末端产物的合成。阻遏作用有利于生物体节省有限的养料和能量。阻遏的类型主要有末端代谢产物阻遏和分解代谢产物阻遏两种。

① 末端代谢产物阻遏　指由某代谢途径末端产物的过量累积而引起的阻遏。对直线式反应途径来说，末端产物阻遏的情况较为简单，即产物作用于代谢途径中的各种酶，使之合成受阻。如图 2-9 所示。

图 2-9　精氨酸合成途径中的末端产物阻遏示意图
①为氨甲酰基转移酶；②为精氨酸琥珀酸
合成酶；③为精氨酸琥珀酸裂合酶

对分支代谢途径来说，每种末端产物仅专一地阻遏合成它的那条分支途径的酶。代谢途径分支点以前的"公共酶"仅受所有分支途径末端产物的阻遏，此即称多价阻遏作用。

末端产物阻遏在代谢调节中有着重要的作用，它可保证细胞内各种物质维持适当的浓度。

② 分解代谢产物阻遏　指细胞内同时有两种分解底物（碳源或氮源）存在时，利用快的那种分解底物会阻遏利用慢的底物的有关酶合成的现象。

分解代谢物的阻遏作用，并非是由于快速利用的营养源本身直接作用的结果，而是通过碳源或氮源等在其分解过程中所产生的中间代谢物所引起的阻遏作用。如大肠杆菌在含有葡萄糖和乳糖的培养基中，优先利用葡萄糖，待其耗尽后才开始利用乳糖，其原因是葡萄糖的存在阻遏了分解乳糖酶系的合成（葡萄糖效应）。

那么如何解释大肠杆菌在葡萄糖和乳糖同时存在时对葡萄糖的优先利用呢？原因在于葡萄糖的存在可以阻止乳糖操纵子以及控制其他碳源利用的操纵子的诱导。我们把这种现象叫做代谢抑制或者葡萄糖效应。关于葡萄糖效应产生的机理目前主要有两种观点。

　　一种认为葡萄糖分解代谢的降解产物能抑制腺苷酸环化酶活性并活化磷酸二酯酶，因而降低 cAMP 浓度，阻碍 cAMP 与 CAP 结合从而抑制乳糖操纵子转录。

　　第二种认为，细胞质膜上存在着磷酸烯醇式丙酮酸（PEP）依赖的糖磷酸转移系统，该系统由 EⅠ、EⅡ、EⅢ和 HPr 等组分组成。大肠杆菌在缺乏葡萄糖供应时，细胞利用该系统将 PEP 上的磷酸基团转移给细胞质膜上的腺苷酸环化酶，形成 cAMP。如前所述，cAMP 能够结合并激活 CAP 蛋白，从而正调控乳糖操纵子。由于环境中葡萄糖的存在，PEP 依赖的糖磷酸转移系统将 PEP 上的磷酸基团转移进入细胞的葡萄糖，而不转移给腺苷酸环化酶，因而腺苷酸环化酶处于失活状态，cAMP 不能通过此途径合成，cAMP-CAP 含量少，乳糖操纵子处于没有正调控的基础转录水平。其转录产物量从未超过葡萄糖缺少时所诱导量的 2%。因此大肠杆菌细胞几乎不能利用乳糖。当葡萄糖消耗殆尽时，抑制作用消失，乳糖操纵子高效运行，大肠杆菌利用乳糖。采取类似的机制，在葡萄糖存在的时候 CAP 和 cAMP 复合物同样可使大肠杆菌的阿拉伯糖和半乳糖操纵子保持非诱导状态。

二、微生物细胞的次级代谢调节机制

1. 次级代谢与初级代谢的关系

　　次级代谢是一些微生物为了避免代谢过程中某些代谢产物的积累造成的不利影响而产生的有利于自身生存的代谢类型，通常是在生长后期产生。次级代谢产物如抗生素、生物碱、色素等，它们并不是微生物生长所必需的，与菌体的生长繁殖无明确关系，但对产生菌的生存可能有一定的作用。

　　微生物初级代谢与次级代谢并非独立的代谢途径，两者有密切的关系。初级代谢的中间体或产物往往是次级代谢的前体或起始物，如图 2-10 所示。

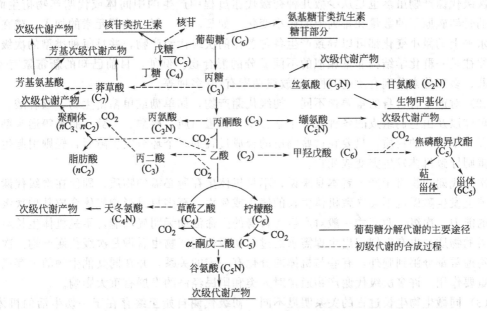

图 2-10　初级代谢与次级代谢的关系

　　在图 2-10 中，尽管初级代谢产物的合成路径几乎是微生物共有的，但次级代谢产物的合成对各种具体的产物而言却仅限于各种特殊的微生物。即图 2-10 中的次级代谢生产物图是把几个不同种类的微生物代谢总结在一个图上，并不是把所有的微生物次级代谢产物都表示出来了，产生次级代谢产物的微生物有放线菌、丝状菌或有孢子的细菌等，在肠细菌中没有发现过有次级代谢。因此，与初级代谢产物不同，可以认为次级代谢产物和微生物的形态一样也有很强的特异性。这些次级代谢产物的蓄积对菌体具有怎样的生理意义和作用呢？就目前的了解程度，至少可以认为这样的次级代谢产物其合成对菌体产生的生理作用比生产蓄积对菌体的生理作用更大。很多的次级代谢产物显示有抗菌、促生长因子等功能，具有各种药理活性。因此，次级代谢产物成为发酵工业的重要组成部分。和初级代谢产物一样，野生菌株产生次级代谢产物也是非常少量的，所以，要将这些野生菌株的调节机构进行诱导或阻遏或改造反馈系统。大量积累次级代谢产物之类的菌种改良是其次级代谢产物工业化生产的基础。总结次级代谢与初级代谢的区别至少可有以下几个方面。

（1）初级代谢和次级代谢存在范围及产物类型不同　初级代谢系统、代谢途径和初级代谢产物在各类生物中基本相同。它是一类普遍存在于各类生物中的一种基本代谢类型。像病毒这类非细胞生物虽然不具备完整的初级代谢系统，但它们仍具有部分的初级代谢系统和具有利用宿主代谢系统完成本身的初级代谢过程的能力。

次级代谢只存在于某些生物（如植物和某些微生物）中，并且代谢途径和代谢产物因生物不同而不同，就是同种生物也会由于培养条件不同而产生不同的次级代谢产物。不同的微生物可产生不同的次级代谢产物，例如某些青霉、芽孢杆菌在一定的条件下可以分别合成青霉素、杆菌肽等次级代谢产物，相同的微生物在不同条件下可产生不同的次级代谢产物。如产黄青霉在 Raulin 中培养时可以合成青霉酸，但在 Czapek-Dox 中培养时则不产青霉酸（注：Raulin 培养基　葡萄糖 5％、酒石酸 0.27％、酒石酸铵 0.27％、磷酸氢二铵 0.04％、硫酸镁 0.027％、硫酸铵 0.017％、硫酸锌 0.005％、硫酸亚铁 0.005％；Czapek-Dox 培养基　葡萄糖 5％、硝酸钠 0.2％、磷酸氢二钾 0.1％、氯化钾 0.05％、硫酸镁 0.05％、硫酸亚铁 0.001％。）。

次级代谢产物虽然也是从少数几种初级代谢过程中产生的中间体或代谢产物衍生而来，但它的骨架碳原子的数量和排列上的微小变化，如氧、氮、氯、硫等元素的加入，或在产物氧化水平上的微小变化都可以导致产生各种各样的次级代谢产物，并且每种类型的次级代谢产物往往是一群化学结构非常相似的不同成分的混合物。例如，目前已知的新霉素有 4 种，杆菌肽、多黏菌素分别有 10 多种，而放线菌素有 20 多种等。

（2）对产生者自身的重要性不同　初级代谢产物，如单糖或单糖衍生物、核苷酸、脂肪酸等单体以及由它们组成的各种大分子聚合物，如蛋白质、核酸、多糖、脂类等通常都是机体生存必不可少的物质，只要在这些物质的合成过程的某个环节发生障碍，轻则引起生长停止，重则导致机体发生突变或死亡。

次级代谢产物对于产生者本身来说，不是机体生存所必需的物质，即使在次级代谢的某个环节上发生障碍也不会导致机体生长的停止或死亡，至多只是影响机体合成某种次级代谢产物的能力。次级代谢产物一般对产生者自身的生命活动无明确功能，不是机体生长与繁殖所必需的物质，也有人把超出生理需求的过量初级代谢产物也看做是次级代谢产物。次级代谢产物通常都分泌到胞外，有些与机体的分化有一定的关系，并在同其他生物的生存竞争中起着重要作用。许多次级代谢产物通常对人类和国民经济的发展有重大影响。

（3）同微生物生长过程的关系明显不同　初级代谢自始至终存在于一切生活的机体中，同机体的生长过程呈平行关系；次级代谢则是在机体生长的一定时期内（通常是微生物的对数生长期末期或稳定期）产生的，它与机体的生长不呈平行关系，一般可明显地表现为机体的生长期和次级代谢产物形成期两个不同的时期。

（4）对环境条件变化的敏感性或遗传稳定性上存在明显不同　初级代谢产物对环境条件的变化敏感性小（即遗传稳定性大），而次级代谢产物对环境条件变化很敏感，其产物的合成往往因环境条件变化而停止。

（5）相关酶的专一性不同　相对来说催化初级代谢产物合成的酶专一性强，催化次级代谢产物合成的某些酶专一性不强，因此在某种次级代谢产物合成的培养基中加入不同的前体物质时，往往可以导致机体合成不同类型的次级代谢产物。

（6）某些机体内存在二者既有联系又有区别的代谢类型　初级代谢是次级代谢的基础，它可以为次级代谢产物合成提供前体物质和所需要的能量；初级代谢产物合成中的关键性中间体也是次级代谢产物合成中的重要中间体物质。而次级代谢则是初级代谢在特定条件下的继续与发展，可避免初级代谢过程中某种（或某些）中间体或产物过量积累对机体产生的毒害作用。

2. 次级代谢的主要调节机制

次级代谢过程比较复杂，不同微生物的次级代谢产物不同，许多次级代谢产物的生物合成途径和机制研究尚待进一步深入明确。以抗生素为例，根据目前的研究结果，其合成途径可分为以下 5 种主要类型。

一是与氨基酸有关的类型，如环丝氨酸、氮丝氨酸、口蘑氨酸等为一个氨基酸形成的抗生素；青霉素、曲霉酸等由两个氨基酸形成（6-氨基青霉烷酸由半胱氨酸和缬氨酸缩合而成，是青霉素的母核）；杆菌肽、放线菌素、多黏菌素等由三个以上氨基酸构成。

二是与糖代谢有关的类型，如由葡萄糖合成的链霉素和大环内酯类抗生素中的糖苷；经莽草酸途径中预苯酸合成氯霉素、新生霉素；由磷酸戊糖合成的嘌呤霉素、间型霉素等。

三是与脂肪酸代谢有关的类型，如四环素、利福霉素、灰黄霉素等。

四是与三羧酸循环有关的类型，由循环中间产物合成的抗生素如由 α-酮戊二酸还原生成的戊烯酸和由乌头酸生成的衣康酸。

五是与甾体化合物和萜烯有关的类型，如由 3 个异戊烯单位聚合而成的烟曲霉素、4 个异戊烯单位聚合而成的赤霉素、6 个异戊烯单位聚合而成的梭链孢酸等。

因为初级代谢产物是次级代谢产物的前体，所以初级代谢对次级代谢调节的作用更大。在代谢调节方面很多是与初级代谢调节相同的，但次级代谢对分解代谢产物和磷酸盐等较敏感，也是影响抗生素产量的主要因素。归纳起来可将其主要调节类型分为反馈抑制和阻遏调节、诱导调节、分解代谢产物调节、磷酸盐的调节、细胞膜透性的调节等。

（1）反馈抑制和阻遏调节　抗生素合成过程中，若积累过量，也会出现类似初级代谢的反馈调节现象，包括初级代谢产物的反馈调节和抗生素自身的反馈调节。

① 初级代谢产物的调节　根据初级代谢产物与次级代谢产物的相互关系，主要有如下三类调节方式：

一类是直接参与次级代谢产物的合成。这种情况下初级代谢产物往往是合成抗生素的前体，当初级代谢产物积累产生反馈抑制自身合成时，也就影响了抗生素的合成。如用产黄青霉发酵生产青霉素时，若缬氨酸过量积累，就会反馈抑制合成途径中关键酶乙酰乳酸合成酶的活性，使缬氨酸合成减少，进而影响青霉素的合成（图 2-11）。因此，可通过诱变筛选缬氨酸抗性突变株和添加缬氨酸前体增加青霉素产量。

另一种调节类型是分支途径反馈调节。这种情况下，分支途径的终产物反馈抑制抗生素合成过程中的共同关键酶，同时各分支分别抑制分支途径的第一个酶。

Lagstor 在 1935 年发现，产生 $50\mu g/mL$ 氯霉素的委内瑞拉链霉菌被 $50\mu g/mL$ 外源氯霉素所抑制。Gordee 在 1972 年发现，产黄青霉加入 $10\mu g/mL$ 外源青霉素对其生长无影响，而青霉素合成几乎完全被抑制，其他多种青霉素及其钠盐亦有类似现象。有关链霉素、卡那霉素等氨基糖苷类抗生素的系统研究也证实了这一点。

抗生素对自身产物的抑制有一定的规律：抑制特定产生菌合成抗生素所需浓度与生产水

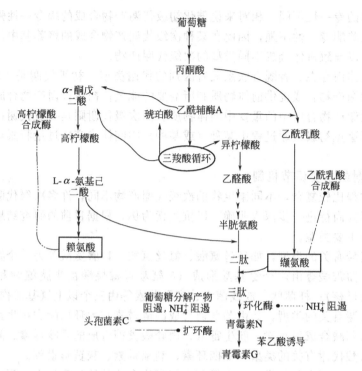

图 2-11　青霉素 G 和头孢菌素 C 的生物合成与调控示意图

-----▷ 反馈抑制；————▶ 分解产物阻遏

平具有相关性，一般产生菌产量高，对自身抗生素的耐受力强，反之则越敏感。例如，氯霉素对芳基氨合成酶的反馈调节，已知氯霉素通过莽草酸的分支代谢途径产生，芳基氨合成酶是分支点后第一个酶，这种酶只存在于产氯霉素的菌体内，当培养基内的氯霉素浓度达 100mg/L 时，可完全阻遏该酶的生成，但不影响菌体的生长，也不影响芳香族氨基酸途径的其他酶类。进一步研究表明，氯霉素本身不一定是阻遏物，氯霉素通过顺序阻遏，使 L-对氨基苯丙氨酸及 L-苏-对氨基苯丝氨酸对芳基氨合成酶实行反馈抑制。氯霉素的甲硫基类似物比氯霉素容易透入细胞，其抑制作用比氯霉素还大。由此可见次生产物反馈调节机制的复杂性。

　　还有一类情况是初级代谢产物合成与次级代谢产物的合成有一条共同的合成途径，通过初级代谢产物的积累反馈抑制共同途径中某个酶的活性从而抑制了次级代谢产物的合成。例如青霉素发酵中，青霉素的生物合成是从赖氨酸合成途径中分支出来的，α-氨基己二酸为分支的中间体，赖氨酸是初级代谢产物，能抑制本身合成途径中的第一个酶——高柠檬酸合成酶，因而使合成青霉素的前体——α-氨基己二酸的合成受到影响，进而导致青霉素的产量下降。α-氨基己二酸的初级代谢终产物是赖氨酸，分支的次级代谢产物是青霉素。所以，α-氨基己二酸是青霉素和赖氨酸生物合成中的共同中间体。若 α-氨基己二酸的合成受阻，将同时影响青霉素和赖氨酸的合成。可选育由 α-氨基己二酸合成赖氨酸途径被阻断的赖氨酸缺陷型菌株，在限量供应赖氨酸的情况下提高青霉素产量。

　　② 抗生素自身的反馈调节　抗生素本身的过量积累，存在着与初级代谢相似的反馈调节现象。根据抗生素对其产生菌本身的影响分成两种情况：一种情况是抗生素对其他生物有毒性而对抗生素产生菌本身无毒性，如青霉素和头孢菌素等可抑制细菌细胞壁成分肽聚糖的合成，而用于生产青霉素的霉菌的细胞壁主要成分为几丁质和纤维素，没有这类抗生素作用

的肽聚糖，因此，这类抗生素发酵只受抗生素自身浓度反馈调节，对产生菌无影响；另一种情况是抗生素对产生菌和其他生物都有毒性，如抑制其他生物体蛋白质和核酸合成的链霉素也抑制产生菌（放线菌）自身的蛋白质和核酸的合成，生产中可采用透析培养和选育对自身抗生素脱敏的突变株等方法提高产量。

（2）诱导调节　诱导调节，即在抗生素生物合成过程中参与次级代谢的酶是诱导酶，需要有诱导物存在时才能形成。次级代谢过程中除了前体或前体的结构类似物起诱导作用外，一些促进抗生素合成的因子并非是该种抗生素的前体或前体结构类似物，但对抗生素合成有诱导调节作用。自从 Khokhlovd 等首先发现自链霉素产生菌灰色链霉菌中分离得到的、被称之为 A 因子的物质能够恢复不产链霉素的 A 因子缺陷型突变株产生链霉素以来，在抗生素生物合成研究领域中又开辟了一条新的研究途径。由于这些具有调节抗生素生物合成的小分子物质能够在极其低微的浓度下使那些缺乏这种因子而不能合成抗生素的突变株恢复产抗生素的能力，或是在生产菌株中添加这些调节物能够大幅度地提高其产生抗生素的能力，因此，有些学者把这类物质称之为诱导物或微生物激素。根据已发现的诱导物的来源，可分为两种类型，一种类型是在抗生素产生菌代谢过程中分离得到的被称为 A 因子，又被称之为自身调节因子或内源性调节因子；另一种类型是与此不同的 B 因子，由于它们是外源物质，故又被称之为外源性调节因子。A 因子广泛分布于链霉菌的很多菌种中，也存在于放线菌属和诺卡菌属。经紫外诱变处理所获得的链霉素负突变株中半数为 A 因子缺陷株，而其他则为链霉素生物合成的阻断株，产生 A 因子的能力在遗传上是不稳定的，可能由于质粒基因编码，具有丁内酯的特性。B 因子是由 Kawaguchi 等在对一株由利福霉素产生菌诺卡菌经治愈试验获得的不产利福霉素的突变株进行遗传学研究时发现的。这株在一般的培养基上不产利福霉素的突变株，通过加入酵母膏而恢复产生抗生素能力，经分离提取发现，在酵母膏中起到调节突变株产生利福霉素作用的化合物为 $3'$-(1-丁基磷酰基) 腺苷，即 B 因子。当将 $0.3\mu g/mL$ 浓度的 B 因子加到利福霉素生产菌株时，能使其产生抗生素能力成倍增长。

（3）分解代谢产物调节

① 碳源分解代谢物调节　20 世纪 40 年代初期就发现，青霉素发酵过程中，虽然葡萄糖被菌体利用最快，但对青霉素合成并不适宜。而乳糖利用虽然较为缓慢，却能提高青霉素产量。如果细菌在葡萄糖和乳糖的混合培养基中生长，那么在抗生素合成前，菌体一般首先利用葡萄糖，在葡萄糖耗尽后，抗生素合成开始，此时菌体才利用第二种碳源。这种情况说明，次级代谢的碳源分解代谢调节比初级代谢更为复杂。

关于抗生素受碳源分解调节的机制，目前尚未完全清楚，存在以下几种情况：第一，可能与菌体生长速率控制抗生素合成有关，菌体生长最好时碳源能抑制抗生素合成。因此，在低生长率的情况下（例如青霉素合成中缓慢补加葡萄糖）可减少葡萄糖的干扰作用。第二，可能与分解代谢产物的堆积浓度有关，乳糖之所以比葡萄糖优越是因为前者被水解为可利用的单糖的速度正好符合青霉菌在生产期合成抗生素的需要，而不会有分解代谢产物如丙酮酸的堆积。我国有关单位研究葡萄糖和乳糖对灰黄霉素生物合成的影响表明，丙酮酸的堆积可使灰黄霉素产量降低。

② 氮源分解代谢物调节　氮源分解代谢物调节是类似于碳源分解调节一类的分解阻遏方式。它主要是指含氮底物的酶（如蛋白酶、硝酸还原酶、酰胺酶、组氨酸酶和脲酶）的合成受快速利用的氮源，尤其是氨的阻遏。

（4）磷酸盐的调节　磷酸盐不仅是菌体生长的主要限制性营养成分，而且还是调节抗生素生物合成的重要参数。已发现过量磷酸盐对四环类、氨基糖苷类和多烯大环内酯类等 32 种抗生素的生物合成产生阻抑作用。所以，在工业生产中，磷酸盐常常被控制在适合菌体生长的浓度以下，即所谓的亚适量。当磷酸盐为 0.3～300mmol/L 的浓度时，可促进菌体的生长；浓度为 10mmol/L 或大于 10mmol/L 的浓度时，对许多抗生素的合成就产生阻遏，如 10mmol/L 的磷酸盐就能完全抑制杀假丝菌素的合成。磷酸盐浓度高低还能调节发酵合成期出现的早晚，磷酸盐接近耗尽后，才开始进入合成期。磷酸盐起始浓度高，耗尽时间长，合成期向后拖延。金霉素、万古霉素等的发酵都有此现象。磷酸盐还能使处于非生长状态的、产抗生素的菌体逆转成生长状态的、不产抗生素的菌体。

磷酸盐调节抗生素的生物合成有不同的机制。按效应来说，有直接作用（即磷酸盐自身影响抗生素合成）和间接效应（即磷酸盐调节胞内其他效应剂，如 ATP、腺苷酸、能荷和 cAMP），进而影响抗生素合成。具体地说，磷酸盐能影响抗生素合成中磷酸酯酶和前体形成过程中某种酶的活性；ATP 直接影响某些抗生素合成和糖代谢中某些酶的活性。

（5）细胞膜透性的调节　微生物的细胞膜对于细胞内外物质的运输具有高度选择性。如果细胞膜对某物质不能运输或者运输功能发生了障碍，其结果：一方面正如前面已讨论过的，细胞内合成代谢的产物不能分泌到胞外，必然会产生反馈调节作用，影响发酵物的生产量，另一方面的可能是细胞外的营养物质不能进入细胞内，从而影响产物的合成，造成产量下降。因此，细胞膜的通透性是代谢调节的一个重要方面。

第三节　微生物发酵代谢控制的基本方法

发酵代谢控制就是对微生物的代谢途径进行控制。其关键是微生物细胞自我调节控制机制是否能够被有效解除。最有效的方法就是造就从遗传上解除了微生物正常代谢控制的突变株。这样就突破了微生物的自我调节控制机制而使代谢产物大量积累。目前采取的基本措施有应用营养缺陷型菌株、选育抗反馈调节的突变株、选育细胞膜通透性突变株、应用遗传工程技术，构建理想的工程菌株等很多方法，从大的方面可归纳为遗传学方法与生物化学方法两大类。

一、遗传学方法

1. 应用营养缺陷突变株切断支路代谢

所谓营养缺陷型就是指原菌株由于发生基因突变，致使合成途径中某一步骤发生缺陷，从而丧失了合成某些物质的能力，必须在培养中外源补加该营养物质才能生长的突变型菌株。由于其在合成途径中某一步骤发生缺陷，致使终产物不能积累，因此，也就遗传性地解除了终产物的反馈调节，使得中间产物或另一分支途径的末端产物得以积累。另外，它还可以起到节省碳源的作用。

（1）对于直线式代谢途径　选育营养缺陷型突变株只能积累中间代谢产物。如图 2-12 (a) 所示，C 变成 D 的酶被破坏，可导致中间产物 C 的积累。但末端产物 E 对生长乃是必需的，所以，应在培养基中限量供给 E，使之足以维持菌株生长，但又不至于造成反馈调节（阻遏或抑制），这样才能有利于菌株积累中间产物 C。

（2）分支代谢途径　情况较复杂，可利用营养缺陷性克服协同或累加反馈抑制积累末端产物，亦可利用双重缺陷发酵生产中间产物。

在实际生产中，次黄嘌呤核苷就是利用营养缺陷型进行生产的。对枯草芽孢杆菌的研究结果表明，在 AMP 生物合成中，专一性酶腺苷琥珀酸合成酶（SAMP 合成酶）仅受 AMP 系物质的反馈阻遏；在 GMP 合成中，专一性酶（IMP 脱氢酶）仅受 GMP 系物质的反馈阻遏和反馈抑制。

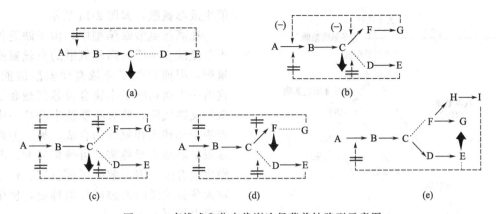

图 2-12　直线式和分支代谢途径营养缺陷型示意图

各图成立的条件：(a) 限量添加 E；(b) 限量添加 E；(c) 限量添加 E 和 G；(d) 限量添加 E 和 G；

(e) 限量添加 I；"…"表示营养缺陷突变位置；"≠"表示反馈调节解除

当选用腺嘌呤缺陷型（Ade⁻）时，由于切断了 IMP 到 AMP 这条支路代谢，通过在培养基中限量控制腺嘌呤的含量，就可以解除腺嘌呤系化合物对 PRPP 转酰胺酶的反馈调节，因而可使肌苷得以积累。如果在 Ade⁻ 的基础上再诱变成黄嘌呤缺陷型（Xan⁻）或鸟嘌呤缺陷型（Gua⁻），那么就可以切断 IMP 到 GMP 这条支路代谢，通过在培养基中限量控制黄嘌呤或鸟嘌呤的含量，就可以解除鸟嘌呤系化合物所引起的反馈调节，从而增加肌苷的积累。肌苷发酵就是通过代谢流的阻塞来消除终产物的反馈调节来达到中间产物的积累的。如图 2-13 所示。

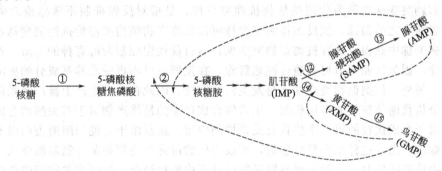

图 2-13　营养缺陷型生产次黄嘌呤核苷

①5-磷酸核糖焦磷酸激酶；②5-磷酸核糖焦磷酸转氨酶；⑫腺苷酸琥珀酸合成酶；

⑬腺苷酸琥珀酸分解酶；⑭肌苷酸脱氢酶；⑮黄苷酸转氨酶；虚线箭头表示反馈抑制

另外，在分支合成途径中，由于存在着多个终产物单独存在时都不能对其合成途径的关键酶实现全部的反馈抑制或阻遏这一现象，因此，可以利用这种机制选育营养缺陷型菌株，造成一个或两个终产物合成缺陷而使另外的终产物得以积累。较典型的例子就是用高丝氨酸营养缺陷型（Hom⁻）或苏氨酸营养缺陷型（Thr⁻）菌株使赖氨酸积累。

已知谷氨酸棒状杆菌、北京棒状杆菌、黄色短杆菌等微生物合成赖氨酸、苏氨酸、蛋氨酸（甲硫氨酸）的途径与大肠杆菌不同，关键酶天冬氨酸激酶不存在同工酶，而是单一的，该酶受赖氨酸、苏氨酸的协同反馈抑制，即天冬氨酸激酶在赖氨酸或苏氨酸单独一种存在时不受抑制，仅是当两者共存并都过量时才起抑制作用。因此，在苏氨酸限量培养时，即使赖氨酸过剩，也能进行由天冬氨酸生成天冬氨酰磷酸的反应。在苏氨酸缺陷型中，天冬氨酸半醛可以进一步转变为赖氨酸和高丝氨酸，高丝氨酸又进而转变为蛋氨酸（甲硫氨酸），却不

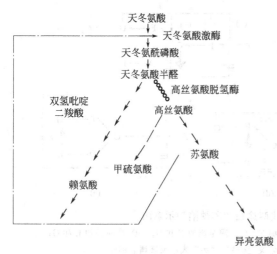

图 2-14　高丝氨酸或苏氨酸
缺陷型菌株积累赖氨酸

能生成苏氨酸，如图 2-14 所示。

在高丝氨酸缺陷型中，由于缺乏催化天冬氨酸 β-半醛为高丝氨酸的高丝氨酸脱氢酶，因而丧失了合成高丝氨酸的能力。这就一方面切断了生物合成苏氨酸和蛋氨酸的支路代谢，使天冬氨酸半醛这一中间产物全部转入赖氨酸的合成，另一方面通过限量添加高丝氨酸，可使蛋氨酸、苏氨酸生成有限，因而解除了苏氨酸、赖氨酸对天冬氨酸激酶的协同反馈抑制，使赖氨酸得以积累。

2. 应用渗漏突变株降低支路代谢

渗漏缺陷型就是指遗传性障碍不完全的缺陷型。由于这种突变是使它的某一种酶的活性下降而不是完全丧失，因此，渗漏缺陷型能够少量地合成某一种代谢最终产物，能在基本培养基上进行少量的生长。由于渗漏缺陷型不能合成过量的最终产物，所以不会造成反馈抑制而影响中间代谢产物的积累。例如，张克旭等使枯草芽孢杆菌腺嘌呤缺陷（Ade⁻）和组氨酸缺陷（His⁻）的双重缺陷突变株再带上黄嘌呤渗漏缺陷（Xan⁻）标记，结果使得肌苷的积累量提高了近 70%。

3. 选育抗类似物突变株解除菌体自身反馈调节

抗类似物突变株也称为代谢拮抗物抗性突变株，是指对反馈抑制不敏感或对阻遏有抗性，或两者兼有之的菌株。抗反馈抑制突变株可以从终产物结构类似物抗性突变株和营养缺陷型回复突变株中获得。选育抗类似物突变株，是目前代谢控制发酵育种的主流。选育抗类似物突变株，因为代谢调节可被遗传性地解除，在发酵时可不再受培养基成分的影响，生产较为稳定。另外，抗类似物突变株不易发生回复突变，因此在发酵生产上被广泛采用。

首先分析代谢拮抗物的作用机制。正常的合成代谢的最终产物对于有关酶的合成具有阻遏作用，对于合成途径的第一个酶具有反馈抑制作用。这是由于它能与阻遏蛋白以及变构酶相结合的缘故。由于这种结合是可逆的，所以当代谢最终产物例如某一氨基酸渗入到蛋白质而在细胞中浓度降低时，它就不再与阻遏物以及变构酶相结合，这时有关的酶的合成以及它们的催化作用便又可继续进行。代谢拮抗物由于与代谢产物结构相似，所以同样能与阻遏物及变构酶相结合，可是它们往往不能代替正常的氨基酸而合成为蛋白质，也就是说它们在细胞中的浓度不会降低，因此与阻遏物及变构酶的结合是不可逆的。这就使得有关酶不可逆地停止了合成，或是酶的催化作用不可逆地被抑制，这就是代谢拮抗的作用机理。

现在对一个菌株是怎样成为代谢拮抗物的抗性菌株进行分析。一个可能的途径是变构酶结构基因发生突变，使变构酶调节部位不再能与代谢拮抗物相结合，而其活性中心却不变。这种突变型就是一个抗反馈突变型。正常代谢最终产物由于与代谢拮抗物的结构相类似，所以在这一突变型中也不与结构发生改变的变构酶相结合。这样，该突变型细胞中已经有大量最终产物，但仍能继续不断地合成。

另一可能的途径是调节基因发生突变，使阻遏物不能再与代谢拮抗物结合，这种突变型也将是一个代谢拮抗物的抗性突变株，同时也是一个抗阻遏突变型。在这一突变型中，由于正常代谢的最终产物不与结构发生改变的阻遏蛋白相结合，所以在细胞中尽管已经有大量最终产物，仍能不断地合成有关酶。

选用抗代谢拮抗物突变株是应用代谢调节控制理论于育种及发酵生产的另一条途径。在多数情况下，与营养缺陷型的筛选相配合，是走向选育高产菌株的有效方法。一般来说，在分支合成途径中使用抗性突变株往往难于达到产量提高之目的。故首先必须选取合适的营养缺陷型，同时又选取具有一定抗性突变的菌株，产量才会大幅度提高。

精氨酸（Arg）就是利用抗类似物突变株发酵产生的（图 2-15）。由于精氨酸的生物合成要受精氨酸本身的反馈抑制和反馈阻遏，要积累这样非支路代谢途径的终产物，主要采用抗精氨酸类似物突变株，如精氨酸抗性突变株、精氨酸氧肟酸盐抗性突变株，以解除精氨酸自身的反馈调节，使精氨酸得以积累。例如，使谷氨酸棒状杆菌带上 D-精氨酸和

图 2-15　精氨酸的生物
合成途径示意图

精氨酸氧肟酸盐抗性标记后，该突变株在含 15％糖蜜的培养基中可产生 16.6mg/mL 的精氨酸。

4. 选育不生成或少生成副产物的菌株，增加产物代谢流

工业上，为了选育优秀的生产菌株，除突破微生物原来的代谢调节外，必要时，还应附加如下突变。

（1）有共用前体物的其他分支途径或目的产物是其他产物生物合成的前体物时，应附加营养缺陷型，切断其他分支途径或目的产物向其他产物合成的代谢流。

（2）存在有目的产物分解途径时，应选育丧失目的产物分解酶的突变株。

（3）当有副生产物，特别是有不利于目的产物精制的副产物时，应设法切断副生产物的代谢流（丧失副生产物生物合成途径中的某个酶）。例如，在异亮氨酸发酵中，副生不利于异亮氨酸精制操作的正缬氨酸和高异亮氨酸。这些副生氨基酸由 α-酮丁酸、α-酮-β-甲基戊酸经亮氨酸生物合成途径生成，为亮氨酸所调节。所以，对于异亮氨酸生产菌株来说，如能增加亮氨酸缺陷这一遗传标记，就可以不副生正缬氨酸和高异亮氨酸，达到改良生产菌株的目的。

二、生物化学方法

1. 增加前体物质

增加前体物质可绕过反馈控制点，使某种代谢产物大量产生。如可通过选育某些营养缺陷型或结构类似物抗性突变株以及克隆某些关键酶的方法，增加目的产物的前体物的合成，有利于目的产物的大量积累。

在分支合成途径中，切断除目的产物外的其他控制共用酶的终产物分支合成途径，增加目的产物的前体，使目的产物的产量提高。预苯酸是苯丙氨酸和酪氨酸的共同前体物质。选育丧失预苯酸脱氢酶（PD）的酪氨酸缺陷型，在限量供给酪氨酸的条件下，可积累苯丙氨酸，部分增加预苯酸可提高苯丙氨酸产量。在这种场合下，对苯丙氨酸生物合成途径中的预苯酸脱水酶（PT）的反馈抑制机制仍是正常的。

在赖氨酸发酵育种上，对已育出的解除了赖氨酸反馈调节的突变株，为了进一步提高赖氨酸的产量，可考虑增加丙氨酸营养缺陷等遗传标记。如乳糖发酵短杆菌的抗 AEC〔S-(2-乙基)-L-半胱氨酸〕突变株，可产赖氨酸 30g/L 左右，再育成具有丙氨酸营养缺陷的 AJ3799 突变株，赖氨酸提高到 39g/L。这也是一种增加前体物积累的育种方法。

2. 添加诱导剂

从提高诱导酶合成量来说，最好的诱导剂往往不是该酶的底物，而是底物的衍生物。如在青霉素生产中，添加苯乙酸，既是前体，又是外源诱导物。

3. 改变细胞膜的通透性

微生物的细胞膜对于细胞内外物质的运输具有高度选择性。细胞内的代谢产物常常以很高的浓度累积着，并自然地通过反馈阻遏限制了它们的进一步合成。采取生理学或遗传学方法，可以改变细胞膜的透性，使细胞内的代谢产物迅速渗漏到细胞外。这种解除末端产物反馈抑制作用的菌株，可以提高发酵产物的产量。

（1）用生理学手段——直接抑制膜的合成或使膜受缺损　如：在谷氨酸发酵中把生物素浓度控制在亚适量可大量分泌谷氨酸；控制生物素的含量可改变细胞膜的成分，进而改变膜透性；当培养液中生物素含量较高时采用适量添加青霉素的方法；再如：产氨短杆菌的核苷酸发酵中控制因素是 Mn^{2+}；Mn^{2+} 的作用与生物素相似。

（2）利用膜缺损突变株——油酸缺陷型、甘油缺陷型　如：用谷氨酸生产菌的油酸缺陷型，培养过程中，有限制地添加油酸，合成有缺损的膜，使细胞膜发生渗漏而提高谷氨酸产量。甘油缺陷型菌株的细胞膜中磷脂含量比野生型菌株低，易造成谷氨酸大量渗漏。应用甘油缺陷型菌株，就是在生物素或油酸过量的情况下，也可以获得大量的谷氨酸。

由葡萄糖生产谷氨酸的途径如图 2-16 所示，主要途径是经过 EM 途径和三羧酸循环的前几步。

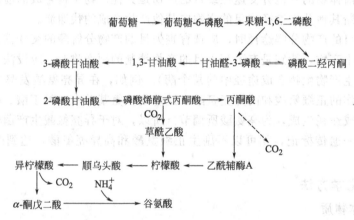

图 2-16　由葡萄糖生产谷氨酸的途径

在正常情况下 α-酮戊二酸在循环中被转化为琥珀酰辅酶 A，因缺乏 α-酮戊二酸脱氢酶，后者被谷氨酸脱氢酶还原为谷氨酸。

在葡萄糖培养基内生长期间，谷氨酸产生菌在细胞内累积谷氨酸直到细胞被谷氨酸饱和，约 50mg/g 干重。然后，由于反馈调节谷氨酸的积累中止，除非改变通透障碍，不然氨基酸难以排泄。这种通透性的改变受生物素或添加试剂如青霉素或脂肪酸衍生物的影响。在对数生长期加入青霉素能启动谷氨酸的分泌，使细胞内的氨基酸浓度迅速下跌到 5mg/g 细胞。细胞连续分泌谷氨酸 40～50h；从光密度的测量或显微镜检并未发现裂解。谷氨酸的通透性的增加似乎只是由里向外的。谷氨酸产生菌（生物素缺陷）细胞只是以正常细胞速率的 10% 摄取外来的谷氨酸。细胞形态从球形变为膨胀的棒状。洗涤细胞可引起细胞氨基酸库的损失；细胞没有溶解，但细胞的离心压缩体积减少。所有这些变化都说明因生物素受到限制或加入青霉素或脂肪酸衍生物而导致细胞通透性的改变。

生物素控制通透性是通过它在脂肪酸合成中的作用。生物素的缺乏（同加入脂肪酸衍生物或青霉素一样）引起谷氨酸产生菌外壳的脂质成分的显著变化。这种缺陷的主要后果是生成的细胞膜缺乏磷脂。生物素的浓度对于谷氨酸发酵的成败是关键之一。所用浓度介于每升 $1\sim5\mu g$ 之间。生物素浓度提高到每升 15mg 会增加生长速率和减少谷氨酸的分泌使有机酸积累。要使青霉素或脂肪酸衍生物影响细胞的通透性必须在生长对数期内加入。甘油缺陷型也可用来生产谷氨酸。如同生物素一样，必须采用生长限制浓度的甘油以产生适当形式的通透膜。例如，在青霉素发酵中，产生菌细胞膜输入硫化物能力的大小是影响青霉素发酵单位高低的一个因素，因为菌体内需要有足够的硫源来合成青霉素。利用诱变方法获得的青霉素高产菌株中，有的就是因为提高了细胞膜摄取无机硫酸盐的能力，即提高了细胞内硫酸盐的浓度，从而能有效地将无机硫转变为半胱氨酸，增加了合成青霉素的前体物质。

第四节　微生物发酵动力学

一、微生物发酵动力学分类

1. 根据细胞生长与产物形成是否偶联进行分类

（1）偶联型　产物形成速率与细胞生长速率有着紧密联系，合成的产物通常是分解代谢的直接产物，如葡萄糖厌氧发酵生成乙醇，或好气发酵生成中间代谢产物（氨基酸或维生素）。这类初级代谢产物的生成速率与生长直接有关。如下式：

$$\frac{dP}{dt}=Y_{P/X}\frac{dX}{dt}=Y_{P/X}\mu X \quad 或 \quad Q_P=Y_{P/X}\mu \tag{2-1}$$

式中　$Y_{P/X}$——以菌体细胞量为基准的产物生成系数，g/g 细胞；

　　　　P——产物浓度，g/L；

　　　　X——菌体浓度，g/L；

　　　　μ——比生长速率，1/h；

　　　　$\dfrac{dP}{dt}$——产物生成速率，g/(L·h)；

　　　　Q_P—产物比生成速率，1/h；

　　　　$\dfrac{dX}{dt}$——细胞生长速率，g/(L·h)。

（2）非生长关联型　在生长和产物无关联的发酵模式中，细胞生长时，无产物，但细胞停止生长后，则有大量产物积累，产物的形成速率与细胞积累有关。产物合成发生在细胞生长停止之后（即产生于次级生长），故习惯上把这类与生长无关联的产物称为次级代谢产物，但不是所有次级代谢产物一定是与生长无关联的。大多数抗生素和微生物毒素的发酵都是非生长偶联的例子，非偶联发酵的生产速率只与已有的菌体量有关，而比生产（物）速率为一常数，与比生长速率没有直接关系。因此，其产率和浓度高低取决于细胞生长期结束时的生物量。产物形成与细胞浓度关系如下：

$$\frac{dP}{dt}=\beta X \tag{2-2}$$

式中　β——非生长偶联的比生产速率，g/(g 细胞·h)。

（3）混合型　生长与产物生成相关（如乳酸、柠檬酸、谷氨酸等的发酵），发酵产物生成速率可由下式描述：

$$\frac{dP}{dt}=\alpha\frac{dX}{dt}+\beta X=\alpha\mu X+\beta X \quad 或 \quad Q_P=\alpha\mu+\beta \tag{2-3}$$

式中　α——与生长偶联的产物形成系数，g/(g 细胞·h)；

β——非生长偶联的比生产速率，g/(g 细胞·h)。

该复合模型复杂的形成是将常数 α、β 作为常数，它们在分批生长的四个时期分别具有特定的数值。

2. 根据产物形成与基质的关系分类

（1）类型 I 产物的形成直接与基质（糖类）的消耗有关，这是一种产物合成与利用糖类有化学计量关系的发酵，糖提供了生长所需的能量。糖耗速率与产物合成速率的变化是平行的，如利用酵母的酒精发酵和酵母菌的好气生长。在通气条件下，底物消耗的速率和菌体细胞合成的速率是平行的。这种形式也叫做有生长联系的培养。

（2）类型 II 产物的形成间接与基质（糖类）的消耗有关，例如柠檬酸、谷氨酸发酵等。即微生物生长和产物合成是分开的，糖既满足细胞生长所需能量，又当做产物合成的碳源。但在发酵过程中有两个时期对糖的利用最为迅速，一个是最高生长时期，另一个是产物合成最高时期。如在用黑曲霉生产柠檬酸的过程中，发酵初期被用于满足菌体生长，直到其他营养成分耗尽为止，然后代谢进入使柠檬酸积累的阶段，产物积累的数量与利用糖的数量有关，这一过程仅得到少量的能量。

（3）类型 III 产物的形成显然与基质（糖类）的消耗无关，例如青霉素、链霉素等抗生素发酵。即产物是微生物的次级代谢产物，其特征是产物合成与利用碳源无准量关系，产物合成在菌体生长停止才开始。此种培养类型也叫做无生长联系的培养。

二、发酵方法

微生物发酵过程根据发酵条件要求分为好氧发酵和厌氧发酵。好氧发酵有液体表面培养发酵、在多孔或颗粒固体培养表面上发酵和通氧深层发酵几种方法。厌氧发酵采用不通氧的深层发酵。因此，无论好氧与厌氧发酵都可以通过深层培养来实现。这种培养均在具有一定径高比的圆柱形发酵罐内完成，就其操作方法可分为以下几种。

（1）分批式操作 底物一次装入罐内，在适宜条件下接种进行反应，经过一定时间后，将全部反应物取出。

（2）半分批式操作 也称流加式操作。是指先将一定量底物装入罐内，在适宜条件下接种使反应开始。反应操作中，将特定的限制性底物送入反应器，以控制罐内限制性底物浓度在一定范围，反应终止将全部反应物取出。

（3）反复分批式操作 分批操作完成后取出部分反应系，剩余部分重新加入底物，再按分批式操作进行。

（4）反复半分批式操作 流加操作完成后，取出部分反应系，剩余部分重新加入一定量底物，再按流加式操作进行。

（5）连续式操作 反应开始后，一方面把底物连续地供给到反应器中，同时又把反应液连续不断地取出，使反应过程处于稳定状态，反应条件不随时间变化。连续发酵又分为开放式连续发酵和封闭式连续发酵。

① 开放式连续发酵 在开放式连续发酵系统中，培养系统中的微生物细胞随着发酵液的流出而一起流出，细胞流出速度等于新细胞生成速度。因此在这种情况下，可使细胞浓度处于某种稳定状态。另外，最后流出的发酵液如部分（反馈）发酵罐进行重复使用，则该装置叫做循环系统；发酵液不重复使用的装置叫做不循环系统。

a. 单罐均匀混合连续发酵 如图 2-17 所示，培养液以一定的流速不断地流加到带机械搅拌的发酵罐中，与罐内发酵液充分混合，同时带有细胞和产物的发酵液又以同样流速连续流出。如果用一个装置将流出的发酵液中部分细胞返回发酵罐，就构成了循环系统（图中虚线所示）。

　　b. 多罐均匀混合连续发酵　将若干搅拌罐串联起来，就构成了多罐均匀混合连续发酵装置。新鲜培养液不断流入第一只发酵罐，在最后一只罐中流出。多级发酵罐可以在每个罐中控制不同的环境条件以满足微生物生长各阶段的不同需要，并能使培养液中的营养成分得到较充分的利用，最后流出的发酵液中产物的浓度较高，所以是较为经济的连续方法。

　　c. 管道非均匀混合连续发酵　管道的形式有多种，如直线形、S形、蛇形管等。培养液和从种子罐出来的种子不断流入管道发酵器内，使微生物在其中生长、繁殖和积累代谢产物（图 2-18）。这种连续发酵的方法主要用于厌氧发酵，如在管道中用隔板加以分隔，每一个分隔等于一台发酵罐，就相当于多罐串联的连续发酵。

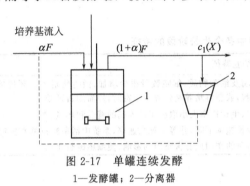

图 2-17　单罐连续发酵
1—发酵罐；2—分离器

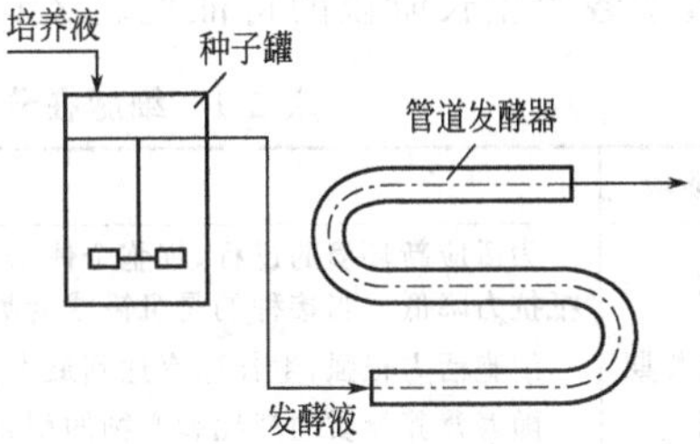

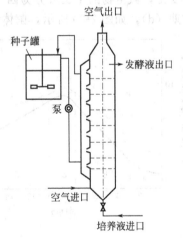

图 2-18　管道连续培养发酵

　　d. 塔式非均匀混合连续发酵　塔式发酵罐有两种：一种是用多孔板将其分隔成若干室，每个室等于一台发酵罐，这样一台多孔板塔式发酵罐就相当于一组多级串联的连续发酵装置；另一种是在罐内装设填充物，使菌体在上面生长，这种形式仍然属于单罐式。如图 2-19 所示是一种气液并流型连续发酵装置，培养液和空气从塔底部并流进入，在用多孔板分隔的多段发酵室中培养后由塔顶流出。

　　② 封闭式连续发酵　在封闭式连续发酵系统中，运用某种方法使细胞一直保持在培养器内，并使其数量不断增加。这种条件下，某些限制因素在培养器中发生变化，最后大部分细胞死亡。因此，在这种系统中，不可能维持稳定状态。封闭式连续发酵可以用开放式连续发酵设备加以改装，只要使用部分菌体重新循环。另一种方法是采用间隔物或填充物置于设备内，使菌体在上面生长，发酵液流出时不带细胞或所带细胞极少。

图 2-19　气液并流型塔式连续发酵

　　透析膜连续发酵是一个新方法，它是采用一种具有微孔的有机膜将发酵设备分隔，这种膜只能通过发酵产物，而不能通过菌体细胞。这样，将培养液连续流加到发酵设备的具有菌体的间隔中，微生物的代谢产物就通过透析膜连续不断地从另一间隔流出。在一些发酵过程中，当发酵液中代谢产物积累到一定程度时就会抑制它的继续积累，而采用透析膜发酵的方法可使代谢产物不断地透析出来，发酵液中留下不多，因而可以提高产品得率。

三、分批培养发酵动力学

　　分批培养又称分批发酵，是指在一个密闭系统内投入有限数量的营养物质后，接入少量的微生物菌种进行培养，使微生物生长繁殖，在特定的条件下只完成一个生长周期的微生物培养方法。当培养时间为零时，向发酵罐内灭过菌的培养基中接入所需要培养的微生物，然后在最适生理条件下进行培养，在以后的整个生长繁殖过程中，除氧气、消泡剂及控制 pH 值的酸碱外，不再加入任何其他物质，培养过程中培养基成分减少，微生物得到生长繁殖，这是一种非恒态的培养法。

分批培养将细胞和培养液一次性装入反应器内进行培养，细胞不断生长，产物也不断形成，经过一段时间反应后，将整个反应系取出。

在分批培养操作中，由于底物消耗和产物的形成，细胞所处的环境时刻都在发生变化，不能使细胞自始至终处于最优条件下。从这个意义上讲，分批培养并不是一种好的操作方式。但是分批培养的特点是操作简单，易于掌握，因而是最常见的操作方式。细胞在分批培养过程中各个生长阶段的特征见表 2-1。

表 2-1　细胞在分批培养过程中各个生长阶段的特征

生长阶段	细胞特征
停滞期	为适应新环境的过程，细胞个体增大，合成新的酶及细胞物质，细胞数量很少增加，微生物对不良环境的抵抗力降低。当接种的是饥饿或老龄的微生物细胞，或新鲜培养基营养不丰富时，停滞期将延长
对数生长期	细胞活力很强，生长速率达到最大值且保持稳定，生长速率大小取决于培养基的营养和环境
稳定期	随着营养物质的消耗和产物的积累，微生物的生长速率下降，并等于死亡速率，系统中活菌数量基本稳定
衰亡期	在稳定期开始以后的不同时期内出现，由于自溶酶的作用或有害物质的影响，使细胞破裂死亡

1. 微生物的生长曲线

在分批培养过程中，随着微生物的生长和繁殖，细胞量、底物、代谢产物的浓度等不断发生变化，微生物的生长可分为四个阶段：延滞期（a）、对数生长期（b）、稳定期（c）和衰亡期（d），如图 2-20 所示，菌体细胞和代谢的变化曲线模式如图 2-21 所示。

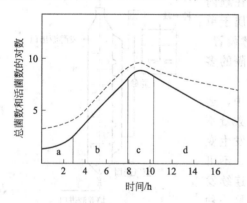

图 2-20　分批培养过程中典型的细胞生长曲线
——活菌数；-----总菌数
a—停滞期；b—对数生长期
c—稳定期；d—衰亡期

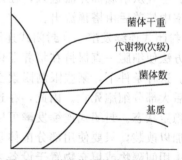

图 2-21　微生物培养代谢曲线模式

（1）延滞期　当细胞由一个培养基转到另一个培养基时，细胞数量并没有增加，处于一个相对停止生长状态。但细胞内却在诱导产生新的营养物质运输系统，可能有一些基本辅助因子会扩散到细胞外，同时参加初级代谢的酶类再调节状态以适应新的环境。这个时期是微生物细胞适应新环境的过程。

然而，接种物的生理状态是延滞期长短的关键。如果接种物处于对数期，很可能不存在延滞期，而立即开始生长。如果所用的接种物已经停止生长，那么，就需要更长的时间，以适应新环境。此外，接种物浓度对延滞期长短也有影响。

（2）对数生长期 处于对数生长期的微生物细胞的生长速率大大加快，单位时间内细胞的数量或质量的增加维持恒定，并达到最大值。如在半对数纸上用细胞数目或细胞质量的对数值对培养时间作图，将得到一条直线，该直线的斜率就等于 μ。

在对数生长期，随着时间的推移，培养基中的成分不断发生变化，但在此期间，细胞的生长速率基本维持恒定。在微生物的培养过程中，菌体浓度的增加速率是菌体浓度、基质浓度和抑制剂浓度的函数，即：

$$\frac{\mathrm{d}X}{\mathrm{d}t} = f(X, S, I) \tag{2-4}$$

式中 X——菌体浓度，g/L；

　　S——限制性基质浓度，g/L；

　　I——抑制剂浓度，g/L；

　　$\frac{\mathrm{d}X}{\mathrm{d}t}$——生长速率，g/(L·h)

如果单从 X 与 $\mathrm{d}X/\mathrm{d}t$ 的关系来看，则菌体生长速率与培养液中的菌体浓度成正比，即：

$$\frac{\mathrm{d}X}{\mathrm{d}t} = \mu X \tag{2-5}$$

式中 t——培养时间，h。比生长速率 μ 的物理意义是单位菌体的生长速率，其单位为时间的倒数，一般以 1/h 表示。

比生长速率与许多因素有关，当温度、pH、基质浓度等条件改变时，μ 随之改变。当培养条件一定，μ 为常数时，式（2-5）表示指数生长式，即生长速率与已有细胞重量成正比。这时，对式（2-5）积分得：

$$\int_{x_0}^{x} \mathrm{d}x/x = \mu \int_0^t \mathrm{d}t$$

$$\ln \frac{X}{X_0} = \mu t \tag{2-6}$$

式中 X_0——初始细胞浓度，g/L。

微生物的生长有时可用"倍增时间"（t_d）表示，其定义为微生物细胞浓度增加一倍所需要的时间，即：

$$t_d = \frac{\ln 2}{t} = \frac{0.693}{\mu} \tag{2-7}$$

微生物细胞比生长速率和倍增时间因受遗传特性及生长条件的控制，有很大的差异。表2-2 中列出了几种不同的微生物受培养基和碳源综合影响时的比生长速率和倍增时间。

表 2-2 微生物的比生长速率和倍增时间

微生物	碳源	比生长速率/(1/h)	倍增时间/min
大肠杆菌	复合物	1.2	35
	葡萄糖＋无机盐	2.82	15
	醋酸＋无机盐	3.52	12
	琥珀酸＋无机盐	0.14	300
中型假丝酵母	葡萄糖＋维生素＋无机盐	0.35	120
	葡萄糖＋无机盐	1.23	34
	C_6H_{14}＋维生素＋无机盐	0.13	320
地衣芽孢杆菌	葡萄糖＋水解酪蛋白	1.2	35
	葡萄糖＋无机盐	0.69	60
	谷氨酸＋无机盐	0.35	120

应当指出的是，并不是所有微生物的生长速率都符合上述方程。如当以碳氢化合物作为微生物的营养物质时，营养物质从油滴表面的扩散速度会引起对生长限制，使生长速率不符合对数规律。在这种情况下，细胞显示为直线式生长，即：

$$\frac{dX}{dt} = K \tag{2-8}$$

$$X = X_0 + Kt \tag{2-9}$$

式中　　K——常数。

在某些情况下，丝状微生物的生长方式是顶端生长，而营养物质则通过整个丝状菌体扩散，营养物质在细胞内的扩散限制也使其生长曲线偏离上述规律。其生长速率可能和菌丝体的表面积成正比，或与细胞重量的 2/3 次方成正比，于是：

$$\frac{dX}{dt} = KX^{\frac{2}{3}} \tag{2-10}$$

$$\mu = \frac{1}{X} \cdot \frac{dX}{dt} = KX^{-\frac{1}{3}} \tag{2-11}$$

（3）稳定期　微生物的生长造成了营养物质的消耗和微生物产物的分泌。随着培养基中营养物质的消耗和代谢产物的积累或释放，微生物的生长速率也就会下降，直至生长停止。当所有微生物细胞分裂，或细胞增加速度与死亡速度相当时，微生物数量就达到平衡，微生物的生长也就进入了稳定期。这时细胞重量基本维持恒定，但细胞数目可能下降。由于细胞的溶解作用，新的营养物（糖类、蛋白质）又释放出来，而它们又可作为细胞的能源，使存活的细胞发生缓慢的生长，通常称为二次生长或隐性生长。二次生长的产物主要是次级代谢产物。

（4）衰亡期　当发酵过程处于衰亡期时，微生物细胞内所储存的能量已基本耗尽，细胞开始在自身所含的酶的作用下死亡。

需要指出的是，微生物细胞生长的停滞期、对数生长期、稳定期和衰亡期的时间长短取决于微生物的种类与所用培养基。在工业生产中，通常在对数生长期的末期或衰亡期开始以前，结束发酵过程。

稳定期和衰亡期的出现，除了底物浓度下降或已被耗尽外，一般认为还有下列原因：

① 其他营养物质不足　除碳源外，其他必需营养物质不足，同样会引起微生物停止生长，进入稳定期和衰亡期。

② 氧的供应不足　随着培养液细胞浓度的增加，需氧速率越来越大，而培养液中菌体浓度的增加，导致黏度增大，溶解氧困难，因而在分批培养的后期，容易造成供氧不足。供氧不足会造成细胞生长速率减慢，严重时会出现菌体自溶，进入衰亡期。

③ 抑制物质的积累　随着微生物的生长，培养液中各种代谢产物的浓度逐渐增高，而有些代谢产物对微生物本身的生长有抑制作用。

④ 生物的空间不足　据经验，在培养细菌及酵母等时，当细胞浓度达到 $10^9 \sim 10^{10}$ 个/mL 时，培养液中还有充足的营养物质，但菌体的生长几乎停止。这种现象的出现有人认为是由生长抑制物质所引起，也有人认为是由于单个细胞必须占有最小空间所致。

2. 分批培养中微生物生长动力学

在分批培养过程中，虽然培养基中营养物质随时间的变化而变化，但通常在特定条件（特定的温度、pH 值、营养物类型、营养物浓度等）下，比生长速率 μ 是一个常数。20 世纪 40 年代以来，人们提出了许多描述微生物生长过程中比生长速率和营养物浓度关系的数学模型，其中，1942 年，Monod 最先提出了在特定温度、pH 值、营养物类型、营养物浓度等条件下，微生物细胞的比生长速率与限制性营养物的浓度之间存在如下关系式，即

Monod 方程。

$$\mu = \frac{\mu_m S}{K_S + S} \tag{2-12}$$

式中　μ_m——微生物的最大比生长速率，1/h；

　　　　S——限制性营养物质的浓度，g/L；

　　　　K_S——饱和常数，g/L。

K_S 的物理意义为当比生长速率为最大比生长速率一半时的限制性营养物质浓度，它的大小表明了微生物对营养物质的吸收亲和力大小。K_S 越大，表示微生物对营养物质的吸收亲和力越小，表明微生物对生长基质的敏感性小；反之就越大，说明微生物对生长基质的敏感性大。对于许多微生物来说，K_S 值是很小的，一般为 0.1～120mg/L 或 0.01～3.0mmol/L，这表示微生物对营养物质有较高的吸收亲和力。一些微生物的 K_S 值见表 2-3。同一微生物菌体，对不同基质具有不同的饱和常数 K_S，而具有最小 K_S 值的底物为微生物生长的天然底物。如表 2-4 所示为某些微生物在培养过程中通过图解法所求得的 K_S 值及 μ_{max}。

表 2-3　一些微生物的 K_S 值

微生物	底物	K_S 值/(mg/L)	微生物	底物	K_S 值/(mg/L)
产气肠道细菌	葡萄糖	1.0	多形汉逊酵母	甲醇	120
大肠杆菌	葡萄糖	2.0～4.0	产气肠道细菌	氨	0.1
啤酒酵母	葡萄糖	25.0	产气肠道细菌	镁	0.6
多形汉逊酵母	核糖	3.0	产气肠道细菌	硫酸盐	3.0

表 2-4　某些微生物在培养过程中通过图解法所求得的 K_S 值及 μ_{max}

微生物	限制基质	K_S/(g/L)	μ_{max}/(1/h)
大肠杆菌 E. coli	葡萄糖	0.004	—
	乳糖	0.008	—
啤酒酵母 S. cerevesiae	乙醇	0.120～0.152	0.13
	葡萄糖	0.10	—
红曲霉 Monascu sp.	葡萄糖	0.155	0.125
木霉 Trichoderma sp.	葡萄糖	0.029～0.059	0.13
恶臭醋酸杆菌 Acetobacter rancens	氧	0.0008	0.345
棕色固氮菌 Azotobacter landii	氧	0.0002	0.35
产朊假丝酵母 Candida utilis	氧	3.2×10^{-5}	0.44

当限制性底物浓度非常小时，即 $S \ll K_S$ 时，$K_S + S \approx K_S$，于是 Monod 方程简化为：

$$\mu = \frac{1}{X} \cdot \frac{dX}{dt} = \frac{\mu_{max}}{K_S} \cdot S \tag{2-13}$$

此时，比生长速率与限制性底物浓度成正比，微生物的生长显示为一级反应。

当限制性底物浓度很大时，即 $S \gg K_S$ 时，$K_S + S \approx S$，于是 Monod 方程变为：

$$\mu = \frac{1}{X} \cdot \frac{dX}{dt} = \mu_{max} \tag{2-14}$$

$$\frac{dX}{dt} = \mu_{max} X \tag{2-15}$$

此时，比生长速率达到最大比生长速率，菌体的生长速率与底物浓度无关，而与菌体浓度成正比，微生物的生长显示为零级反应。

当限制性底物浓度很高时，对于某些微生物，高浓度的基质对生长有抑制作用，因而当

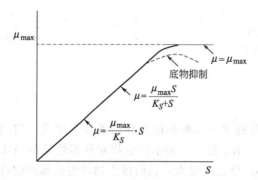

图 2-22 限制性底物浓度
对比生长速率的影响

μ 达某一值时，再提高底物浓度，比生长速率反而下降，这时，μ_{max} 仅表示一种潜在的力量，实际上是达不到的，如图 2-22 所示。在纯培养情况下，只有当微生物细胞生长受一种限制性营养物制约时，Monod 方程才与实验数据相一致。

3. 分批培养时基质的消耗速率

在发酵培养过程中，培养基中的营养物质被细胞利用，生成细胞和代谢产物，我们常用得率系数描述微生物生长过程的特征，即生成的细胞或产物与消耗的营养物质之间的关系。

在实际生产中，最常用的是细胞生长得率系数（$Y_{X/S}$）和产物得率系数（$Y_{P/S}$），也叫细胞得率和产物得率，其含义为：

细胞生长得率系数（$Y_{X/S}$），即消耗单位质量营养物质生成细胞的质量；产物得率系数（$Y_{P/S}$），即消耗单位质量营养物质生成产物的质量。

这两种得率为表观得率，可通过测定一定时间内细胞和产物的生成量以及营养物质的消耗量来进行计算，而理论得率却不能直接测定。

$$Y_{X/S}=\frac{X-X_0}{S_0-S}=\frac{\Delta X}{\Delta S} \tag{2-16}$$

$$Y_{P/S}=\frac{P-P_0}{S_0-S}=\frac{\Delta P}{\Delta S} \tag{2-17}$$

发酵培养基中基质的减少是由于细胞和产物的形成，即：

$$-\frac{\mathrm{d}S}{\mathrm{d}t}=\frac{\mu X}{Y_{X/S}} \tag{2-18}$$

$$\frac{\mathrm{d}P}{\mathrm{d}t}=Y_{P/S}\frac{\mathrm{d}S}{\mathrm{d}t} \tag{2-19}$$

如果限制性基质是碳源，消耗掉的碳源中一部分形成细胞物质，一部分形成产物，一部分维持生命活动，即有

$$-\frac{\mathrm{d}S}{\mathrm{d}t}=\left(-\frac{\mathrm{d}S}{\mathrm{d}t}\right)_G+\left(-\frac{\mathrm{d}S}{\mathrm{d}t}\right)_m+\left(-\frac{\mathrm{d}S}{\mathrm{d}t}\right)_P \tag{2-20}$$

即：

$$-\frac{\mathrm{d}S}{\mathrm{d}t}=\frac{\mu X}{Y_G}+mX+\frac{1}{Y_P}\frac{\mathrm{d}P}{\mathrm{d}t} \tag{2-21}$$

式中　Y_G——菌体的理论得率系数，角标 G 表示生长；

　　　Y_P——产物的理论得率系数，角标 P 表示产物；

　　　m——维持系数，$m=1/x^*(-\mathrm{d}S/\mathrm{d}t)_m$，角标 m 表示维持。

$Y_{X/S}$、$Y_{P/S}$ 分别是对基质总消耗而言的；Y_G 和 Y_P 是分别对用于生长和产物形成所消耗的基质而言的，如果用比速率来表示基质的消耗和产物的形成，则有：

$$q_S=-\frac{1}{X}\cdot\frac{\mathrm{d}S}{\mathrm{d}t} \tag{2-22}$$

$$q_P=\frac{1}{X}\cdot\frac{\mathrm{d}P}{\mathrm{d}t} \tag{2-23}$$

式中　q_S——基质比消耗速率，mol/(g 菌体·h)；

q_P——产物比生成速率，$mol/(g\ 菌体 \cdot h)$

根据比生长速率的关系式和基质消耗速率的关系可得到下列关系：

$$q_S = \frac{\mu}{Y_{X/S}} \tag{2-24}$$

根据式(2-21) 可得到下式：

$$q_S = \frac{\mu}{Y_G} + m + \frac{q_P}{Y_P} \tag{2-25}$$

若产物可忽略（以细胞培养为目的），由式(2-24) 和式(2-25) 可得：

$$\frac{1}{Y_{X/S}} = \frac{1}{Y_G} + \frac{m}{\mu} \tag{2-26}$$

由于 Y_G、m 很难直接测定，只要得出细胞在不同比生长速率下的 $Y_{X/S}$，可根据图解法求得 Y_G、m 的值，从而可得到基质消耗的速率。

4. 分批培养时产物形成动力学

微生物发酵中，产物生成速率与细胞浓度、细胞生长速率及基质浓度等有关。不同的发酵生产有着不同的动力学模式。细胞生长与代谢产物形成之间的动力学决定于细胞代谢中间产物所起的作用。描述这种关系的模式有三种，即偶联型模式、非生长关联型模式和混合型模式。如图 2-23 所示表示营养物质以化学计量关系转化为单一产物（P），产物形成速率与生长速率的关系。

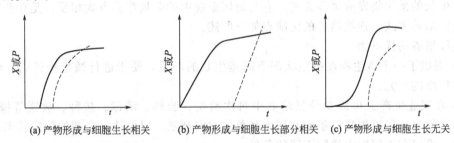

(a) 产物形成与细胞生长相关　(b) 产物形成与细胞生长部分相关　(c) 产物形成与细胞生长无关

图 2-23　微生物细胞的分批培养中微生物细胞的生长与产物形成的动力学模式

（1）偶联型模式　在这种模式中，当底物以化学计量关系转变成单一的一种产物 P 时，产物形成速率与生长速率成正比关系。即：

$$\frac{dP}{dt} = \alpha \frac{dX}{dt} \tag{2-27}$$

式中　α——比例常数。

偶联型模式的代谢产物一般称为初级代谢产物，这类代谢产物的发酵称为初级代谢发酵，如乙醇、柠檬酸、氨基酸和维生素等代谢产物的发酵。

（2）非生长关联型模式　在这种模式中，产物的形成速率只和细胞浓度有关，即：

$$\frac{dP}{dt} = \beta X \tag{2-28}$$

式中的 β 为比例常数，与酶活力相似，可以认为它所表示的是单位细胞重量所具有的产物生成的酶活力单位数。

非生长关联型模式的代谢产物一般为次级代谢产物，大多数抗生素发酵都属于次级代谢。需要指出的是，虽然所有的非生长关联型都称为次级代谢产物，但并非所有的次级代谢产物一定都是非生长关联型。次级代谢产物是一种习惯叫法，因这类产物产生于次级生长。

（3）复合模式　Luedeking 等研究以乳酸菌发酵生产干酪乳时，得出如下动力学模式：

$$\frac{\mathrm{d}P}{\mathrm{d}t} = \alpha \frac{\mathrm{d}X}{\mathrm{d}t} + \beta X \tag{2-29}$$

此式为前两式复合而成，前一项表示生长联系，后一项表示非生长联系。当 $\alpha \gg \beta$ 时，即为生长偶联型；$\alpha \ll \beta$ 时，即为非生长关联型。

把 $\mu = \frac{1}{X} \cdot \frac{\mathrm{d}X}{\mathrm{d}t}$ 代入式(2-29) 得：

$$\frac{\mathrm{d}P}{\mathrm{d}t} = \alpha \mu X + \beta X \tag{2-30}$$

$$\frac{1}{X} \cdot \frac{\mathrm{d}P}{\mathrm{d}t} = \alpha \mu + \beta \tag{2-31}$$

$q_P = \frac{1}{X} \cdot \frac{\mathrm{d}P}{\mathrm{d}t}$，为比生产速率，即单位菌体的产物生产速率，其单位为 g 产物/(g 细胞·h) 或 1/h。于是：

对于生长偶联型，$q_P = \alpha \mu$，即比生产速率与比生长速率成正比。

对于非生长关联型，$q_P = \beta$，即比生产速率与比生长速率无关。

四、连续培养

连续培养也称为连续发酵，是指以一定的速度向培养系统内添加新鲜的培养基，同时以相同的速度流出培养液，从而使培养系统内培养液的量维持恒定，使微生物细胞在近似恒定状态下生长的微生物发酵培养方式。它与封闭系统中的分批培养方式相反，是在开放的系统中进行的培养方式。连续培养的优缺点如下所述。

连续培养的优点为：

① 提供了一个微生物在恒定状态下高速生长的环境，便于进行微生物代谢、生理生化和遗传特性的研究。

② 在工业生产上可减少分批培养中每次清洗、装料、消毒、接种、放罐等操作时间，提高生产效率。可以提高设备的利用率和单位时间产量，只保持一个期的稳定状态，易于分期控制，可以在不同期中控制不同的条件。

③ 连续培养中各参数趋于恒值，便于自动控制，生产出的发酵产品，质量比较稳定。

④ 连续培养所需设备和投资少，而且便于自动控制。

连续培养也具有一些缺点：

① 在长时间培养中，菌种易于发生变异，并容易染上杂菌。

② 如操作不当，新加入的培养基与原有培养基不易完全混合。

目前，连续培养在工业生产上应用的范围日益扩大，主要用于生产微生物细胞、一级代谢产物以及与能量产生和细胞增殖有关的代谢产物，包括面包酵母、单细胞蛋白、啤酒、酒精、葡萄糖异构酶及处理工业污水等。

连续培养是在微生物培养系统中连续添加培养基的同时连续收获产品的操作。在连续操作过程中，微生物所处的环境条件，如营养物质的浓度、产物的浓度、pH 值以及微生物细胞的生长速率等可以自始至终基本保持不变，甚至还可以根据需要来调节微生物细胞的生长速率，因此，连续发酵的最大特点是微生物细胞的生长速率以及产物的代谢均处于恒定状态，反应器中的底物浓度和细胞浓度都保持不变，可达到稳定、高速培养微生物细胞或产生大量的代谢产物的目的。但是这种恒定状态与细胞生长周期中的稳定期有本质区别。与分批培养相比，连续培养具有设备生产能力高、易于实现自动控制和劳动生产率高等优点，主要的缺点是很难保证长期的无菌操作和培养浓度较低。因此，连续培养很难在无菌要求极严的发酵生产中实现。其次，对于产品不宜分离的发酵生产也不宜采用连续培养。

连续培养分全混式和活塞式两种。所谓全混式反应器是一种理论模型，其基本假设有：

① 进料液和出料液流量相等，容器中液体的体积 V 恒定。

② 反应器中底物、产物和细胞浓度均匀一致，即反应器中无浓度梯度。

③ 流出液的物料组成等于反应器中的物料组成。

活塞式是另一种模式的连续培养，其基本假设有：

① 物料遵循严格的先进先出，像活塞一样；

② 细胞浓度和营养组分的浓度沿反应器轴向逐渐变化，但沿径向无浓度梯度；

③ 反应器各处，各组分的浓度不随时间变化。

根据达到稳定状态的情况，全混式反应器分恒化器和恒浊器两种。恒化器是指达到稳定态时，反应器的化学环境恒定。在恒化器法的连续培养过程中，通常是通过限制某些化学物质（如以碳源或氮源为限制基质）来控制微生物生长。在连续培养时，既可以采用一种限制基质，也可以采用两种限制基质。生长所需的任何一种营养物质都可作为限制生长的营养组分，这样为研究者通过调节生长环境来控制正在生长的细胞生理特性提供了相当大的灵活性。恒浊器是指达稳态时，反应器中的细胞浓度恒定。在恒浊器法连续培养中，通常是通过控制培养液的混浊度来保持恒定的细胞浓度，因而得名恒浊器。目前，通过测定 pH、CO_2 等进行控制的培养方式被解释为广义的恒浊培养。在恒浊培养中，所供给的营养组分必须是过剩的，这样才能保持稳定的生长速率。

在连续培养过程中，被广泛应用的是恒化器，而恒浊器在连续培养中应用较少，一般用于光合微生物（如小球藻）的培养。

以下仅讨论全混式反应器连续培养的基本理论。在全混式反应器中，根据连续培养的级数（即串联反应器的个数）可分为单级连续培养、二级连续培养和多级连续培养。

1. 单级连续培养的动力学

（1）单级连续培养细胞的物料平衡　为了描述恒定状态下恒化器的特性，必须求出细胞和限制性营养物质的浓度与培养基流速之间的关系方程。细胞量的变化方程为：

$$V(dX/dt) = V(dX/dt)_G - XF \tag{2-32}$$

式中　F——培养基液体流量，m^3/s；

　　　V——发酵罐培养液体积，m^3；

$(dX/dt)_G$——因细胞生长造成的细胞浓度变化率；

　dX/dt——总的培养液中细胞浓度变化率，$kg/(m^3 \cdot s)$。

整理方程可简化为：

$$-\frac{FX}{V} + \mu X = \frac{dX}{dt} \tag{2-33}$$

定义稀释率 $D = \dfrac{F}{V}$ （1/h），其含义是单位时间内加入的培养基体积占发酵罐内培养基体积的分率，D 的倒数 t 表示培养液在发酵罐内的平均停留时间，于是有：

$$dX/dt = (\mu - D)X \tag{2-34}$$

在恒定状态时，$\dfrac{dX}{dt} = 0$，比生长速率等于稀释率，即：

$$\mu = D \tag{2-35}$$

这就表明，在一定范围内，人为地调节培养基的流量，细胞可以按照控制的比生长速率来生长。但稀释率的大小有一定的限制，不能超过一定的数值，即有一临界稀释率。

（2）限制性营养物质的物料平衡　对生物反应器（发酵罐）而言，营养物质的平衡可表示为：

$$V(dS/dt)=FS_0-FS-V(dS/dt)_c \tag{2-36}$$

式中　$(dS/dt)_c$——因细胞消耗造成的限制性基质浓度变化速率，$kg/(m^3 \cdot s)$；

　　　　dS/dt——培养液中限制性基质变化速率，$kg/(m^3 \cdot s)$。

整理得：

$$dS/dt=D(S_0-S)-(dS/dt)_c \tag{2-37}$$

即：

$$dS/dt=D(S_0-S)-\mu X/Y_{X/S} \tag{2-38}$$

式中　S_0，S——分别为流入和流出发酵罐的营养物的浓度，g/L；

　　　　$Y_{X/S}$——细胞生长的得率系数，

在恒定状态下，$dS/dt=0$，故方程（2-38）为：

$$D(S_0-S)=\mu X/Y_{X/S} \tag{2-39}$$

因为在恒定状态下 $\mu=D$，所以

$$X=Y_{X/S}(S_0-S) \tag{2-40}$$

$$X=Y_{X/S}[S_0-K_SD/(\mu_m-D)] \tag{2-41}$$

（3）产物平衡

$$VdP/dt=FP_0+V(dP/dt)P-FP \tag{2-42}$$

式中　$(dP/dt)P$——由于细胞合成产物而引起的产物浓度变化速率；

　　　　dP/dt——培养液中产物浓度变化速率。

整理后得：

$$dP/dt=(dP/dt)P-D(P-P_0) \tag{2-43}$$

$$dP/dt=q_PX-D(P-P_0) \tag{2-44}$$

当连续培养处于稳态，且加料中不含有产物（$P_0=0$）时，

$$DP=q_PX \tag{2-45}$$

$$P=q_PX/D \tag{2-46}$$

式中　P——产物浓度；

　　　　q_P——产物比合成速率。

（4）细胞浓度与稀释率的关系　前面已介绍，单级连续培养情况下在一定范围内，可人为地调节培养基的流量，也就是调节稀释率来控制细胞的比生长速率。但调节稀释率的大小有一定的限制，不能超过一定的数值，即有一临界稀释率。临界稀释率的大小可根据莫诺德方程计算。

若设流加液中的限制性基质浓度为 S_0，则临界稀释率为：

$$D_c=\mu_m S_0/(K_S+S_0) \tag{2-47}$$

若稀释率超过临界稀释率即 $D>D_c$，则细胞的比生长速率小于稀释率，随着时间的延长，细胞的浓度不断降低，最后细胞从发酵罐中被洗光。

当 $D<D_c$ 时，发酵罐中限制性基质的稳态浓度为：

$$S=K_SD/(\mu_m-D) \tag{2-48}$$

由方程式（2-40）和式（2-41）可知：

$$X=Y_{X/S}(S_0-S)=Y_{X/S}\left(S_0-\frac{DK_S}{\mu_m-D}\right) \tag{2-49}$$

式（2-48）和式（2-49）分别表示了 S 和 X 对培养基流量（相当于 D）的依赖关系。当流

量低即 D 值较小时，营养物全部被细胞利用，$S{\to}0$，细胞浓度 $X{=}Y_{X/S}S_0$。如果 D 增加，X 减小，当 $D{\to}\mu_{\max}$ 时，$S{\to}S_0$，$X{\to}0$，即达到"洗出点"，当 D 在 μ_m 以上时，为非恒定状态。

（5）最适稀释率　最适稀释率并不是指连续培养过程所允许的最大稀释率，而是指使细胞或产物的生产能力达到最大时的稀释率。在发酵生产中，生产能力是指单位时间培养液中产生产品的浓度，其单位是质量/(体积·时间)，一般以 g/(L·h) 表示。对于细胞，其生产能力即为生长速率；对于代谢产物，其生产能力亦称为生产速率。

对于单级连续培养，假定进料液中没有细胞和产物，则其生产能力为：

对于细胞

$$D(X-X_0)=DX=DY_{X/S}\Big(S_0-\frac{DK_S}{\mu_m-D}\Big) \tag{2-50}$$

对于产物

$$DP=DY_{P/S}\Big(S_0-\frac{DK_S}{\mu_m-D}\Big) \tag{2-51}$$

令
$$\frac{\mathrm{d}(DX)}{\mathrm{d}D}=Y_{X/S}\Big[S_0-\frac{2K_SD(\mu_m-D)+K_SD^2}{(\mu_m-D)^2}\Big]=0$$

则得：$(S_0+K_S)D^2-2\mu_m(S_0+K_S)D+S_0\mu_m^2=0$

解方程可得：　　　　　　$D=\mu_m[1\pm\sqrt{K_S/(S_0+K_S)}]$

由于稀释率 D 不可能大于 μ_m，故取

$$D=\mu_m[1-\sqrt{K_S/(S_0+K_S)}] \tag{2-52}$$

通过数学的方法可以证明在此稀释率处，生产能力 D_X 有最大值，因此被定义为最适稀释率，并以 D_m 表示：

$$D_m=\mu_m[1-\sqrt{K_S/(S_0+K_S)}]$$

2. 多级串联连续培养动力学

把多个发酵罐串联起来，第一罐的情况与单罐培养相同，以后下一罐的进料便是前一发酵罐的出料，这样就组成了多级串联连续培养。多级串联连续培养可以提高生产能力，在实际培养时，也可向第二级以后的各级发酵罐补充新的培养基。如果各级发酵罐的培养基体积相同，并且第二级以后的发酵罐中不加入新培养基，那么根据各级发酵罐的物料平衡，可得出稳态下第 n 个发酵罐中的细胞浓度、比生长速率、限制性基质浓度和产物浓度。

$$X_n=DX_{n-1}/(D-\mu_n) \tag{2-53}$$
$$\mu_n=D(1-X_{n-1}/X_n) \tag{2-54}$$
$$S_n=S_{n-1}-\mu_nX_n/DY_{X/S} \tag{2-55}$$
$$P_n=P_{n-1}+q_PX_n/D \tag{2-56}$$

由于前一级发酵罐流出液中的限制性基质浓度已经有所降低，因此，在后一级发酵罐中的细胞的增长就不多了，这样从第二级开始，细胞的比生长速率不再与稀释率相等。在第二级发酵罐中细胞的比生长速率为：

$$\mu_2=D(1-X_1/X_2) \tag{2-57}$$
$$X_2=Y_{X/S}(S_0-S_2) \tag{2-58}$$

根据 Monod 方程：

$$\mu_2=\mu_mS_2/(K_S+S_2) \tag{2-59}$$
$$X_1=Y_{X/S}[S_0-K_SD/(\mu_m-D)] \tag{2-60}$$

根据式(2-57)和式(2-59)有：

$$D(1-X_1/X_2)=\mu_m S_2/(K_S+S_2) \tag{2-61}$$

将式(2-58)和式(2-60)代入并整理可得：

$$(\mu_m-D)S_2^2-[\mu_m S_0-K_S D^2/(\mu_m-D)+K_S D]S_2+K_S^2 D^2/(\mu_m-D)=0$$

解此方程可得第二级发酵罐中稳态时限制性基质浓度 S_2，再由 $X_2=Y_{X/S}(S_0-S_2)$ 确定 X_2。依次类推，可求得 n 级发酵罐的基质浓度、产物浓度和细胞浓度等参数。

思 考 题

1. 说明微生物代谢调控发酵的基本思想。

2. 简述微生物营养缺陷型与渗漏缺陷型的概念。

3. 简述微生物代谢调控发酵的措施。

4. 简述微生物初级代谢与次级代谢有哪些不同。

5. 名词解释

生长得率，产物得率，基质比消耗速率，产物比合成速率，稀释率，维持系数，细胞生产速率。

6. 当限制性基质是碳源时，基质消耗速度为：$-dS/dt=\mu X/Y_G+mX+1/Y_P \cdot dP/dt$，试分析此式的含义。

7. 分别写出单级连续培养时发酵罐中细胞、产物、基质消耗变化的微分方程。

8. 试推导多级连续发酵平衡时：

$$X_n=DX_{n-1}/(D-\mu_n)$$

$$P_n=P_{n-1}+q_P X_n/D$$

第三章 工业微生物的育种与种子制备

第一节 生产用微生物的分离

获得优良工业微生物的方法主要包括三种：一是向菌种保藏机构或科研与生产单位索取或购买有关性状优良的菌株；二是由自然界采集样品，如土壤、水、动植物体等，从中进行分离筛选；三是从发酵及其相关制品中分离目的菌株，如从酸奶中分离耐酸性好的乳酸细菌，从浓香型白酒窖泥中分离产己酸的细菌等，由于经过长期的自然选择，从这些产品或环境中容易筛选到理想的菌株。

新菌种的分离是要从混杂的各类微生物中依照生产的要求、菌种的特性，采用各种筛选方法，快速、准确地把所需要的菌种挑选出来。新菌种分离及筛选的步骤一般为：制订方案、采样、增殖、分离、发酵性能测定等。首先要了解所需菌种的生长和培养特性，有针对性地采集样品，并人为地通过控制培养条件，增加要选菌种的数量，从而增加分离概率，使所需菌种在增殖培养后，在数量上占优势。然后利用分离技术得到纯种，再进行生产性能测定，确定是否适合生产要求、是否可用于生产。这些特性包括形态、培养特征、营养要求、生理生化特性、发酵周期、产品品种和产量、耐受最高温度、生长和发酵最适温度、最适pH 值、提取工艺等。菌株的分离与筛选如图 3-1 所示。一般可分为样品采集、微生物富集、菌株分离和产物鉴定等几个步骤。

出发研究菌株的确定
↓
采样(选择采样地点)
↓
富集培养(选择合适的培养条件)
↓
分离纯化
↓
初筛(初步确定 30～50 株菌株)
↓
斜面保存
↓
多次复筛(确定 1～2 株性能优良的菌株)
↓
鉴定(分类、生产性能等的鉴定)
↓
菌种保藏(选择保藏方法)

图 3-1 菌株的分离与筛选

一、生物样品的采集

1. 从土壤中采样

土壤由于具备了微生物所需的营养、空气和水分，是微生物最集中的地方，一般细菌、放线菌、霉菌和酵母菌在土壤中的数量级可分别达到 10^8、10^7、10^6 和 10^5，从土壤中几乎可以分离到任何所需的菌株。但由于各种微生物生理特性不同，在土壤中的分布也随土壤所在地域、土壤条件的不同而有很大的变化。

从土壤的酸碱度角度讲，偏碱的土壤（pH7.0～7.5）环境，适合于细菌和放线菌生长，而在偏酸的土壤（pH7.0以下）环境下，霉菌和酵母菌生长旺盛。同时微生物数量受季节的影响也较大，可根据不同地域的气候条件，选择春季或秋季采集样品。

由于阳光照射，1～5cm的表层土，蒸发量大，水分少，且因紫外线的杀菌作用，微生物数量较少；25cm以下土层土质紧密，空气稀薄，养分与水分相对缺乏，含菌量也较少。因此，采土样最好的土层是5～25cm，取此处的土样20g左右，装入事先准备好的无菌袋内扎好。一般应在同一地区、不同位置多处采样，并做好编号，采样后应尽快进行分离，以免微生物死亡。如条件不允许进行快速分离，则可取少许土样撒到做好的选择性培养基试管斜面上，作为临时保存。

2. 极端环境条件下采样

极端微生物是一类能生长在极端温度、高酸、高碱、高盐或高辐射强度条件下的微生物。如在寒冷的环境中分离嗜冷菌（0～20℃）；在盐碱地、碱湖中分离嗜碱菌（pH>8.0）；从温泉和海底火山口分离极端嗜热菌；利用海洋独特的高盐度、高压力、低温及光照条件，分离具备特殊生理活性的微生物，如日本学者从海洋中分离、筛选到一株产DNA达290mg/L的菌株。

3. 特殊环境条件下采样

每种微生物对营养的需求和生理特性都不一样，因此分布也有差异，可以根据微生物不同的特性，在相应的环境下采样。如在腐烂的木头上分离利用纤维素作碳源的纤维素酶产生菌；在肉类加工厂附近分离蛋白酶和脂肪酶的产生菌；在酒精厂附近分离糖化酶的产生菌；在油田附近的土壤中就容易筛选到利用碳氢化合物为碳源的菌株。

二、样品中微生物的富集培养

富集（enrichment）培养是将较少的目的微生物，根据其生理特点，利用选择培养基，使目的微生物在最适的环境下迅速地生长繁殖，数量增加，利于分离到所需要的菌株。

1. 调整培养基的营养成分进行富集

利用微生物代谢类型的不同，在分离目的菌株之前，可在增殖培养基中加入相应的底物作为唯一碳源或氮源，能分解利用的目的菌株因得到充足的营养而迅速繁殖，其他微生物则生长受到抑制。在相应选择性培养基上生长的微生物并非单一菌株，而是营养类型相同的微生物群，因此富集选择只是相对的。如要分离水解酶产生菌，可在富集培养基中加入相应底物为唯一碳源，加入含菌样品，给目的微生物以最佳的培养条件（pH、温度、营养、通气等）进行培养，能分解利用该底物的微生物得以富集。自然界存在着大量废物及污染物，如多环芳烃、有机染料和颜料、表面活性剂、农药、酚类和卤代烃等。在分离筛选这类物质的降解微生物时，用该物质为唯一碳源或氮源的培养基进行富集培养，可得到相应的环保菌。如以苯胺作唯一碳源对样品进行富集培养，待底物完全降解后，再以一定接种量转接到新鲜的含苯胺的富集培养液中，如此连续移接培养数次，同时将苯胺浓度逐步提高，便可得到降解苯胺占优势的菌株培养液，采用稀释涂布法或平板划线法进一步分离，即可得到能降解高浓度苯胺的微生物。

2. 控制培养条件进行富集

除通过选择培养基营养成分外，还可通过控制pH、温度及通气量等条件进行培养，达到有效的分离目的。如细菌、放线菌的生长繁殖一般要求偏碱性（pH值为7.0～7.5）条件，霉菌和酵母菌要求偏酸性（pH值为4.5～6.0）条件。因此，富集培养基的pH值调节到被分离微生物的要求范围有利于目的菌的生长，同时也可排除一部分不需要的菌类。如分离碱性蛋白酶产生菌时，把培养基调到pH值为9～11，可以有效抑制非目的微生物的生长，富集碱性蛋白酶产生菌。

微生物在生长繁殖过程中，由于代谢会产生酸性或碱性产物，pH 会发生变化，因此培养基的 pH 要结合营养成分和培养条件来考虑。一般培养基中碳氮比（C/N）越高，培养后越容易产生酸性环境，反之则容易产生碱性环境。无机盐的性质也会影响 pH 变化，$(NH_4)_2SO_4$ 是生理酸性无机氮源，而 $NaNO_3$ 是生理碱性氮源，为了维持培养基的 pH，一般要加磷酸盐，如 K_2HPO_4 或 KH_2PO_4，使培养基具有一定的缓冲能力。如果培养液中的酸碱变化很大，磷酸盐的缓冲容量不足以调节 pH 变化，则可适当加入 $CaCO_3$，以不断中和菌体代谢过程中产生的酸类，使培养基的 pH 能保持在恒定的范围内，以利于菌种的生长。如分离乳酸菌的 MRS 培养基一般加入 KH_2PO_4，分离醋酸菌的培养基往往加入 $CaCO_3$。

微生物根据生长温度不同，可分为三大类：一类是高温微生物，一般最适生长温度为 50～60℃，在此温度下进行微生物的分离，能抑制一些嗜冷、中性微生物的生长，可以提高分离效率；第二类是中温微生物，一般最适生长温度为 20～40℃，工业发酵微生物大多数都属于此类；第三类为低温微生物，最适生长温度为 15℃ 或更低。当从样品中进行菌种分离时，置于菌体最适温度下培养可在一定程度上抑制另一类微生物的生长。当分离某些特殊产物的微生物时，对温度的选择还需考虑某些内在的关系，如在筛选不饱和脂肪酸产生菌时，由于细胞膜中所含的不饱和脂肪酸含量越高，凝固点越低，细胞在较低温度下越有活力，因此在低于正常温度 10℃ 下分离效果较好。分离放线菌时，可将样品液在 40℃ 条件下预处理 20min，有利于孢子的萌发，达到富集的目的。

分离厌氧菌时，除了控制正常的培养条件外，还需准备特殊的培养装置，创造一个有利于厌氧菌的生长环境。筛选极端微生物时，需针对其特殊的生理特性，设计适宜的培养条件，达到富集的目的。

3. 抑制不需要的菌类

除了通过控制营养和培养条件，增加富集微生物的数量以有利于分离外，还可通过加入专一的抑制剂减少非目的微生物的数量，使目的微生物的比例增加。

分离细菌时，在培养基中加入浓度为 50U/mL 制霉菌素，可以抑制霉菌和酵母菌的生长；分离霉菌和酵母菌时，在培养基中加入青霉素、链霉素和四环素各 30U/mL，可以抑制细菌和放线菌生长；分离放线菌时，在样品悬浮液中加入数滴 10% 的苯酚或加青霉素（抑制 G^+ 菌）、链霉素（抑制 G^- 菌）各 30～50U/mL，加入 0.05% 十二烷基磺酸钠或适量的胆盐（抑制 G^+ 菌），以及丙酸钠 $10\mu g/mL$（抑制霉菌类）抑制霉菌和细菌的生长。

除了采用加入抗生素的方法来抑制非目的微生物外，还可以根据要分离微生物的生理特性，采用一些特殊的方法抑制非目的微生物。如分离芽孢杆菌时，由于芽孢具有耐高温特性，可先将样品加热到 80℃ 或在 50% 乙醇溶液中浸泡 1h，杀死不产芽孢的菌种后再进行分离。分离厌氧菌时，可加入少量硫乙醇酸钠作为还原剂，它能使培养基氧化还原电势下降，创造厌氧环境，抑制好氧菌的繁殖。分离耐高浓度酒精和高渗酵母菌时，可分别将样品在高浓度酒精和高浓度蔗糖溶液中处理一段时间，杀死非目的微生物后再进行分离。

三、分离纯化

经过富集培养后的样品，通过进一步的分离纯化，把需要的目的菌株直接从样品中分离出来，以便进行筛选和鉴定。

1. 好氧微生物的分离

分离的方法可分为两类：一类较为粗放，只能达到"菌落纯"，如稀释涂布法、划线分离法等，操作简便有效，工业生产中应用较多；另一类是较细致的单细胞或单孢子分离方法，可达到"菌株纯"或"细胞纯"的水平，需采用专门的仪器设备，复杂的如显微操作装置，简单的可利用培养皿或凹玻片作分离小室进行分离。

（1）稀释涂布法　将样品用无菌水进行梯度稀释，取一定量的某一稀释度的悬浮液，涂抹于分离培养基的平板上，经过培养，长出单个菌落，挑取需要的菌落转接到斜面试管中培养。样品的稀释程度应根据样品中的含菌数多少而定。

（2）划线分离法　用接种环取部分样品或菌体，在事先准备好的培养基平板上划线，当单个菌落长出后，将菌落转接到斜面试管中。在样品含菌量较少或某种目的微生物不多的情况下，微生物的纯种分离方法可以采取如下的方式：取一支盛有 3～5mL 无菌水的试管，取混匀的样品少许放入其中，充分振荡分散，用灭菌滴管取一滴菌悬液于琼脂平板上涂抹培养，或者用接种环接一环于平板上划线培养。这种方法省略了常规的稀释法，简便易行。

（3）单细胞或单孢子分离法　采用特殊的仪器设备进行单细胞或单孢子的分离，如显微操作仪法、凹玻片法、平皿滤纸法等。

用凹玻片进行单细胞或单孢子分离的一般方法为：将纯化的米曲霉孢子悬液稀释为 1500cfu/mL，用校正口径的滴管（每毫升 400 滴）吸取孢子并均匀滴于无菌干燥盖玻片上，将其小心翻转于凹玻片的孔穴上，穴内加一滴已灭菌的培养液，盖玻片和载玻片用凡士林密封。显微镜下观察每个小滴，将只有一个孢子的小滴位置做好记录，恒温培养，挑取单菌落移接于斜面。

用滤纸进行单细胞或单孢子分离的方法为：取与皿内径大小一致的滤纸 3～4 层，浸在培养液中，取出放在空皿内，在滤纸上滴几滴甘油以防干燥，盖好皿盖，灭菌。将稀释为 1500cfu/mL 的孢子悬液用滴管滴在滤纸上，每皿点 20 滴左右，恒温培养，每滴约出现 10 个菌落，将单菌落移接于斜面上。

2. 厌氧菌的分离

厌氧微生物是指在没有空气或者氧气的条件下才能生存的微生物。在生物进化过程中，厌氧微生物是地球处于厌氧状态下发展起来的最早生命体，在自然界中分布广泛，与人类的关系密切。虽然地球上的生物圈被大气所包围，其中氧气占了空气总量的 20％，但仍存在较多厌氧生境，如湖泊、河流及海洋中的底泥、酒窖窖泥、沼泽地、水田、堆肥、污水处理池、油田、罐头、动物内脏、人和动物的牙齿周围、肠道等处都存在着数量巨大、种类繁多的厌氧微生物。至今为止，在三大领域的微生物中都发现有专性厌氧微生物存在：大多数原核微生物、少数真菌和原生动物。

由于厌氧菌对氧气的极度敏感性，要想培养厌氧菌，必须去除环境中的游离氧，创造一个无氧的、低氧化还原电势的环境。通常实现的方法有三类：物理除氧法、化学除氧法、生物除氧法等。厌氧盒/罐法、亨盖特法、厌氧手套箱法是目前常用且效果较好的厌氧微生物培养方法。

厌氧盒/罐法的原理是利用吸氧剂把厌氧盒/罐中的氧气吸收，使其达到无氧状态，此法能基本保证厌氧环境，但厌氧盒容量一般较小，无法满足大生产需要，且一次性吸氧剂成本也较高。

亨盖特（Hungate）厌氧滚管技术是美国微生物学家亨盖特于 1950 年首先提出并应用于厌氧微生物研究的一种厌氧培养技术。历经了几十年的不断改进而日趋完善，逐渐发展为研究厌氧微生物的一套完整技术。多年来的实践已经证明，它是研究严格、专性厌氧菌的一种有效技术，是目前应用最为广泛的厌氧培养技术，研究者们利用这项技术从各种厌氧环境中分离出了种类繁多的厌氧微生物。此法成本低且效果好，但也存在一定的局限性：操作较繁琐、费时，不适合培养大批量样品。

厌氧手套箱是迄今为止国际上公认的培养厌氧微生物的最佳仪器之一，它是一个密闭的大型金属箱，箱体的前面有一个有机玻璃做的透明面板，板上装有两个手套，通过手套进入箱内操作。通过真空泵先将箱内氧气抽出，充入厌氧混合气体，使箱内形成厌氧环境，并利用钯催化剂将箱内残余氧气与通入的氢气化合成水进而将这种厌氧状态一直保持下去。每次使用时只需置换过渡间的空气，实现与培养箱内的互通，进行样品的传入和取出。此法操作简单，培养空间大，可同时作大量厌氧微生物的培养。只是仪器较贵，一次性成本投入较高，但后期成本不高，且对专性厌氧菌的培养效果是最佳的。国内外的研究者们依靠它获得了大量的厌氧菌并做了相关研究。

四、利用菌体性质进行初步筛选

分离培养基根据目的微生物特殊的生理特性或利用某些代谢产物生化反应来设计，通过观察微生物在选择性培养基上的生长状况或生化反应进行分离筛选，可显著提高菌株分离筛选的效率。

1. 透明圈法

透明圈法的主要原理为：在平板培养基中加入溶解性较差的底物，使培养基混浊，能分解底物的微生物便会在菌落周围产生透明圈，圈的大小可初步反映该菌株利用底物的能力。该法在分离水解酶产生菌时采用较多，如脂肪酶、淀粉酶、蛋白酶、核酸酶产生菌都会在含有底物的选择性培养基平板上形成肉眼可见的透明圈。在分离产有机酸的菌株时，也通常采用透明圈法进行初筛，在选择性培养基中加入碳酸钙，使平板成混浊状，将样品悬浮液涂抹到平板上进行培养，由于产生菌能够把菌落周围的碳酸钙水解，形成清晰的透明圈，可以轻易地鉴别出来。分离乳酸产生菌时，由于乳酸是一种较强的有机酸，在培养基中加入的碳酸钙不仅有筛选作用，还有酸中和作用，有利于乳酸菌的生长。

2. 变色圈法

一些不易产生透明圈产物的产生菌，可在底物平板中加入指示剂或显色剂，使微生物能被快速地鉴别出来。如在分离谷氨酸产生菌时，可在培养基中加入溴百里酚蓝酸碱指示剂，其变色范围在 pH6.2～7.6，当 pH 在 6.2 以下时为黄色，pH7.6 以上为蓝色。若平板上出现产酸菌，其菌落周围会变成黄色，可以从这些产酸菌中筛选谷氨酸产生菌。筛选解脂微生物时可以吐温为底物、尼罗蓝（Nile blue）作为指示剂，根据变色圈大小来判断脂肪酶活性的高低，从而进行有效筛选。筛选果胶酶产生菌时，用含 0.2% 果胶为唯一碳源的培养基平板，对含微生物的样品进行分离，待菌落长成后，加入 0.2% 刚果红溶液染色 4h，具有分解果胶能力的菌落周围便会出现绛红色水解圈。分离内肽酶产生菌，可用 3-羟基吲哚乙酸酯为底物加到分离培养基中，产生蛋白酶的菌落由于水解 3-羟基吲哚乙酸酯为 3-羟基吲哚，后者能氧化生成蓝色产物，根据呈色圈便可选出平板上产蛋白酶的菌落。

3. 生长圈法

生长圈法要用到工具菌，是指一些相对应的营养缺陷型菌株。将待检菌涂布于含高浓度的工具菌并缺少所需营养物的平板上进行培养，若某菌株能合成工具菌所需的营养物，在该菌株的菌落周围便会形成一个混浊的生长圈。如嘌呤营养缺陷型大肠杆菌与不含嘌呤的琼脂混合倒平板，在其上涂布含菌样品进行培养，周围出现生长圈的菌落即为嘌呤产生菌。同样，只要是筛选微生物所需营养物的产生菌时，都可采用生长圈法，工具菌用相应的营养缺陷型菌株，由于得到所需营养，凡是目的微生物周围便会出现混浊的生长圈。生长圈法通常用于分离筛选氨基酸、核苷酸和维生素的产生菌。

4. 抑菌圈法

常用于抗生素产生菌的初步分离筛选，此法以抗生素的杀菌能力为衡量效价的标准，其原理恰好与临床应用的要求相一致，而且此法灵敏度高，需用的检品量较少，是其他方法不能比拟的，但此法得到结果比较慢，需经过16～18h培养。工具菌采用抗生素的敏感菌，如青霉素用金黄色葡萄球菌、链霉素用枯草芽孢杆菌、氯霉素用大肠杆菌、四环素用八叠球菌等做繁殖试验。若被检菌能分泌某些抑制微生物生长的抗生素，便会在该菌落周围形成工具菌不能生长的抑菌圈，很容易被鉴别出来。在青霉素菌种选育中，还可以加入青霉素酶来筛选青霉素高产菌株。

第二节　工业微生物的保藏

一、菌种保藏概述

一种良好的保藏方法，首先应能保持原菌株的优良性状不变，同时还需考虑方法的通用性和操作的简便性。具体的菌种保藏方法很多，其原理和应用范围各有侧重，优缺点也有所差别。

菌种保藏法可根据菌种所处的状态分为生活态和休眠态，休眠态又分干法和湿法两种保藏方法。如图3-2所示。

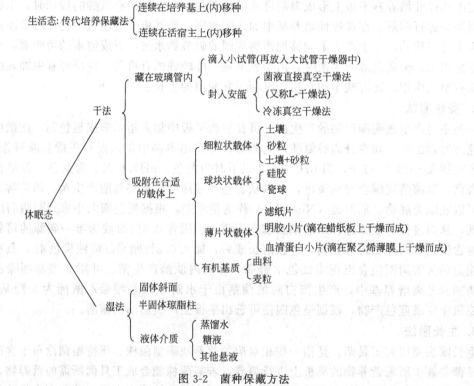

图 3-2　菌种保藏方法

二、世界主要菌物菌种保藏机构

菌种是一个国家的重要生物资源，所以菌种保藏是一项重要的菌物学工作。随着科技的进步和生产的发展，对菌物资源的利用正在不断扩大，菌物菌种保藏工作便显得更加重要。发达国家都设有相应的菌种保藏机构，其任务是在广泛搜集实验室和生产菌种、菌株的基础上，将它们妥善保藏，使之达到不死、不衰、不乱以及便于研究、交换和使用的目的。

1. 部分国际著名的菌种保藏机构

（1）美国典型培养物保藏中心（American Type Culture Collection，ATCC）

（2）美国农业研究菌种保藏中心（Agricultural Research Service Culture Collection，NRRL）

（3）英联邦国际菌物研究所（Commonwealth Mycological Institute，CMI）

（4）英国国家酵母菌保藏中心（National Collection of Yeast Cultures，NCYC）

（5）荷兰菌物菌种中心保藏中心（Centraalbureauvoor Schimmelcultures，CBS）

（6）日本大阪发酵研究所（Institute for Fermentation，Osaka，Japan，IFO）

2. 国内著名的菌种保藏机构

（1）普通微生物菌种保藏管理中心（CGMCC）

中国科学院微生物研究所，北京；中国科学院武汉病毒研究所，武汉。

（2）农业微生物菌种保藏管理中心（ACCC）

中国农业科学院土壤肥料研究所，北京。

（3）工业微生物菌种保藏管理中心（CICC）

中国食品发酵工业科学研究所，北京。

（4）医学微生物菌种保藏管理中心（CMCC）

中国医学科学院皮肤病研究所，南京；

中国药品生物制品检定所，北京；

中国预防医学科学院病毒学研究所，北京。

（5）中国抗生素菌种保藏管理中心（CACC）

中国医学科学院医药生物技术研究所，北京；

四川抗生素工业研究所，成都；

华北制药集团抗生素研究所，石家庄。

（6）兽医微生物菌种保藏管理中心（CVCC）

中国兽医药品监察所，北京。

（7）林业微生物菌种保藏管理中心（CFCC）

中国林业科学研究院，北京。

（8）中国典型培养物保藏中心（CCTCC）

武汉大学，武汉。

三、工业微生物菌种的保藏方法

工业微生物菌种涉及细菌（Bacteria）、放线菌（Actinomycetes）、酵母菌（Yeast）、霉菌（Mold）等，种类多、数量大。如果菌种保藏不好，则导致菌种的退化、污染，甚至死亡，直接影响发酵效果。以下对不同工业微生物菌种适宜的保藏方法进行了探讨。

1. 定期移植保藏法

定期移植（periodic transfer）保藏法又称传代培养保藏法，包括斜面培养和穿刺培养等。该法便于操作，不需特殊设备，是应用最早，而且至今仍然普遍采用的方法。

操作方法为将菌种接种于适宜的培养基中，在最适温度下培养，待长出健壮菌落，置温度 4～6℃、相对湿度 60%～70%的条件下保藏，并且每隔一定时间移植培养一次。定期移植的时间随微生物的种类不同而异。一般来说，不产芽孢的细菌每月移植一次，芽孢细菌每3 个月移植 1 次，放线菌、酵母菌、霉菌和食用菌每 3～6 个月移植一次，其中穿刺培养保藏时间长于斜面培养菌种，在长期保藏中频繁移植传代，易变异退化。

2. 液氮保藏法

液氮超低温（superlow temperature through liquid nitrogen）保藏法简称液氮保藏法。1956 年 Merryman 提出，$-130℃$ 是生物化学反应和生物变异的终止点，所以能经受超低温冷冻及其后融化的生物，在 $-130℃$ 或更低的液氮温度下可能无限期地保持原有的生物学性状而存活。目前，液氮保藏法被认为是长期保藏所有微生物菌种比较有效的方法，但需定期向液氮冰箱中补充液氮，费用较高。液氮保藏法保藏微生物菌种的主要设备有液氮发生器、液氮贮存罐、液氮生物贮存器、控速冻结器、安瓿、铝夹等。具体操作方法如下。

① 菌悬液的制备　在培养好的试管斜面培养物或平板培养物中加入预先灭菌的冷冻保护剂：10％甘油或 5％二甲基亚砜，洗下细胞或孢子，制成菌悬液。

② 分装、熔封安瓿　将制成的菌悬液用无菌吸管分装入安瓿，每管分装 5mL，熔封安瓿口。

③ 控速冻结　将熔封后的安瓿菌种放入冻结器内，控制冻结速度 $1℃/min$ 降温至 $-35℃$，使样品完全冻结。

④ 液氮保藏　将冻结后的安瓿菌种迅速置液氮冰箱中气相或液相保藏。气相保藏温度为 $-196\sim-130℃$，液相保藏温度为 $-196℃$。

⑤ 解冻与恢复培养　从液氮冰箱中取出安瓿菌种，置 $38\sim40℃$ 水浴中振荡 $3\sim5min$ 解冻，开启安瓿，将菌种移入适宜的培养基中培养。

3. 砂土保藏法

砂土保藏法是利用干燥的原理进行保藏菌种，即将微生物细胞或孢子吸附在灭菌的砂或土载体上，干燥后保藏，此法适用于芽孢细菌、放线菌和产孢真菌。

① 砂土管的制备　取河砂，过 60 目筛，以 10％盐酸浸泡 24h，水冲洗至中性，烘干备用。取果园土，风干、粉碎，过 60 目筛备用。将砂与土按质量比 2∶1 混合，分装安瓿（10mm×100mm）1cm 厚，塞好棉塞，121℃灭菌 30min 备用。

② 菌悬液的制备　在培养好的试管斜面培养物中加入蒸馏水 3mL，洗下细胞或孢子，制成菌悬液。

③ 菌悬液与载体混合　用无菌吸管将菌悬液滴入砂土管中，每管 10 滴，摇匀。

④ 干燥　将砂土管菌种放入底部盛有 P_2O_5 的干燥器中，P_2O_5 吸水后连续更换。

⑤ 保藏　砂土管干燥后，可在干燥器内保藏或将砂土管熔封后保藏。

4. 真空冷冻干燥保藏法

真空冷冻干燥（lyophilization）保藏法简称冻干法，其原理是利用低温、干燥、隔氧的方法保藏菌种，使菌种的代谢终止并处于休眠状态，保藏期得以延长。将微生物细胞或孢子与保护剂混合制成悬液，在共熔点以下预冻，然后在低于三相点压力的高度真空状态下使冰晶升华，最后达到干燥。大多数菌种保藏期可达 10 年以上，该法已成为菌种保藏中心保藏微生物菌种的主要手段。冻干法保藏菌种的主要设备是真空冷冻干燥机。

① 菌悬液的制备　在培养好的试管斜面培养物中加入 $2\sim3mL$ 保护剂（一般为 10％脱脂乳），洗下细胞或孢子，制成菌悬液。

② 分装安瓿　用无菌毛细管或长滴管将菌悬液加入安瓿，每管 0.2mL，并用棉塞封口安瓿末端。

③ 预冻　预冻可在低温冰箱中进行，也可在附有冻结舱的冻干机中进行。预冻的温度范围在 $-40\sim-25℃$，预冻 1h，若温度高于 $-25℃$，则冻结不实，影响升华干燥。

④ 真空升华干燥　安瓿菌种预冻后放入冻干机真空箱内。真空箱温度控制在 $-20℃$ 以

下，开动真空泵，15min 内应使真空度达到 66.7Pa，冻结的样品开始升华，使真空度达到 26.7～13.3Pa，进行真空升华干燥。在升华干燥过程中，逐渐升高真空箱温度，促进干燥，当样品中大部分水分升华后，可将真空箱温度升至 25～30℃，加速样品中残留水分的升华，真空升华干燥 10～12h，冻干菌种的含水量达到 1.5%～3.0%。

⑤ 真空封存与保藏　真空干燥后保持真空度在 6.7Pa 以下，用火焰熔封安瓿口，置 4～10℃避光保藏。

⑥ 恢复培养　开启安瓿加入无菌培养液生理盐水 0.5mL，样品溶解后，移入相应的液体或固体培养基中，适温培养。

5. 矿油封存保藏法

矿油（mineral oil）封存法又称液体石蜡（liquid paraffin）封存法，为定期移植保藏法的辅助方法。具体方法为：将化学纯的液体石蜡经 121℃灭菌 30min 后，注入试管斜面培养物上，使液面高出试管斜面 1cm，试管口盖上胶塞，以直立状态将试管斜面菌种排放在试管架上，置温度 4～15℃、干燥条件下保藏；使用时，倒去液体石蜡，用无菌水洗涤斜面菌种 1～2 次，进行接种。采用矿油封存，防止了培养基中水分的蒸发，隔绝了菌种与氧的接触，降低了微生物的代谢活性，使保藏期较定期移植法延长。一般认为该法对于酵母和放线菌的保藏效果较好，而对于细菌和霉菌的保藏效果不佳。

四、菌种退化的防止

菌种退化通常是指在较长时期传代保藏后，菌株的一个或多个生理性状和形态特征逐渐减退或消失的现象。在生产实践中常会遇到菌种退化的问题，有的是菌种的发酵力（如糖、氮的消耗）或繁殖力下降，有的是发酵产品的得率降低，这些都给生产带来了很不利的影响。菌种退化的原因是多方面的，但必须将其与培养条件变化而导致的菌种形态和生理上的变异区别开来，因为优良菌种的生产性能是和发酵工艺条件密切相关的。此外，杂菌污染也会造成菌种退化的假象，产量也会下降。

菌种退化的原因有两方面：一是菌种保藏不妥，二是菌种生长的要求没有得到满足，或是遇到某些不利条件，或是失去某些需要的条件。此外，还有经诱变得来的新菌株发生回复突变，从而丧失新的特性的情况。

要防止菌种退化，首先应该做好菌种的保藏工作，使菌种的优良特性得以保存，同时应满足其生长的要求。由于每次培养不完全一致，而且微生物存在个体差异，取得培养条件也不一致，因此要使微生物得到比较恰当的生长条件，一方面要根据微生物生长、发育特性，尽可能满足其营养条件，避免有害因素的影响，另一方面要尽量减少传代次数。

为了防止诱变菌种退化，一方面要使用一些高效诱变剂，另一方面要进行很好的纯化，将初筛得到的高产量菌株进行单菌落分离后再进行复筛。

第三节　工业微生物育种

在生物进化过程中，微生物形成了完善的代谢调节机制，使细胞内复杂的生物化学反应能高度有序地进行和对外界环境条件的改变迅速作出反应。因此，处于平衡生长、进行正常代谢的微生物不会有代谢产物的积累。为了实现某种微生物代谢产物的积累这一目的就必须设法解除或突破微生物的代谢调节控制，进行优良性状的组合，或者利用育种的方法人为改造或构建所需要的菌株。

一、诱变育种的筛选方法及策略

诱变育种是指利用物理或化学诱变剂处理均匀而分散的微生物细胞群，促进其突变率显著提高，然后采用简便、快速和高效的筛选方法，从中挑选少数符合育种目的的突变株，以供工业生产或科学实验之用。

1. 筛选方法

诱变处理后，微生物群体中会出现各种突变型个体，但其中绝大部分是负变株。要得到产量提高较显著的正变株筛选较为困难，这就要求设计高效率的科学筛选方案和采取适合的筛选策略。

（1）设计筛选方案　在筛选工作中，应分为初筛与复筛两个阶段。通过初筛确定一个较大的菌株数量，再通过复筛，精确测定菌株的各项数据，缩小筛选范围。如将选定的一个出发菌株，经诱变剂处理后，选出 200 个单孢子菌株，再经初筛选出 50 株，最后进行复筛选出 5 株，如未获得良好的结果，可再以这 5 株复筛所得的菌株为出发菌株进行第二轮的诱变，直至选出理想的诱变株。

（2）筛选实施　初筛一般在培养皿平板上进行。利用在平板上的生化反应进行筛选，如变色圈、透明圈、抑制圈、生长圈等，其优点是快速简便，工作量小，结果直观性强，符合初筛大工作量的要求。如筛选高产 L-乳酸的乳酸菌可采取如下方法：在高浓度葡萄糖平板上筛选耐高渗的菌株，在高乳酸钙平板上筛选耐高酸的菌株，在含乳酸平板筛选不以乳酸为碳源的菌株，在高琥珀酸平板筛选强化 EMP 途径而弱化 TCA 途径的菌株。

复筛一般是将微生物接种在三角瓶内的培养液中作振荡培养，即所谓的摇瓶培养，然后再对培养液进行分析测定。在摇瓶培养条件下，微生物在培养液内分布均匀，既能满足丰富的营养，又能使好氧性微生物获得充足的氧气，能充分排出代谢废物，与发酵罐的条件比较接近，所以测得的数据就更具有实际意义，但工作量相对较大。

2. 筛选策略

虽然微生物可产生大量目的产物，但是微生物完善的调节机制限制细胞只产生够它们自身需要的"经济量"的产物。菌种诱变后，要想获得产生大量目的代谢产物的微生物，除了选择合适的筛选方法外，还需有正确的筛选策略，如利用营养缺陷型突变株、结构类似物突变株、抗生素抗性突变株以及条件抗性突变株等进行筛选。

二、微生物诱变育种

1. 诱变原则

（1）诱变剂的选择　常用的物理诱变剂有非电离辐射类的紫外线、激光以及能引起电离辐射的 X 射线、γ 射线和快中子等，尤以紫外线为最方便和常用。另外，离子诱变技术近年来也得到了广泛应用。化学诱变剂主要有 N-甲基-N′-硝基-N-亚硝基胍（NTG）、甲基磺酸乙酯（EMS）、氮芥、乙烯亚胺和环氧乙烷等，其中效果最为显著的为"超诱变剂"NTG。

（2）出发菌株的选择　选用合适的出发菌株，可提高育种的效率，出发菌株的选择可参考和依据的做法有：生产中选育过的自发变异菌株；具有有利性状的菌株，如生长速度快、营养要求低以及产孢子早而多的菌株；已发生其他变异的菌株；对诱变剂的敏感性比原始菌株大的菌株等。

（3）单孢子（或单细胞）悬液的处理　分散状态的细胞即可以均匀地接触诱变剂，又可以避免长出不纯菌落，所以在诱变育种中，所处理的细胞必须是单细胞、均匀的悬液状态。在实际工作中，要得到均匀分散的细胞悬液，通常可用无菌的玻璃珠来打碎成团的细胞，然后再用脱脂棉过滤。

（4）诱变剂的用量　合适的剂量，需要经过多次试验才能得到，普通微生物突变率往往随剂量的增高而提高，但达到一定程度后，再提高剂量反而会使突变率降低，而且正变较多地出现在偏低的剂量中，而负变则较多地出现于偏高的剂量中，多次诱变更容易出现负变。因此，在诱变育种工作中，比较倾向于采用较低的剂量。紫外诱变中常采用杀菌率为70％～75％的诱变剂量。

（5）利用复合处理的协同效应 诱变剂的复合处理常呈现一定的协同效应，复合处理主要有两种或多种诱变剂的先后使用；同一种诱变剂的重复使用；两种或多种诱变剂的同时使用。赵辉（2007）以能发酵戊糖的短乳杆菌HF1.7为出发菌株经过紫外诱变后，发酵玉米芯半纤维素水解液，L-乳酸产率从17.5g/L提高到20g/L，经过硫酸二乙酯诱变后，L-乳酸产率从17.5g/L提高到19.5g/L，而出发菌株先经过紫外诱变，从中挑选出产量最高的菌株，再进行硫酸二乙酯诱变，筛选出产酸量最高的菌株达到24.5g/L。

2. 紫外线诱变

（1）基本方法 紫外线诱变一般采用15W紫外线杀菌灯，波长为2537Å（1Å＝0.1nm）灯与处理物的距离为15～30cm，照射时间依菌种而异，一般为几秒至几十分钟。一般常以细胞的死亡率表示，希望照射的剂量死亡率控制在70％～80％为宜。

被照射的菌悬液细胞数，细菌为10^6个/mL左右、霉菌孢子和酵母细胞为10^6～10^7个/mL。由于紫外线穿透力不强，要求照射液不要太深，约0.5～1.0cm厚，同时要用电磁搅拌器或手工进行搅拌，使照射均匀。

由于紫外线照射后有光复活效应，所以照射时和照射后的处理应在红灯下进行。

（2）操作步骤

① 将细菌培养液以3000r/min离心5min，倾去上清液，将菌体打散加入无菌生理盐水再离心洗涤。

② 将菌悬液放入一已灭菌的、装有玻璃珠的三角瓶内用手摇动，以打散菌体。将菌液倒入有定性滤纸的漏斗内过滤，单细胞滤液装入试管内，使之浓度在10^6个/mL左右，作为待处理菌悬液。一般处于浑浊态的细胞液含细胞数可达10^8个/mL左右。

③ 取2～4mL制备的菌液加到直径9cm培养皿内，放入一无菌磁力搅拌子，然后置磁力搅拌器上、15W紫外线杀菌灯下30cm处。在正式照射前，应先开紫外线10min，让紫外灯预热，然后开启皿盖在搅拌下照射10～50s。操作均应在红灯下进行，或用黑纸包住，避免白炽光。

④ 取未照射的制备菌液和照射菌液各0.5mL进行稀释分离，计数活菌细胞数。

⑤ 取照射菌液2mL于液体培养基中（300mL三角瓶内装30mL培养液），120r/min振荡培养4～6h。

⑥ 取中间培养液稀释分离、培养。

⑦ 挑取菌落进行筛选。

3. 离子注入（诱变）育种

离子注入是20世纪80年代兴起的一种材料表面处理技术。中国科学家独辟蹊径，将离子注入这一高技术应用于微生物的菌种改良中。离子注入法是利用离子注入设备产生高能离子束（40～60keV）并注入生物体引起遗传物质的永久改变，然后从变异菌株中选育优良菌株的方法。其作用机制是相当复杂的，目前可大致将离子注入分为能量沉积、动量传递、粒子注入和电荷交换等四个原初反应过程。很难用单一模式解释清楚，而以上四个过程差不多在瞬时同时发生，从而使生物体产生死亡、自由基间接损伤、染色体重复、易位、倒位或使DNA分子断裂、碱基缺失等多种生物学效应。许多研究者试图证明这些过程的生物学效应，但待分析生物样品时，它们已经历了一系列的变化，这给研究工作带来了许多困难。尽管如此，通过大量严格的实验，证实上述过程的存在已经有了相当的证据。虽然运用这项技术进行工业微生物的品种改良起步较晚，但已取得明显成效。运用该方法目前已选育出包括 2-KLG 菌种在内的高产新菌种十几个，其中有部分品种的水平达到或超过国内外最好水平，其应用前景十分广阔。

（1）离子注入装置　有离子注入机，离子注入机由离子源、质量分析器、加速器、四极透镜、扫描系统和靶室组成，可以根据实际需要省去次要部位。离子源是离子注入机的主要部件，作用是把需要注入的元素电离成离子，决定注入离子的种类和束流强度。离子源直流放电或高频放电产生的电子作为轰击粒子，当外来电子的能量高于原子的电离电位时，通过碰撞使元素发生电离。碰撞后除原始电子外，还出现正离子和二次电子。正离子进入质量分析器选出需要的离子，再经加速器获得较高的能量（或先加速后分选），由四极透镜聚焦后进入靶室，进行离子注入（目前清华大学已经合作生产出样机）。

（2）操作步骤　用离子注入法进行微生物诱变育种，一般采用生理状态一致、处于对数生长期菌体的单细胞进行处理，这样才能使菌体均匀接触诱变剂，减少分离现象的发生，获得较理想的效果。对于以菌丝生长的菌体，则利用孢子来诱变。通过菌体的前处理获得高活性的单细胞是离子注入法育种微生物的关键。目前主要方法是利用菌膜法（干孢法）进行离子注入效果较好。

① 取培养活化的菌体种子液或斜面活化的菌苔进行稀释，一般是 $10^{-3} \sim 10^{-2}$ 的稀释度，菌体浓度以 $10^8 \sim 10^9$ 个/mL 为宜。

② 吸取适量的菌体稀释液涂布于无菌玻璃片（2cm×3cm）或无菌培养皿上，显微镜检验保证无重叠细胞。

③ 自然干燥（约 10min）或用无菌风吹干形成菌膜。

④ 放入离子注入机的靶室（具有一定的真空度）进行脉冲注入离子。要有无离子注入的真空对照和空气对照。

此外，还有涂孢法和培养法。涂孢法是将稀释的菌体或孢子悬液涂布于合适的琼脂平皿上，尽量减少细胞重叠，置于离子注入机靶室，抽真空进行离子注入；培养法是将菌悬液接种于培养基平皿上，待长出菌落并产生大量孢子后，将平皿置于靶室，抽真空后注入荷能离子诱变。培养法常应用于具有菌丝的微生物，但是不能保证菌体的高活性。

干孢法或菌膜法处理进行离子注入过程中，菌体活性的研究是影响结果的一项。甄卫军等初步研究了无菌水、无菌生理盐水、无菌脱脂奶保护剂对菌膜菌株活性的影响，发现保护剂保护作用强，但是影响离子注入，起到能量反射和屏蔽作用；无菌生理盐水对菌株的活性保留最大。这方面研究需要进一步确定保护剂，力求离子注入时活菌细胞最多。另外，氢离子、氮离子、氩离子是常用的诱变剂，其中氮离子最常用。注入能量为 20～30keV，注入剂量在 0（对照）～10^{16}ion/cm² 之间，脉冲式注入，每次连续注入的时间和间隔时间因处理的种类不同而各异，温度应控制在 50℃ 以下，真空度为 10^{-3}Pa，这只是常用量，针对不同菌种要进行适当的调节。

4. 诱变育种实例

（1）螺旋霉素产生菌菌种选育　提高螺旋霉素产量最有效的方法就是通过菌种选育手段，改变微生物遗传特性，培育出高产菌株。王筱兰等（1994）以紫外线（15W 紫外灯，距离 30cm）和亚硝酸（0.025mol/L）为诱变剂进行复合诱变，以螺旋霉素链霉菌（*Streptomyces spiramycetiius*）为出发菌株，选用螺旋霉素的前体 L-甲硫氨酸和 L-缬氨酸的结构类似物 L-乙硫氨酸和 L-α-氨基丁酸进行定向筛选，进行二级发酵，摇床转速 250r/min，28℃振荡培养 48h，以 8％接种量接入发酵摇瓶，同种子培养条件下培养 96～102h，进行效价分析，获得了耐高浓度前体的高产菌株。

（2）L-缬氨酸菌种选育　L-缬氨酸是人体必需氨基酸之一，具有多种生理功能，可广泛应用于食品、饲料和医药等方面，但生产成本高，价格昂贵。张伟国等（1995）以黄色短杆菌（*Brevibacterium flavum*）XQ5122 为出发菌株，经化学诱变［DES（硫酸二乙酯）和 NTG（1-甲基-3-硝基-1-亚硝基胍）］处理，α-AB（α-氨基丁酸）、AHV（α-氨基-β-羟基戊酸）、2-TA（2-噻唑丙氨酸）等药物平板定向选育，采用纸色谱和氨基酸自动分析仪分析的方法，成功地选育到一株 L-缬氨酸高产菌 ZQ-2（Leu^t、AB^r、AHV^r、2-TA^r）。

（3）高活力糖化酶菌种选育　糖化酶又称葡萄糖淀粉酶，广泛应用于酒精、白酒、黄酒、抗生素、味精、氨基酸、有机酸、甘油、葡萄糖、高果糖浆等工业中，是工业生产中的重要酶类之一，也是我国产量最大的酶制剂产品。谷海先等（1998）对黑曲霉（*Aspergillus niger*）AN-149 菌进行自然分离、紫外线（30W，距离 30cm，照射时间 1～10min）、亚硝基胍（NTG，1mg/mL，处理 30min）复合处理，于筛选平皿上，经培养挑选水解圈产生早且水解圈大的菌落，并经摇瓶发酵筛选，得到了一株糖化酶高产菌株 WG-93，经 30m^3 罐发酵试验，发酵总浓度 30%，发酵周期为 135h 条件下，酶活力达 29kU/mL，生产试验证明 WG-93 菌是一株优良的糖化酶生产菌。

（4）高产维生素 C 菌种选育　许安等以生产维生素 C 的 2-酮基-L-古龙酸高产菌系为出发菌株，进行离子注入育种，选育出了高产菌系：糖酸转化率提高 15%～20%、4 代传种平均转化率达 95%，并进行了培养基优化和摇瓶发酵检测，为所选的 IPPM-1028 菌系的扩大生产提供了依据。虞龙等则利用氢离子、氮离子、氩离子三种离子注入维生素 C 发酵菌——巨大芽孢杆菌（*Bacillus megaterium*），确定了最佳的离子注入剂量，选出了 4 株改良菌株进行工业化生产。180m^3、300m^3 发酵罐 300 批次的实际生产中，平均糖酸转化率为 91%，高出出发菌株 11 个百分点。从而提高了生产效率，降低了成本，增强了我国维生素 C 产品在国际上的竞争力。

三、原生质体融合育种

1. 原生质体融合的原理

通过人为的方法，使遗传性状不同的两细胞的原生质体发生融合，并进而发生遗传重组以产生同时带有双亲性状的、遗传性稳定的融合子（fusant）的过程，称为原生质体融合。原生质体融合的研究起源于 20 世纪 60 年代，70 年代末匈牙利的 Pesti 首先报道了融合育种提高了青霉素的产量，之后原生质体融合技术发展成为工业育种的一项新技术，是继转化、转导和接合之后的一种更有效的转移遗传物质的手段。

可以进行原生质体融合的细胞极其广泛，不仅包括原核生物中的细菌和放线菌，而且还包括各种真核生物的细胞，如酵母菌和霉菌以及高等动植物和人体的不同细胞，都有成功进行原生质体融合的报道。

2. 原生质体融合的基本操作

原生质体融合的主要步骤为：①选择两个有不同价值的并带有选择性遗传标记的细胞作为亲本；②在高渗溶液中，用适当的脱壁酶（如细菌或放线菌可用溶菌酶或青霉素处理，真菌可用蜗牛酶或其他相应的脱壁酶等）去除细胞壁；③将形成的原生质体进行离心聚集，并加入促融合剂 PEG（聚乙二醇）或通过电脉冲等促进融合；④在高渗溶液中稀释，涂在能使其再生细胞壁和进行分裂的培养基上，形成菌落后，通过影印接种法，将其接种到各种选择性培养基上，鉴定是否为阳性融合子；⑤测定其他生物学性状或生产性能。如图 3-3 所示。

原生质体融合在育种工作中已有大量研究和报道，如有报道原生质体融合重组频率已大

于 10^{-1}，不同菌株间或种间可以进行融合，属间、科间甚至更远缘的微生物或高等生物细胞间也可以融合，近年来，还有报道用加热或紫外线灭活的原生质也可作为原生质体的一方参与融合。

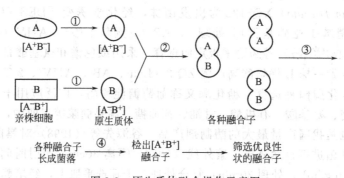

图 3-3　原生质体融合操作示意图
①去壁（高渗下）；②PEG 或电脉冲离心，促融（高渗下）；
③稀释，涂皿使细胞壁再生；④影印接种

四、基因工程育种

基因工程是指在基因水平上的遗传工程，它是用人为的方法将所需要的某一供体生物的遗传物质——DNA 大分子提取出来，在离体条件下用适当的工具酶进行切割后，把它与作为载体的 DNA 分子连接起来，然后与载体一起导入某一更易生长、繁殖的受体细胞中，以让外源遗传物质在受体细胞中重组，进行正常的复制和表达，从而获得新物种的育种技术，过程如图 3-4 所示。

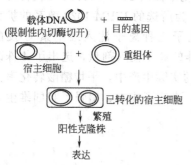

图 3-4　基因工程的基本操作示意图

1. 基因工程药物的研究

自 DNA 重组技术于 1972 年诞生以来，作为现代生物技术核心的基因工程技术得到了飞速的发展。1982 年美国 Lilly 公司首先将重组胰岛素投放市场，标志着世界第一个基因工程药物的诞生。基因工程药物产业发展很快，如美国目前每年投入到基因工程药物的研究经费不少于 100 亿美元，美国有生物制药公司 1400 余家，批准了 120 多种基因工程药物上市，还有近 400 种处于临床研究阶段，约 3000 种处于临床前研究阶段，基因工程药物的产值和销售额已超过 200 亿美元，形成一个巨大的高新技术产业，产生了不可估量的社会效益和经济效益。最典型的是红细胞生长素（EPO），从 1989 年投入市场以后，它已经为开发商安进（Amgen）公司带来了超过 100 亿美元的利润，也使得安进一跃成为全美最大的生物工程公司，总资产已高达 161 亿美元。日本在生物技术的开发上仅次于美国，共有生物制药公司约 600 家，其中麒麟啤酒、中外制药等著名厂商不仅在日本国内处于生物工程制药方面的领先地位，而且不断加强世界市场的开拓，进入欧洲和亚洲市场。欧洲在生物技术的开发上稍落后于日本，但近两年来欧洲在生物技术的投入和新公司成立的数量上急速增长，欧洲的生物制药公司约有 300 余家。

生产基因工程药物的基本方法是：将目的基因用 DNA 重组的方法连接在载体上，然后将载体导入靶细胞（微生物、哺乳动物细胞或人体组织靶细胞），使目的基因在靶细胞中得到表达，最后将表达的目的蛋白质提纯及做成制剂，从而成为蛋白类药或疫苗。若目的基因直接在人体组织靶细胞内表达，就成为基因治疗，但目前尚没有基于基因治疗技术的药物被正式批准。

全球销售额最大的基因工程药物分别是：Epogen（EPO，红细胞生成素），Humulin（胰岛素），Intron-A（α-IFN，α-干扰素），Engreix-B（乙肝疫苗），Cerezyme（葡萄糖苷脂酶），Activase（t-PA，组织纤维蛋白溶酶原激活剂），Humatrope（somatropin，hGH，生长激素），Reoprro（Gpllb/Ⅲa 抗体），Avonex（IFNβ-la，β-la 干扰素），protropin/Nutropin（somatrem/somatropin，重组人生长激素），Pulmozyme（α-链球菌 DNA 酶 Dornase），Proleukin（IL-2，白介素-2）和 Leukine（GM-CSF，粒细胞巨噬细胞集落刺激因子）。

2. 利用基因工程改造微生物菌种

利用基因工程改造微生物菌种在原核生物和真核生物上有着广泛的应用，在构建酵母基因工程菌方面，如将高活性麦芽糖酶基因转移至面包酵母细胞内，使面包加工中产生高比例 CO_2，从而使面包膨松、可口；将 α-淀粉酶基因克隆到啤酒酵母细胞内，并高效表达，酵母可直接利用淀粉发酵；同样也可以把糖化酶的基因克隆到啤酒酵母细胞内；构建具有编码 α-乙酰羟基酸还原异构酶基因的啤酒酵母，将载有编码 α-乙酰乳酸还原异构酶基因的质粒转移到啤酒酵母中去，可以强化 α-乙酰乳酸合成缬氨酸的合成代谢流，减少 α-乙酰乳酸在酵母细胞中的积累，也就减少了双乙酰的形成；构建具有 α-乙酰乳酸脱羧酶的啤酒酵母菌株，啤酒酵母本身是不含 α-乙酰羟基酸脱羧酶的，将肠气杆菌编码 α-乙酰羟基酸脱羧酶基因克隆到啤酒酵母中去，可以大大减少双乙酰的形成，发酵的其他参数变化较小。

在构建细菌的基因工程菌方面，如将风味物质的基因克隆到乳酸菌菌株中，去除乳酸菌的抗药基因；将特殊酶系的基因克隆到乳酸菌菌株中，如乳酸脱氢酶、脂肪分解酶等；将超氧化物歧化酶基因和过氧化氢酶基因克隆到乳酸菌菌株中，提高乳酸菌的耐氧能力；将产细菌素的基因克隆到乳酸菌菌株中，如 Nisin 等。

第四节　生产用种子制备

一、基本概念

现代发酵工业发酵罐的容积越来越大，已从过去的几十立方米或几百立方米达到现在的几千立方米，如按 1%～15% 的种子量计算，就要投入几立方米、几十立方米甚至几百立方米的种子。从保藏在试管中的微生物菌种逐级扩大为生产用种子是一个由实验室制备到车间生产的过程。其生产方法与条件随不同的生产品种和菌种种类而异，如微生物生长速度的快慢；产孢子能力的大小；对营养、温度、需氧等条件的不同要求等。因此，应根据菌种的生理特性，选择合适的培养条件来获得代谢旺盛、数量足够的种子，保证种子接入发酵罐后，缩短发酵生产周期，提高设备的利用率。所以说，种子的数量和质量对发酵生产起着至关重要的作用。

种子的扩大培养过程又称种子制备（inoculum development），是指将保存在砂土管、冷冻干燥管中处于休眠状态的生产菌种接入试管斜面活化后，再经过扁瓶或摇瓶及种子罐逐级放大培养而获得足够数量和优等质量的纯种过程。这些纯种培养物称为种子。种子扩大培养过程中的一些概念如下：

（1）种子罐的级数，指种子在种子罐中扩大培养的次数；

（2）发酵罐的级数，等于种子罐的数量加一；

（3）接种量，指移入的种子液体积占接种前培养液体积的百分数；

（4）种龄，指生产种子时的培养时间；

（5）孢子（霉菌和放线菌）制备，指用固体培养基培养种子的过程；

（6）种子制备，指用液体培养基培养种子的过程。

二、菌种扩大培养的目的及作为种子的准则

菌种扩大培养的目的主要体现在以下三个方面：

（1）提供大量并且新鲜的、具有较高活力的菌种，目的是缩短发酵周期，降低能耗，减少染菌的机会；为了使目的菌种在数量上取得绝对的优势，抑制杂菌的生长。

（2）让菌种从固体试管—液体试管—小三角瓶—大三角瓶—小发酵罐，逐步适应；如啤酒酵母培养过程中，逐步梯级降温以提高酵母对低温发酵的适应性。

（3）菌种经过扩大培养，可以提高生产的成功率，减少"倒罐"现象。

发酵工业生产过程中的种子必须满足以下条件：

（1）菌种细胞的生长活力强，移种至发酵罐后能迅速生长，滞缓期短；

（2）生理性状稳定，变异率低；

（3）菌体总量及浓度能满足大容量发酵罐的要求；

（4）无杂菌和噬菌体污染；

（5）能够保持稳定的生产能力，保证终产物的合成量稳定。

三、种子的制备过程

种子制备的过程大致可分为实验室种子制备和生产车间种子制备两个阶段。实验室种子制备包括：斜面菌种、液体摇瓶培养或培养瓶固体培养，生产车间种子制备包括各级种子罐的逐级扩大培养。种子制备工艺流程如图 3-5 所示。

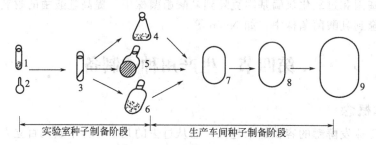

图 3-5　种子扩大培养流程图

1—砂土孢子；2—冷冻干燥孢子；3—斜面孢子；4—摇瓶液体培养（菌丝体）；
5—茄瓶斜面培养；6—固体培养基培养；7，8—种子罐培养；9—发酵罐

1. 实验室种子的制备

实验室种子的制备一般采用两种方式：对于产孢子能力强的及孢子发芽、生长繁殖快的菌种可以采用固体培养基培养孢子，孢子可直接作为种子罐的种子，这种方法操作简便，不易污染杂菌；对于细菌、酵母菌以及产孢子能力不强或孢子发芽慢的菌种，如卡那霉菌（S. kanamyceticus）和链霉菌（S. griseus），可以采用液体摇瓶培养法。

（1）孢子（固体种子）的制备

① 细菌种子的制备　细菌的斜面培养基多采用碳源限量而氮源丰富的配方，如常用的牛肉膏、蛋白胨培养基，培养温度一般为 30～37℃，细菌菌体培养时间一般为 1～2d，产芽孢的细菌培养则需要 5～10d。

② 酵母种子的制备　一般采用麦芽汁琼脂培养基或 ZYCM 培养基（ZYCM 培养基：3g蛋白胨，0.5g 酵母浸膏，0.5g 酪蛋白分解物，4.0g 葡萄糖，0.4g 硫酸锌，2g 琼脂，溶解

于 1000mL 蒸馏水中）和 MYPG 培养基（MYPG 培养基：0.3g 麦芽浸出物，0.3g 酵母浸出物，0.5g 蛋白胨，1.0g 葡萄糖，2g 琼脂，溶解于 1000mL 蒸馏水中）。培养的温度一般为 28～30℃，培养时间一般为 1～2d。

③ 霉菌孢子的制备　霉菌孢子的培养一般以大米、小米、玉米、麸皮、麦粒等天然农产品为培养基，实验室常用的如查氏培养基，培养温度一般为 25～28℃，培养时间一般为 4～14d。

④ 放线菌孢子的制备　放线菌的孢子培养一般采用琼脂斜面培养基，培养基中含有一些适合产孢子的营养成分，如麸皮、豌豆浸汁、蛋白胨和一些无机盐等，培养温度一般为 28℃，培养时间为 5～14d。放线菌培养基碳氮源不应过于丰富，碳源太多（大于 1％）容易造成酸性环境，不利于孢子繁殖；氮源太多（大于 0.5％）利于菌丝繁殖而不利于孢子形成。

孢子培养基是供菌种繁殖孢子的一种常用固体培养基，培养基制备的要求是能使菌体迅速生长，产生较多优质的孢子，并要求这种培养基不易引起菌种发生变异。对孢子培养基的基本配制要求如下：

① 营养不要太丰富（特别是有机氮源），否则不易产生孢子。如灰色链霉菌在葡萄糖、硝酸盐和其他盐类的培养基上都能很好地生长和产孢子，但若加入 0.5％酵母膏或酪蛋白后，就只长菌丝而不长孢子。

② 选择合适的无机盐浓度，如使用无机盐的浓度不当，会影响孢子的产量和颜色。

③ 选择合适的孢子培养基的 pH 值和湿度。

生产上常用的孢子培养基有：麸皮培养基、小米培养基、大米培养基、米糠培养基、玉米碎屑培养基和用葡萄糖、蛋白胨、牛肉膏和食盐等配制成的琼脂斜面培养基。大米和小米常用作霉菌孢子培养基，因为它们含氮量少，疏松、表面积大，所以是较好的孢子培养基。大米培养基的水分需控制在 21％～50％，而曲房空气湿度需控制在 90％～100％。

霉菌和放线菌常以大米或小米为培养基制成米孢子，即将霉菌或放线菌接种到灭菌后的大米或小米颗粒上，恒温培养一段时间后产生的分生孢子。米孢子的制备如图 3-6 所示。

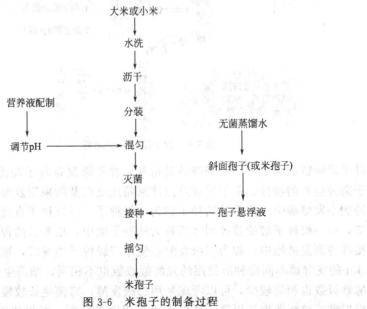

图 3-6　米孢子的制备过程

米孢子制备过程中应注意：为保证灭菌后米粒熟透但不粘连，应选择恰当的浸泡时间和营养液的添加量；分装量应控制在平铺后有 2～3 粒米的厚度，且米粒不应碰到瓶塞；为保证良好的氧气供应，培养前期应经常摇动米粒，使微生物在米粒表面生长均匀，气生菌丝及孢子长成后不再摇动；可以采用冰箱保存、真空干燥保存、10％～20％甘油浸泡保存等多种保藏方式。

（2）液体种子制备 对于好氧细菌、产孢子能力不强或孢子发芽慢的菌种，如产链霉素的灰色链霉菌（*S. griseus*）、产卡那霉素的卡那链霉菌（*S. kanamuceticus*）等可以用摇瓶液体培养法进行种子制备。将孢子接入含液体培养基的摇瓶中，于摇瓶机上恒温振荡培养，获得菌丝体，作为种子。摇瓶种子制备流程如图 3-7 所示。

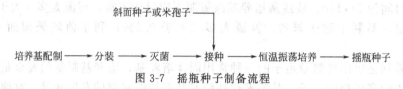

图 3-7 摇瓶种子制备流程

2. 生产车间种子制备

实验室制备的孢子或液体种子移种至种子罐进行扩大培养，种子罐的培养基虽因不同菌种而异，但其原则为采用易被菌体利用的成分，如葡萄糖、玉米浆、磷酸盐等，如果是需氧菌，同时还需供给足够的无菌空气，并不断搅拌，使菌（丝）体在培养液中均匀分布，获得相同的培养条件。种子罐的作用主要是使孢子发芽，生长繁殖成菌（丝）体，接入发酵罐能迅速生长，达到一定的菌体数量和浓度，以利于产物的合成。种子罐的种子培养如图 3-8 所示。

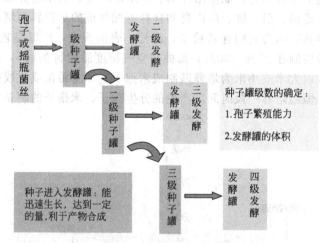

图 3-8 种子罐的种子培养

（1）种子罐级数的确定 种子罐级数是指利用种子罐制备种子需逐级扩大培养的次数，主要取决于菌种生长的特性、孢子发芽及菌体繁殖速度以及所采用发酵罐的体积的大小。摇瓶种子接种到小发酵罐中，培养后的种子称为一级种子，一级种子直接移种到发酵罐中，称为二级发酵，如一级种子继续移种到体积较大的种子罐中，培养后的种子称为二级种子，二级种子直接移种到发酵罐中，称为三级发酵，使用三级种子的发酵，则称为四级发酵。

对于 50t 的发酵罐不同菌种所使用的发酵罐级数也不相同，细菌生长较快，种子用量比例少，发酵罐级数也相应较少，可以考虑采用二级发酵；霉菌生长较慢，如青霉菌，可以考虑采用三级发酵；放线菌生长更慢，可以考虑采用四级发酵；酵母比细菌生长慢，比霉菌、放线菌快，通常也采用二级发酵。

确定种子罐级数需注意的问题有：在满足发酵的前提下，种子罐的级数越少越好，可简化工艺流程并且便于发酵控制，减少染菌机会；若种子罐级数太少，接种量过小，发酵时间延长，发酵罐的生产率降低，增加了染菌机会；种子罐级数随产物的品种及生产规模而定，也与所选用工艺条件有关；改变种子罐的培养条件，加速孢子发芽及菌体的繁殖，也可相应地减少种子罐的级数。

（2）种子培养基的要求　种子培养基的作用是保证孢子发芽、生长和大量繁殖菌丝体，并使菌体长得粗壮，具有较高活力。因此，种子培养基的营养成分要求比较丰富，氮源和维生素的含量也相应较高，对于好氧菌来说，总浓度不宜过高，这样可达到较高的溶解氧量，供大量菌体生长繁殖。此外，还应根据不同菌种的生理特性，选择培养基适宜的 pH 和其他营养成分。一般种子培养基都用营养丰富而完全的天然有机氮源，因为有些氨基酸能刺激孢子发芽，但无机氮源（如硫酸铵）容易利用，有利于菌体迅速生长，所以在种子培养基中常包括有机和无机氮源。最后一级种子培养基的成分应接近发酵培养基，这样可使种子进入发酵罐后能迅速适应，快速生长。

四、种子质量的控制

1. 影响固体种子质量的因素及其控制

影响固体种子（孢子）质量的因素通常有：培养基、培养温度、培养湿度、培养时间、冷藏时间和接种量等。

（1）培养基　生产过程中经常出现种子质量不稳定的现象，其主要原因之一是原材料质量波动或水质影响。例如在四环素、土霉素生产中，配制产孢子斜面培养基用的麸皮，因小麦产地、品种、加工方法及用量的不同对孢子质量的影响也不同；蛋白胨加工原料不同，如鱼胨或骨胨对孢子影响也不同；无机离子含量不同，如微量元素 Mg^{2+}、Cu^{2+}、Ba^{2+} 能刺激孢子的形成；磷含量太多或太少也会影响孢子的质量；地区不同、季节变化和水源污染，均可造成水质波动，影响种子质量。

菌种在固体培养基上可呈现多种不同代谢类型的菌落，氮源品种越多，出现的菌落类型也越多，不利于生产的稳定。

主要解决办法为：培养基所用原料要经过发酵试验合格后才可使用；严格控制灭菌后培养基的质量；斜面培养基使用前，需在适当温度下放置一定时间；供生产用的孢子培养基要用比较单一的氮源，可抑制某些不正常的菌落出现，作为选种或分离用的培养基则采用较复杂的有机氮源。

（2）培养条件

① 温度　温度对多数品种斜面孢子质量有显著影响。如土霉素生产菌种龟裂链霉菌在高于 37℃培养时，孢子接入发酵罐后出现糖代谢变慢、氨基氮回升提前、菌丝过早自溶以及效价降低等现象。

② 湿度　制备斜面孢子培养基的湿度对孢子的数量和质量也有较大的影响。例如龟裂链霉菌孢子制备时发现：在北方气候干燥地区孢子斜面生长较快，在含有少量水分的试管斜面培养基下部孢子长得较好，而斜面上部由于水分迅速蒸发呈干状，孢子稀少；在湿度大的地区，斜面孢子长得慢，主要是由于试管下部冷凝水多而不利于孢子的形成。一般相对湿度在 40%～45%时孢子数量最多，且孢子颜色均匀，质量较好。

③ 培养时间　衰老的孢子已逐步进入发芽阶段，核物质趋于分化状态，过于衰老的孢子会导致生产能力的下降。因此孢子培养的时间应控制在孢子量多、孢子成熟、发酵产量正常的阶段终止培养。

④ 冷藏时间　斜面冷藏对孢子质量的影响与孢子成熟程度有关。如龟裂链霉菌孢子斜面培养 4 天左右即放入 4℃冰箱保存,发现冷藏 7~8 天后菌体细胞开始自溶,而培养 5 天以后冷藏,20 天未发现自溶。

冷藏时间对孢子的生产能力也有影响,例如在链霉素生产中,斜面孢子在 6℃冷藏两个月后的发酵单位比冷藏一个月降低 18%,冷藏 3 个月后降低 35%。

(3) 接种量　接种量大小影响到培养基中孢子的数量,进而影响菌体的生理状况,接种量过小斜面上长出的菌落稀疏,而接种量过大则斜面上菌落密集成一片,接种后菌落均匀分布于整个斜面、隐约可见分散菌落者为正常接种量。

2. 影响液体种子质量的因素及其控制

生产过程中影响种子质量的因素通常有:固体种子的质量、培养基、培养条件、种龄和接种量。

(1) 培养基　液体种子培养基应满足如下要求:营养成分适合种子培养的需要;选择有利于孢子发芽和菌体生长的培养基;营养上要易于被菌体直接吸收和利用;营养成分要适当丰富和完全,氮源和维生素含量要高;营养成分要尽可能与发酵培养基相近。

(2) 培养条件

① 温度　温度是微生物生长的重要环境条件之一。温度对微生物生长的影响具体表现在两个方面:一是随着微生物所处环境温度升高,微生物细胞中的酶活性增强,生物化学反应加快,生长速率提高;另一方面,随温度升高,微生物细胞中对温度较敏感的组成成分(如蛋白质、核酸等)会受到不可逆的破坏。超过最适温度以后,生长速率随温度升高而迅速下降。从总体上看微生物生长和适应的温度范围从 -12℃至 100℃或更高,但具体到某一种微生物,则只能在有限的温度范围内生长,并具有最低、最适和最高三个临界值。

最适温度是使微生物生长繁殖最快的温度。但它不一定就是微生物一切代谢活动最好的温度。例如乳酸链球菌虽然在 34℃条件下生长最快,但获得细胞总量最高的温度是 25~30℃,其他微生物的试验也得到了类似的结果。因此,最适生长温度是指某微生物群体生长繁殖速度最快时的温度,世代时间最短,但它不等于发酵的最适温度,也不等于积累代谢产物的最适温度。

② 通气量　在种子罐中培养的种子除保证供给易被利用的培养基外,适当的通气量可以提高种子质量。例如,青霉素的生产菌种在制备过程中将通气充足和不足两种情况下得到的种子分别接入发酵罐内,它们的发酵单位可相差一倍。

③ 种龄　种龄是指种子罐中培养的菌丝体开始移入下一级种子罐或发酵罐时的培养时间。通常种龄是以处于生命力极旺盛的对数生长期,菌体量还未达到最大值时的培养时间较为合适。时间太长,菌种趋于老化,生产能力下降,菌体自溶;种龄太短,造成发酵前期生长缓慢。不同菌种或同一菌种工艺条件不同,种龄是不一样的,需经过多种实验来确定。

④ 接种量　接种量是指移入的种子液体积和接种后培养液体积的比例。接种量的多少取决于生产菌种在发酵罐中生长繁殖的速度,采用较大的接种量可以缩短发酵罐中菌体繁殖达到高峰的时间,使产物的形成提前,并可减少杂菌的生长机会,但过大的接种量会引起菌种活力不足,影响产物合成,而且会过多地移入代谢废物,也不经济。通常接种量细菌为 1%~5%,酵母菌为 5%~10%,霉菌为 7%~15%(有时为 20%~25%)。

3. 种子质量标准

(1) 菌体浓度　菌体浓度直接反映菌体的生长情况。菌体浓度的测定可以衡量产生菌在整个培养过程中菌体量的变化,一般前期菌体浓度增长很快,中期菌体浓度基本恒定。菌体浓度测定的方法包括:测定培养液的黏度;培养液的光密度;细胞重量;活细胞计数法;计数器测定法；膜过滤培养法等。

（2）细胞或菌体形态

单细胞：菌体健壮、菌形一致、均匀整齐，有的还要求有一定的排列或形态。

霉菌和放线菌：菌丝粗壮、对某些染料着色力强、生长旺盛、菌丝分枝情况和内含物情况良好。

（3）生化指标　测定种子液的糖、氮、磷、DNA 和 ATP 等的含量和 pH 值变化，以检测种子的繁殖状况。

（4）产物生成量　在培养过程中，产生菌的合成能力和产物积累情况都要通过产物量的测定来了解，产物浓度直接反映了生产的状况，是发酵控制的重要参数，如采用抑菌圈法测定抗生素的含量。而且通过计算还可以得到生产速率和比生产速率，从而分析发酵条件如补料、pH 值对产物形成的影响。

（5）酶活力　种子液中某种关键酶的活力与目的产物的产量有直接的关系。因此酶活力的大小，直接反映了种子质量的好坏。同一种酶用不同的方法测定会有不同的酶活单位，容易造成混乱。为此，国际上规定，在 25℃、最适的底物浓度、最适的缓冲液离子强度，以及最适的 pH 等诸条件下，每分钟能转化 $1\mu mol$ 底物的酶定量为一个活性单位。

五、种子染菌的原因以及预防

1. 种子染菌的原因

种子带菌又分为种子本身带菌和种子培养过程中染菌。加强种子管理，严格无菌操作，种子本身带菌是可以克服的。在每次接种后应留取少量的种子悬浮液进行平板、肉汤培养，检查种子是否带有杂菌。种子染菌的原因主要包括：无菌室的无菌条件不符合要求；保藏斜面试管菌种染菌；培养基和器具灭菌不彻底；种子转移和接种过程染菌；种子培养所涉及的设备和装置染菌；操作不当等。

2. 种子染菌的预防

防止种子染菌的具体措施有：严格控制无菌室的污染，根据生产工艺的要求和特点，建立相应的无菌室，交替使用各种灭菌手段对无菌室进行处理；在制备种子时对砂土管、斜面、三角瓶及摇瓶均应严格进行管理，以防止杂菌的进入而使种子受到污染。为了防止染菌，种子保存管的棉花塞应有一定的紧密度，且有一定的长度，贮藏温度应尽量保持相对稳定，不宜有太大变化；对每一级种子的培养物均应进行严格的无菌检查，确保任何一级种子均未受杂菌污染后才能使用；对菌种培养基或器具进行严格的灭菌处理，在利用灭菌锅进行灭菌前，应完全排除锅内的空气，以免造成假压，使灭菌的温度达不到预定值，造成灭菌不彻底而使种子染菌。

（1）无菌室的要求　接种、移种等无菌操作需要在无菌室内进行。无菌室面积不宜过大，一般约 4～6m²、高约 2.6m。为了减少外界空气的进入，无菌室要有 1～3 个缓冲间。无菌室内部的墙壁、天花板要涂白漆或采用磨光石子，要求无裂缝，墙角最好做成圆弧形，便于清洗以减少空气中微生物的潜伏场所，室内布置应尽量简单，最好能安装空气调节装置，通入无菌空气并调节室内的温湿度。无菌室的每个缓冲间一般都要用紫外线灭菌。通常用 30W 紫外线灭菌灯照射 20～30min 即可。

配合使用的化学灭菌药剂有：用作喷洒或揩擦的有 75％酒精、0.25％新洁尔灭（季铵盐）、0.6％～1％漂白粉、0.5％石炭酸、0.5％过氧乙酸、1％煤酚皂（来苏尔）、0.5％高锰酸钾、300U/mL 土霉素、50U/mL 制霉菌素等；用作熏蒸的有甲醛（每立方米空间约用 10mL）或硫黄（每立方米空间约用 2～3g）。根据不同情况采用不同的灭菌剂，如检查出无菌室中细菌较多时，用石炭酸、土霉素等灭菌效果较好；如无菌室中霉菌较多，可以采用制霉菌素灭菌；如噬菌体较多，则应使用甲醛、双氧水或高锰酸钾。

无菌室的利用次数要恰当，每次使用时间也不宜过长。用具要经蒸汽灭菌或用灭菌剂擦揩后才能带入使用。无菌室内无菌度的要求是：把无菌培养皿平板打开盖子在无菌室内放置30min，根据一般工厂的经验，长出的菌落在三个以下为好。

（2）培养基灭菌　灭菌锅有立式和卧式两种，灭菌操作时需要注意排气管是否畅通，因为灭菌锅的排气管较小，易被铁锈或瓶子破碎后的培养基等所堵塞。如果排气管不通，锅内空气形成气团，蒸汽就不易渗入，从而使灭菌不彻底。

通入蒸汽后使瓶内培养基温度达到121℃所需的时间与瓶内培养基的体积有关，其试验结果见表3-1。

表 3-1　三角瓶中培养基的体积与升温时间的关系[①]

培养基体积/mL	升温至121℃所需要的时间/min	培养基体积/mL	升温至121℃所需要的时间/min
50	1	1000	12
200	3	2000	20
500	8		

① 通入表压为 1kgf/cm² （1kgf/cm² ＝98.0665kPa）蒸汽时的试验结果。

（3）摇瓶机　摇瓶机（摇床）是培养好氧菌的小型试验设备或作为种子扩大培养之用，常用的摇瓶机有往复式和旋转式两种。往复式摇瓶机的往复频率一般在每分钟 80～140 次，冲程一般为 6～14cm，如频率过快、冲程过大或瓶内液体装料过多，在摇动时液体溅到包瓶口的纱布上易引起染菌，特别是启动时更易发生这种情况。旋转式摇瓶机的偏心距一般在3～6cm 之间，旋转次数为 60～300r/min。

（4）染噬菌体的防治　通常在工厂投产初期并不感到噬菌体的危害，经过 1～2 年以后，主要是由于生产和试验过程中不断不加注意地把许多活菌体排放到环境中去，自然界中的噬菌体就会在活菌体中大量生长，造成了自然界中噬菌体增殖的好机会。噬菌体随着风沙尘土和空气流动传播，以及人们的走动、车辆的往来也携带着噬菌体到处传播，使噬菌体有可能潜入生产的各个环节，尤其是通过空气系统进入种子室、种子罐、发酵罐。

染噬菌体的表现为：镜检可发现菌体数量明显减少，菌体不规则，严重时完全看不到菌体，且在短时间内菌体自溶；发酵 pH 值逐渐上升，4～8h 之内可达 8.0 以上，不再下降；发酵液残糖高，有刺激臭味，黏度大，泡沫多；生产量甚少或增长缓慢或停止。有无染噬菌体，根本的是要做噬菌斑检验，防治噬菌体应该做到：

① 必须建立工厂环境清洁卫生制度，定期检查、定期清扫，车间四周有严重污染噬菌体的地方应及时撒石灰或漂白粉。

② 车间地面和通往车间的道路尽量采取水泥地面。

③ 种子和发酵工段的操作人员要严格执行无菌操作规程，认真地进行种子保管，不使用本身带有噬菌体的菌种。感染噬菌体的培养物不得带入菌种室、摇瓶间。

④ 认真进行发酵罐、补料系统的灭菌。严格控制逃液和取样分析以及洗罐所废弃的菌体。对倒罐所排放的废液应在灭菌后排放。

⑤ 选育抗噬菌体的菌种，或轮换使用菌种。

⑥ 发现噬菌体停搅拌、小通风，将发酵液加热到 70～80℃ 杀死噬菌体，才可排放，发酵罐周围的管道也必须彻底灭菌。

思 考 题

1. 目的菌株分离和筛选的主要操作步骤有哪些？
2. 从样品中富集微生物的方法有哪些？
3. 诱变育种常用方法有哪些？
4. 什么是离子注入法诱变？
5. 菌种保藏的基本方法有哪些？
6. 什么是接种量和种龄？
7. 种子级数确定的原则是什么？
8. 菌种扩大培养的目的是什么？
9. 作为种子的原则有哪些？
10. 影响液体种子质量的因素有哪些？
11. 如何防止种子带菌？

第四章　工业生产用培养基

第一节　概　　述

　　培养基是指供产生菌生长、繁殖、代谢和合成产品所需要的，按一定比例配制的多种营养物质的混合物。培养基不仅提供给微生物所必需的营养物质，而且为微生物生长创造了必要的生长环境。在发酵生产中，人工配制培养基的组成和配比合适与否，对微生物的生长发育、产品的产量、提炼工艺的选择和成品质量都会产生相当大的影响。从微生物的营养要求来看，微生物的生长需要碳源、氮源、无机元素、水、能源和生长因子，好氧微生物还需要氧，这些条件在配制和选择培养基时都必须要考虑。工业生产上选用的培养基俗称发酵培养基，还应包括能够促进微生物合成产物所必需的成分，这些成分构成了培养基的原料，这些原料又需要保证来源丰富、价格低廉、质量稳定等要求。

　　培养基是发酵工业微生物有效利用营养物质、满足自身生长和发酵产物产出必须重视的研究内容，它对利用微生物获得和生产发酵产品并提高其产量和质量有着极其重大的意义，是决定发酵生产成功与否的关键性重要因素之一。在发酵工业生产中，如何有效地控制微生物的生长及其代谢产物的合成，提高微生物的生长速率和代谢产物的合成速率，使得从微生物到发酵产品的整个发酵培养过程更为经济有效，务必充分掌握微生物的营养特性，确定微生物的培养条件，即合理设计发酵工业培养基，达到发酵工业利用微生物有效生产发酵产品，并满足获得的发酵产品低成本、高产出的目的。

　　不同的菌种和不同的发酵产品对培养基的要求不同，发酵工业培养基的设计和优化也应有所不同，这就要求我们在选择培养基时充分考虑各种相关因素的影响和制约。根据菌种特性、培养目的、目的代谢产物的分子结构及其生物合成途径、原材料的来源及成本等，在详细了解发酵培养成分及原材料特性的基础上，结合具体微生物和发酵产物的代谢特点，合理选择和优化培养基的成分配比。

　　正是因为微生物发酵过程所使用的微生物的种类和生产产品类别的不同，所采用的发酵培养基也不相同。在选择适宜于大规模发酵的培养基时应该具有以下几个共同的特点：①培养基能够满足产物最经济的合成成本；②发酵后所形成的副产物尽可能的少；③培养基的原料应因地制宜、价格低廉，且性能稳定、资源丰富，便于采购运输，适合大规模贮藏；④所选择的培养基应能满足总体工艺的要求，如不应该影响通气、提取、纯化及废物处理等。

　　有关发酵培养基的设计，目前虽然可以从微生物学、生物化学、细胞生理学中找到理论上的阐述，但具体产品在培养基设计时会受到各种因素的制约。对发酵培养基的设计，包括两方面的内容：一是对发酵培养基的成分及原辅材料的特性有较为详细的了解；二是在此基础上结合具体微生物和发酵产品的代谢特点对培养基的成分进行合理的选择和优化。

　　总之，为了选择好工业生产所用培养基，以下将从培养基的组成、培养基的成分、培养基的种类与选择等方面进行详细阐述，以便能使培养基更好地被微生物所利用，为工业发酵产物生产服务。

一、培养基的组成

　　培养基的组成由培养基的成分决定，大致可按碳源、氮源、无机盐、微量元素、特殊生长因子、促进剂、前体和水等几大类划分。由于微生物种类、生长阶段、工艺条件及发酵产物等的不同，所要求使用的培养基也是不同的，这些都将是培养基配制时需要考虑的因素。培养基组成对菌体的生长繁殖、产物的生物合成、产品的分离精制乃至产品最终的质量和产量都有重要影响。人们按照不同培养阶段的微生物生理学特性提供培养基适宜的碳水化合物及含有蛋白质、氨基酸、维生素和无机元素的有机化合物，以满足菌体生长和产物合成的需求。表4-1列出了几个发酵产品在生产上使用过的较为典型的培养基组成（不是唯一的组成）。从中可以看出，有的品种的发酵培养基是合成培养基，如谷氨酸发酵培养基，大多数品种使用的都是复合培养基，如核黄素、青霉素等发酵培养基。构成每种培养基所使用的原材料品种和剂量都是不同的。

表 4-1　一些发酵产品生产曾用的发酵培养基

品种	原材料	组成
衣康酸发酵培养基	甘蔗糖蜜	150.00g/L
	$ZnSO_4$	1.00g/L
	$MgSO_4 \cdot 7H_2O$	3.00g/L
	$CuSO_4 \cdot 5H_2O$	0.01g/L
赤霉素发酵培养基	淀粉水解液	
	（完全水解成葡萄糖）	20.00g/L
	$MgSO_4$	1.00g/L
	NH_4NO_3	1.00g/L
	KH_2PO_4	5.00g/L
	$FeSO_4 \cdot 7H_2O$	0.01g/L
	$MnSO_4 \cdot 7H_2O$	0.01g/L
	$ZnSO_4 \cdot 7H_2O$	0.01g/L
	$CuSO_4 \cdot 5H_2O$	0.01g/L
	玉米浆（干重）	7.50g/L
α-淀粉酶发酵培养基	大豆粉	1.85%
	啤酒酵母	1.05%
	蒸馏干物质	0.76%
	酶解酪蛋白	0.65%
	乳糖	4.75%
	$MnSO_4 \cdot 7H_2O$	0.04%
	消泡剂（KG-1）	0.05%
谷氨酸发酵培养基	葡萄糖	270.00g/L
	$NH_4H_2PO_4$	2.00g/L
	$(NH_4)_2HPO_4$	2.00g/L
	K_2SO_4	2.00g/L
	$MgSO_4$	0.50g/L
	$MnSO_4$	0.04g/L
	$FeSO_4$	0.02g/L
	聚乙二醇2000	0.30g/L
	生物素	0.012g/L
	青霉素	0.011g/L
核黄素发酵培养基	豆油	20.00mL/L
	甘油	20.00mL/L
	工业葡萄糖	20.00g/L
	玉米浆	12.00mL/L
	酪蛋白	12.00g/L
	KH_2PO_4	1.00g/L

品种	原材料	组成
青霉素发酵培养基	葡萄糖或乳糖（连续流加）	10.0g/L
	玉米浆	4.0%～5.0%
	苯乙酸（连续流加）	0.5%～0.8%
	猪油或植物油（连续流加，消泡剂）	0.5%
	用碱调节 pH 值，维持在 6.5～7.5	—
	KH_2PO_4	5.0g/L
	$FeSO_4 \cdot 7H_2O$	0.01g/L
	$MnSO_4 \cdot 7H_2O$	0.01g/L
	$ZnSO_4 \cdot 7H_2O$	0.01g/L
	$CuSO_4 \cdot 5H_2O$	0.01g/L
	玉米浆（干重）	7.50g/L

二、培养基质量的影响因素

影响培养基质量的因素很多，主要集中在培养基的制备及灭菌过程中所涉及的各种因素，其中制备过程中对培养基质量的影响可从如下几方面考虑。

1. 培养基组分配比的影响

确定了培养基的基本组成之后，还需要进一步确定各成分的配比。培养基成分比例合适与否和菌种生产潜力的发挥有直接关系。配比恰当，可以充分发挥菌种的生产潜力，发酵单位就高；如果有的成分用量不当，发酵单位就低，甚至会抑制产物的合成。在考虑培养基总体要求时，要注意以下几点问题：第一，选择碳源、氮源时，要注意快速利用的碳（氮）源和慢速利用的碳（氮）源的相互配合，发挥各自的优势，避其所短。第二，选用适当的碳氮比。培养基中碳氮比的影响极为明显，氮源过多，菌体生长过于旺盛，pH 偏高，不利于代谢产物的积累；氮源不足，则菌体繁殖量少，影响产量。碳源过多，容易发生基质抑制，则容易形成较低的 pH；若碳源不足，易引起菌体衰老和自溶。另外，碳氮比不当还会影响菌体按比例地吸收营养物质，直接影响菌体的生长和产物的形成。菌体在不同的生长阶段，对其碳氮比的最适要求也不一样。一般碳源既作碳架又能源，因此用量要比氮多。从元素分析来看，酵母菌细胞中碳氮比约为 100∶20，霉菌约为 100∶10；一般工业发酵培养基的碳氮比约为 100∶（0.2～2.0）；但在氨基酸发酵中，因为产物中含氮多，所以碳氮比就要相对低一些。例如谷氨酸生产中取碳氮比 100∶（15～1），若碳氮比为 100∶（0.5～2.0），则会出现只长菌体，而几乎不合成谷氨酸的现象。碳氮比随碳水化合物及氮源的种类以及通气搅拌等条件而异，很难确定一个统一的比值。如青霉素发酵培养基中，葡萄糖的用量增多，就会抑制青霉菌合成青霉素的次级代谢途径。反之，控制好培养基中的碳氮比，就会使抗生素产量增高，如用青霉菌 P. nigrican Thom964 来生产灰黄霉素时，当培养基中的葡萄糖用量从 3% 提高到 7% 时，菌体产灰黄霉素的能力就由 $0.42\mu g/mg$ 菌丝干重增加到 $2.1\mu g/mg$ 菌丝干重。第三，要注意培养基中的生理酸、碱性盐和 pH 缓冲剂的加入和搭配。如配比不当，会使发酵的 pH 值不适合菌体生长繁殖和产物合成，导致菌种代谢异常和发酵单位降低。这是根据该菌种在现有工艺设备条件下其生长合成产物的 pH 变化情况，以及最适 pH 控制范围等，综合考虑选用怎样的生理酸碱性物质及其用量，确保在整个发酵过程中 pH 都能维持在最佳状态（有时也可考虑用中间补料来控制 pH）。第四，必须选择适当的无机盐浓度。过低对菌体生长和产物合成都不利，过高对产物合成又会产生抑制作用。其他成分配比不当，也会对发酵过程产生不利的影响。

2. 培养基原材料质量的影响

培养基成分用量的多少，大部分是根据经验而来。但有些主要代谢的产物因为它们的代谢途径比较清楚，所以可根据物料平衡计算来加以确定，例如，在酒精生产中可根据淀粉的用量计算酒精的理论产率，从而可计算出青霉素 G 的理论产率为每克葡萄糖得 1.1g 青霉素 G。在确定培养基中的碳源数量时，还要考虑用于菌体生长和维持所需的消耗量。还有些发酵工厂用葡萄糖结晶后所得的母液作碳源。培养基的原料在大规模工业生产中用量很大，而且所用的原材料大多为复合材料，其中不少为天然原料，成分复杂，如玉米浆、黄豆饼粉、花生饼粉、蛋白胨等往往因为品种、产地、加工方法和储藏条件的不同而造成原料内在质量的较大波动。培养基原料选用时，应尽可能利用较丰富的廉价原料，设法降低成本。例如，在赖氨酸发酵生产中原来用山芋淀粉，后改用山芋粉为碳源，山芋粉富含生物素、镁盐等物质，可省去玉米浆、硫酸镁物质的添加，价格低于山芋淀粉，整个成本降低 15%。有些培养基原料在使用前要经过预处理，如一些谷物或山芋干等农产品，使用前要去除杂草、泥块、石头、小铁钉等杂物以免损坏粉碎机。又如酒精、丙酮、丁醇等的生产中，淀粉原料使用量大，需要预先进行蒸煮、糊化，以使酵母能有效地将其糖化。糊化程度与温度、时间有关，蒸煮温度过低使糊化不充分，影响糖化率；反之，则会发生焦化等情况，影响营养成分，甚至产生黑色素等有害物质。为了避免蒸煮时间过长，可将大块干薯加以粉碎过筛。国外生产抗生素所用培养基均过 200 目筛子。有些谷物如大麦、高粱、橡子等原料最好先去皮壳，这样其一可减少原料中有害物和单宁等被带入发酵醪（液）的机会，进而影响微生物生长和产物形成；其二可去除大量皮壳占据的体积，能提高设备的利用率，防止堵塞管道，降低流动阻力。在糖蜜使用过程中，最好要进行预处理。如在发酵生产柠檬酸时，为防止异柠檬酸的产生，应去除糖蜜中的铁离子，要预先加入黄血盐以去除铁离子；在利用糖蜜生产酒精或酵母的过程中，则需要预先进行稀释、酸化、灭菌、澄清和添加营养盐等处理，因为糖蜜中干物质浓度很大，糖分高、产酸细菌多，灰分和胶体物质也很多，酵母无法生长。

发酵生产过程对营养的要求比较严格，有些微量元素（如铁离子）或某种成分（如磷酸盐）含量过高，有可能对产物合成产生抑制作用。而发酵所用的培养基原材料多种多样，有些是化学组成一定的单一物质；有些是组成不固定的、成分又很复杂的混合物质；有的是农副产品原料；有的是工业副产物，一般杂质含量都很高。这些原料来源复杂，加工程序又较长，所以很容易引起培养基原材料成分的波动。培养基原材料的质量波动常常是引起发酵单位波动的一个重要而普遍的原因，特别是使用工农业副产物为营养成分时，影响更加明显。如常用的天然有机氮源都有可能因为其质量不好而降低发酵单位。

培养基原材料中有机氮源质量是引起发酵单位波动的重要原因之一。引起这些有机氮源成分波动的原因主要有原材料的品种、产地、加工方法以及储藏条件等不同。如作为链霉素发酵培养基的氮源黄豆饼粉，由于大豆的产地不同，对发酵单位影响很大，一般认为中国东北产的大豆质量较好，用于链霉素发酵时，比用华北、江南等地产的大豆发酵单位要高而且稳定，其主要原因可能是后者缺少胱氨酸和蛋氨酸。又如豆饼加工有冷榨法和热榨法两种，不同的抗生素发酵培养基，需要不同加工方法所制得的豆饼粉，否则发酵单位就会降低，如表 4-2 所示。玉米浆的成分和性质也是引起发酵水平波动的一个因素，由于所用的玉米品种、干燥程度、保存时间和玉米浸渍技术的不同，特别是浸渍时各种微生物的发酵作用对玉米浆的质量影响很大，其中乳酸菌和酵母菌可以提高玉米浆的质量，而腐败细菌则会降低其质量。玉米浆中磷含量的变化（一般在 0.11%～0.40%）对某些抗生素发酵影响也很大。配制培养基所使用的蛋白胨，有血胨、肉胨、鱼胨和骨胨等。由于制胨所用的原料和加工方法不同，其中的氨基酸品种和磷含量也有变化，质量难于控制，常常给生产造成很大的困难。

表 4-2　热榨黄豆饼粉和冷榨黄豆饼粉的主要成分含量　　　　单位：%

加工方法	水分	粗蛋白	粗脂肪	碳水化合物	灰分
冷榨	12.12	46.65	6.12	26.64	5.44
热榨	3.38	47.94	3.74	22.84	6.31

　　碳源对发酵的影响虽然没有有机氮源那么明显，但也会因原料的品种、产地、加工方法、成分含量及杂质含量的不同（包括微量元素在内）而引起发酵波动。如不同产地的乳糖，由于含氮物不同，会引起灰黄霉素发酵单位发生波动。用于发酵的制糖工业的废母液，主要原料和生产工艺不同，其杂质成分和含量也不相同，对培养基质量影响很明显。表 4-3 和表 4-4 所列为几种不同糖原料的主要成分。

表 4-3　甘蔗糖蜜的成分

产地及加工方法	相对密度	蔗糖/%	转化糖/%	全糖/%	灰分/%	蛋白质/%
广东（亚硫酸法）	1.43	33.0	18.1	52.0	13.2	—
广东（碳酸法）	1.49	27.0	20.0	47.0	12.0	0.90
四川（碳酸法）	1.40	35.0	19.0	54.8	11.0	0.54

表 4-4　两种葡萄糖的组成　　　　单位：%

成分	固形葡萄糖	淀粉葡萄糖	成分	固形葡萄糖	淀粉葡萄糖
干物质	91.00	61.00	麦芽糖	0.00	10.00
糖类	100.00	99.00	糊精	0.00	22.00
葡萄糖	100.00	65.00	灰分	0.02	1.00
D—果糖	0.00	3.00			

　　油类的品种也很多，有豆油、玉米油、米糠油和杂鱼油等，质量各异，特别是杂鱼油的成分较复杂，有一定的毒性。同时油的储藏温度过高和时间过长，都会引起质量变化，也容易产生毒性。因此，控制油中酸度、水分和杂质含量是很有必要的。

　　培养基中所用的无机盐和前体等化学物质，其结构式明确，各具有一定的质量规格，较容易控制。但有些化学原料，由于杂质含量的变化，也可能对发酵产生影响。如碳酸钙中的氧化钙含量过高，就会使培养基的 pH 值偏高或无机磷含量降低，影响产物的生产。

　　综上所述，各种原材料的质量对培养基质量的影响是很大的。所以，在工业生产中必须严格控制，按质量标准进行分析检验，合乎标准的原材料才能使用。由于对产物生物合成的许多影响因素尚未完全了解，因此常用生物学方法，利用摇瓶或玻璃发酵罐进行发酵试验，直接检查原材料的质量。

3. 其他因素的影响

　　(1) 水质　水是培养基的主要成分，恒定水源、恒定水质很重要。水质的主要参数包括 pH 值、溶解氧、可溶性固体、污染程度、各种矿物特别是重金属的种类和含量等。工业上所用的水有深井水、地表水、自来水和蒸馏水。不同来源的水，水质差异较大。水质的变化对微生物发酵也将产生较大的影响。因此，对水质应定期化验检查，使用符合要求的水配制各种培养基。在制备培养基时水源的影响也应注意，各地的深井水和自来水的质量有很大差别。其中微量元素的含量，对成分简单的孢子培养基或种子培养基有较大的影响。在制酒或啤酒工业中更要注意选择、控制水的硬度、含铁量、含氯量及铵态、硝酸态和亚硝酸态的氮含量，一般常用电渗析或离子交换树脂等方法进行水的纯化过程。如果生产对水质要求严格，可以在蒸馏水中加入一定量的无机盐，制成发酵工业用水，以消除水质对发酵的影响，一般配制孢子培养基用蒸馏水或深井水；种子培养基、发酵培养基用深井水或自来水，如表4-5所示。

表 4-5　一般深井水和地表水的无机盐含量　　单位：mg/L

成分	地表水	深井水	成分	地表水	深井水
溶解氧	7～9	75	SO_4^{2-}	2～8	5～10
游离 CO_2	6～20	10～25	SO_2	10～30	5～35
Cl^-	2～5	5～50	Fe_2O_3	0.0～0.3	0.1～2.0
CaO	5～20	5～20	NO_3^--N	0.1～0.2	—
MgO	2～10	3～15	NH_4^+-N	0.2～0.3	—
Na_2O	5～10	—	蛋白-N	0.05～0.07	—
K_2O	1～3	—	$KMnO_4$ 消耗量	1～3	1～8
P_2O_5	0.0～0.1	—			

（2）pH 值　培养基的 pH 值对微生物的生长和产物的合成有较大的影响。在配制培养基时，为使培养基灭菌后的 pH 值适于菌体的生长，有时会在灭菌前用酸或碱予以调整。如果培养基的配比不合适，出现 pH 值偏低或偏高，在灭菌过程中，有可能加速营养成分的破坏。因此，确定培养基的 pH 值时，应以改变营养物质的浓度比例，尤其是生理酸碱性物质的用量来调节培养基为主，而以酸碱调节为辅。少量培养基也可采用缓冲液来减小 pH 值的变化。

（3）培养基黏度　培养基中固体不溶性成分，如淀粉、黄豆粉等增加了培养基的黏度，不仅影响发酵通气搅拌等物理过程，而且直接影响菌体对营养的利用，也会给目标产物的分离提取造成困难。高黏度的培养基，也不容易彻底除菌。

（4）灭菌操作　培养基必须经过灭菌方可使用，目前大多数生产用培养基均采用高压蒸汽灭菌法，如操作控制不当，灭菌时温度偏高，受热时间过长，则营养成分会受到一定程度的破坏，如蛋白质在高温下变性、维生素在高温下失活。灭菌过程中，培养基中的无机盐之间也可能产生化学反应，如磷酸盐和碳酸钙，在高温条件下，彼此间反应形成溶解度极小的磷酸钙，使培养基中的可溶性无机磷浓度降低，同时碳酸钙的缓冲作用和钙离子的浓度降低。

因此，灭菌操作不当不仅会减少培养基中有效的营养成分，还会产生一些有毒物质，给发酵带来不利的影响。

三、常见问题及其处理手段

在配制培养基的过程中，常会遇到一些问题，可采用相应方法进行解决。

（1）配制好的培养基 pH 值不合格，一般用酸或碱直接调节。

（2）配制过程中发生沉淀反应或其他反应使培养基质量下降。发生反应主要是由于加料顺序不合理或者是物料之间容易发生化学反应，一般可调整加料顺序，如先加入缓冲化合物，溶解后加入主要物质，然后加入维生素、氨基酸等生长素类物质。但对易发生反应的物料必须分开配制，忌混在一起。

（3）使用淀粉时，如果浓度过高，培养基会很黏稠，所以培养基中淀粉的含量大于 2% 时，应先用淀粉酶糊化，然后再混合、配制、灭菌，以免产生结块现象。糊精的作用和淀粉极为相似，因其在热水中具有良好的溶解性，所以补料中一般不补淀粉而补糊精。

（4）发酵过程所用的原料如果对发酵影响较大，可进行适当的预处理。如前所述，如使用大麦、高粱、橡子等原料时，为避免皮壳中的有害物质如单宁等进入发酵罐，可先进行脱皮处理；糖蜜中富含铁离子，如果是对铁敏感的菌株则要预先加入黄血盐除铁；在酒精或酵母生产中，由于糖蜜中干物质浓度大、糖分高、产酸菌多，灰分和胶体物质也很多，酵母无法生长，因此需经过稀释、酸化、灭菌、澄清和添加营养盐等处理后才能使用。

（5）培养基黏度太大，如果黏度是由于固体原料用量太多所引起的，可采用精料发酵或将原料用酶水解，降低大分子物质；如果是由于固体颗粒过大所引起的，可预先粉碎并过筛处理。

第二节　培养基的成分

在发酵生产中，生产工艺不同，使用的培养基也不同。各种菌种的生理生化特性不一样，培养基的组成也要改变。甚至同一菌种，在不同的发酵时期其营养要求也不完全相同。所以，生产中要依据不同的微生物、微生物不同的生长阶段、不同的发酵产物以及不同的培养要求，制备和使用不同成分与配比的培养基。培养基的原材料归纳起来有碳源、氮源、无机盐和微量元素、水、生长因子和前体等几大类。

一、碳源物质

培养基组成中，碳源物质是最主要的成分之一。在微生物的细胞中碳源物质含量相当高，可占细胞干物质的 50% 左右。碳源主要为细胞提供能源，组成菌体细胞成分的碳架（如蛋白质、糖类、脂类、核酸等），构成代谢产物。在微生物发酵过程中，普遍以碳水化合物作为碳源物质，常用的碳源物质包括糖类、脂类、有机酸、低碳醇等。

1. 碳水化合物

由于菌种所含的酶系统不完全一样，各种菌种所能利用的碳源也不尽相同。葡萄糖、蔗糖、麦芽糖、乳糖、糊精、淀粉等糖类物质是细菌、放线菌、霉菌、酵母菌容易利用的碳源。其中葡萄糖是碳源中最容易利用的单糖，几乎所有的微生物都能利用葡萄糖，所以葡萄糖常被作为培养基的一种主要成分。但在过多的葡萄糖或通气不足的情况下，葡萄糖不完全氧化，就会积累酸性中间产物如丙酮酸、乳酸、乙酸等，导致培养基的 pH 值下降，从而影响微生物的生长和产物的合成，引起葡萄糖效应。在生产上可以采用流加发酵法或者连续发酵法来解决这一问题。乳糖在青霉素生产中广为应用，因为乳糖利用缓慢，对抗生素合成很少有抑制或阻遏作用，因此能在高浓度条件下应用，以延长发酵周期，提高产量。在发酵生产中，对于糖类可以使用其纯品，也可以使用含有这些糖类的糖蜜和乳清。

糖蜜是制糖厂生产甜菜或甘蔗的结晶母液，是制糖生产的副产物，主要含蔗糖、无机盐和维生素等，其中蔗糖含量占主导，总糖含量可达 50%～75%。过去糖蜜是作为制糖工业的废液处理的，现在发酵工业把它作为一种营养丰富的碳源使用。糖蜜的品质因不同产地、不同产区土质、不同气候、不同原料品种、不同收获季节、不同制糖工艺而有很大差异。因此，不同糖蜜的含糖量、蛋白质含量及灰分等是不同的。糖蜜常用于氨基酸、抗生素、酒精等发酵工业中。

麦芽糖也是一种常用的碳源。麦芽糖是 2 分子葡萄糖以 α-糖苷键缩合而成的双糖，是饴糖的主要成分。大麦经发芽制成麦芽，除了含淀粉外，麦芽还含有许多糖分。麦芽汁也可以由发芽的其他谷物制备得到。麦芽糖主要应用在啤酒工业上。

糊精、淀粉及其水解液等多糖也是常用的碳源。糊精是 α-淀粉酶降解淀粉的产物，经喷干而成。利用淀粉可以克服葡萄糖代谢过快产生的弊病，同时其来源丰富，价格也比较低廉。常用的淀粉有玉米淀粉、小麦淀粉、燕麦淀粉和甘薯淀粉等。玉米淀粉及其水解液是抗生素、核苷酸、氨基酸、酶制剂等发酵生产中常用的碳源，小麦淀粉、燕麦淀粉等常用在有机酸、醇等的发酵生产中。用于生产疫苗的培养基，通常使用牛血清白蛋白、牛肉汁等蛋白质作为碳源。表4-6所列是工业上常用的碳源及其来源。

表 4-6　工业上常用的碳源及其来源

碳源	来　源	碳源	来　源
葡萄糖	纯葡萄糖、水解淀粉	淀粉	大麦、花生粉、燕麦粉、黑麦粉、大豆粉等
乳糖	纯乳糖、乳清粉	蔗糖	甜菜糖蜜、甘蔗糖蜜、粗红糖、精白糖等

2. 脂肪

油和脂肪也能被许多微生物作为碳源和能源，能被微生物利用的脂类如各种植物油和动物油。菌体一般是在培养基中糖类物质缺乏时或在发酵的某一阶段，开始利用脂类物质的。微生物利用脂类作为碳源时，先利用菌体分泌的脂肪酶将脂类水解为甘油和脂肪酸。应当注意的是，油脂原料是不溶于水的，因此发酵液要设法成为乳状液，发酵罐结构也要进行一些改造，以利于乳化。微生物在利用脂肪酸作为碳源时，要进行 β-氧化，这要比氧化糖类物质的 EMP 和 TCA 途径消耗更多能量。在进行有氧代谢时，过程所消耗的氧量增加，要提供比糖代谢更多的氧，否则大量的脂肪酸和代谢中产生的有机酸累积，会导致培养基 pH 值下降，改变生产环境。常用的脂类有豆油、菜油、葵花子油、猪油、棉籽油、玉米油、亚麻子油、橄榄油等。在发酵过程中加入油脂有消沫和补充碳源的作用。脂肪酸被氧化成短链形式时可直接参与微生物目的产物的合成。但油脂在储藏过程中易酸败，同时还可能增加过氧化物的含量，对微生物代谢有毒副作用。常用的油脂质量及不同油脂对酶活力的影响如表 4-7所示。这些例子表明，发酵培养基选用适当油脂作为碳源对于提高发酵产品的效率会产生重要作用。

表 4-7　一些植物油的组成

油类	皂化价	碘价	饱和脂肪酸/%	不饱和脂肪酸/%		
				油酸	亚油酸	亚麻酸
豆油	190～193	124～133	12～13	25～36	50～55	5～8
棉籽油	191～196	103～111	25	25～30	45～50	—
玉米油	188～193	117～130	12	45～47	40～42	—
花生油	189～196	85～98	18	56～65	17～21	—
向日葵油	186～194	127～136	7～10	30～35	55～65	—
亚麻子油	189～196	170～185	10～15	15～25	15～20	45～55
橄榄油	189～195	80～85	9～20	65～84	4～9	—

3. 有机酸、醇、烃

有机酸或它们的盐以及醇类也能作为微生物碳源，许多微生物对各种有机酸如乳酸、醋酸、柠檬酸、延胡索酸等有很强的氧化能力，因此有机酸（有机酸盐）以及醇也能作为微生物碳源。生产中使用的有机酸盐，随着有机酸盐的氧化常常产生碱性物质而导致发酵液的 pH 值变化，所以还可以调节发酵过程的 pH 值。由此可见，不同碳源在分解氧化时，对 pH 值的影响不同。因此，不同的碳源和浓度，不仅对微生物碳代谢有影响，而且对整个发酵过程中的 pH 值的调节和控制也有影响。如以醋酸盐为碳源时，其氧化反应式如下：

$$CH_3COONa + 2O_2 \longrightarrow 2CO_2 \uparrow + H_2O + NaOH$$

不同微生物所含酶系统不完全一样，因此它们对各种碳源的利用速率和效率也不一样。在发酵工业中，用于配制培养基的碳源种类很多，各种作为碳源的物质的组成差异也很大，即使同一种碳源，由于产地不同组成也不尽相同。随着石油工业的发展，微生物可利用的碳源也相应增加。其他碳源物质如碳酸气、石油、正构石蜡、天然气、甲醇、乙醇等石油化工产品，也是许多微生物的碳源。正烷烃已用于抗生素、酶、氨基酸、维生素等的发酵生产中。例如，嗜甲烷棒状杆菌（*Corymebacterium methanophium*）可以利用甲醇为碳源生产单细胞蛋白，对甲醇的转化率可达 47% 以上。乳糖发酵短杆菌（*Bacterium lactofermentum*）以乙醇为碳源生产谷氨酸，对乙醇的转化率为 31%，产率达 78g/L。山梨醇则是维生素 C 生产过程中的重要中间体。乙醇在青霉素发酵中也可被利用。由表 4-8 可见，乙醇作为碳源其菌体得率比以葡萄糖为碳源要高。有研究发现，自然界中能够同化乙醇的微生物与能同化糖质原料的微生物同样普遍，种类也相当多。陈远童等人利用最优的如热带假丝酵母 NP—159 株添加 20%（体积分数）正十三烷为碳源获得十一烷 1,11-二羧酸（DC$_{13}$）产量高达 139g/L、转化率为 80% 以上、纯度为 95.3%。又如，裂烃棒杆菌的青霉素抗性突变株用六烷作为碳源生产谷氨酸，在发酵中加入一定浓度的青霉素，谷氨酸产量达 84g/L。用正十四烷生产 α-酮戊二酸的产率有时高于其他碳源。正烷烃（十四碳至十八碳的直链烷烃混合物）作为碳源已被用于有机酸、抗生素、维生素、氨基酸、酶制剂、单细胞蛋白等的工业生产中，都取得了令人满意的结果。青霉素发酵中各种碳源菌体得率的比较见表 4-8。

表 4-8　青霉素发酵中各种碳源菌体得率的比较

比较项目	乙醇	葡萄糖	醋酸	正烷烃（C$_{18}$）	甲醇	甲烷
含碳量/%	52.2	40.0	40.0	85.0	37.5	75.0
菌体得率/(g/g)	0.83	0.50	0.43	1.40	0.67	0.88

二、氮源物质

氮源物质主要功能是构成菌体细胞结构（如氨基酸、蛋白质、核酸等）及合成含氮代谢产物。在碳源不足的时候，也可以用氮源为微生物提供能源。常用的氮源有两大类，即有机氮源和无机氮源。根据被微生物利用的速度，氮源也可分为速效氮源（如玉米浆、硫酸铵）和迟效氮源（如花生饼粉、黄豆饼粉和棉子饼粉），其中速效氮源中的氮可直接被微生物利用，而迟效氮源中的氮必须先经微生物产生的蛋白水解酶水解成氨基酸后才能被菌体利用。总的来说，微生物在有机氮源培养基上生长要比在无机氮源培养基上生长旺盛。这主要是由于有机氮源成分比较复杂，营养也较无机氮源丰富。

1. 有机氮源

常用的有机氮源如花生饼粉、黄豆饼粉、棉子饼粉、酵母粉、麦麸、鱼粉、蚕蛹粉、玉米浆、蛋白胨、废菌体、酒糟等。表 4-9 所列是工业上常用的有机氮源及其含氮量。

表 4-9　工业上常用的有机氮源及其含氮量　　　　　　　　　单位：%

氮源	含氮量	氮源	含氮量
大麦	1.5~2.0	花生粉	8.0
甜菜糖蜜	1.5~2.0	燕麦粉	1.5~2.0
甘蔗糖蜜	1.5~2.0	大豆粉	8.0
玉米浆	4.5	乳清粉	4.5

常用的有机氮源营养成分如表 4-10 所示。有机氮源除含有丰富的蛋白质、多肽和游离氨基酸外，还含有糖类、脂肪、无机盐、维生素及某些生长因子，由于放线菌、霉菌和细菌中含有蛋白酶，很多动植物蛋白能被它们利用，所以在含有机氮源的培养基中，菌体的生长速度快，菌丝较多。对于有机氮源，微生物可以直接利用氨基酸和其他有机氮化合物来合成蛋白质和其他细胞物质；不需要从糖代谢分解产物来合成，更有一些微生物必须依赖有机氮源才能生长。但是微生物对氨基酸的利用随菌种生理特性的不同而不同，例如，在螺旋霉素

发酵液中加入色氨酸，可使螺旋霉素产量明显提高，而加入其他氨基酸则达不到这一效果；甲硫氨酸和苏氨酸的存在，可以提高赖氨酸的产量。

表 4-10　发酵中常见的一些有机氮源成分

成分	黄豆饼粉	棉子饼粉	花生饼粉	玉米浆	鱼粉	米糠	酵母膏
蛋白质/%	51.0	41.0	45.0	24.0	72.0	13.0	50.0
碳水化合物/%	—	28.0	23.0	5.8	5.0	45.0	—
脂肪/%	1.0	1.5	5.0	1.0	1.5	13.0	0.0
纤维/%	3.0	13.0	12.0	1.0	2.0	14.0	3.0
灰分/%	5.7	6.5	5.5	8.8	18.1	16.0	10.0
干物质/%	92.0	90.0	90.5	50.0	93.6	91.0	95.0
核黄素/(mg/kg)	3.06	4.40	5.30	5.73	10.10	2.64	—
硫胺素/(mg/kg)	2.40	14.30	7.30	0.88	1.10	22.00	—
泛酸/(mg/kg)	14.5	44.0	48.4	74.6	9.0	23.2	—
烟酸/(mg/kg)	21.0	—	167.0	83.6	31.4	297.0	—
吡哆醇/(mg/kg)	—	—	—	19.4	14.7	—	—
生物素/(mg/kg)	—	—	—	0.88	—	—	—
胆碱/(mg/kg)	2750	2440	1670	629	3560	1250	—
精氨酸/%	3.2	3.3	4.6	0.4	4.6	0.5	3.3
胱氨酸/%	0.6	1.0	0.7	0.5	0.8	0.1	1.4
甘氨酸/%	2.4	2.4	3.0	1.1	3.5	0.9	—
组氨酸/%	1.1	0.9	1.0	0.3	2.0	0.2	1.6
异亮氨酸/%	2.5	1.5	2.0	0.9	4.5	0.4	5.5
亮氨酸/%	3.4	2.2	3.1	0.1	6.8	0.5	6.5
赖氨酸/%	2.9	1.6	1.3	0.2	6.8	0.5	6.5
甲硫氨酸/%	0.6	0.5	0.6	0.5	2.5	0.2	2.1
苯丙氨酸/%	2.2	1.9	2.3	0.3	3.1	0.5	3.7
苏氨酸/%	1.7	1.1	1.4	—	3.4	0.4	3.7
色氨酸/%	0.6	0.5	0.5	—	0.8	0.1	1.2
酪氨酸/%	1.4	—	—	0.1	2.3	—	4.6
缬氨酸/%	2.4	1.8	2.2	0.5	4.7	0.6	4.4

天然原料加工制作的有机氮源成分复杂，不同产地的原料、不同方法加工的氮源成分不同。如黄豆饼粉、花生饼粉、棉子饼粉等，不同产地的加工产品，成分必然是不相同的。黄豆饼粉是发酵上常用的有机氮源，其制作一般采用黄豆压榨法，压榨温度可以是低温（低于70℃），也可以是高温（高于100℃），两者的主要区别在于前者的水分和含油量较高，后者则水分含量低，含油量低于1％。黄豆饼粉的加工方式对抗生素发酵工业的影响很大，如在红霉素生产时应采用热榨的黄豆饼粉，而在链霉素发酵中应采用冷榨的黄豆饼粉。棉子饼粉在青霉素等多种产品的生产中作为氮源有很好的效果。

玉米浆是用亚硫酸浸泡玉米的水浓缩加工制成的副产品，固体物质含量在50％以上，生产上常见玉米浆有固态玉米浆和液态玉米浆两种，如表4-11所示。玉米浆除提供氮源外，它所含有的磷酸肌醇对促进红霉素、链霉素、青霉素、土霉素等的生产有积极作用。玉米浆中的玉米可溶性蛋白很容易被微生物利用，并且含有丰富的氨基酸、还原糖、磷、微量元素、生长素等，是抗生素生产的良好氮源，如表4-12所示。

表 4-11　两种玉米浆的成分

组成成分	液态玉米浆	固态玉米浆	组成成分	液态玉米浆	固态玉米浆
干物质/(g/100g)	9.6～46.8	9.4～91.7	pH 值	4.0～4.7	3.2～4.4
灰分/(g/100g)	8.0～10.4	12.9～13.7	磷/(g/100g)	1.5～1.9	2.6～2.8
总氮/(g/100g)	3.3～3.7	7.4～8.3	钙/(g/100g)	0.02～0.07	—
总糖(以葡萄糖计)/(g/100g)	0.8～4.4	5.7～8.3	钾/(g/100g)	2.0～2.5	—
酸度/mL(0.1mol NaOH/L)	108.0～144.0	149.0～198.0	沉淀固体/(g/100g)	38.4～52.0	
乳酸/(g/100g)	11.6～19.3	15.1～17.7			

表 4-12　玉米浆中的各种氨基酸含量　　　　　　　　单位：mg/100mg

氨基酸	含　量	氨基酸	含　量
天冬氨酸	2.95	异亮氨酸	1.07
苏氨酸	1.67	亮氨酸	2.97
丝氨酸	1.71	酪氨酸	1.19
谷氨酸	5.35	苯丙氨酸	1.00
甘氨酸	2.88	赖氨酸	1.61
丙氨酸	2.86	组氨酸	1.34
半胱氨酸	0.39	精氨酸	2.62
缬氨酸	2.15	色氨酸	0.15
蛋氨酸	0.84	脯氨酸	2.92
		合计	36.20

　　蛋白胨、酵母粉、鱼粉等也是良好的有机氮源。蛋白胨是实验室微生物培养基的主要有机氮源，是外观呈淡黄色的粉剂，具有某种类似肉香的特殊气味，其相对分子质量平均约2000。蛋白胨可用各种动物组织和植物水解制备，再加上加工方法不同，质量不稳定，所含氨基酸的种类和含量差异较大，使用蛋白胨要注意品种的选择和使用效果。酵母粉主要由啤酒酵母和面包酵母加工得到，不同的酵母品种制得的酵母粉质量不同。蚕蛹粉、石油酵母、菌体蛋白也是发酵中常用的有机氮源。生产中，还可以利用农副产品和工业下脚料作为氮源来降低生产成本。有些有机氮源对某些微生物合成菌体的目的产物不仅有量的影响，而且有质的影响。比如酵母膏能使不产利福霉素的阻断突变株恢复生产抗生素的能力，经研究发现酵母膏中存在有被称为 B 因子的诱导物。而在麦白霉素发酵培养基中添加植物蛋白胨能够提高其 A_1 组分的生物合成量。

　　尿素也是一种常见的有机氮源，但其成分单一，不具有上述有机氮源的特点，尿素在青霉素和谷氨酸等生产中常被采用。在谷氨酸生产中，尿素可以使 α-酮戊二酸还原并氨基化，提高谷氨酸的产量。尿素作为有机氮源使用要注意以下几点：①尿素是生理中性碳源；②尿素含氮量比较高（46%）；③微生物必须能分泌脲酶才能分解尿素。氨基酸由于成本高一般不作为氮源使用。

　　有机氮源并非仅仅含有氮，往往还含有其他成分，所以在配制培养基时，应该将其他物质的含量考虑进去。

2. 无机氮源

　　发酵中常用的无机氮源有铵盐、硝酸盐和氨水等，一般情况下是作为辅助氮源。微生物对无机氮源的利用速度一般比有机氮源快，所以也常被称为迅速利用的氮源。这种氮源在抗生素发酵工业中也会出现类似于葡萄糖效应的现象，即由于微生物快速利用而使其代谢产物阻遏或抑制了参与抗生素生物合成的有关酶的形成和活力，使抗生素产量大幅度下降。微生物对无机氮源的利用方式也有所不同，铵盐中的氮可以直接被用来合成细胞中的含氮物质，而硝基氮只有经过还原成氨后才能被利用。

　　某些无机氮源由于微生物分解和选择性吸收、利用，发酵液的 pH 值会发生变化。如：

$$(NH_4)_2SO_4 \longrightarrow 2NH_3 + H_2SO_4$$

$$NaNO_3 + 8[H] \longrightarrow NH_3 + 2H_2O + NaOH$$

　　经微生物代谢后形成酸性物质的无机氮源称为生理酸性物质，而经微生物代谢后形成碱性物质的无机氮源称为生理碱性物质。合理使用生理酸性物质和生理碱性物质是微生物发酵过程中有效的 pH 值调节方式。在制液体曲时，用 $NaNO_3$ 作氮源，可以促进菌丝生长，缩短培养时间，提高糖化能力。在黑曲霉发酵过程中，用硫酸铵作氮源，有利于提高糖化型淀粉酶的活力，抑制杂菌的生长，防止污染。

氨水是发酵工业中普遍使用的无机氮源。氨水是氨溶于水得到的水溶液，为无色透明液体，具有强烈刺激性气味，在氨基酸、抗生素等发酵工业中广泛采用。如在链霉素的生产中，以氨作为无机氮源可提高红霉素的产率和有效组分的比例。另外，氨水同时可以作为发酵中的 pH 值调节剂。在发酵中后期利用氨水调节 pH 值往往可以得到比强碱好的效果。

三、生长因子

广义地说，凡是微生物生长不可缺少的微量有机物质都称为生长因子（又称生长素），包括氨基酸、嘌呤、生物素、嘧啶、维生素、肌醇、对氨基苯甲酸等，狭义地说，生长素仅指维生素。其需要量极少，但却不能缺少，否则菌体不会生长。生长因子的主要功能是构成辅酶的组成部分，促进细胞代谢活动的进行。

维生素是所发现的第一类生长因子，大多数维生素是辅酶的组成成分，例如烟酸经胺化生成烟酰胺，烟酰胺是辅酶Ⅰ（NAD）和辅酶Ⅱ（NADP）的组成成分；通过烟酸经胺的氧化还原作用催化微生物的生物氧化作用。有些氨基酸是多种微生物的生长因子，这与它们缺乏合成这些氨基酸的酶有关。嘌呤和嘧啶也是许多微生物所需要的生长因子，它们的主要功能是构成核酸和辅酶。生物素是含硫原子的一元环状弱酸，是细胞膜脂质合成途径中的重要辅酶，生物素不足，会造成细胞膜合成不完整，细胞内容物渗漏。工业生产中一般由玉米浆或豆浆水解液提供生物素。贲松彬等人在蛹虫草液体发酵过程中添加对蛹虫草生长影响较大的 3 种碱性氨基酸，单因素试验观察组氨酸、精氨酸、赖氨酸对蛹虫草菌丝体生物量和虫草素含量的影响，如图 4-1 所示。

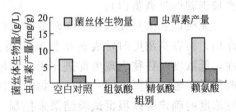

图 4-1 氨基酸种类对菌丝体生物量和虫草素产量的影响（贲松彬等，2010）

潘春梅等人利用维生素促进剂对发酵生产辅酶 Q_{10} 的发酵过程影响的研究，采用单因子

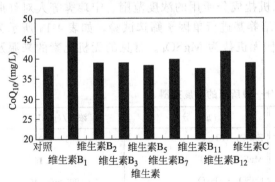

图 4-2 各种维生素对辅酶 Q_{10} 发酵的影响（潘春梅等人，2007）

考察硫胺素（维生素 B_1）、核黄素（维生素 B_2）、泛酸（维生素 B_3）、烟酸（维生素 B_5）、生物素（维生素 B_7）、叶酸（维生素 B_{11}）、（氰）钴胺素（维生素 B_{12}）和维生素 C 对辅酶 Q_{10} 发酵的影响，结果如图 4-2 所示，由图可知，与其他维生素相比，维生素 B_1 对辅酶 Q_{10} 的合成起明显促进作用。当维生素 B_1 添加量为 10mg/L，辅酶 Q_{10} 产量和细胞内辅酶 Q_{10} 含量分别达到 47.8mg/L 和 3.30mg/gDCW，比对照组分别提高 25% 和 20%。维生素 B_1 是影响细胞生长、葡萄糖消耗的重要因素，当维生素 B_1 处于限制性浓度范围时，糖酵解速度变慢，而增加维生素 B_1 的浓度，磷酸戊糖途径逐渐被激活，细胞生长和葡萄糖消耗速度加快，可能会间接影响到辅酶 Q_{10} 的合成。

四、无机盐及微量元素

各种微生物在生长繁殖和生物合成产物过程中，需要无机盐和微量元素如磷、镁、硫、铁、钾、铀、铅、氯、锌、钴、锰等。它们一方面作为微生物细胞和酶的组成成分；另一方面用于调节细胞的渗透压，参与酶的催化反应，维持酶的活力。一般配制培养基时大量元素常以盐的形式加入，如硫酸盐、磷酸盐、氯化物等。磷是核酸和蛋白质的必要成分，也是细胞膜的重要组分（磷脂），磷在细胞内起着重要作用。磷常以磷酸盐的形式加入到培养基中，工业生产上常用的磷酸盐有 $K_3PO_4 \cdot 3H_2O$、K_3PO_4、$Na_2HPO_4 \cdot 12H_2O$、$NaH_2PO_4 \cdot 2H_2O$ 等；硫元素是另一种非常重要的无机元素，发酵生产中硫元素的提供形式是硫酸盐，如 $MgSO_4$，硫存在于细胞的蛋白质中，是含硫氨基酸的组成成分和某些辅酶的活性基团，如辅酶 A、硫辛酸和谷胱甘肽等；镁处于离子状态时，是重要的辅酶和很多酶的激活剂，镁以 $MgSO_4$ 的形式加入培养基中，镁离子可影响基质的氧化，也影响蛋白质的合成，镁离子能提高一些氨基酸糖苷类抗生素产生菌对自身所产生的抗生素的耐受能力，如卡那霉素、链霉素、新生霉素等的产生菌；铁是细胞色素氧化酶和过氧化氢酶的成分，因此，铁对于进行有氧呼吸的微生物来说至关重要，培养基中一般由 $FeSO_4 \cdot 7H_2O$ 来提供铁元素；钠离子、钾离子、钙离子虽不参与细胞物质的组成，但却是很多酶的辅助因子（尤其是糖代谢途径的酶）。培养基中的钾离子是以 KH_2PO_4 和 K_2HPO_4 形式存在的，钾离子与细胞渗透压和透性有关，在培养基中可起到一定的缓冲剂的作用并具有抵抗 pH 波动的能力；另外，钠离子与维持细胞渗透压密切相关，而钙离子主要控制细胞通透性，是一种渗透压调节剂（如某些真核细胞的钙调蛋白）。

　　无机盐和微量元素一般在较低浓度时作为酶的激活剂，对细胞的生长和产物合成有促进作用，而在高浓度时常表现出抑制作用。其中许多金属离子的浓度会影响微生物的生理活性，低浓度时往往表现为促进作用，高浓度时却表现为抑制作用。无机盐和微量元素对不同菌种需要量不相同，同一种微生物的不同生长阶段对这些物质的最适需求量也会不同，最适宜浓度的确定必须根据试验结果来控制。因此，在生产中要通过试验才能了解菌种对无机盐和微量元素的最适需求量。微量元素由于需求量很小，一般不需要单独加入，但也有特殊情况：①配制完全由化学物质构成的培养基时，一般采用配制高倍贮液的方法；②在某些特殊的发酵工业中，如维生素 B_{12} 发酵，由于维生素 B_{12} 中含有钴，所以在培养基中一般要加入氯化钴，以提高产量。表 4-13 列出了一些无机盐成分所用的浓度范围。宁玮霁等人对红曲霉 *Monascus* 菌株-ZZ 产麦角固醇的液体发酵培养基进行单因子筛选试验，如表 4-14 所示为不同无机盐对麦角固醇含量影响的结果，最佳无机盐为 $MgSO_4$。常见的无机元素的来源及功能如表 4-15 所示。

表 4-13　无机盐成分一般所用的浓度范围

成　分	浓度/(g·L)	成　分	浓度/(g·L)
KH_2PO_4	1.0～4.0	$ZnSO_4 \cdot 8H_2O$	0.1～1.0
$MgSO_4 \cdot 6H_2O$	0.25～3.00	$MnSO_4 \cdot H_2O$	0.01～0.10
KCl	0.5～12.0	$CuSO_4 \cdot 5H_2O$	0.003～0.010
$CaCO_3$	5.0～17.0	$Na_2MoO_4 \cdot 2H_2O$	0.01～0.1
$FeSO_4 \cdot 4H_2O$	0.01～0.10		

表 4-14　不同无机盐对麦角固醇含量的影响（宁玮霁等，2008）

无机盐	麦角固醇含量/(μg/g)	生物量/g	无机盐	麦角固醇含量/(μg/g)	生物量/g
K_2HPO_4	815.6	1.05	$CaCl_2$	830.1	0.38
KH_2PO_4	786.4	1.00	$MgSO_4$	957.0	0.55
NaH_2PO_4	864.2	1.21	$FeSO_4$	813.4	0.98

表 4-15　常见的无机元素的来源与功能

元素	人为提供无机元素形式	生　理　功　能
P	KH_2PO_4，K_2HPO_4	核酸、磷酸、ATP 和辅酶成分
S	$MgSO_4$	含硫氨基酸(半胱氨酸、甲硫氨酸)的成分和含硫维生素(生物素、硫胺素等)的成分
K	KH_2PO_4，K_2HPO_4	某些酶(果糖激酶、磷酸丙酮酸激酶)的辅助因子；维持电位差和渗透压
Na	NaCl	维持渗透压；某些细菌的蓝细菌所需
Ca	$Ca(NO_3)_2$，$CaCl_2$	某些胞外酶的稳定剂，某些蛋白酶的辅因子；细菌形成芽孢和某些真细菌形成孢子所需
Mg	$MgSO_4$	固氮酶等的辅因子；叶绿素等的成分
Fe	$FeSO_4$	细胞色素成分；合成叶绿素所需
Mn	$MnSO_4$	超氧化物歧化酶、氨肽酶和 L-阿拉伯糖异构酶等的辅因子
Cu	$CuSO_4$	氧化酶、酪氨酸酶的辅因子
Co	$CoSO_4$	维生素 B_{12} 复合物的成分；肽酶的辅因子
Zn	$ZnSO_4$	碱性磷酸酶以及多种脱氢酶、肽酶和脱羧酶的辅因子，固氮酶及同化型和异化型硝酸盐还原酶的成分

五、前体

在产物的生物合成过程中，能够被菌体直接用于产物合成并提高产物的产量，而自身结构无显著变化的一类化合物称为前体。前体是一些添加到培养基中的物质，它们并不促进微生物的生长，但能直接通过微生物的生物合成结合到产物分子上去，自身结构基本不变，但产物产量有较大提高。生物合成所需要的前体物质，有的是微生物本身能够合成的，有的是其本身不能合成的，需要人为添加。前体最早是从青霉素生产中发现的，在青霉素发酵生产中添加玉米浆后，青霉素可从 20U/mL 增加到 100U/mL，进一步研究表明，发酵单位增长的主要原因是玉米浆中含有苯乙胺，它能被优先结合到青霉素分子中去，从而提高了青霉素 G 的产量。杨海军等人在 L-色氨酸低糖流加发酵过程中分别补加（NH_4）$_2SO_4$、玉米浆及 L-苯丙氨酸、L-酪氨酸的不同添加物，可使色氨酸的产酸率最高达到 12.1g/L。尹良鸿等人在利用产朊假丝酵母发酵合成谷胱甘肽（GSH）的过程中，添加适量的 L-半胱氨酸和混合氨基酸（L-谷氨酸、L-半胱氨酸、甘氨酸），摇瓶和发酵罐发酵两阶段的 GSH 产量分别为 290.1mg/L 和 1725.3mg/L，胞内 GSH 含量分别为 3.22% 和 3.29%，分别比高密度培养提高了 111.4% 和 100.6%。杜冰等人利用破囊弧菌 D8 发酵生产二十二碳六烯酸（DHA）时，在发酵液中添加 2% 的棕榈酸可使破囊弧菌 D8 的 DHA 产量提高 36.8%，达 1554.01mg/L。表明添加棕榈酸前体物对 DHA 的合成有明显的促进作用。雷帮星等人利用被孢霉 SM96 菌株添加不同油脂作为前体物，发酵转化花生四烯酸（Ara）和二十碳五烯酸（EPA），由表 4-16 可见，除紫苏油外，其他添加的油脂均能有效提高 SM96 菌株 Ara 的产量，特别是大豆油，按体积浓度是对照样的 3.6 倍；按菌体干重含量是对照样的 2 倍多。从 EPA 产生来看，紫苏油、花生油和棕榈油都能促使不能产生 EPA 的 SM96 菌株产生 EPA，其中富含 α-亚麻酸的紫苏油效果最好。表 4-17 列举了一些生产中添加的前体的例子。

表 4-16　不同油脂对 SM96 菌株产多不饱和脂肪酸的影响

油　脂	生物量 /(g/L)	PUFA 含量/(mg/gDC[①])		PUFA 产量/(µg/mL)	
		Ara	EPA	Ara	EPA
大豆油	12.0	10.71	0	128.52	0
菜籽油	8.9	5.05	0	44.95	0
芝麻油	11.3	4.65	0	52.55	0
紫苏油	15.6	1.92	0.38	29.95	5.93
花生油	10.6	6.10	0.16	64.66	1.70
棕榈油	12.4	6.07	0.26	75.27	3.22
对照 CK	6.7	5.31	0	35.57	0

① DC 为菌体干重。

表 4-17 几种常用的前体

产物	前体	产物	前体
青霉素 G	苯乙酸、苯乙酰胺等	灰黄霉素	氯化物
青霉素 O	烯丙基-巯基乙酸	放线菌素 C_{13}	肌氨酸
青霉素 V	苯氧乙酸	维生素 B_{12}	5,6-二甲基苯并咪唑
链霉素	肌醇、甲硫氨酸、精氨酸	胡萝卜素	β-紫罗兰酮
金霉素	氯化物	L-色氨酸	邻氨基苯甲酸
溴四环素	溴化物	L-异亮氨酸	邻氨基苯甲酸
红霉素	丙酸、丙醇、丙酸盐、乙酸盐	L-丝氨酸	甘氨酸

应该指出，很多前体物质如苯乙酸等浓度过高时会对菌体产生毒性，菌体还具有将前体氧化分解的能力。因此，前体的加入常采用少量多次的流加工艺。许庆龙等人通过添加前体物质氨基酸，在发酵初始添加 0.8g/L 谷氨酸、0.6g/L 酪氨酸和 0.2g/L 甲硫氨酸可使丙酮酸产量分别提高 23.5%、16.4% 和 11.8%。王颖等人通过向发酵液中添加前体物，观察对树状多节孢 *Nodulisporium sylviforme* 合成紫杉醇的影响，在单因素试验中，当向 S-7 发酵培养基中加入 90.0mg/L 苯甲酸钠、60.0mmol/L 丝氨酸、120.0mg/L 苯丙氨酸、1.2mg/L 乙酸铵时紫杉醇的产量较高；多因素试验结果表明，当向 S-7 发酵培养基中加入终浓度依次为 90.0mg/L 苯甲酸钠、60.0mmol/L 丝氨酸、140.0mg/L 苯丙氨酸、1.0mg/L 乙酸铵时，紫杉醇产量为 (420.012 ± 1.3) μg/L，比对照组 $[(380.002\pm1.0)$ μg/L] 高，证明通过前体物间的协同作用能够很好地促进发酵液中紫杉醇含量的提高。武改红等人对广谱抗病毒药利巴韦林在摇瓶发酵培养至 24h 时添加前体物 1，2，4-三唑-3-甲酰胺（TCA）10g/L 及 10mg/LMnSO$_4$ 可使利巴韦林的摇瓶发酵水平达 5.11g/L。王岁楼等人在培养基中添加促进剂或前体物质番茄汁、花生油、维生素 B_1、维生素 B_2 和维生素 C，观察是否对红酵母细胞生长及其类胡萝卜素合成有影响。实验证明，添加一定浓度为番茄汁 2.6mL/L、花生油 1mL/L、维生素 B_2 3.5mL/L 和维生素 B_1 2.2mL/L 时，均可明显提高类胡萝卜素的产率，添加物最高可使类胡萝卜素产率比对照组分别提高 34.36%、17.28%、11.27% 和 8.3%。

六、促进剂和抑制剂

发酵中为了促进菌体生长或产物合成，提高发酵产物产量而以添加剂的形式加入培养基中的物质称为产物合成促进剂（或诱导剂）。促进剂是一类刺激因子，它们并不是前体或营养物质，它们可以影响微生物的正常代谢、促进中间代谢产物的积累或提高次级代谢产物的产量。常用的促进剂有很多，如各种表面活性剂（洗净剂、吐温 80、植酸等）、乙二胺四乙酸、大豆油抽提物、黄血盐、甲醇等，它们的作用各不相同。在培养基中加入一些表面活性剂如聚乙烯醇、聚丙酸钠等，可以改变发酵液的物理条件，增加细胞渗透性。如在四环素发酵中，加入溴化钠和 M-促进剂（2-巯基苯并噻唑），能抑制金霉素（即氯四环素）的生物合成，增加四环素产量。同时，添加产物合成促进剂能够提高酶的活力，如在米曲霉中加入大豆酒精提取物（2%）使蛋白酶的活力增加了 2.87 倍，在许多真菌中加入吐温（0.1%）使纤维素酶的活力增加了 20 倍。谢涛等人研究了在尿素为氮源的产甘油假丝酵母发酵过程中添加氨基酸对甘油产量的影响。对甘油产量有强促进作用的氨基酸有谷氨酸、谷氨酰胺、天冬氨酸、天冬酰胺、甘氨酸、赖氨酸、酪氨酸、脯氨酸、组氨酸和丝氨酸等，其最适添加浓度在 0.26~0.45g/L 之间，丙酮酸、α-酮戊二酸、草酰乙酸、柠檬酸和琥珀酸的最适添加浓度在 0.24~0.42g/L 之间；赖氨酸最适于在 0h 添加，丙酮酸和草酰乙酸在第 14 小时，谷氨酸、谷氨酰胺、组氨酸、脯氨酸、天冬氨酸、酪氨酸、甘氨酸、α-酮戊二酸和琥珀酸在第 30 小时，天冬酰胺、丝氨酸和柠檬酸在第 48 小时，在最适条件下添加这些促进剂，甘油产量均呈显著增加趋势,转化率和增加率分别达到60%和16%以上。氨基酸的作用机理为其脱氨形成的碳骨架经特定的分解代谢途径进入 TCA 循环,使其强化,导致碳代谢流在3-磷酸甘油醛节点处发生转移,使甘油合成途径的代谢流增加。促进剂促进产物的例子有很多,表 4-18 列出了一些促进抗生素生物合成的促进剂。

表 4-18 抗生素等生物合成的促进剂

刺激物	抗生素	刺激物	抗生素
β-吲哚乙酸	金霉素	巴比妥	链霉素
硫氰酸苄酯	四环素	巴比妥	利福霉素
甲硫氨酸	头孢菌素	巴比妥	加利红菌素
亮氨酸	头孢菌素	丙氨酸-异亮氨酸	阿弗米丁

产物抑制剂主要是一些对产生菌代谢途径有某种调节能力的物质。在发酵过程中加入抑制剂会抑制某些代谢途径的进行,同时刺激另一代谢途径,以致可以改变微生物的代谢途径,即抑制某些合成产物的途径而使代谢向所需产物的途径转化,常常被用在抗生素和有机溶剂发酵中。如氯霉素、植酸、草酸等能抑制噬菌体的繁殖,可用于氨基酸发酵。又如在酵母厌氧发酵过程中加入亚硫酸盐或碱类物质,可以促使酒精发酵转入甘油发酵;在四环素发酵时,加入溴化物可以减少金霉素的含量。胡纯铿在黄曲霉 *Aspergillus flavus* H-98 产 L-苹果酸的发酵过程中,研究碳源、氮源、温度、$CaCO_3$、金属离子、促进剂和抑制剂等因素对 H-98 菌株苹果酸发酵的影响,结果如图 4-3 所示。促进剂生物素、丙氨酸和 Mn^{2+} 的添加在一定浓度范围内能显著提高 H-98 菌株的产酸水平,使该菌株的产酸超过 50g/L。生物素和丙氨酸都能促进 H-98 菌株产酸,生物素可使产酸达 56g/L,丙氨酸可使产酸达 50g/L;相反,

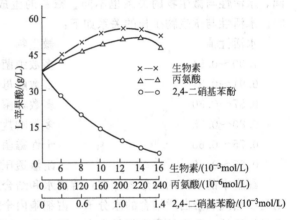

图 4-3 促进剂和抑制剂对苹果酸发酵的影响

抑制剂 2,4-二硝基苯酚的添加却明显地抑制产酸。发酵工业中常用的抑制剂如表 4-19 所示。

表 4-19 发酵工业常用的抑制剂

产　物	被抑制产物	抑制剂
链霉素	甘露糖链霉素	甘露聚糖
去甲基链霉素	链霉素	乙硫氨酸
四环素	金霉素	溴化物、硫脲
去甲基金霉素	金霉素	硫黄化合物、乙硫氨酸
头孢菌素 C	头孢菌素 N	L-蛋氨酸
利福霉素 B	其他利福霉素	巴比妥药物
甘油	乙醇	亚硫酸盐

总的来说,发酵中添加的产物促进剂和抑制剂一般都是比较高效且专一的,在具体使用时要选择好种类。

七、水分

水分是微生物生命活动的必要条件,微生物细胞组成不可缺少水,细胞质量的绝大部分是水分,细胞内所进行的各种生物化学反应,均以水为溶剂。水是微生物细胞的重要组成部

分，水除了直接参与细胞内的某些生化反应外，吸收、渗透、分泌、排泄等作用都是以水为媒介的。水的热容量较大，可以有效控制或调节细胞的温度。在缺水的环境中，微生物的新陈代谢发生障碍，甚至死亡。细胞中水的主要作用包括：

① 是构成菌体细胞的主要成分。

② 直接参与微生物的某些代谢反应。

③ 代谢产物和氧气只有先溶于水，才能参与反应。微生物尤其是单细胞微生物，由于没有特殊的摄食器官和排泄器官，其营养物质的传递吸收、代谢产物的排泄及氧气的利用必须先溶于水，才能够通过细胞表面进行正常的生理代谢。水分是机体内一系列生理生化反应的介质。

④ 此外，由于水的比热容高，又是一种良好的热导体，因此，不仅能够有效地吸收代谢过程中产生的热量，还有利于热量的散失，可起到调节细胞温度的作用。

微生物的生长必需水，但结合在分子内的水不能被微生物利用，只有游离的水才能被利用。采用"水活度"（a_w）值这一概念来表示能被微生物利用的实际含水量。微生物所需要的水活度越高，在干燥的环境下就越不容易生长。各类微生物生长繁殖所要求的水分含量不同，水活性与微生物的关系也不同。霉菌的生成和微生物的生长特性都直接受水活性值影响。水活性与微生物生长的关系如下：

水活性值	微生物
1.00～0.91	多数细菌
0.91～0.87	多数酵母菌
0.87～0.80	多数霉菌
0.80～0.75	多数嗜盐细菌
0.75～0.65	干性霉菌
0.65～0.60	耐渗透压酵母菌

细胞中的水以两种形式存在：游离水和结合水。游离水是细胞代谢反应的溶剂；结合水则是以氢键和蛋白质结合的水分子，占细胞内全部水的 4.5%，是原生质结构的一部分。生命是物质的，所有的细胞都是由水、蛋白质、糖类、脂类、核酸、盐类和各种微量的有机化合物所组成（表 4-20）。蛋白质、糖类、核酸和脂类等化合物也被称为生物分子（biomolecules）。细菌湿重的 80%～90% 为水。细菌代谢过程中所有的化学反应、营养的吸收和渗透、分泌、排泄均需有水才能进行。

表 4-20　细菌细胞的化学组成

化 学 成 分	占细胞的重量/%	每种分子的类型数
水	70	1
无机离子	1	20
糖及其前体	1	250
氨基酸和前体	0.4	100
核苷和前体	4	100
脂肪酸和前体	1	50
其他的小分子	0.2	约300
大分子(蛋白质、核酸和多糖)	26	约3000

生命来自于水，细胞中水的含量最高，通常占细胞总量的 70%～80%。细胞中的所有反应都是在水中进行的，所以水是细胞生命的活动介质，水是微生物生长繁殖达到发酵产物

获得的必需物质保证。微生物所需要的营养物质以及代谢产物都必须溶解于水中，才能通过微生物的细胞膜被吸收或排出。生物体内的一切生化反应都是在水溶液中进行的，没有水，生物体的生命活动就将停止。无论是液态发酵还是固态发酵，都需要在培养基中加入一定量的水，只是固态发酵的培养基含水量较少。所以水的质量对微生物的生长繁殖和产物合成极为重要，因此要注意水质对发酵的影响。例如，水的硬度太大，往往会引起某些营养成分的沉淀。

　　一般对发酵试验及生产用水来说，要注意用水要求，可采用去离子水、双蒸水、蒸馏水、自来水、深井水等不同的水。一般来说，配制培养基时用蒸馏水或自来水即可。对于发酵工厂来说，恒定的水源是至关重要的，因为在不同水源中存在的各种因素对微生物代谢影响很大。因此，在决定工厂的地理位置时，还应考虑附近水源的质与量。

　　例如在制酒工艺中水首先起溶解作用，酵母菌体由 70%～80% 的水组成。许多酵母需要的营养物质不经过水的溶解，酵母就不能吸收，没有水酵母就无法生长，发酵不能进行。其次是水对酸度的调节，加水过大升温迅速，酸度提高过快，使糖与酒精流失；但水分过小，不能满足发酵的需要。一般使原料保持水分 60%～70% 最适宜。

第三节　培养基的种类与选择

一、培养基的种类

培养基的种类很多，可以根据组成、状态和用途等进行分类。

1. 按照培养基的物质来源分类

按照培养基的物质来源分，有合成培养基、半合成培养基和天然培养基。合成培养基所用原料化学成分明确、稳定，但营养单一且价格昂贵，用这种培养基进行实验重现性好、低泡、呈半透明状。因此，合成培养基多用于研究和育种，不适合于大规模的工业生产。例如，分离培养放线菌的高氏一号培养基。生产某些疫苗的过程中，为了防止异性蛋白质等杂质混入，也常使用合成培养基。半合成培养基是既含有天然成分又含有纯化学试剂的培养基，如培养真菌的 PDA 培养基。严格地说，发酵中使用的培养基多数为半合成培养基，完全使用天然培养基和合成培养基都是比较少见的。天然培养基的原料是一些天然动植物产物，如黄豆饼粉、蛋白胨等，这种培养基的特点是营养丰富、价格低廉、适合于微生物的生长繁殖和目的产物的合成，一般在天然培养基中不需要另加微量元素、维生素等物质。但由于天然培养基成分复杂，不易重复，故原料质量对产品的稳定性相当重要。

2. 按照培养基的状态分类

按照培养基的状态可分为固体培养基、半固体培养基和液体培养基。固体培养基主要用于菌种的培养、分离计数和保存，也广泛用于产生实体真菌的生产，如香菇、黑木耳、白木耳等。

近年来由于机械化程度的提高，在发酵工业中又开始应用固体培养基进行大规模生产。半固体培养基主要用于鉴定细菌、观察细菌运动特征及噬菌体的效价滴度等，基本上不用于工业生产。液体培养基有利于氧的传递和微生物对营养物质的吸收，适合于大规模工业生产，实验室也用液体培养基作为菌种扩大培养和代谢研究之用。

3. 按照培养基的性质分类

按照培养基的性质可分为基础培养基、选择性培养基、鉴别培养基、加富培养基等。基础培养基含有一般微生物生长繁殖所需的基本营养物质，可供大多数微生物的生长。

牛肉膏蛋白胨培养基是最常用的基础培养基。基础培养基广泛用于细菌的增殖、检验，也是制备其他培养基的基础成分。

加富培养基是在基础培养基中加入某些特殊营养物质制成的一类营养丰富的培养基。加富培养基通过在培养基中加入血、血清、动植物组织提取液，用以培养要求比较苛刻的某些微生物。加富培养基也可以通过添加自然物提取液来提高发酵目的物得率。张延静等人利用添加豆油、豆粉、胡萝卜汁、番茄汁、烟叶、β-胡萝卜素、橘子皮汁等自然物观察对酵母发酵生产 CoQ_{10} 的影响，其中豆油、豆粉、番茄汁、橘子皮汁是富含 CoQ_{10} 和胡萝卜素合成途径中的前体物质因而提高了 CoQ_{10} 的产量；烟叶和 β-胡萝卜素阻断了合成 β-胡萝卜素的途径从而起到提高 CoQ_{10} 合成的作用。如表 4-21 所示。

表 4-21 前体物及其他物质对 CoQ_{10} 生物合成的影响（张延静等，2003）

培养基成分	菌体干重 /(g/L 发酵液)	CoQ_{10} /(μg/L 发酵液)	CoQ_{10} /(μg/g 菌体)
100mL 基本培养基	6.171	128.2	20.8
100mL 基本培养基＋0.05g 对羟基苯甲酸	5.122	132.8	25.9
100mL 基本培养基＋1mg 维生素B_1＋1mg 烟酸	3.785	337.5	89.2
100mL 基本培养基＋0.2g 烟叶粉	6.267	778.4	124.2
100mL 基本培养基＋2g 橘子皮汁	4.423	775.1	175.2
100mL 基本培养基＋0.2gβ-胡萝卜素	5.246	784.4	149.5

选择性培养基是根据某一种或某一类微生物的特殊营养要求或针对一些物理、化学抗性而设计的培养基。利用这种培养基可以将所需要的微生物从混杂的微生物中分离出来，广泛用于菌种筛选、检验等领域。选择性培养基的原理主要是在培养基中加入某种化学物质抑制不需要菌的生长，促进某种培养菌的生长，采用选择性培养基，可使某种菌在选择性培养基中大量生长、繁殖，逐渐形成肉眼可见的浑浊、沉淀、产膜、产气等现象，也可以通过产酸、产碱或某种特殊代谢产物而形成，如通过指示剂变色、改变 pH 值等现象来观察和分辨。

对于混合菌样中数量很少的某种微生物，如直接采用平板划线法或稀释法进行分离，往往因为数量少而无法获得。选择性培养的方法主要有两种，一是利用待分离的微生物对某种营养物的特殊需求而设计的，如以纤维素为唯一碳源的培养基可用于分离纤维素分解菌；用石蜡油来富集分解石油的微生物；用较浓的糖液来富集酵母菌等；二是利用待分离的微生物对某些物理和化学因素具有抗性而设计的，如分离放线菌时，在培养基中加入数滴 10％的苯酚，可以抑制霉菌和细菌的生长；在分离酵母菌和霉菌的培养基中，添加青霉素、四环素和链霉素等抗生素可以抑制细菌和放线菌的生长；结晶紫可以抑制革兰阳性菌，培养基中加入结晶紫后，能选择性地培养 G^- 菌；7.5％NaCl 可以抑制大多数细菌，但不抑制葡萄球菌，从而选择培养葡萄球菌；德巴利酵母属中的许多种酵母菌和酱油中的酵母菌能耐高浓度（18％～20％）的食盐，而其他酵母菌只能耐受 3％～11％浓度的食盐，所以，在培养基中加入 15％～20％浓度的食盐，即构成耐食盐酵母菌的选择性培养基。如利用选择性培养基对啤酒中的有害菌进行检验是近年来发展较快、应用比较广泛的一类方法。目前，已有多种专用培养基用于啤酒生产中有害菌的检测，常使用的选择性培养基如 NBB 系列培养基，即啤酒有害细菌培养基。原理是利用该选择性培养基产酸的菌落大部分能使培养基的颜色由红变黄的（氯酚红指示剂）特点，指出检测样品中可能含有的啤酒有害菌的存在。采用选择性培养基分离霍乱弧菌也是一种简单而有效的菌分离方法，原理是使用选择性培养基 TCBS 琼脂（硫代硫酸钠、柠檬酸钠、胆盐和蔗糖琼脂）时，霍乱弧菌能分解蔗糖产酸，使霍乱弧菌菌落在蓝绿色琼脂背景上显示黄色，而且，TCBS 琼脂不需高压灭菌。又如在定向筛选抗生素产生菌的过程中，利用含林肯霉素选择性培养基来筛选抗生素产生菌。在含林肯霉素50～100μg/mL 的分离选择性培养基上分离出对林肯霉素耐药的小单孢菌，具有林肯霉素类抗生素产生菌的特质，因此在培养基中加入高剂量的抗生素，可以获得定向筛选抗生素产生菌的效果。再如辣椒疫霉菌（*Phytophthora capsici*）引发的辣椒疫病是辣椒生产上的毁灭性病害之一，一般株死亡率可达 30%～40%，严重时达 50% 以上，甚至绝产（刘学敏等，2007）。带疫霉菌的辣椒种子是田间初侵染源之一（王志田等，1990），通过检测辣椒种子及时发现病原菌，控制侵染源，可以有效地减少辣椒疫病的发生，并有助于制订辣椒疫病的科学防治方案。所以采用含有多菌灵的选择性培养基从辣椒疫病种子上分离出辣椒疫霉菌，可有效地检测辣椒疫病种子的带菌情况，可用于生产上检测辣椒种子是否带疫霉菌。

鉴别培养基（显色培养基）是用于鉴别不同类型微生物的培养基。根据微生物分解糖类、蛋白质的能力及其代谢产物的不同，在培养基中加入某种特殊化学物质，微生物在培养过程中产生某种代谢产物，该产物与培养基中的特殊化学物质发生特定的化学反应，产生明显的特征性变化，这种变化可以将该种微生物与其他微生物区分开来。鉴别培养基是一类在成分中加有能与目的菌的无色代谢产物发生显色反应的指示剂，从而达到只需用肉眼辨别颜色就能方便地从近似菌落中找到目的菌菌落的培养基。最常见的鉴别培养基是伊红美蓝乳糖培养基，即 EMB 培养基，它在饮用水、牛奶的大肠菌群数等细菌学检查和在 *E.coli* 的遗传学研究工作中有着重要的用途。

EMB 培养基中的伊红和美蓝两种苯胺染料可抑制 G⁺ 细菌和一些难培养的 G⁻ 细菌。在低酸度下，这两种染料会结合并形成沉淀，起着产酸指示剂的作用。因此，试样中多种肠道细菌会在 EMB 培养基平板上产生易于用肉眼识别的多种特征性菌落，尤其是大肠杆菌，因其能强烈分解乳糖而产生大量混合酸，菌体表面带 H^+，故可染上酸性染料伊红，又因伊红与美蓝结合，故使菌落染上深紫色，且从菌落表面的反射光中还可看到绿色金属闪光，其他几种产酸力弱的肠道菌的菌落也有相应的棕色。

另外，属于鉴别培养基的还有：明胶培养基可以检查微生物能否液化明胶；醋酸铅培养基可用来检查微生物能否产生 H_2S 气体等。选择性培养基与鉴别培养基的功能往往结合在同一种培养基中。例如上述 EMB 培养基既有鉴别不同肠道菌的作用，又有抑制 G⁺ 菌和选择性培养 G⁻ 菌的作用。

用显色培养基检测微生物是一种新技术，直接根据菌落颜色就可对菌种作出鉴定，减少了进行补充试验的必要。与传统的检测方法相比，显色培养基的灵敏性、特异性和选择性都明显优于传统培养基，且节省时间、人力和资金投入。如沙门菌是引起食物中毒和肠道腹泻的病原菌之一。沙门菌是食物中毒等突发公共卫生事件的首要菌。因此，利用沙门菌显色培养基（CHROM Agar Salmonella，CAS）检出沙门菌引起了很大关注。沙门菌在 CAS 平板上呈现特定型的红色菌落，非沙门菌呈现蓝色或无色菌落，由于添加了特异的显色底物组合可以更精确地反映出样品中含有的沙门菌，该方法是快速准确地鉴定沙门菌的好方法。培养基是当前我国乃至全球微生物检验经典方法中所必须采用的生化试剂，其质量好坏直接影响实验结果。

4. 按照培养基的用途分类

按照培养基的用途可分为孢子培养基、种子培养基和发酵培养基。

（1）孢子培养基　孢子培养基是供菌种繁殖孢子的，常采用固体培养基。对这类培养基的要求是能使菌体生长迅速，产生数量多而且优质的孢子，并且不会引起菌种变异。一般来说，孢子培养基要创造有利于孢子形成的环境条件。首先，培养基的营养不要太丰富，碳源、氮源不宜过多，特别是有机氮源要低一些，否则孢子不易形成。如灰色链霉菌在葡萄糖-硝酸盐-其他盐类的培养基上都能很好地生长和产孢子，但若加入0.5％酵母膏或酪蛋白后，就只长菌丝而不长孢子。其次，无机盐的浓度要适当，否则会影响孢子的颜色和孢子的数量。此外，还应注意培养基的pH值和湿度。

生产上常用的培养基包括麸皮培养基、小米培养基、大米培养基、玉米培养基以及用葡萄糖、蛋白胨、牛肉膏和NaCl等配制的琼脂斜面培养基。麸皮、小米等类物质所含的碳源、氮源量并不丰富，但又含有生长素和微量元素，有利于孢子的大量形成。大米和小米疏松，且表面积大，常用来配制霉菌孢子培养基。天然培养基中各组分的原材料质量要严格控制且需稳定，否则将严重影响孢子的产生数量和所产生孢子的质量。不同的菌种在选择培养基时是不一样的；不同培养基对同一菌种的影响也是非常大的。如熊智强等根据工业发酵生产的要求以链霉菌702为筛选对象，利用均匀设计和正交实验对链霉菌702产孢子培养基进行筛选，筛选产孢子多的优良菌株，当筛选后的最佳培养基组成为马铃薯200g/L、葡萄糖25g/L时，可使链霉菌702产孢子数达到4.07亿，比原来的培养基（高氏一号培养基）产孢子量提高了8.7倍，孢子培养基达到了生产上提高孢子产量的要求。又例如，棉铃红粉病菌在PDA培养基上产孢子的量最多，其次为马铃薯淀粉培养基和胡萝卜培养基，在豆芽汁、番茄汁和玉米汁中产孢子的量较少，在琼脂培养基上产孢子的量最少，如图4-4所示。

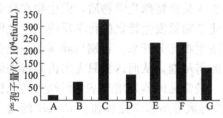

图4-4 不同培养基对棉铃红粉病菌
产孢子量的影响（潘月敏，2005）
A—琼脂培养基；B—玉米汁培养基；
C—PDA；D—番茄汁培养基；E—胡萝卜培养基；
F—马铃薯淀粉培养基；G—豆芽汁培养基

（2）种子培养基 种子培养基是为了保证在生长中能获得优质孢子或营养细胞的培养基，目的是为下一步发酵提供数量较多、强壮而整齐的种子细胞。一般要求氮源、维生素丰富，原料要精。同时应尽量考虑各种营养成分的特性，使pH在培养过程中能稳定在适当的范围内，以有利菌种的正常生长和发育。有时，还需加入使菌种能适应发酵条件的基质。菌种的质量关系到发酵生产的成败，所以种子培养基的质量非常重要。

种子培养基是供孢子发芽、生长和菌体大量繁殖用的。这类培养基的碳源应该为速效碳源，如葡萄糖等；氮源常同时使用无机氮源和有机氮源，如无机氮源（NH₄)₂SO₄，有机氮源尿素、玉米浆、酵母膏、蛋白胨等；磷酸盐的浓度可以适当高一些；维生素含量要适当高些，总的浓度应稀些，有利于达到较高的溶解氧，利于菌体的生长和繁殖。总之，培养基的成分应易于被菌体吸收利用，且要相对丰富、完全，并要考虑能够维持稳定的pH值。最后一级种子培养基的成分应该接近发酵培养基，以便种子进入发酵培养基后，能迅速适应发酵环境，快速生长。

（3）发酵培养基 发酵培养基是生产中用于供菌种生长繁殖并积累预定发酵产物的培养基，一般数量较大，配料较粗。它既要使种子接种后能迅速生长，达到一定的菌丝浓度，又要使长好的菌体能迅速合成所需产物。因此，发酵培养基的组成除有菌体生长所必需的元素和化合物外，还要有产物所需的特定元素、前体和促进剂等。但若因生长和生物合成产物需要的总的碳源、氮源、磷源或其他营养物质总的浓度太高，或生长和合成两阶段各需的最佳条件要求不同时，则可考虑培养基用分批补料来加以满足。一般的发酵产物以碳源为主要元素。发酵培养基中的碳源含量往往高于种子培养基。如果产物的含氮量高，应增加氮源。在大规模生产时，原料应该价廉易得，还应有利于下游的分离提取工作。在大规模工业发酵产品的生产中，常采用液体培养基进行深层发酵。发酵培养基是深层发酵常用的培养基，首先培养基必须满足微生物细胞生长、繁殖的需要，只有大量的细胞才有可能产生大量的产物；但是微生物细胞的过分生长会消耗大量的营养物，有时还可能影响细胞的生产能力，还会使发酵产物的产量和产率下降。其次，使用的培养基还必须有利于微生物大量合成发酵产物。因此，培养基的组成和配比十分重要，它是直接影响微生物生长和繁殖的关键因素，同时也是影响发酵产物形成和得率的关键所在。

对于发酵生产的培养基既要有利于生长繁殖，防止菌体过早衰老，又要有利于产物的大量合成，所以必须从各方面加以考虑和调整。要求这类培养基的组成应丰富、完全，碳源与氮源要注意速效和迟效的互相搭配，少用速效营养，多加迟效营养，而且还要考虑适当的碳氮比以及用缓冲剂稳定 pH 值。除此之外，发酵培养基还应尽量做到便于发酵操作以及不影响产物的提取分离和产品的质量。由于具体的发酵菌种和发酵设备、工艺千差万别，因此发酵培养基种类繁多，生产中一般通过小试、中试、投产试验来确定。

二、培养基的设计

1. 培养基设计遵循的原则

除了能满足生长和产品形成的要求外，培养基也会影响到 pH 值的变化、泡沫的形成、氧化还原电位、微生物的形态及传质和传热、产品的成本等情况。工业发酵培养基的制备首先要确定培养基的组成。培养基的组成必须满足细胞的生长和代谢产物所需的元素，并能提供生物合成和细胞维持活力所需要的能量，即：

$$碳源和能源 + 氮源 + 其他需要 \longrightarrow 细胞 + 产物 + CO_2 + H_2O + 热量$$

因此，培养基设计过程中必须要遵循一定的原则。在考虑培养基成分和配比的选择时，要注意培养基的组分（包括这些组分的来源和加工方法）、配比、缓冲能力、黏度、是否消毒彻底，消毒后营养破坏程度及原料中杂质的含量等因素都将会对菌体的生长和产物形成产生一定影响。但目前还不能完全从生化反应的基本原理来推断和计算出适合某一菌种的培养基配方。目前还只能是在生物化学、细胞生物学等的基本理论指导下，参照前人所使用的较适合于某一类菌种的经验配方，再结合所用菌种和产品的特性，采用摇瓶、玻璃罐等小型发酵设备，对碳源、氮源、无机盐和前体等进行逐个单因子试验，观察这些因子对菌体生长和产物合成量的影响。最后再综合考虑各因素的影响，得到一个比较适合本菌种的生产配方，以求得到产物的高产。为了缩短试验时间，可考虑用"正交试验设计"等数学方法来确定培养基组分和浓度，它可以通过比较少的实验次数而得到较满意的培养基配比结果。同时还可利用数学软件通过方差分析，了解哪个因素影响较大，最后确定出有利于发酵产品产出的最佳培养基组分和浓度。

（1）微生物对培养基各种营养种类的要求　已知组成微生物细胞的元素包括 C、H、O、N、S、P、Fe、Mg、K 等，如表 4-22 所示。在配制发酵培养基时，要充分考虑细胞的元素组成状况。许多微生物可以在含各种碳水化合物的培养基上良好生长，但其产物的生产能力和碳源种类有很大关系，如顶头孢霉生产头孢霉素 C（见表 4-23）；同时，氮源的选择也很重要（见表 4-24）。

表 4-22　细菌、酵母菌和霉菌细胞的元素组成　　　单位（以干重计）:%

元素	细菌	酵母菌	霉菌	元素	细菌	酵母菌	霉菌
C	50.00~53.00	45.00~50.00	40.00~43.00	K	1.00~4.50	1.00~4.00	0.20~2.50
H	7.00	7.00	—	Na	0.50~1.00	0.01~0.10	0.02~0.50
N	12.00~15.00	7.50~11.00	7.00~10.00	Ca	0.01~1.10	0.10~0.30	0.10~1.40
P	2.00~3.00	0.80~2.60	0.40~4.50	Mg	0.10~0.50	0.10~0.50	0.10~0.50
S	0.20~1.00	0.01~0.24	0.10~0.50	Fe	0.02~0.20	0.01~0.50	0.10~0.20

表 4-23 顶头孢霉在各种碳源上生产抗生素的情况

碳源	抗生素产量/(μg/mL)	菌体浓度/(mg/mL)
葡萄糖	830	22.5
麦芽糖	1130	21.8
果糖	1250	21.5
半乳糖	1650	19.1
蔗糖	1040	11.9

表 4-24 一些次级代谢产物的最佳氮源

产物	主要氮源	产物	主要氮源
青霉素	玉米浆	赤霉素	铵盐的天然植物氮源
杆菌肽	花生饼粉	多烯类化合物	黄豆饼粉
利福霉素	黄豆饼粉,$(NH_4)_2SO_4$		

某些微生物能在无生长因子的培养基中良好生长,有些则不能。对于不能充分合成自身生长所需要的生长因子的微生物来说,在设计培养基时,要选择含有生长因子的复合培养基。

(2) 微生物对培养基配比的要求　培养基中营养物质的浓度太低,不能满足微生物生长繁殖的需要;而浓度太高,往往又会抑制微生物的生长。因此,培养基中营养物质的浓度和各营养成分之间的配比,必须适合所培养对象的生理需要。对于微生物生长后期能合成某些代谢产物的发酵来说,设计的培养基不仅要考虑细胞组成所需求的元素,而且要分析元素的种类和数量,同时也要分析各种营养物质和某些产物的内在联系。其中碳源和氮源的比例影响最为显著,碳氮比偏小,会导致菌体生长旺盛,造成菌体提前衰老自溶;碳氮比过大,菌体繁殖数量少,不利于产物积累。微生物生长的不同阶段,对碳氮比的最适要求也不一样。应该指出,碳氮比是随碳水化合物及氮源的种类以及通气搅拌等条件而异的,因此很难确定一个统一的比值。

(3) 微生物对培养基 pH 值的要求　培养基的 pH 值、渗透压等要满足所培养微生物生理特征的需要。在配制培养基时,要注意生理碱性物质和生理酸性物质的配比,以及 pH 缓冲剂的加入和搭配。吴智诚研究了初始 pH 值对粪产碱杆菌株 FZ5 降解机油的影响,结果如图 4-5 所示。当反应体系初始 pH 值定为 7.0 时,菌株 FZ5 对机油的降油率最大值达到 54.59%,适宜的降解 pH 值范围为 6.5～7.5。这是因为 pH 值能够影响微生物细胞质膜上的电荷性质,使微生物细胞对营养物质吸收的功能发生变化,另外,生物体内的生化反应在酶的参与下进行酶反应也需要合适的 pH 值范围才能发挥最大的酶催化作用。孙泽宇等人利用微生物转氨基生产氨基丙醇,对此过程中的产酶条件进行了初步研究,以单因素实验设计观察初始 pH 值对菌体生长和氨基丙醇合成的影响,在产酶培养基的配方配制中分别调 pH 值到 6、7、7.5、8、8.5、9,通过 48h 摇瓶培养后测生物量和酶活力,结果如图 4-6 所示。在 pH6～9 范围内,菌体生长和酶活力均受 pH 值的影响,并且在 pH8 时发酵液菌体量和酶活力达到了最大值。由此可见,在发酵前预先控制培养基 pH 值有利于菌体的生长和酶活力的提高。

(4) 根据培养目的设计配制培养基　在设计培养基时,必须充分考虑培养的目的是获得菌体还是要积累菌体的代谢产物,是实验室培养还是大规模生产等问题。

(5) 原料来源广泛、稳定,价格合理　在设计大规模生产用培养基时,要充分考虑培养基的各原材料来源是否充足、稳定,价格是否合理,提倡就地取材,"以粗代精"、"以废代好",最大限度地降低生产成本。培养基中各种组分质量的稳定是连续、高产的关键，特别是使用农副产品作为生产原料。若原料有变化，应先进行试验，一般不得随意更换原料。

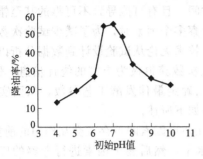

图 4-5　初始 pH 值对降油率的影响
（吴智诚，2008）

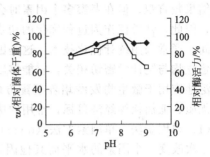

图 4-6　pH 值对菌体生长和酶活力的影响
（孙泽宇等，2006）
◆—相对菌体干重；□—相对酶活力

2. 培养基的选择

不同微生物对培养基的需求是不同的，培养基的选择应遵循以下原则。

（1）根据微生物的特点来选择培养基　用于大规模培养的微生物主要有细菌、酵母菌、霉菌和放线菌等四大类。在实际应用时，要根据微生物的不同特点来考虑培养基的组成，对典型的培养基配方进行必要的调整。

（2）液体培养基和固体培养基选择　发酵工业上，利用液体培养基进行的深层发酵具有发酵效率高，操作方便，便于机械化、自动化，降低劳动强度，占地面积小，以及产量高等优点。所以发酵工业中大多采用液体培养基培养种子和进行发酵，并根据微生物对氧的需求，分别进行静止培养或通风培养。固体培养基则常用于微生物菌种的保藏、分离、菌落特征鉴定以及活细胞数测定等方面。

（3）根据生产实践和科学实验的不同要求选择　由于生产实践和科学实验的要求并不相同，因此，即使是同一菌种的培养，培养基的成分配比也有差异。

（4）从经济效益方面考虑选择生产原料　在工业发酵中选择培养基原料时，除了必须考虑容易被微生物利用并满足生产工艺的要求外，还应该考虑经济效益，必须以价格低廉、来源丰富、运输方便、就地取材以及没有毒性等为原则来选择原料。

3. 培养基优化设计方法

培养基优化是指面对特定的微生物，通过实验手段配比和筛选找到一种最适合其生长及发酵的培养基，在原来的基础上提高发酵产物的产量，以期达到生产最大量发酵产物的目的。发酵培养基的优化在微生物产业化生产中举足轻重，是从实验室到工业生产的必要环节。能否设计出一种好的发酵培养基，是一个发酵产品工业化成功中非常重要的一步。

培养基设计与优化过程一般要经过以下几个步骤：

① 根据以前的经验以及在培养基成分确定时必须考虑的一些问题，初步确定可能的培养基组分；

② 通过单因子优化实验确定最为适宜的各个培养基组分及其最适浓度；

③ 最后通过多因子实验，进一步优化培养基的各种成分及其最适浓度。

微生物初级代谢产物和次级代谢产物的生物合成与培养基组成和培养条件密切相关，而在一个高度非线性、非结构化的复杂系统中要获得最佳工艺，试验优化技术具有很重要的作用。较好地运用单因子试验、正交试验、均匀设计、响应面设计、遗传算法和神经网络等优化技术为发酵工业培养基优化设计服务。在工业化发酵生产中，发酵培养基的设计十分重要，因为培养基的成分对产物浓度、菌体生长都有重要的影响。实验设计方法发展至今可供人们根据实验需要来选择的余地也很大。传统的优化技术（如单因素法）虽然方法简单、易行，结果较直观，但在考察多个因素时会浪费大量时间，且有可能导致不可靠的甚至错误的结论，因此，常常仅作为过程优化的初步试验。在考察多个因素时，为了减少试验次数，节省时间，通常采用统计优化技术，这是因为统计优化技术无论从试验设计到数据分析以及模型的建立均与统计学密切相关，它能够以较少的试验次数获得极为丰富的统计信息。因此，被广泛地应用于微生物发酵培养基配方的优化中，以确定最佳发酵工艺参数，从而实现高产、优质、低消耗等经济目标，常用的优化试验方法如下所述。

（1）单因素法　单因素方法（one at a time）是在假设因素间不存在交互作用的前提下，通过一次改变一个因素的水平而其他因素保持恒定水平，然后逐个因素进行考察的优化方法。该方法基本原理是保持培养基中其他所有组分的浓度不变，每次只研究一个组分的不同水平对发酵性能的影响。单因素方法的优点是简单、容易，结果很明了，培养基组分的个体效应从图表上很明显地看出来，而不需要统计分析。缺点是：忽略了组分间的交互作用，可能会完全丢失最适宜的条件；不能考察因素的主次关系；当考察的实验因素较多时，需要大量的实验和较长的实验周期。但由于它的容易和方便，单因素方法一直以来都是培养基组分优化的最流行的选择之一。一般来讲，对于大多数培养基而言，其组分相当复杂，仅通过单因素试验往往无法达到预期的效果，特别是在试验因素很多的情况下，需要进行较多的试验次数和试验周期才能完成各因素的逐个优化筛选，因此，单因素试验经常被用在正交试验之前或与均匀设计、响应面分析等结合使用。利用单因子试验和正交试验相结合的方法，可用较少的试验找出各因素之间的相互关系，从而较快地确定出培养基的最佳组合。较常见的是先通过单因素试验确定最佳碳源、氮源，再进行正交试验，或者通过单因素试验直接确定最佳碳氮比，再进行正交试验。

（2）正交实验设计　正交设计试验法（orthogonal design）是一种使用正交表来安排多因素多水平试验，并利用普通的统计分析方法来分析试验结果的试验设计方法。换句话说，也是利用一套表格，设计多因素、多指标且多因素间存在交互作用而具有随机误差的试验，并利用普通的统计分析方法来分析试验结果的方法。该法对因素的个数没有严格的限制，而且无论因素之间有无交互作用，均可使用。利用正交表可于多种水平组合中，挑出具有代表性的试验点进行试验，它不仅能以全面试验大大减少试验次数，而且能通过试验分析把好的试验点（即使不包含在正交表中的）找出来。利用正交设计试验得出的结果可能与传统的单因素试验法的结果一致，但正交试验设计考察因素及水平合理、分布均匀，不需进行重复试验，误差便可估计出来，因而计算精度较高，特别是在试验因素越多、水平越多、因素之间交互作用越多时，优势表现越明显，此时，使用单因素试验法几乎不可能实现。它的特点是具有均匀分散、整齐可比性。正交设计试验法的步骤为：①确定试验因素和水平数；②选用合适的正交表；③进行表头设计，列出试验方案表；④试验和结果计算。正交设计优点：在试验过程中能以部分试验组合代替全面试验分析，同时正交试验设计因其具有整齐可比性和均匀分散性可以用直观分析和方差分析对实验结果进行处理，计算也较为简单。此法试验次数少，能在所有试验方案中均匀地挑选出代表性强的点，可以快速得出重要因素或较优方案，并且可以对试验结果进一步研究。缺点：当水平数较多时，试验次数也很多，即当试验因素和水平过多且所需的试验次数也随之成几何增长时，所选水平未必是最优水平。

例一　单因素及正交试验优化 L-色氨酸发酵培养基的研究（王东阳，2011）

　　L-色氨酸是人体和动物生命活动中必需的氨基酸之一，对人和动物的生长发育、新陈代谢起着重要的作用，被称为第二必需氨基酸，其在医药、食品和饲料等方面广泛应用。目前，随着国内外饲料工业及医药工业对 L-色氨酸需求的不断扩大，使 L-色氨酸在中国市场需求较大，同时是国际市场发展迅速、前景良好的产品，这是由于其原料来源丰富，生产技术成熟。微生物发酵法生产 L-色氨酸以其具有产酸高、成本低、质量好等优势，已经走向实用且处于主导地位，大规模生产 L-色氨酸必将成为未来的首选技术，其中影响 L-色氨酸产量的重要因素是培养基成分。对 L-色氨酸发酵影响较大的培养基碳源和氮源进行单因素筛选，确定 L-色氨酸发酵的最佳碳氮源，通过正交试验确定培养基各组分的最佳浓度。

菌种：大肠杆菌 TRJH0709。

方法：单因素及正交试验

① 碳源对 L-色氨酸发酵的影响　发酵培养基中分别添加 70.0g/L 的葡萄糖、蔗糖、半乳糖、果糖、甘油及淀粉作为碳源，考察不同碳源对 L-色氨酸发酵的影响，见表 4-25 数据。

表 4-25　碳源对 L-色氨酸发酵的影响（王东阳，2011）　　　　单位：g/L

碳源 Carbon sources	大肠杆菌生物量 Biomass of E. coli	L-色氨酸产量 The output of L-tryptophan
葡萄糖 Glucose	20.0	16.8
蔗糖 Sucrose	5.0	2.0
半乳糖 Galactose	17.0	13.2
果糖 Fructose	21.0	15.9
甘油 Glycerin	18.0	15.1
淀粉 Starch	2.0	0

由表 4-25 可知，大肠杆菌 TRJH0709 在以葡萄糖作碳源的培养基上 L-色氨酸产量最高，因此选择葡萄糖作为 L-色氨酸发酵的碳源。

② 无机氮源对 L-色氨酸发酵的影响　采用硫酸铵、氯化铵、尿素、硝酸铵和醋酸铵作为 L-色氨酸发酵的无机氮源，添加量为 7.0g/L，考察不同无机氮源对 L-色氨酸发酵的影响。由表 4-26 可知，以硫酸铵作为无机氮源，L-色氨酸生物量及产酸效果均最好。

表 4-26　无机氮源对 L-色氨酸发酵的影响（王东阳，2011）　　　　单位：g/L

无机氮源 Inorganic nitrogen source	大肠杆菌生物量 Biomass of E. coli	L-色氨酸产量 The output of L-tryptophan
氯化铵 Ammonium chloride	21.0	16.1
硫酸铵 Ammonium sulfate	23.2	17.3
尿素 Urea	14.5	9.0
硝酸铵 Ammonium nitrate	18.5	15.4
醋酸铵 Ammonium acetate	17.4	12.1

③ 有机氮源对 L-色氨酸发酵的影响　分别选取酵母粉、蛋白胨、玉米浆、大豆饼粉及牛肉膏作为发酵培养基的有机氮源，在摇瓶中培养 40h，考察不同有机氮源对 L-色氨酸发酵的影响。由表 4-27 可知，以酵母粉作为有机氮源对菌体生长和产酸最为有利。

表 4-27　有机氮源对 L-色氨酸发酵的影响（王东阳，2011）　　　　单位：g/L

有机氮源 Organic nitrogen source	大肠杆菌生物量 Biomass of E. coli	L-色氨酸产量 The output of L-tryptophan
酵母粉 Yeast extract powder	24.1	17.8
蛋白胨 Peptone	25.0	16.5
玉米浆 Com steep liquor	20.0	15.4
大豆饼粉 Soybean cake pwo der	21.0	16.1
牛肉膏 Beef extract	20.2	15.6

④ 柠檬酸钠对 L-色氨酸发酵的影响 在发酵培养基中分别加入 0、1.0g/L、2.0g/L、3.0g/L 和 5.0g/L 的柠檬酸钠，考察柠檬酸钠对 L-色氨酸发酵的影响。由表 4-28 可知，当柠檬酸钠的添加量为 2.0g/L 时对 L-色氨酸发酵最为有利，过高或过低均不利于 L-色氨酸的合成。

表 4-28 柠檬酸钠对 L-色氨酸发酵的影响（王东阳，2011）　　　　单位：g/L

柠檬酸钠浓度 Concentration of sodium citrate	大肠杆菌生物量 Biomass of E. coli	L-色氨酸产量 The output of L-tryptophan
0	23.1	16.8
1.0	23.6	17.2
2.0	24.0	18.1
3.0	22.7	17.8
5.0	23.1	17.5

⑤ 正交试验优化 L-色氨酸发酵培养基结果 通过 4 因素 3 水平正交试验（表 4-29）来确定 L-色氨酸发酵培养基各组分的最佳用量。由表 4-30 可知，影响 L-色氨酸发酵的因素为：葡萄糖＞硫酸铵＞酵母粉＞柠檬酸钠，根据 K 值的大小可知，最佳发酵培养基各组分组合为 $A_2 B_2 C_3 D_2$，即葡萄糖 50.0g/L、硫酸铵 15.0g/L、酵母粉 1.5g/L、柠檬酸钠 2.0g/L。实验在此组合条件下 L-色氨酸产量达到 19.0g/L。

表 4-29 L9(3⁴) 正交试验因素及水平（王东阳，2011）　　　　单位：g/L

水平 Levels	葡萄糖（A） Glucose	硫酸铵（B） Ammonium sulfate	酵母粉（C） Yeast extract powder	柠檬酸钠（D） Sodium citrate
1	30.0	10.0	0.5	1.0
2	50.0	15.0	1.0	2.0
3	70.0	20.0	1.5	3.0

表 4-30 L9(3⁴) 正交试验方案及结果（王东阳，2011）　　　　单位：g/L

试验号 Test number	A	B	C	D	L-色氨酸产量 The output of L-tryptophan
1	1	1	1	1	15.9
2	1	2	2	2	17.1
3	1	3	3	3	16.8
4	2	1	2	3	17.4
5	2	2	3	1	18.9
6	2	3	1	2	18.4
7	3	1	3	3	17.2
8	3	2	1	3	17.3
9	3	3	2	1	16.7
k_1	16.600	16.833	17.200	17.167	
k_2	18.233	17.767	17.067	17.567	
k_3	17.067	17.300	17.633	17.167	
R	1.633	0.934	0.566	0.400	

（3）均匀设计 均匀设计（uniform design）是我国数学家方开泰等独创的将数论与多元统计相结合而建立起来的一种试验方法。均匀试验设计就是只考虑试验点在试验范围内均匀分布的一种试验设计方法，它适用于多因素、多水平的试验设计。在使用均匀设计法进行条件优化时，应注意几个问题：①正确使用均匀设计表，可参考方开泰制定的常用均匀设计表，每个均匀设计表都应有一个试验安排使用表，要注意变量、范围和水平数的合理选择；

②不要片面追求过少的试验次数，试验次数最好是因素的 3 倍；③要重视回归分析，为了避免回归时片面追求回归模型的项数、片面追求大的 R^2 值和误差自由度过小等问题，可通过选择 n 稍大的均匀设计表，误差自由度≥5，回归模型最好不大于 10，在已知实际背景时少用多项式，在采用多项式回归时尽量考虑二次的；④善于利用统计图表，在均匀设计中，各种统计点图，如残差图、等高线图、正态点图、偏回归图等，对数据特性判定和建模满意度的判断非常有用；⑤均匀设计包的使用，如 DPS、SPSS、Sigmaplot、SAS 等。均匀设计的优点：适用于试验周期长、原材料费用高的试验，水平数即为试验次数；在试验数相同的条件下，均匀设计的偏差远比正交设计小。缺点：由于没有考虑"整齐可比"，所以不能用方差分析法，一般采用多元回归分析法。

例二 灵芝深层培养的药质培养基及发酵工艺条件优化（冀宏，2005）

灵芝（*Ganoderma lucidum*）是具有滋补强壮、扶正固本作用的药用真菌。本实验选用"六味地黄丸"作为药性添加成分制备药质发酵培养基质（药质培养基），进行灵芝液体发酵，以期改善和提高灵芝发酵菌丝体功效。针对灵芝发酵的药质（六味地黄丸）培养基最优配方组成及提高发酵生物量的优化工艺条件，采用均匀设计对影响发酵生物量的关键因子及其水平的相互关系进行研究。以发酵产物浓度 [菌丝体鲜重（g/L）] 为检测指标，选择对发酵效果影响较大的因素：X_1 药质（六味地黄丸，g/L）、X_2 黄豆粉（g/L）、X_3 玉米粉（g/L）、X_4 酵母膏（g/L）和 X_5 葡萄糖（g/L）5 个关键因子，利用数据处理软件系统设定各因素水平值间隔，建立试验方案。试验结果为三次重复的平均值，数据的分析和二次多项式回归方程的建立均采用数据处理软件。均匀设计采用表 $U_{13}(\frac{8}{13})$，因素水平编码及试验结果如表 4-31 所示。

表 4-31 药质发酵培养基均匀设计试验及结果（冀宏等，2005）

试验号	因素/(g/L)					菌丝体生物量/(g/L)
	X_1 药质六味地黄丸	X_2 黄豆粉	X_3 玉米粉	X_4 酵母膏	X_5 葡萄糖	
1	10.0	26.7	33.3	5.33	11.3	334
2	15.8	46.7	16.7	2.67	7.50	337
3	21.7	23.3	43.3	0.00	3.75	302
4	27.5	43.3	26.7	6.00	0.00	156
5	33.3	20.0	10.0	3.33	12.5	289
6	39.2	40.0	36.7	0.67	8.75	218
7	45.0	16.7	20.0	6.67	5.00	227
8	50.8	36.7	46.7	4.00	1.25	124
9	56.7	13.3	30.0	1.33	13.8	150
10	62.5	33.3	13.3	7.33	10.0	165
11	68.3	10.0	40.0	4.67	6.25	145
12	74.2	30.0	23.3	2.00	2.50	66.0
13	80.0	50.0	50.0	0.00	15.0	54.0

利用全回归分析数据处理软件对表 4-31 中的数据进行二次多项式全回归分析（回归分析结果如图 4-7 所示），得到方程：

$$y = 515 - 5.19X_1 - 3.26X_2 - 8.06X_3 - 8.09X_4 + 22.4X_5 + 0.0158X_1 +$$
$$0.0334X_2 + 0.126X_3 + 0.830X_4 - 1.35X_5 \tag{4-1}$$

$R_2 = 0.9983$；$F = 117.3$；$\alpha = 0.05$；剩余标准差 $s = 9.67$。

回归方程显著性检验显著；确定系数为 0.9983，说明该方程的预测值与实际值之间拟合度极好，能够很好地解释药质发酵过程中各因素与菌丝生物量之间的变化关系；标准回归

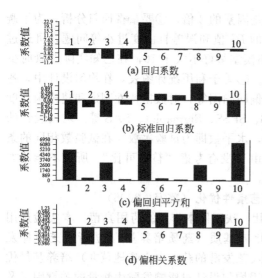

图 4-7 回归分析结果（冀宏等，2005）

系数（图 4-7）显示，药质（六味地黄丸）成分（X_1）和葡萄糖含量（X_5）对指标影响最大，且在合理区域内减少药质添加量，或增加葡萄糖浓度对发酵菌丝体产生有积极的影响；其余因素影响的主次顺序是：玉米粉（X_3）＞黄豆粉（X_2）＞酵母膏（X_4）。根据回归方程条件下的优化结果，所得到药质培养基配比最优条件为：X_1 药质（六味地黄丸）10g/L、X_2 黄豆粉 50g/L、X_3 玉米粉 10g/L、X_5 葡萄糖 8.29g/L，由于 X_4（酵母膏）对回归的贡献最小，且有抑制性，故在优化过程中取最小值"0g/L"，优化预期指标的最大值为 410g/L。用优化所得最佳培养基进行验证实验，三次重复所得发酵菌丝体鲜重平均为 408.8g/L，较优化前最高产量提高了 21.3％。因素（X_1、X_2、X_3、X_4、X_5）与指标间的"因素-响应值"二维曲线关系如图 4-8 所示。

（4）响应曲面分析法　响应面方法（response surface methodology，简称 RSM）是指利用合理的试验设计，通过实验得到的一定数据，采用多元二次回归方程来拟合因素与响应值之间的函数关系，通过对回归方程的分析来寻求最优工艺参数，解决多变量问题的一种统计方法。也就是说，RSM 是一种有效的统计技术，它是利用实验数据，通过建立数学模型来解决受多种因素影响的最优组合问题，即是一种寻找多因素系统中最佳条件的数学统计方法，是数学方法和统计方法相结合的产物，它可以用来对人们受多个变量影响的响应问题进行数学建模与统计分析，并可以将该响应进行优化。它能拟合因素与响

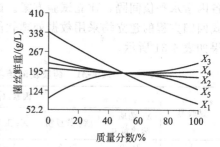

图 4-8　因素-响应值关系图
（冀宏等，2005）

应间的全局函数关系，有助于快速建模，缩短优化时间和提高应用可信度。一般可以通过 Plackett-Burman（PB）设计法、Box-Behnken design（BBD）或中心组合设计（central composite design，CCD）等从众多因素中精确估计有主效应的因素，节省实验工作量。应用响应面优化培养基时的步骤为：①确定主要因素。一般可选因素为 2～3 个为好。②确定因素水平。通过做单因素试验或由样品的特性和工艺要求来确定因素水平的范围。③确定试验点（最陡爬坡试验），采用适当的试验设计，确定实验的试验点。试验设计强调试验点要尽量减少总的实验次数。试验点确定之后，按随机性原则对每个实验点进行实验，获得一定的数据，以便于进行统计分析。④利用中心组合设计（CCD）、BBD 设计等响应面设计方法建立模型。⑤数据分析，寻取最优值。用适当的统计分析方法和计算机程序，对实验数据进行分析。常用的统计分析软件有 SAS、SPSS 等。响应面方法优点：很好地用 3D 图形显示结果，直观，试验次数少、周期短、精度高；缺点：响应值仅限于 2 个变量，仅在一小段区间有很好的响应。

例三　响应面法优化产类胡萝卜素红酵母液体发酵培养基的研究（赵颖等，2007）

中心组合设计（CCD）和响应面方法（RSM）通过局部实验回归拟合因素与结果间的全局函数关系，发挥了实验次数少、周期短、精度高等特点。近年来，响应面法已成功应用

于发酵培养基、培养条件的优化等诸方面。类胡萝卜素（carotenoid）是存在于植物和微生物中较为广泛的一种重要天然色素，其具有多种生理功能，如具有转化维生素 A 的生物活性及预防癌症和心血管疾病等作用。采用响应面分析法对高产类胡萝卜素红酵母菌株 *Rhodotorula* sp. D 的发酵培养基进行优化，为促进类胡萝卜素的进一步开发利用服务。

① 方法　响应面法 PB 实验设计进行发酵培养基的优化。采用 PB 实验对影响类胡萝卜素生产的 20 个营养因素（$X_1 \sim X_{20}$）进行考察，实验选用 $N=24$ 的 Plackett-Burman 设计，每个因素设计成高（＋）和低（－）2 个水平。实验设计见表 4-32。

表 4-32　$N=24$ 的 Plackett-Burman 实验设计和结果（赵颖等，2007）

批次	X_1	X_2	X_3	X_4	X_5	X_6	X_7	X_8	X_9	X_{10}	X_{11}	X_{12}	X_{13}	X_{14}	X_{15}	X_{16}	X_{17}	X_{18}	X_{19}	X_{20}	产量/(mg/L)
1	+	－	－	－	+	－	+	－	－	+	+	－	+	－	+	+	－	+	+	－	6.5
2	+	+	－	－	－	+	－	+	－	－	+	+	－	+	－	+	+	－	+	－	5.9
3	+	+	+	－	－	－	+	－	+	－	－	+	+	－	+	－	+	+	－	+	7.9
4	+	+	+	+	－	－	－	+	－	+	－	－	+	+	－	+	－	+	+	－	5.5
5	+	+	+	+	+	－	－	－	+	－	+	－	－	+	+	－	+	－	+	+	13.9
6	－	+	+	+	+	+	－	－	－	+	－	+	－	－	+	+	－	+	－	+	4.6
7	+	－	+	+	+	+	+	－	－	－	+	－	+	－	－	+	+	－	+	－	12.5
8	－	+	－	+	+	+	+	+	－	－	－	+	－	+	－	－	+	+	－	+	4.9
9	+	－	+	－	+	+	+	+	+	－	－	－	+	－	+	－	－	+	+	－	8.9
10	－	+	－	+	－	+	+	+	+	+	－	－	－	+	－	+	－	－	+	+	6.6
11	+	－	+	－	+	－	+	+	+	+	+	－	－	－	+	－	+	－	－	+	10.2
12	+	+	－	+	－	+	－	+	+	+	+	+	－	－	－	+	－	+	－	－	8.9
13	－	+	+	－	+	－	+	－	+	+	+	+	+	－	－	－	+	－	+	－	13.8
14	－	－	+	+	－	+	－	+	－	+	+	+	+	+	－	－	－	+	－	+	14.9
15	+	－	－	+	+	－	+	－	+	－	+	+	+	+	+	－	－	－	+	－	4.6
16	－	+	－	－	+	+	－	+	－	+	－	+	+	+	+	+	－	－	－	+	5.5
17	+	－	+	－	－	+	+	－	+	－	+	－	+	+	+	+	+	－	－	－	7.2
18	－	+	－	+	－	－	+	+	－	+	－	+	－	+	+	+	+	+	－	－	8.0
19	+	－	+	－	+	－	－	+	+	－	+	－	+	－	+	+	+	+	+	－	9.2
20	－	+	－	+	－	+	－	－	+	+	－	+	－	+	－	+	+	+	+	+	4.4
21	－	－	+	－	+	－	+	－	－	+	+	－	+	－	+	－	+	+	+	+	5.6
22	－	－	－	+	－	+	－	+	－	－	+	+	－	+	－	+	－	+	+	+	6.0
23	－	－	－	－	+	－	+	－	+	－	－	+	+	－	+	－	+	－	+	+	8.9
24	－	－	－	－	－	－	－	－	－	－	－	－	－	－	－	－	－	－	－	－	8.5

② 中心组合实验　采用中心组合设计，对 PB 实验筛选到的关键因子进行进一步研究，获得影响该红酵母菌发酵产类胡萝卜素的优化培养基。

③ 数据分析方法　实验数据均用 SAS（Version9.0，SAS Institute Inc.，Cary，NC，USA）处理分析，并拟合出模型。

④ 类胡萝卜素产量测定　液态发酵液经盐酸提取、水浴、离心、沉淀等方法，得上清液类胡萝卜素提取液，以紫外分光光度法测定最大吸收波长，计算出类胡萝卜素产量 Y(mg/L)。

⑤ 发酵培养基关键影响因素的确定　按照 PB 法设计的培养基进行发酵实验，得到不同培养基各因素的主要效应，如表 4-33 所示。

SAS 9.0 软件分析表明，代码为 X_{10}、X_5 和 X_1 的培养基的类胡萝卜素产量最高，方差分析表明，酵母膏、$(NH_4)_2SO_4$ 和蔗糖对类胡萝卜素产量影响显著（$P<0.05$），而其他因素对类胡萝卜素产量影响不显著。

表 4-33 各因素的主要效应（赵颖等，2007）

因素	(−)/(g/L)	(＋)/(g/L)	T-t 检验	Pr>1	重要性排序
X_1．蔗糖	30	50	3.483523	0.039953	3
X_2．葡萄糖	25	35	−1.07595	0.360774	10
X_3 麦芽糖	10	15	0.181101	0.867833	18
X_4．乙醇	5	10	−0.56461	0.611802	13
X_5．硫酸铵	5	15	3.611359	0.036469	2
X_6．氯化铵	0.1	0.2	−0.1811	0.867833	19
X_7．硝酸钠	0.1	0.2	−0.22371	0.83735	17
X_8．亚硝酸钠	0.1	0.2	−1.05464	0.369018	11
X_9．尿素	0.1	0.2	−1.11856	0.344821	9
X_{10}．酵母膏	0	5	3.696583	0.034359	1
X_{11}．牛肉膏	0	5	0.479384	0.664442	14
X_{12}．蛋白胨	0	5	1.715129	0.18483	5
X_{13}．氯化镁	0	5	−1.35293	0.269008	7
X_{14}．硫酸镁	0.02	0.05	−0.45808	0.67804	15
X_{15}．磷酸氢二钾	0.05	0.15	−2.14125	0.121709	4
X_{16}．磷酸二氢钾	0.05	0.15	−1.31032	0.281382	8
X_{17}．氯化钙	0.1	0.2	−1.43815	0.245966	6
X_{18}．番茄汁	0.002	0.004	−0.41547	0.705729	16
X_{19}．花生油	0.001	0.002	0.117183	0.91412	20
X_{20}．核黄素	0.003	0.005	−1.01203	0.386057	12

⑥ 响应面法实验优化发酵培养基　通过二次回归的旋转中心组合设计，对 3 个显著因素进行优化，以类胡萝卜素的产量为响应值，对应于因变量 Y。为使拟合响应方程具有旋转性和通用性，选择中心点实验数为 6，星号臂长 $\gamma=1.682$。实验设计及结果如表 4-34 所示。

表 4-34 中心组合实验设计及结果（赵颖等，2007）

序号	因素/(g/L)			Y
	X_1．蔗糖	X_5．硫酸铵	X_{10}．酵母膏	mg/L
1	40	10	4	13.8
2	40	10	6	12.1
3	40	20	4	12.9
4	40	20	6	11.2
5	60	10	4	15.5
6	60	10	6	13.2
7	60	20	4	14.5
8	60	20	6	13.6
9	33.1821	15	5	12.8
10	66.81793	15	5	14.9
11	50	6.59105	5	14.0
12	50	23.408965	5	14.3
13	50	15	3.31821	14.9
14	50	15	6.681793	11.5
15	50	15	5	14.5
16	50	15	5	14.3
17	50	15	5	13.9
18	50	15	5	15.2
19	50	15	5	14.6
20	50	15	5	15.0

通过 SAS 9.0 软件对表 4-34 数据进行二次多项回归拟合，获得编码水平为（-1，1）的回归方程为：

$$Y=14.59405+0.756527X_1-0.138792X_5-0.901971X_{10}-0.329285X_1^2+$$
$$0.15X_1X_5+0.025X_1X_{10}-0.223218X_5^2+0.175X_5X_{10}-0.559094X_{10}^2 \quad (4\text{-}2)$$

未编码的回归方程为：

$$Y=-2.98081+0.347438X_1-0.084896X_5+4.038973X_{10}-0.003293X_1^2+$$
$$0.003X_1X_5+0.0025X_1X_{10}-0.008929X_5^2+0.035X_5X_{10}-0.559094X_{10}^2 \quad (4\text{-}3)$$

回归方程(4-2)的方差分析结果如表 4-35 所示。

表 4-35　中心组合实验设计的模型方差分析结果（赵颖等，2007）

回归	自由度	平方和	确定系数	F 值	显著水平
线性项	3	19.1899	6.396633	25.68956	0.0001
平方项	3	5.895626	1.965209	7.892486	0.005419
交互作用	3	0.43	0.143333	0.575642	0.643967
总回归	9	25.51553	2.835058	11.38559	0.000363

模型在 99% 的概率水平上是非常显著，其确定系数为 0.9116，说明该二次模型能很好地解释实验数据的变异性，模型吻合。此外，回归模型的线性项和平方项对该模型的影响极显著。表明该回归方程(4-2)为产类胡萝卜素红酵母液体发酵培养基的最合适的模型。根据表 4-35 绘制稳定区域内 Y 值随 X_1、X_5 和 X_{10} 变化关系响应面立体图，如图 4-9 所示。由图 4-9 可知，Y 值（类胡萝卜素产量）在实验区域具有最大极值。通过回归的模型可以预测，在稳定状态下 Y 的最大值为 15.385mg/L，与之相对应的编码水平 $X_{10}=0.8271$、$X_5=0.2812$、$X_1=1.0533$，其对应的实际值为 $X_{10}=4.173$g/L、$X_5=13.594$g/L、$X_1=60.533$g/L。在发酵培养基组成（g/L）为：酵母膏 4.173、$(NH_4)_2SO_4$ 13.594、蔗糖 60.533、$MgSO_4$ 0.3、K_2HPO_4 0.10、核黄素 0.004 的条件下进行验证实验，类胡萝卜素的最大产量为 15.291mg/L，与预计的 15.385mg/L 十分接近。

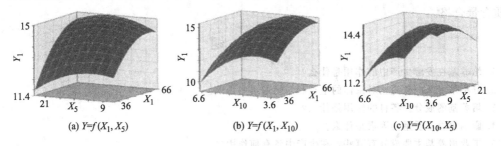

图 4-9　响应面立体图（赵颖等，2007）

综上所述，主要介绍了在发酵工业所用培养基的研究和生产中，筛选和优化培养基设计中常用的几种方法。培养基的优化设计方法还很多，如遗传算法与神经网络等也被用于培养基的优化。随着生物统计学在数据处理方面研究的不断深入，伴随着数据处理相关软件的进一步开发，相信在不久的将来会有更精确的统计方法和更便捷的数据处理软件服务于培养基的优化设计中。

三、淀粉水解糖的制备

按照培养基的状态培养基可分为固体、半固体和液体培养基。大多数工业生产均采用液体培养基进行发酵。大多数培养基都是将各种原料按培养基配方的要求及一定的加料顺序，投入到配料罐内，在搅拌作用下用水调成溶液或悬浮液，并预热至一定的温度后，送入灭菌系统进行灭菌处理。其中所用原料中如需制备水解糖，其工艺最为复杂，以下重点介绍淀粉水解糖的制备。

淀粉水解糖的原料有薯类、玉米、小麦和大米等。根据水解所用的催化剂不同，主要有5种方法：酸解法、酶解法、酸酶法、酶酸法和双酶法。不同的水解制糖方法各有优缺点，从整个过程来看，酸解法所需的时间最短，酶解法时间最长。而从水解糖液的质量和降低糖耗、提高原料利用率看，酶解法最好。双酶法是用淀粉酶和糖化酶将淀粉水解成葡萄糖的工艺，分为两步：第一步是液化，第二步是糖化。采用双酶法水解制葡萄糖副产物少，水解液纯度高，DE值可达98％以上，可以在较高的淀粉浓度下水解，还原糖含量可达到30％左右。水解条件温和，不要求高温、高压和酸碱，对原料要求粗放，可使用大米或粗淀粉原料，所制得的糖液质量高，缺点是生产周期长。双酶法制备葡萄糖的工艺流程如图4-10所示。

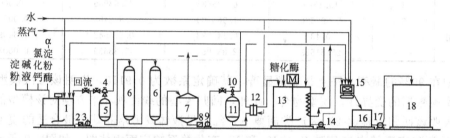

图4-10　双酶法的主要设备和工艺流程

1—调降配料槽；2,8—过滤器；3,9,14,17—泵；4,10—喷射加热器；5—缓冲器；
6—液化层流罐；7—液化液贮罐；11—灭菌罐；12—板式换热器；
13—糖化罐；15—压滤机；16—糖化暂贮罐；18—贮糖罐

不论是酸法、酶法还是两者结合方法制得的水解糖液必须达到一定的要求才能用于发酵生产，主要有：①色泽为浅黄；②透光率应大于等于60％；③无糊精反应；④还原糖含量在18％左右；⑤DE值应大于等于90％；⑥pH＝4.6～4.8；⑦无杂菌、不变质，蛋白质等杂质含量合格。

思 考 题

1. 培养基在发酵生产中的作用是什么？
2. 分析培养基的碳氮比对菌体的生长和产物形成的影响。
3. 培养基的成分及各自的作用是什么？
4. 影响培养基质量的因素是什么？
5. 工业培养基主要成分有哪些？在生产中各有何作用？
6. 培养基的类型有哪些？如何选择？
7. 培养基设计中应遵循哪些原则？
8. 什么是促进剂和抑制剂，举例说明。
9. 什么是前体，举例说明前体的重要性。
10. 孢子培养基和种子培养基有何异同。
11. 常用的培养基设计优化方法有哪些？

第五章 发酵工程中的灭菌操作

在现代工业发酵生产中，为了获得大量菌体细胞或特定代谢产物，均已应用纯种培养技术，也就是要求只能有生产菌的生长繁殖，不允许有其他的微生物共存。为了保证纯种培养，在接种前，要对发酵罐、管道、空气除菌系统及补料系统等设备进行空消，对培养基、消泡剂、补料液和空气需彻底除菌，还要对生产环境进行消毒处理，防止杂菌和噬菌体的大量繁殖。如果发酵过程中受到杂菌污染，会产生各种不良后果，具体包括：杂菌将会和生产菌竞争营养物质，造成原料的损失和产量的下降；杂菌产生的代谢产物会增加产物的种类，增加分离的难度，降低得率或使产品质量下降；杂菌的大量繁殖往往会改变发酵液的性质，如 pH 等发酵参数，从而抑制生产菌的生长和产物的形成；有的杂菌生长繁殖不消耗基质，而是直接利用目的产物，使发酵生产不能正常进行；若发生噬菌体污染，生产菌细胞受到破坏，严重的会使培养过程彻底失败导致"倒罐"，浪费大量原材料，造成严重的经济损失，而且会扰乱生产秩序，破坏生产计划。可见发酵过程中的无菌控制直接关系到生产的成败。

第一节 灭菌常见方法

灭菌在英语中写作"sterilization"，是使失去繁殖能力的意思，是采用化学或物理的方法杀灭或去除物料及设备中一切有生命有机体的过程，对微生物而言是指杀死一切微生物，不分杂菌或非杂菌以及病原微生物或非病原微生物。灭菌实质上可分杀菌和溶菌两种，前者指菌体虽死，但形体尚存，后者则指菌体被杀死后，其细胞发生溶化、消失的现象。工业生产中常用的灭菌方法有化学灭菌、射线灭菌、干热灭菌、湿热灭菌和过滤介质除菌等。在发酵工业中，大量培养液的灭菌一般应用湿热灭菌，空气的除菌大多采用介质过滤除菌，具体采用何种灭菌方法要根据灭菌的对象、灭菌效果、设备条件和经济指标来定。实际生产中所需的灭菌方式要根据发酵工艺要求而定，要在避免染菌的同时，尽量简化灭菌流程，从而减少设备投资和动力消耗。

一、化学灭菌

化学灭菌是用化学药品直接作用于微生物而将其杀死的方法。一般化学药剂无法杀死所有的微生物，而只能杀死其中的病原微生物，所以是起消毒剂的作用，而不能起灭菌剂的作用。能迅速杀灭病原微生物的药物，称为消毒剂。能抑制或阻止微生物生长繁殖的药物，称为防腐剂。但是一种化学药物是杀菌还是抑菌，常不易严格区分。常用的化学药剂有：石炭酸、甲醛、氯化汞、碘酒、酒精等。由于化学药剂会与培养基中的蛋白质等营养物质发生反应，加入后还不易去除，所以不适用于培养基的灭菌，主要用于生产车间环境、无菌室空间、接种操作前小型器具及双手的消毒等，但染菌后的培养基可以采用化学药剂处理。化学药品灭菌的使用方法，根据灭菌对象的不同有浸泡、添加、擦拭、喷洒、气态熏蒸等。常用的化学灭菌剂有以下几种。

1. 酒精溶液

酒精是脱水剂，也是一种半极性溶剂，可使微生物细胞内的原生质体蛋白质脱水、变性凝固，导致微生物死亡。酒精的杀菌效果和浓度有密切关系，其最有效的杀菌浓度为75%（体积分数），浓度过高会使细胞表层的蛋白质凝固，阻碍酒精进一步向细胞内渗入。因此作为杀菌剂使用的酒精浓度一般都是75%。由于酒精对蛋白质的作用没有选择性，故对各类微生物均有效。一般细菌比酵母菌对酒精更敏感，在大多数情况下10%的酒精就能抑制细菌，只有粪链球菌和乳酸菌能耐受较高的酒精浓度。一些酵母菌可以耐受浓度为20%的酒精，50%的酒精可在短时间内杀灭包括真菌分生孢子在内的所有微生物营养细胞，但不能杀灭细菌芽孢。酒精溶液常用于皮肤和器具表面杀菌。

2. 甲醛

甲醛的气体和水溶液均具有广谱杀菌、抑菌作用，甲醛是强还原剂，能与蛋白质的氨基结合，使蛋白质变性，对细菌营养细胞、芽孢、霉菌、真菌和病毒均有杀灭作用。对细菌芽孢有较强的杀灭能力，对细菌的杀灭能力比霉菌强，对真菌的杀灭能力较弱。甲醛的杀菌速度较慢，所需的灭菌时间较长。常用作物品表面和环境的消毒剂、工业制品的防霉剂、可用液体浸泡和气体熏蒸的方式。其缺点是穿透力差。

3. 漂白粉

漂白粉的化学名称是次氯酸盐（次氯酸钠，NaOCl），它是强氧化剂，也是廉价易得的灭菌剂。它的杀菌作用是次氯酸钠分解为次亚氯酸，在水溶液中不稳定，分解为新生态氧和氯，使细菌受强烈氧化作用而导致死亡，具广谱杀菌性，对细菌营养细胞、芽孢、噬菌体等均有效。杀菌效果受温度和pH影响，5~15℃范围内，温度每上升10℃，杀菌效果可提高一倍以上，pH越低，杀菌能力越强；有机物的存在可降低杀菌效果。漂白粉是发酵工业生产环境最常用的化学杀菌剂，使用时配成5%溶液，用于喷洒生产场地。但应注意，并非所有噬菌体对漂白粉敏感。

4. 高锰酸钾

高锰酸钾溶液的灭菌作用是使蛋白质、氨基酸氧化，从而使微生物死亡，常用浓度为0.1%~0.25%。

5. 过氧乙酸

过氧乙酸又名过醋酸，简称PAA，是强氧化剂，是高效、广谱、速效的化学杀菌剂，对细菌营养细胞、芽孢、病毒和真菌均有高效杀灭作用。一般使用0.02%~0.2%的溶液，喷洒或喷雾进行空间灭菌，由于有较强的腐蚀性，不可用于金属器械的灭菌。使用过氧乙酸溶液时应新鲜配制，一般可使用3天。酒精对过氧乙酸有增效作用，如以酒精溶液配制其稀溶液可提高杀菌力。

6. 新洁尔灭

新洁尔灭是阳离子表面活性剂类洁净消毒剂，易吸附于带负电的细菌细胞表面，可改变细胞的通透性，干扰菌体的新陈代谢从而产生杀菌作用；其抗菌谱广、杀菌力强，对革兰阳性菌的杀灭能力较强，对革兰阴性杆菌和病毒作用较弱。10min能杀死营养细胞，对细菌芽孢几乎没有杀灭作用。一般用于器具和生产环境的消毒，不能与合成洗涤剂合用，不能接触铝制品，使用0.25%的溶液。

7. 戊二醛

具广谱杀菌特性，对细菌营养细胞、芽孢、真菌和病毒均有杀灭作用；杀菌效率高、速度快，常用的杀菌剂型可在数分钟内达到杀菌效果，近几十年来使用范围逐渐扩大。酸性条件下戊二醛对芽孢并无杀灭作用，加入适当的激活剂，如0.3%碳酸氢钠，使戊二醛溶液的pH为7.5~8.5时，才表现出强大的杀芽孢作用；但碱化后的戊二醛稳定性差，放置数周后会失去杀菌能力。常用2%的溶液，用于器具、仪器和工具等的灭菌。

8. 酚类

苯酚（二元酚或多元酚）作为消毒和杀菌剂已有百年历史，但苯酚毒性较大，易污染环境，且水溶性差，常温下对芽孢无杀灭作用，使应用受到限制。其杀菌机理是使微生物细胞的原生质蛋白发生凝固变性。而酚类衍生物如甲酚磺酸，水溶性有所提高，且毒性降低。使用浓度一般为 0.1％～0.15％的溶液，10～15min 杀死大肠杆菌。

9. 焦碳酸二乙酸

焦碳酸二乙酸的商品名为"BAYCOVIN"，相对分子质量为 162，可溶于水和有机溶剂。在 pH 为 8 的水溶液中，杀死细菌和真菌的浓度为 0.01％～1％（体积分数），pH4.5或以下，杀菌能力更强，是比较理想的培养基灭菌剂。由于它在水中的溶解度小，灭菌时应均匀加到培养基中。能杀灭噬菌体，切断噬菌体单体单链 DNA，抑制噬菌体 DNA 和蛋白质合成，并抑制寄生细胞自溶，是杀灭噬菌体有效的化学药剂。但是它有腐蚀性，应注意勿接触皮肤。

10. 抗生素

抗生素是很好的抑菌剂或灭菌剂，但各种抗生素对细菌的抑制或杀灭均有选择性，一种抗生素不能抑制或杀灭所有细菌，所以抗生素很少用作杀菌剂。

使用以上化学药剂灭菌时应注意化学药剂的具体使用条件，减少其他因素对杀菌抑菌效果的影响。化学杀菌剂混合或复配使用时，应注意不同物质之间的配伍性，以求达到最佳的使用效果。有些杀菌剂还需要轮换使用、间断使用，以避免微生物出现抗性。

二、射线灭菌

射线灭菌是利用紫外线、高能电磁波或放射性物质产生的 γ 射线进行灭菌的方法。在发酵工业中常用紫外线进行灭菌，波长范围在 200～275nm 的紫外线具有杀菌作用，杀菌作用最强的范围是 250～270nm，波长为 253.7nm 的紫外线杀菌作用最强。在紫外灯下直接暴露，一般繁殖型微生物约 3～5min、芽孢约 10min 即可杀灭。但紫外线的透过物质能力差，一般只适用于接种室、超净工作台、无菌培养室及物质表面的灭菌。一般紫外灯开启 30min就可以达到灭菌的效果，时间长了浪费电力，缩短紫外灯使用寿命，增大臭氧（O_3）浓度，影响操作人员的身体健康。不同微生物对紫外线的抵抗力不同，对杆菌杀灭力强，对球菌次之，对酵母菌、霉菌等较弱，因此，为了加强灭菌效果，紫外线灭菌往往与化学灭菌结合使用。

三、干热灭菌

最简单的干热灭菌方法是将金属或其他耐热材料在火焰上灼烧，称为灼烧灭菌法。该方法灭菌迅速彻底，但使用范围有限，多在接种操作时使用，只能用于接种针、接种环等少数对象的灭菌。实验室常用的干热灭菌方法是干热空气灭菌法，采用电热干燥箱作为干热灭菌器。微生物对干热的耐受力比对湿热强得多，因此干热灭菌所需要的温度较高、时间较长。细菌的芽孢是耐热性最强的生命形式，所以，干热灭菌时间常以几种有代表性的细菌芽孢的耐热性作为参考标准（表5-1）。干热条件一般为在 160℃条件下保温 2h。灭菌物品用纸包扎或带有棉塞时不能超过 170℃。主要用于玻璃器皿、金属器材和其他耐高温物品的灭菌。

四、湿热灭菌

湿热灭菌是利用饱和蒸汽进行灭菌。蒸汽冷凝时释放大量潜热，并具有强大的穿透力，在湿热条件下，微生物细胞中的蛋白质、酶和核酸分子内部的化学键和氢键受到破坏，致使微生物在短时间内死亡。湿热灭菌的效果比干热灭菌好，这是因为一方面细胞内蛋白质含水量高，容易变性；另一方面高温水蒸气对蛋白质有高度的穿透力，从而加速蛋白质变性而迅

表 5-1　一些细菌的芽孢干热灭菌所需时间

菌　名	不同温度下的杀死时间/min						
	120℃	130℃	140℃	150℃	160℃	170℃	180℃
炭疽杆菌			180	60~120	9~90		
肉毒梭菌	120	60	15~60	25	20~25	10~15	5~10
产气荚膜杆菌	50	15~35	5				
破伤风梭菌		20~40	5~15	15	12	3	1
土壤细菌芽孢				180	30~90	15~60	15

速死亡。多数细菌和真菌的营养细胞在 60℃下处理 5~10min 后即可杀死，酵母菌和真菌的孢子稍耐热些，要用 80℃以上的高温处理才能杀死，而细菌的芽孢最耐热，一般要在 120℃下处理 15min 才能杀死（表 5-2）。一般湿热灭菌的条件为 121℃维持 20~30min。常用于培养基、发酵设备、附属设备、管道和实验器材的灭菌。

表 5-2　一些细菌的芽孢湿热灭菌所需时间

菌　名	不同温度下的杀死时间/min					
	100℃	105℃	110℃	115℃	120℃	125℃
产孢梭菌	150	45	12			
炭疽杆菌	2~15	5~10				
破伤风梭菌	5~90	5~25				
产气荚膜梭菌	5~45	5~27	10~15	4	1	
肉毒梭菌		40~120	32~90	10~40	4~20	
枯草杆菌				40		
土壤细菌		420	120	15	6~15	4~8

五、过滤除菌

利用过滤的方法阻留微生物，达到除菌的目的。本方法只适用于澄清流体的除菌。工业上利用过滤方法大量制备无菌空气，供好气微生物的液体培养过程使用。在产品提取过程中，也可以利用无菌过滤的方法处理料液，以获得无菌产品。

以上几种灭菌方法有时可以结合使用。表 5-3 列出了以上几种灭菌方法的特点及适用范围。

表 5-3　几种灭菌方法的特点及适用范围

灭菌方法	特　点	适　用　范　围
化学灭菌法	使用范围较广，可以用于无法用加热方法进行灭菌的物品	常用于环境空气的灭菌及一些物品表面的灭菌
射线灭菌法	使用方便，但穿透力较差，适用范围有限	一般只适用于无菌室、无菌箱、摇瓶间和器具表面的灭菌
火焰灭菌法	方法简单、灭菌彻底，但适用范围有限	适用于接种针、玻璃棒、试管口、三角瓶口、接种管口等的灭菌
干热灭菌法	灭菌后物料干燥，方法简单，但灭菌效果不如湿热灭菌	适用于金属与玻璃器皿的灭菌
湿热灭菌法	蒸汽来源容易、潜力大、穿透力强、灭菌效果好、操作费用低，具有经济和快速的特点	广泛用于生产设备及培养基的灭菌
过滤除菌法	不改变物性而达到灭菌的目的，设备要求高	常用于生产中空气的净化除菌，少数用于容易被热破坏培养基的灭菌

第二节　培养基与发酵设备的灭菌

一、湿热灭菌的基本原理

不同微生物的生长对温度的要求不同，一般都有一个维持生命活动的最适生长温度范围。在最低温度范围内微生物尚能生长，但生长速度非常缓慢，代谢作用几乎停止而处于休眠状态，世代时间无限延长。在最低温度和最高温度之间，微生物的生长速率随温度升高而增加，超过最适温度后，随温度升高，生长速率下降，最后停止生长，微生物就会死亡。微生物受热死亡的原因主要是高温使微生物体内的一些重要蛋白质发生凝固、变性，从而导致微生物无法生存而死亡。杀死微生物的极限温度称为致死温度。在致死温度下，杀死全部微生物所需的时间称为致死时间。高于致死温度的情况下，随温度的升高，致死时间也相应缩短。不同微生物对热的抵抗力不同，常用热阻来表示。热阻是指微生物细胞在某一特定条件下（主要是指温度和加热方式）的致死时间。一般评价灭菌彻底与否的指标主要是看能否完全杀死热阻大的芽孢杆菌。表 5-4 列出了某些微生物的相对热阻和对灭菌剂的相对抵抗力。

表 5-4　某些微生物的相对热阻和对灭菌剂的相对抵抗力（与大肠杆菌比较）

灭菌方式	大肠杆菌	霉菌孢子	细菌芽孢	噬菌体或病毒
干热	1	2～10	1000	1
湿热	1	2～10	3×10^6	1～5
苯酚	1	1～2	10×10^8	30
甲醛	1	2～10	250	2
紫外线	1	5～100	2～5	5～10

1. 微生物受热的死亡定律

在一定温度下，微生物的受热死亡遵循分子反应速度理论。在微生物受热死亡过程中，活菌数逐渐减少，其减少量随残留活菌数的减少而递减，即微生物的死亡速率（dN/dt）与任何一瞬时残存的活菌数成正比，称之为对数残留定律，用下式表示：

$$-\frac{dN}{dt} = kN \tag{5-1}$$

式中　N——培养基中残存的活菌数，个；

　　　　t——灭菌时间，min；

　　　　k——灭菌反应速度常数或称为菌比死亡速率，min^{-1}，k 值的大小与灭菌温度和菌种特性有关；

　　$\dfrac{dN}{dt}$——活菌数的瞬时变化速率，即死亡速率，个/min。

式(5-1) 通过积分可得

$$\int_{N_0}^{N_t} \frac{dN}{N} = -k \int_0^t dt$$

$$\ln \frac{N_0}{N_t} = kt \tag{5-2}$$

$$t = \frac{1}{k} \cdot \ln \frac{N_0}{N_t} = \frac{2.303}{k} \cdot \lg \frac{N_0}{N_t} \tag{5-3}$$

式中　N_0——灭菌开始时原有的菌数，个；

　　　　N_t——灭菌结束时残留的菌数，个。

根据上述的对数残留方程式，灭菌时间取决于污染程度（N_0）、灭菌程度（残留的活菌数 N_t）和灭菌反应速度常数 k。如果要求达到完全灭菌，即 $N_t=0$，则所需的灭菌时间 t 无限延长，事实上是不可能达到的。实际设计时常采用 $N_t=0.001$（即在 1000 批次灭菌中只有 1 批次是失败的）。以菌的残留数 $\ln N_t/N_0$ 的对数与时间 t 作图，得出一条直线，其斜率为 $-k$。如图 5-1 所示为某些微生物的残留曲线。

菌体死亡属于一级动力学反应。灭菌反应速度常数 k 是判断微生物受热死亡难易程度的基本依据。不同微生物在同样的温度下 k 值是不同的，k 值越小，则微生物越耐热。温度对 k 值的影响遵循阿仑尼乌斯定律，即

$$k = A e^{-\frac{\Delta E}{RT}} \qquad (5\text{-}4)$$

式中　A——比例常数，s^{-1}；

$\quad \Delta E$——活化能，J/mol；

$\quad R$——气体常数，$4.1868 \times 1.98 J/(mol \cdot K)$；

$\quad T$——绝对温度，K。

培养基在灭菌以前，存在各种各样的微生物，它们的 k 值各不相同。式(5-4)也可以写成

$$\ln k = \ln A - E/RT \qquad (5\text{-}5)$$

这样就得到了只随灭菌温度而变化的灭菌速

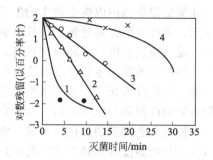

图 5-1　一些微生物的残留曲线
1—子囊青霉 (Ascospores of *Penicillium*)，81℃；
2—腐化厌氧菌 (Putrefactive anaerobe)，115℃；
3—大肠杆菌 (*E. coli*)，51.7℃；
4—菌核青霉 (Sclerotia of *Penicillium*)，90.5℃

度常数 k 的简化计算公式，从而可求得不同温度下的灭菌速度常数。细菌芽孢的 k 值比营养细胞小得多，细菌芽孢的耐热性要比营养细胞大。同一种微生物在不同的灭菌温度下，k 值不同。灭菌温度越低，k 值越小；灭菌温度越高，k 值越大（图 5-2）。硬脂嗜热芽孢杆菌 FS1518，104℃时的 k 值为 0.0342 min^{-1}，121℃时的 k 值为 0.77 min^{-1}，131℃时的 k 值为 15 min^{-1}。可见，温度增高，k 值增大，灭菌时间缩短。表 5-5 列出了几种微生物的 k 值。

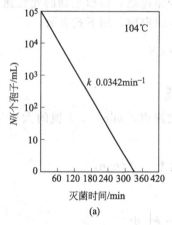

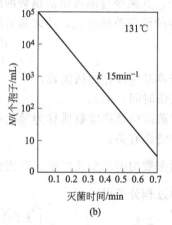

图 5-2　嗜热杆菌 (*B. stearothermophilus* 1518) 在 104℃和 131℃时的残留曲线

表 5-5　120℃时不同细菌的 k 值

菌　种	k/min^{-1}	菌　种	k/min^{-1}
枯草芽孢杆菌 FS5230	0.043～0.063	硬脂嗜热芽孢杆菌 FS617	0.043
硬脂嗜热芽孢杆菌 FS1518	0.013	产气梭状芽孢杆菌 PA3679	0.03

有些微生物受热死亡的速率不符合对数残留定律，得到的残留曲线不是直线。呈现热死亡非对数动力学行为的主要是一些微生物的芽孢。如嗜热脂肪芽孢杆菌的芽孢在不同温度下的死亡曲线（图 5-3，半对数曲线）。有关这一类热死亡动力学的研究，虽然可用多种模型来描述，但其中以 Prokop 和 Humphey 所提出的"菌体循环死亡模型"最具代表性。该模型假设耐热微生物芽孢的死亡不是突然的，而是渐变的，它需经历一热敏感性的中间过程后才会死亡，因此才不符合对数残留定律。

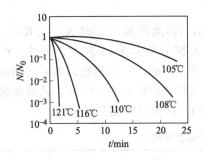

图 5-3 嗜热脂肪芽孢杆菌芽孢在不
同温度下的死亡曲线

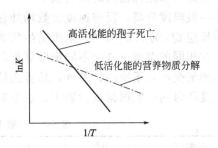

图 5-4 温度对反应速度常数的影响示意图

2. 灭菌温度和时间的选择

用湿热灭菌方法对培养基灭菌时，加热的温度和时间对微生物死亡和营养成分的破坏均有作用。选择一种既能达到灭菌要求又能减少营养成分被破坏的温度和受热时间，是研究培养基灭菌质量的重要内容。

研究实践证明，菌体死亡遵循一级反应，用菌体浓度变化表示为：

$$dC/dt = -kC$$

在其他条件不变的情况下，菌体死亡的速度常数 K 与温度的关系符合阿仑尼乌斯方程式(5-5)。

同样，营养破坏也符合一级动力学反应，速度常数 K' 与温度的关系也符合阿仑尼乌斯方程式：$K' = A'e^{-E'/RT}$ 或

$$\ln K' = \ln A' - E'/RT \tag{5-6}$$

以 $\ln K$ 或 $\ln K'$ 对 $1/T$ 作图，可得一直线（图 5-4），在两直线相交以前（高温区），同样温度下，微生物孢子的死亡速度常数大于营养物质分解的速度常数，而在两直线相交之后（低温区），同样温度下，微生物孢子的死亡速度常数小于营养物质分解的速度常数。相对于不同温度而言，微生物孢子死亡速度常数变化大小要明显高于营养物质分解的速度常数变化。

上述根据图 5-4 得出的结论也可用数学计算说明。根据实验检测，一般杀死微生物营养体的 E 值为 200～270kJ/mol，杀死芽孢的 E 值为 400kJ/mol 以上，而培养基中的酶类和生物素分解的 E' 值为 80kJ/mol 左右。

在 $T = T_1$ 时灭菌 K 值为

$$K_1 = Ae^{-E/RT_1} \tag{5-7}$$

当 $T = T_2$ 时

$$K_2 = Ae^{-E/RT_2} \tag{5-8}$$

两式取对数相减得：

$$\ln K_2 - \ln K_1 = E/R(1/T_1 - 1/T_2)$$

即

$$\ln(K_2/K_1) = E/R(1/T_1 - 1/T_2) \tag{5-9}$$

同理，营养成分分解的反应速度常数 K' 的变化为：

$$\ln(K_2'/K_1') = E'/R(1/T_1 - 1/T_2) \tag{5-10}$$

式(5-9)与式(5-10)两式相除得：

$$\ln(K_2/K_1)/\ln(K_2'/K_1') = E/E'$$

而 $E \gg E'$，说明 $\ln(K_2/K_1) > \ln(K_2'/K_1')$

即随着温度升高，灭菌速度常数增加的倍数要大于营养成分破坏反应速度常数增加的倍

数，因此可采用高温短时间灭菌。

一般温度升高，反应速度常数增加程度用 Q_{10} 表示（温度升高 10℃时 K_{t+10}/K_t），一般化学反应 Q_{10} 为 1.5～2.0，杀灭微生物为 5～10，杀灭细菌芽孢在 35 左右。另外，严格地讲，在相同的温度下杀灭不同细菌芽孢所需的时间也是不同的，一方面是因为不同细菌芽孢对热的耐受性是不同的，另外，培养条件的不同也使耐热性产生差别。因此，杀灭细菌芽孢的温度和时间一般根据试验确定。表 5-6 所列为常见的一些灭菌温度和时间。

表 5-6   一般细菌芽孢的灭菌温度与时间

温度/℃	100	110	115	121	125	130
时间/min	1200	150	51	15	6.4	2.4

二、培养基的灭菌

1. 培养基的灭菌方法

工业化生产中培养基的灭菌采用湿热灭菌的方式，主要有两种方法：分批灭菌和连续灭菌。

（1）分批灭菌   分批灭菌又称为间歇灭菌，就是将配制好的培养基全部输入到发酵罐内或其他装置中，通入蒸汽将培养基和所用设备加热至灭菌温度后维持一定时间，再冷却到接种温度，这一工艺过程也称为实罐灭菌。分批灭菌过程包括升温、保温和冷却等三个阶段。在培养基灭菌之前，通常应先将与罐相连的分空气过滤器用蒸汽灭菌并用空气吹干。然后将配制好的培养基用泵送至发酵罐（种子罐或补料罐）内，同时开动搅拌器进行灭菌。灭菌前先将各排气阀打开，将蒸汽引入夹套或蛇管进行预热，当罐温升至 80～90℃，将排气阀逐渐关小。这段预热时间是为了使物料溶胀和受热均匀，预热后再将蒸汽直接通入到培养基中，这样可以减少冷凝水量。当温度升到灭菌温度 121℃、罐压为 $1×10^5$ Pa（表压）时，打开接种、补料、消泡剂、酸、碱等管道阀门进行排汽，并调节好各进汽阀门和排汽阀门的排汽量，使罐压和温度保持在一定水平上进行保温。生产中通常采用的保温时间为 30min。在保温过程中应注意凡在培养基液面下的各种入口管道都通入蒸汽，即"三路进汽"，蒸汽从通风口、取样口和出料口进入罐内直接加热；而在液面以上的管道口则应排放蒸汽，即"四路出汽"，蒸汽从排汽、接种、进料和消沫剂管排汽；这样做可以不留灭菌死角。保温结束时，先关闭排汽阀门，再关闭进汽阀门，待罐内压力低于无菌空气压力后，立即向罐内通入无菌空气，以维持罐压。在夹套或蛇管中通冷水进行快速冷却，使培养基的温度降至所需温度。分批灭菌的进汽、排汽及冷却水管路系统如图 5-5 所示。

分批灭菌不需要其他设备，操作简单易行，规模较小的发酵罐往往采用分批灭菌的方法。其主要缺点是加热和冷却所需时间较长，增加了发酵前的准备时间，也就相应地延长了发酵周期，使发酵罐的利用率降低。所以大型发酵罐采用这

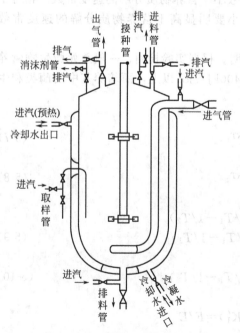

图 5-5   分批灭菌的进汽、排汽及冷却水管路系统

种方法在经济上是不合理的。同时，分批灭菌无法采用高温短时间灭菌，因而不可避免地使培养基中营养成分遭到一定程度的破坏。但是对于极易发泡或黏度很大难以连续灭菌的培养基，即便是大型发酵罐也不得不采用分批灭菌的方法。

（2）连续灭菌　在培养基的灭菌过程中，除了微生物的死亡外，还伴随着培养基营养成分的破坏，而分批灭菌由于升降温的时间长，所以对培养基营养成分的破坏大，而以高温、快速为特征的连续灭菌可以在一定程度上解决这个问题。连续灭菌时，培养基可在短时间内加热到保温温度，并且能很快地被冷却，保温时间很短，有利于减少培养基中营养物质的破坏。连续灭菌是将培养基通过专门设计的灭菌器，进行连续流动灭菌后，打入预先灭过菌的发酵罐中的灭菌方式，也称之为连消。如图 5-6 所示是连续灭菌的设备流程图。如在短时间加热使料液温度升到灭菌温度 126～132℃，在维持罐中保温 5～8min，快速冷却后打入灭菌完毕的发酵罐中。

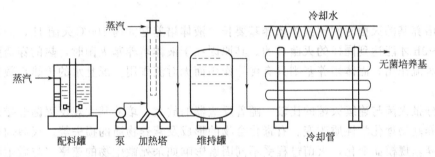

图 5-6　培养基连续灭菌的基本流程

如图 5-7 所示为喷射加热连续灭菌流程。它是由喷射加热、管道维持以及真空冷却组成的连续灭菌流程。蒸汽直接喷入加热器与培养基混合，使培养基温度急速上升到预定灭菌温度，在灭菌温度下的保温时间由维持管道的长度来保证。灭菌后培养基通过膨胀阀进入真空冷却器急速冷却。此流程由于受热时间短，因而不致引起培养基的严重破坏；并能保证培养基先进先出，避免过热或灭菌不彻底的现象发生。

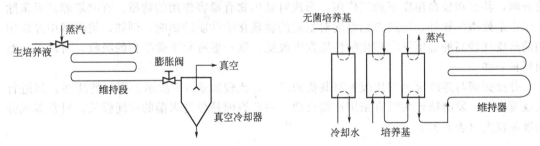

图 5-7　喷射加热与真空冷却连续灭菌流程　　　图 5-8　薄板换热器与余热回收连续灭菌流程

如图 5-8 所示为薄板换热器连续灭菌流程。在此流程中，培养基在设备中同时完成预热、灭菌及冷却过程，蒸汽加热段使培养基温度升高，经维持段保温一段时间，然后在薄板换热器的另一段冷却。该流程中虽然加热和冷却所需时间比使用喷射式连续灭菌稍长，但灭菌周期则比间歇灭菌小得多。由于生培养基的预热过程也是灭菌过的培养基的冷却过程，所以节约了蒸汽及冷却水的用量。

（3）固体培养基的灭菌　固体培养基一般为粒状、片状或粉状，流动性差，也不易翻动，加热吸水后成团状，热传递性能差，降温慢。如果固体培养基较少，采用常规的湿热灭菌的方法就可以，如果灭菌物品量较大，如大量食用菌培养基的灭菌，则可采用传统的灭菌方法，即自制的土蒸锅。通常用砖砌成灶，放上铁锅，锅的直径为100～110cm，上面用铁板卷成桶（也可用砖或木料），蒸锅高1m，附有蒸帘和锅盖。蒸料时采取水开后顶汽上料的方法，即先在蒸帘上撒上一层10cm厚的干料，以后哪冒气往哪撒料，直到装完为止。但料不要装到桶口，应留有15cm左右空隙，以保证蒸汽流通。用耐高温塑料将桶口包住，外面用绳固定，塑料布鼓气后呈馒头状，锅内温度达98℃以上，计时灭菌2h，自然冷却（闷锅）。这种灭菌方法不能达到完全灭菌的目的，只能达到半灭菌状态。

另一种固体灭菌的设备是采用转鼓式灭菌器，常用于酱油厂和酒厂。该设备能承受一定的压力，形状如同一个鼓，以0.5～1r/min转速转动，培养基能得到较为充分的混匀，轴的中心是一带孔的圆管，蒸汽沿轴中心通入鼓内培养基中进行加热，达到一定温度后，以进行保温灭菌。灭菌结束后用真空泵对转鼓抽气，以降低鼓内压力和培养基的温度。

固体培养基的灭菌时间比液体培养基要长，液体培养基如需100℃灭菌1h，固体培养基则需要2～3h才能达到同样的灭菌目的。其原因在于液体培养基灭菌时，热的穿透除传导作用外尚有对流作用，固体培养基则只有传导作用而无对流作用。况且水的传热系数比有机固体物质大。

（4）分批灭菌与连续灭菌的比较　随着反应器的放大，培养基大规模灭菌会带来许多问题，如培养基物理化学性质改变、有毒化合物的形成及营养物质的损失等。灭菌加热及冷却时间随培养基规模而变化，灭菌过程受不同因素影响如杀死微生物的速率（与微生物活细胞成正比）、不同微生物对温度的敏感性差别等。对大规模灭菌、发酵罐较大时一般采用高温、短时的连续灭菌。连续灭菌的温度较高，灭菌时间较短，培养基的营养成分得到了最大限度的保护，保证了培养基的质量，另外，由于灭菌过程不在发酵罐中进行，提高了发酵设备的利用率，易于实现自动化操作，降低了劳动强度。当然，连续灭菌对设备与蒸汽的质量要求较高，还需外设加热、冷却装置，操作复杂，染菌机会多，不适合含有大量固体物料培养基的灭菌。在工业化生产时，培养基灭菌遇到的另一个棘手问题是：培养基有的有机成分易受热分解，甚至在较高温度下相互作用，形成对微生物有毒害作用的物质。有时培养基灭菌除了考虑杀死微生物外，还应考虑温度对基质的物理化学性质的影响，例如，培养基中经常用到的麸皮在较高的温度下物理化学性质发生改变，这一般有利于微生物的吸收，所以灭菌时间要长一些。

分批灭菌与连续灭菌相比较各有其优缺点，其比较如表5-7所示。而如前所述，当进行大规模生产、发酵罐较大时宜采用连续灭菌。主要原因是分批灭菌的时间较长，对营养成分的破坏较大（表5-8）。

表5-7　间歇灭菌与连续灭菌的比较

灭菌方式	优　点	缺　点
连续灭菌	①灭菌温度高,可减少培养基中营养物质的损失 ②操作条件恒定,灭菌质量稳定 ③易于实现管道化和自控操作 ④避免反复的加热和冷却,提高了热的利用率 ⑤发酵设备利用率高	①对设备的要求高,需另外设置加热、冷却装置 ②操作较复杂 ③染的机会较多 ④不适合于含大量固体物料的灭菌 ⑤对蒸汽的要求较高
间歇灭菌	①设备要求较低,不需另外设置加热、冷却装置 ②操作要求低,适于手动操作 ③适合于小批量生产规模 ④适合于含有大量固体物质的培养基的灭菌	①培养基的营养物质损失较多,灭菌后培养基的质量下降 ②需进行反复的加热和冷却,能耗较高 ③不适合于大规模生产过程的灭菌 ④发酵罐的利用率较低

表 5-8　灭菌温度和时间对培养基营养成分破坏的比较（以维生素 B_1 为准）

灭菌温度/℃	灭菌时间/min	营养成分破坏率/%	灭菌温度/℃	灭菌时间/min	营养成分破坏率/%
100	400	99.3	130	0.5	8
110	36	67	145	0.08	2
115	15	50	150	0.01	<1
120	4	27			

2. 影响培养基灭菌的因素

培养基要达到较好的灭菌效果，受多种因素的影响，主要表现在以下几方面。

(1) 培养基成分　培养基中的油脂、糖类和蛋白质会增加微生物的耐热性，使微生物的受热死亡速率变慢，这主要是因为有机物质会在微生物细胞外形成一层薄膜，影响热的传递，所以灭菌温度就应提高或延长灭菌时间。例如，大肠杆菌在水中加热 60～65℃便死亡；在 10％糖液中，需 70℃ 4～6min；在 30％糖液中，需 70℃ 30min。但灭菌时，对灭菌效果和营养成分的保持都应兼顾，既要使培养基彻底灭菌，又要尽可能减少培养基营养成分的破坏。相反，培养基中高浓度的盐类、色素会减弱微生物细胞的耐热性，一般较易灭菌。

(2) 培养基成分的颗粒度　培养基成分的颗粒越大，灭菌时蒸汽穿透所需的时间越长，灭菌难，颗粒小，灭菌容易。一般对小于 1mm 颗粒的培养基，可不必考虑颗粒对灭菌的影响，但对于含有少量大颗粒及粗纤维培养基的灭菌，特别是存在凝结成团的胶体时会影响灭菌效果，则应适当提高灭菌温度或过滤除去。

(3) 培养基的 pH　pH 值对微生物的耐热性影响很大。微生物一般在 pH6.0～8.0 时最耐热；pH<6.0，氢离子易渗入微生物细胞内，从而改变细胞的生理反应促使其死亡。培养基 pH 值愈低，灭菌所需的时间愈短。培养基的 pH 值与灭菌时间的关系见表 5-9。

表 5-9　培养基的 pH 值与灭菌时间的关系

温度/℃	孢子数/(个/mL)	灭菌时间/min				
		pH6.1	pH5.3	pH5.0	pH4.7	pH4.5
120	10000	8	7	5	3	3
115	10000	25	25	12	13	13
110	10000	70	65	35	30	24
100	10000	340	720	180	150	150

(4) 培养基中杂菌的性质与数量　各种微生物对热的抵抗力相差较大，细菌的营养体、酵母、霉菌的菌丝体对热较为敏感，而放线菌、酵母、霉菌孢子对热的抵抗力较强。处于不同生长阶段的微生物，所需灭菌的温度与时间也不相同，繁殖期的微生物对高温的抵抗力要比衰老时期抵抗力小得多，这与衰老时期微生物细胞中蛋白质的含水量低有关。芽孢的耐热性比繁殖期的微生物更强。在同一温度下，微生物的数量越多，则所需的灭菌时间越长，因为微生物在数量比较多的时候，其中耐热个体出现的机会也越多，如表 5-10 所示为培养基中不同数量的微生物孢子在 105℃下灭菌所需的时间。天然原料尤其是麸皮等植物性原料配成的培养基，一般含菌量较高，而用纯粹化学试剂配制成的组合培养基则含菌量较低。

表 5-10　培养基中微生物孢子在 105℃灭菌时所需的时间

培养基中的微生物孢子数/(个/mL)	9	9×10^2	9×10^4	9×10^6	9×10^8
105℃灭菌所需时间/min	2	14	20	36	48

（5）冷空气排除情况　高压蒸汽灭菌的关键问题是为热的传导提供良好条件，而其中最重要的是使冷空气从灭菌器中顺利排出。因为冷空气导热性差，阻碍蒸汽接触欲灭菌物品，并且还可减低蒸汽分压使之不能达到应有的温度。如果灭菌器内冷空气排除不彻底，压力表所显示的压力就不单是罐内蒸汽的压力，还包括空气的分压，使罐内的实际温度低于压力表所对应的温度，造成灭菌温度不够，如表 5-11 所示。检验灭菌器内空气排除度，可采用多种方法。最好的办法是灭菌锅上同时装有压力表和温度计。

表 5-11　空气排除程度与温度的关系

蒸汽压力/atm	罐内实际温度/℃				
	未排除空气	排除 1/3 空气	排除 1/2 空气	排除 2/3 空气	完全排除空气
0.3	72	90	94	100	109
0.7	90	100	105	109	115
1.0	100	109	112	115	121
1.3	109	115	118	121	126
1.5	115	121	124	126	130

注：$1atm = 1.01 \times 10^5 Pa$。

（6）泡沫　在培养基灭菌过程中，培养基中产生的泡沫对灭菌很不利，因为泡沫中的空气形成隔热层，使热量难以渗透进去，不易杀死潜伏于其中的微生物。因而无论是分批灭菌还是连续灭菌，对易起泡沫的培养基均需加消泡剂，以防止或消除泡沫。

（7）搅拌　在灭菌过程中进行搅拌是为了使培养基充分混匀，不至于造成局部过热或灭菌死角，在保证不过多地破坏营养物质的前提下达到彻底灭菌的目的。

三、发酵设备的灭菌

发酵设备的灭菌包括发酵罐、管道和阀门、空气过滤器、补料系统、消泡剂系统等的灭菌。通常选择 0.15～0.2MPa 的饱和蒸汽，这样既可以较快地使设备和管路达到所要求的灭菌温度，又使操作安全。对于大型的发酵设备和较长的管路，可根据具体情况使用压力稍高的蒸汽。另外，灭菌开始时，必须注意把设备和管路中的空气排尽，否则达不到应有的灭菌温度。

发酵罐是发酵工业生产中最重要的设备，是生化反应的场所，对无菌要求十分严格。实罐灭菌时，发酵罐与培养基一起灭菌。培养基采用连续灭菌时，发酵罐需在培养基灭菌之前，直接用蒸汽进行空罐灭菌。空罐灭菌之后用无菌空气保压，待灭菌的培养基输入罐内后，开启冷却系统进行冷却。除发酵罐外，培养基的贮罐也要求洁净无菌。

发酵罐的附属设备有分空气过滤器、补料系统、消泡剂系统等。通气发酵罐需通入大量的无菌空气，这就需要空气过滤器以过滤除去空气中的微生物。但过滤器本身必须经蒸汽加热灭菌后才能起到除菌过滤以提供无菌空气的作用。分空气过滤器在发酵罐灭菌之前进行灭菌。排出过滤器中的空气，从过滤器上部通入蒸汽，并从上、下排气口排气，保持压力 0.174MPa，维持 2h。灭菌后用空气吹干备用。补料罐的灭菌温度根据料液不同而异，如淀粉料液，121℃、保温 30min；尿素溶液，121℃、保温 5min。补料管路、消泡剂管路可与补料罐、油罐同时进行灭菌，但保温时间为 1h。移种管路灭菌一般要求蒸汽压力为 0.3～0.45MPa，保温 1h。上述各管路在灭菌之前，要进行气密性试验确保无渗漏，以防泄漏。

第三节　空气的除菌

绝大多数工业发酵均是利用好氧微生物进行纯种培养，无论是生长还是合成代谢产物都需要消耗大量的溶解氧，用于菌体生长和产物代谢等。这些氧的来源是空气，但空气中含有各种各样的微生物，它们一旦随空气进入发酵液，便会在适合的条件下大量繁殖，并与目的微生物竞争性消耗培养基中的营养物质，产生各种副产物，从而干扰甚至破坏发酵的正常进行，严重时会使发酵彻底失败，造成严重的经济损失。因此，空气除菌不彻底是发酵染菌的主要原因之一。

一、发酵使用的净化空气标准

空气主要是由氮气、氧气、二氧化碳、惰性气体、水蒸气以及悬浮在空气中的尘埃等组成的混合物。通常微生物在固体或液体培养基中繁殖后，很多细小而轻的菌体、芽孢或孢子会随水分的蒸发、物料的转移被气流带入空气中或黏附于灰尘上随风飘浮。它们在空气中的含量和种类随地区、高低、季节、空气中尘埃多少和人们的活动情况而变化。一般寒冷的北方比暖和、潮湿的南方含菌量少；离地面越高含菌量愈少；农村比工业城市空气含菌量少。空气中的微生物以细菌和细菌芽孢为主，也有酵母、霉菌、放线菌和噬菌体。据统计，一般城市的空气中含菌量为 $10^3 \sim 10^4$ 个/m^3。

不同的发酵工业生产中，由于所用菌种的生产能力强弱、生长速度的快慢、发酵周期的长短、产物的性质、培养基的营养成分和 pH 的差异等，对所用的空气质量有不同的要求。其中，空气的无菌程度是一项关键指标。如酵母培养过程中，因它的培养基是以糖源为主，能利用无机氮源，有机氮比较少，适宜的 pH 较低，在这种条件下，一般细菌较难繁殖，而酵母的繁殖速度较快，在繁殖过程中能抵抗少量的杂菌影响，因而对空气无菌程度的要求不如氨基酸、液体曲、抗生素发酵那么严格。而氨基酸与抗生素发酵因周期长短不同，对无菌空气的要求也不同。总的来说，影响因素比较复杂，需要根据具体的工艺情况而决定。发酵工业生产中应用的"无菌空气"是指通过除菌处理使空气中的含菌量降低到零或极低，从而使污染的可能性降低至极小。一般按染菌率为 10^{-3} 来计算，即 1000 次发酵周期所用的无菌空气只允许 1 次染菌。

对不同的生物发酵生产和同一工厂的不同生产区域（环节），应有不同的空气无菌度的要求。空气无菌程度是用空气洁净度来表示，空气洁净度是指洁净环境中空气含尘（微粒）量多少的程度，含尘浓度高则洁净度低，含尘浓度低则洁净度高。我国参考美国、日本等的标准也提出了空气洁净级别，如表 5-12 所示。

表 5-12　环境空气洁净度等级

洁净度级别	尘粒最大允许数/m^3				微生物最大允许数					
	静态		动态		静态			动态		
	$\geq 0.5\mu m$	$\geq 5\mu m$	$\geq 0.5\mu m$	$\geq 5\mu m$	浮游菌/(cfu/m^3)	沉降菌(90mm)/(cfu/4h)	擦拭菌/(cfu/25cm^2)	浮游菌/(cfu/m^3)	沉降菌(90mm)/(cfu/4h)	擦拭菌/(cfu/25cm^2)
A 级	3520	20	3520	20				<1	<1	1
B 级	3520	29	352000	2900				10	5	5
C 级	352000	2900	3520000	29000				100	50	25
D 级	3520000	29000	不做规定	不做规定				200	100	50

注：引自中国 2010 版 GMP。

发酵使用的无菌空气除对空气的无菌程度有要求外，还要充分考虑空气的温度、湿度与压力。

要准确测定空气中的含菌量来决定过滤设备或测定经过过滤的空气的含菌量（或无菌程度）是比较困难的，一般采用培养法和光学法测定其近似值。

二、空气净化的方法

空气净化就是除去或杀灭空气中的微生物。破坏微生物体活性的方法很多，如辐射杀菌、加热杀菌、化学药物杀菌，都是将有机体蛋白变性而破坏其活力。而静电吸附和介质过滤除菌的方法是把微生物的粒子用分离的方法除去。

空气除菌的方法有以下几种。

1. 热杀菌

空气加热杀菌与培养基加热灭菌，都是用加热法把杂菌杀死，但两者在本质上稍有区别。空气加热杀菌属于干热杀菌，是基于加热后微生物体内的蛋白质（酶）氧化变性而致死亡；培养基灭菌则是湿热灭菌，是利用蛋白质（酶）的凝固作用而致使菌体死亡。热杀菌是

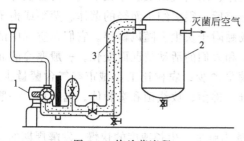

图 5-9　热杀菌流程
1—压缩机；2—贮罐；3—保温层

有效而可靠的杀菌方法，但是如果采用蒸汽或电热来加热大量的空气，以达到杀菌目的，则要消耗大量的能源和增加大量的换热设备，这是十分不经济的。利用空气压缩时放出的热量进行保温杀菌，则比较经济，如图 5-9 所示。空气进口温度若为 21℃，空气的出口温度则为 187～198℃，压力为 0.7MPa。热杀菌的流程通常是先经预热，例如把空气预热到 60～70℃（一般可用低温热源加热，以利用废热），然后进入压缩机压缩，并在 200℃以上的温度下维持一段时间，以便杀死杂菌，再进入发酵罐。为了改善维持段的保温、杀菌效果和使空气在维持段内有足够的停留时间，维持装置也可采用容器或多程列管换热器的型式，其中以多程列管换热器的效果最佳。可见，若是空气经压缩后温度升高用于干热灭菌是完全可行的，对制备大量无菌空气具有特别的意义。但在实际应用时，对培养装置与空气压缩机的相对位置、连接压缩机与培养装置之间的管道的灭菌以及管道的长度等问题都必须加以考虑。从压缩机出口到空气贮罐过程中进行保温，使空气达到高温后保持一段时间，从而使微生物死亡。为了延长空气的高温时间，防止空气在贮罐中走短路，最好在贮罐内加装导管筒。一般来说，欲杀死空气中的杂菌，在不同的温度下所需的时间如表 5-13所示。

表 5-13　热杀菌温度与所需时间之间的对应关系

温度/℃	所需杀菌时间/s	温度/℃	所需杀菌时间/s
200	15.1	300	2.1
250	5.1	350	1.05

采用热杀菌装置时，还应装空气冷却器，排除冷凝水，以防止在管道设备死角积聚而造成杂菌繁殖的场所。在进入发酵罐前应加装分过滤器以保证安全，但采用这样的系统压缩机的能量消耗会相应增大，压缩机耐热性能增加，它的零部件也要选用耐热材料加工。

2. 辐射杀菌

辐射杀菌技术是指利用电磁射线、加速电子照射被杀菌的对象从而杀死微生物的一种杀菌技术。从理论上来说，α射线、β射线、γ射线、紫外线、超声波等都能破坏蛋白质等生物活性物质，从而起到杀菌作用。辐射灭菌目前仅用于一些表面的灭菌及有限空间内空气的灭菌，对大规模空气的灭菌还不能采用此种方法。

3. 静电除菌

此种除菌方法是化工、冶金等工业生产中净化空气使用的方法，在发酵工业中也可使用。静电除菌的特点是能量消耗少，处理 1000m³ 的空气每小时只耗电 0.2～0.8kW；空气的压头损失小（400～2000Pa）；对于 1μm 的尘埃捕集效率可达 99％以上，但是设备庞大，属高压技术。

　　静电除菌原理是使空气中的灰尘成为载电体，然后将其捕集在电极上，通过这种静电引力吸附带电粒子而达到除菌除尘的目的。悬浮于空气中的微生物，其孢子大多带有不同的电荷，没有带电荷的微粒进入高压静电场时都会被电离成带电微粒，但对于一些直径很小的微粒，它所带的电荷很小，当产生的引力等于或小于气流对微粒的作用力或微粒的布朗扩散运动的动量时，则微粒不能被吸附而沉降，所以静电除尘灭菌对很小的微粒效率较低。

　　静电除菌装置分为电离区和捕集区。电离区的作用是使空气中的细菌微粒被电离而带上正电荷，它是由一系列等距平行且接地的极板构成，极板之间是用钨丝或不锈钢丝构成的放电线。在放电线上通入 10kV 的直流电压，与接地板之间就会形成电位梯度很强的不均匀电场。这样空气在通过时，它所带的细菌微粒就会带上正电荷。而捕集区的作用是吸附带电的微粒。捕集区是由高压极板和接地极板构成，它们交错排列、间隔较窄，并且与气流方向平行。在高压极板上加 5kV 的直流电压，极板之间就会形成一个均匀电场。当气流和带电微粒通过时，由于受到库仑力的作用，带电微粒产生一个向负极板移动的速度，虽然气流向正极板拖带，但是带电微粒的合速度仍然是向负极板移动，最终吸附在极板上。通过这样一个电离及吸附的过程，空气中的细菌微粒就可以被除去。静电除尘灭菌器示意如图 5-10 所示。

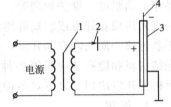

图 5-10　静电除尘灭菌器示意
1—升压变压器；2—整流器；
3—沉淀电极；4—电晕电极

　　用静电除菌进行空气净化，阻力小（约 10kPa）、耗电少。但由于极板间距小、电压高，要求极板很平直，安装间距均匀才能保证电场电势均匀，达到较好的除菌效果。另外使用该方法一次性投资费用大。常用于洁净工作台、洁净工作室所需无菌空气的第一次除尘，配合高效过滤器使用。

　　以上空气除菌、灭菌方法中，加热灭菌可以杀灭难以用过滤除去的噬菌体。但用蒸汽或电加热费用较高，无法用于处理大量空气。利用空气压缩热杀菌技术，由于是干热灭菌，必须维持一定时间的高温。压缩空气应维持一定的压力，压缩空气的压力越高，消耗的动力也就越大，同时保温时需要较大的维持管或罐，经济上不是十分合理。静电除菌一般除菌效率在 85%～99%，除菌效率达不到无菌要求，只能作为初步除菌。至今工业上的空气除菌几乎都是采用过滤除菌。

4. 过滤除菌

　　过滤除菌法是让含菌空气通过过滤介质以阻截空气中所含微生物，从而取得无菌空气的方法。通过过滤处理的空气可达无菌，并有足够的压力和适宜的温度以供耗氧培养过程之用。该法是目前广泛用来获得大量无菌空气的常规方法。常用的过滤介质有棉花、活性炭、玻璃纤维、有机合成纤维、有机材料、无机材料和金属烧结材料等。由于被过滤的微生物粒子很小，一般只有 0.5～2μm，而过滤介质的材料一般孔隙直径都大于微粒直径的几倍到几十倍，因此过滤机理比较复杂。同时，由于空气在压缩过程带入的油雾和水蒸气冷凝的水雾影响，使过滤的因素变化更多。过滤除菌按其机制不同分为绝对过滤和深层过滤。绝对过滤是利用微孔滤膜，其孔隙小于 0.5μm，甚至小于 0.1μm（一般细菌大小为 1μm），将空气中的细菌除去，其主要特点是过滤介质孔隙小于或远小于被过滤的微粒直径。深层过滤又分为两种，一种是以纤维（棉花、玻璃纤维、尼龙等）或颗粒状（活性炭）介质为过滤层，这种过滤层比较深，其孔隙一般大于 50μm，即远大于细菌，因此这种除菌不是真正意义上的过滤作用，而是靠静电、扩散、惯性和阻截等作用将细菌截留在滤层中；另一种是用超细玻璃纤维（纸）、石棉板、烧结金属板、聚乙烯醇、聚四氟乙烯等为介质，这种滤层比较薄，但是孔隙仍大于 0.5μm，因此仍属于深层过滤的范畴。

绝对过滤易于控制过滤后空气质量，节约能量和时间，操作简便，它是多年来受到国内外科学工作者注意和研究的问题。它是采用很细小的纤维介质制成，介质孔隙小于 $0.5\mu m$，如纤维素酯微孔滤膜（孔径 $\leqslant 0.5\mu m$，厚度 $0.15nm$）、聚四氟乙烯微孔滤膜（孔径 $0.2\mu m$ 或 $0.5\mu m$、孔率 80%）。我国也已研制成功微孔滤膜，有混合纤维素酯微孔滤膜和醋酸纤维素微孔滤膜，后者的热稳定性和化学稳定性均比前者好。孔径为 $0.45\mu m$ 的微孔滤膜，对细菌的过滤效果可达 100%，微孔滤膜用于滤除空气中的细菌和尘埃，除有滤除作用外，还有静电吸附作用。在空气过滤之前应将空气中的油、水除去，以提高微孔滤膜的过滤效率和使用寿命。

三、过滤除菌的介质材料

过滤介质是过滤除菌的关键，它的好坏不但影响到介质的消耗、过滤过程的动力消耗、操作劳动强度、维护管理等，而且决定设备结构、尺寸，还关系到运转过程的可靠性。过去一直采用棉花纤维或玻璃纤维结合活性炭使用，由于缺点很多，故近年来很多研究者正致力于新过滤介质的研究和开发，并已获得一定成绩。例如超细玻璃纤维、各种合成纤维、微孔烧结材料和微孔超滤膜等各种新型过滤介质，正在逐渐取代原有的棉花-活性炭过滤介质，而得到开发应用。以下对各种过滤介质加以介绍。

1. 棉花

棉花是最早使用的过滤介质，棉花随品种的不同，过滤性能有较大的差别，一般选用细长纤维且疏松的新棉花为过滤介质，同时是未脱脂的棉花（脱脂棉花易于吸水而使体积变小），压缩后仍有弹性。选用棉花纤维的直径为 $16\sim20\mu m$ 左右，长度适中，约 $2\sim3cm$，实重度为 $1520kg/m^3$，填充率为 $8.5\%\sim10\%$。装填时要分层均匀铺放，最后压紧，装填密度以 $150\sim200kg/m^3$ 为宜。装填均匀是最重要的一点，必须严格做到，否则将会严重影响过滤效果。为了使棉花装填平整，可先将棉花弹成比筒稍大的棉垫后再放入过滤器内。

2. 玻璃纤维

作为散装充填过滤器的玻璃纤维，需选用无碱的，实重度 $2600kg/m^3$，填充密度 $130\sim280kg/m^3$，一般直径为 $8\sim19\mu m$，而纤维直径越小越好，但由于纤维直径越小，其强度越低，很容易断碎而造成堵塞，增大阻力。因此充填系数不宜太大，一般采用 $6\%\sim10\%$，它的阻力损失一般比棉花小。如果采用硅硼玻璃纤维，则可得到较细直径（$0.5\mu m$）的高强度纤维。玻璃纤维的过滤效率随填充密度和填充厚度增大而提高（表 5-14）。玻璃纤维充填的最大缺点是：更换过滤介质时易造成碎末飞扬，使皮肤发痒，甚至出现过敏现象。

表 5-14　玻璃纤维的过滤效率

纤维直径 /μm	填充密度 /(kg/m^3)	填充厚度 /cm	过滤效率	纤维直径 /μm	填充密度 /(kg/m^3)	填充厚度 /cm	过滤效率
20	72	5.08	22%	18.5	224	10.16	99.3%
18.5	224	5.08	97%	18.5	224	15.24	99.7%

3. 活性炭

活性炭有非常大的表面积，可通过吸附作用捕集微生物。通常采用小圆柱体的颗粒活性炭，直径 $3mm$、长 $5\sim10mm$，实重度为 $1140kg/m^3$，填充密度为 $470\sim530kg/m^3$，填充率为 44%。要求活性炭质地坚硬，不易被压碎，颗粒均匀，填充前应将粉末和细粒筛去。因其粒子间空隙很大，故阻力很小，仅为棉花的 $1/12$，但它的过滤效率很低。目前常与棉花联合使用，即在两层棉花中夹一层活性炭，以降低滤层阻力。活性炭的好坏还决定于它的强度和表面积，表面积小，则吸附性能差，过滤效率低；强度不足，则很容易破碎，堵塞孔隙，增大气流阻力，它的用量约为整个过滤层的 $1/3\sim1/2$。

4. 超细玻璃纤维纸

这种纤维系用无碱玻璃纤维制成，直径仅 $1\sim2\mu m$，纤维特别细小，不宜散装充填，而采用造纸的方法做成 $0.25\sim1mm$ 厚的纤维纸。它所形成的网格孔隙为 $0.5\sim5\mu m$，是棉花的 $1/15\sim1/10$。故具有高的过滤效率。超细玻璃纤维纸属于高速过滤介质。在低速过滤时，它的过滤机理以拦截扩散作用机理为主。当气流速度超过临界速度时，属于惯性冲击，气流速度越高，效率越高。生产上操作的气流速度应避开效率最低的临界气速。

超细玻璃纤维滤纸虽然有较高的过滤效率，但由于纤维细短，强度很差，容易受空气冲击而破坏，特别是受湿以后，这样细短的纤维间隙很小，水分在纤维间因毛细管表面力作用，使纤维松散，强度大大下降。为增加强度可采用树脂处理，用树脂处理时要注意所用树脂的浓度，树脂过浓，则会堵塞网格小孔，降低过滤效率和增加空气的阻力损失。一般只用 $2\%\sim5\%$ 的 2124 酚醛树脂的 95% 酒精溶液进行浸渍、搽抹或喷洒处理，这可以提高机械强度，防止冲击穿孔，但也能湿润，如果同时采用硅酮等疏水剂处理可防湿润，强度更大。采用加厚滤纸可提高强度，同时也可提高过滤效率，但增大了过滤阻力。

目前，国内多数都是采用多层复合使用超细纤维滤纸，目的是增加强度和进一步提高过滤效果。但实际上过滤效果并无显著提高，虽是多层使用，但滤层间并无重新分布空气的空间，故不可能达到多层过滤的要求。紧密叠合的多层滤纸，形成稍厚的超细纤维滤垫，过滤效果不但没有提高，反而大大增加了压力损失。

超细纤维滤纸的一个很大的弱点就是抗湿性能差，一旦滤纸受潮，强度和过滤效率就会明显下降。目前已研制成 JU 型除菌滤纸，它是在制纸过程中加入适量疏水剂处理，起到抗油、水、蒸汽等作用。这种滤纸还具有坚韧、不怕折叠、抗湿强度高等特点，同时又具有很高的过滤效率和较低的过滤阻力等优点。

5. 烧结材料过滤介质

烧结材料过滤介质种类很多，有烧结金属（蒙太尔合金、青铜等）、烧结陶瓷、烧结塑料等。制造时用这些材料微粒末加压成型，使其处于熔点温度下黏结固定，由于只是表面粉末熔融黏结，内部粒子间的间隙仍得以保持，故形成的介质具有微孔通道，能起到微孔过滤的作用。

目前我国生产的蒙太尔合金粉末烧结板（或烧结管）是由钛锰合金金属粉末烧结而成，具有强度高、寿命长、能耐高温、使用方便等优点。它的过滤性能与孔径大小无关，而孔径又随粉末的粒度及烧结条件而异，一般为 $5\sim10\mu m$（汞压法测定），过滤效果中等。

6. 石棉滤板

石棉滤板是采用 20% 的蓝石棉和 80% 的纸浆纤维混合打浆而成。由于纤维直径比较粗，纤维间隙比较大，虽然滤板较厚（$3\sim5mm$），但过滤效率还是较低，只适宜用于分过滤器。其特点是湿强度较大，受潮时也不易穿孔或折断，能耐受蒸汽反复杀菌，使用时间较长。

7. 新型过滤介质

随着科学技术的发展和发酵条件的不断提高，目前已研制成功了一些新型的过滤介质，超滤膜便是其中一种。超滤膜的微孔直径只有 $0.1\sim0.45\mu m$，小于菌体粒子，能有效地将其去除，但还不能阻截病毒、噬菌体等更小的微生物。使用超滤膜，必须同时使用粗过滤器，目的是先把空气中的大粒子固体物除去，减轻超滤膜的负荷和防止大颗粒堵塞滤孔。传统的棉花活性炭、超细玻璃纤维、维尼纶、金属烧结过滤器由于无法保证绝对除菌，且系统阻力大、装拆不便，已逐渐被新一代的微孔滤膜介质所取代。新型过滤介质的高容尘空间引出了"高流（high flow）"的概念，改变了以往过滤器单位过滤面积处理量低的状况。所采用的材料聚四氟乙烯（PTFE）被制成折叠式大面积滤芯，增加了过滤面积，使过滤器的结构更为合理、装拆方便，从而被生物制药和发酵行业所接受。

表 5-15 列出了几种传统过滤器的适用条件及性能比较。表 5-16 列出了新一代微孔滤膜过滤器的适用条件及性能比较。

表 5-15　传统过滤器的适用条件及性能比较

过滤器类型	适用条件及性能
棉花活性炭	可以反复蒸汽灭菌，但介质经灭菌后过滤效率降低，装拆劳动强度大，环保条件差。活性炭对油雾的吸附效果较好，故可作为总过滤器以去除油雾、灰尘、管垢和铁锈等
超细玻璃纤维纸	可以蒸汽灭菌，但重复次数有限，装拆不便，装填要求高，可作为终过滤器，但不能保证绝对除菌
维尼纶	无需蒸汽灭菌，靠过滤介质本身的"自净"作用。要求有一定的填充密度和厚度，管路设计有一定要求，介质一旦受潮易失效。可作为总过滤器及微孔滤膜过滤器的预过滤
金属烧结介质	耐高温，可反复蒸汽灭菌，过滤介质孔隙在 $10\sim30\mu m$，过滤阻力小，可作为终过滤器，但无法保证绝对除菌

表 5-16　新一代微孔滤膜过滤器的适用条件及性能比较

滤膜材料	适用条件及性能
硼硅酸纤维	亲水性，无需蒸汽灭菌，95％容尘空间，过滤精度 $1\mu m$，介质受潮后处理能力和过滤效率下降，适合无油干燥的空压系统，可作为预过滤器，除尘、管垢及铁锈等，过滤介质经折叠后制成滤芯，过滤面积大、阻力小、更换方便，容尘空间大、处理量大
聚偏二氟乙烯	疏水性，要反复蒸汽灭菌，65％容尘空间，过滤精度 $0.1\sim0.01\mu m$；可以作为无菌空气的终端过滤器；过滤介质经折叠后制成的滤芯过滤面积大、阻力小、更换方便
聚四氟乙烯	疏水性，可反复蒸汽灭菌，85％容尘空间，过滤精度 $0.01\mu m$，可 100％去除微生物；可以作为无菌空气的终端过滤器，以及无菌槽、罐的呼吸过滤器及发酵罐尾气除菌过滤器；过滤介质经折叠后制成滤芯面积大、阻力小、更换方便

四、空气净化的一般工艺流程

无菌空气制备的整个过程包括两部分内容：一是对进入空气过滤器的空气进行预处理，达到合适的空气状态（温度、湿度），二是对空气进行过滤处理，以除去微生物颗粒，满足生物细胞培养需要。如图 5-11 所示是空气净化系统流程图，这一流程中过滤器以前的部分就是空气预处理过程。空气过滤除菌的工艺过程一般是将吸入的空气先经前过滤，再进空气压缩机，从压缩机出来的空气先冷却至适当的温度，经分离除去油水，再加热至适当的温度，使其相对湿度为 50％～60％，再经过空气过滤器除菌，得到合乎要求的无菌空气。

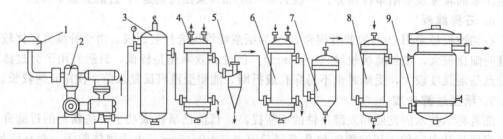

图 5-11　空气除菌设备流程图（两级冷却、分离、加热除菌）
1—粗过滤器；2—压缩机；3—贮罐；4,6—冷却器；5—旋风分离器；7—丝网除沫器；
8—加热器；9—空气过滤器

1. 空气预处理

空气预处理主要围绕两个目的来进行：一是提高压缩空气的洁净度，降低空气过滤器的负荷；二是去除压缩后空气中所带的油水，以合适的空气湿度和温度进入空气过滤器。

(1) 采风塔 空气中的微生物通常不单独游离存在,一般附着在尘埃和雾沫上。提高压缩前空气的洁净度的主要措施是提高空气吸气口的位置和加强吸入空气的前过滤。一般认为,高度每上升10m,空气中的微生物量下降一个数量级,因此,空气吸入口一般都选在比较洁净处,并尽量提高吸入口的高度,以减少吸入空气的尘埃含量和微生物含量。在工厂空气吸入口安装位置选择时,应选择在当地的上风口地点,并远离尘埃集中处,高度一般在10m左右,设计流速8m/s。可建在空压机房的屋顶上。

(2) 粗过滤 吸入的空气在进入压缩机前先通过粗过滤器过滤(或前置高效过滤器),可以保护空气压缩机,延长空气压缩机的使用寿命,滤去空气中颗粒较大的尘埃,减少进入空气压缩机的灰尘和微生物含量及压缩机的磨损,并减轻主过滤器的负荷,提高除菌空气的质量。对于这种前置过滤器,要求过滤效率高,阻力小,容灰量大,否则会增加压缩机的吸入负荷和降低压缩机的排气量。通常采用布袋过滤器、填料过滤器、油浴洗涤和水雾除尘装置等,流速0.1~0.5m/s。

采用布袋过滤结构最简单,只要将滤布缝制成与骨架相同形状的布袋,紧套于焊在进气管的骨架上,并缝紧所有会造成短路的空隙。其过滤效率和阻力损失要视所选用的滤布结构情况和过滤面积而定。布质结实细致,则过滤效率高,但阻力大。最好采用毛质绒布效果较好,现多采用合成纤维滤布。气流速度越大,则阻力越大,且过滤效率也低。一般要求空气流速在2~2.5m³/(m²·min)。滤布要定期换洗,以减少阻力损失和提高过滤效率。

填料式粗过滤器一般用油浸铁回丝、玻璃纤维或其他合成纤维等作填料,过滤效果比布袋过滤稍好,阻力损失也较小,但结构较复杂,占地面积也较大,内部填料经常洗换才能保持一定的过滤作用,操作比较麻烦。

油浴洗涤装置是在空气进入装置后要通过油箱中的油层洗涤,空气中的微粒被油黏附而逐渐沉降于油箱底部被除去,经过油浴的空气因带有油雾,需要经过百叶窗式的圆盘分离较大粒油雾,再经过滤网分离小颗粒油雾后,由中心管吸入压缩机。这种洗涤器效果比较好,若有分离不彻底的油雾进入压缩机时也无影响,阻力也不大,但耗油量大。

水雾除尘装置是空气从设备底部进入,经上部喷下的水雾洗涤,将空气中的灰尘、微生物微粒黏附沉降,从底部排出。带有微细小水雾的洁净空气经上部过滤网过滤后排出,进入压缩机经洗涤后的空气可除去大部分的微粒和小部分微小粒子,一般对0.5μm粒子的过滤效率为50%~70%,对1.0μm粒子的除去效率为55%~88%,对5μm以上粒子的除去效率为90%~99%。洗涤室内空气流速不能太大,一般在1~2m/s的范围,否则带出水雾太多,会影响压缩机工作,降低排气量。

(3) 空气压缩 为了克服输送过程中过滤介质等的阻力,吸入的空气必须经空压机压缩,目前常用的空压机有涡轮式压缩机、往复式压缩机和螺杆式压缩机等。空气经压缩后,温度会显著上升,压缩比愈高,温度也愈高。由于空气的压缩过程可看作是绝热过程,故压缩后的空气温度与被压缩后的压力的关系符合压缩多变公式。

涡轮式压缩机一般由电机直接带动涡轮,靠涡轮高速旋转时所产生的"空穴"现象吸入空气,并使空气获得高速离心力,再通过固定的导轮和涡轮形成机壳,使部分动能转变为静压后输出。涡轮式压缩机的特点是输气量、输出空气压力稳定,效率高,设备紧凑,占地面积小,输出的空气不带油雾等。在选择涡轮式压缩机时应选择出口压力较低但能满足工艺要求的型号,这样可以节省动力消耗。

往复式压缩机是靠活塞在汽缸内的往复运动而将空气抽吸和压出的,因此出口压力不够稳定,且汽缸内要加入润滑油以润滑活塞,这样又容易使空气中带进油雾。

螺杆式压缩机是容积式压缩机中的一种,空气的压缩是靠装置于机壳内相互平行啮合的阴阳转子的齿槽之容积变化而沿着转子轴线由吸入侧推向前排出侧，完成吸入、压缩、排气三个工作过程。螺杆式压缩机具有优良的可靠性能，如机组质量轻、振动小、噪声低、操作方便、易损件少以及运行效率高等。

（4）贮气　贮气罐的作用是消除压缩机排出空气量的脉动，维持稳定的空气压力，同时也可以利用重力沉降作用分离部分油雾。大多数是将贮罐紧接着压缩机安装，虽然由于空气温度较高，容器要求稍大，但对设备防腐、冷却器热交换都有好处。特别是当采用往复式空气压缩机时，由于排气压力不稳定，在其后安装空气贮罐，可以使后面的管道、空气压力稳定，气流速度均匀。贮罐的结构较简单，是一个装有安全阀、压力表的空罐壳体，有些单位在罐内加装冷却蛇管，利用空气冷却器排出的冷却水进行冷却，提高冷却水的利用率。也有在贮罐内加装导筒，使进入贮罐的热空气沿一定路线流过，增加一定的热杀菌效果。

（5）空气冷却　空气压缩机出口温度一般在120℃左右，若将此高温压缩空气直接通入空气过滤器，会引起过滤介质的炭化或燃烧，而且还会增大培养装置的降温负荷，给培养过程温度的控制带来困难，同时高温空气还会增加培养液水分的蒸发，对微生物的生长和生物合成都是不利的，因此要将压缩空气降温。另外，在潮湿地域和季节，空气中含水量较高，为了避免过滤介质受潮而失效，冷却还可以达到降湿的目的。用于空气冷却的设备一般有列管式换热器和翅板式换热器两种。列管式换热器进行冷却时，其传热系数大约为105J/(m² · s · K)。翅板式换热器则以强制流动的冷空气冷却，其总传热系数可达350J/(m² · s · K)。

一般中小型工厂采用两级空气冷却器串联来冷却压缩空气。在夏季，第一级冷却器可用循环水来冷却压缩空气，第二级冷却器采用9℃左右的低温水来冷却压缩空气。由于空气被冷却到露点以下会有凝结水析出，故冷却器外壳的下部应设置排除凝结水的接管口。

（6）气液分离　经冷却降温后的空气相对湿度增大，超过其饱和度时（或空气温度冷却至露点以下时），就会析出水来，使过滤介质受潮失效，因此压缩后的湿空气要除水，同时由于空气经压缩机后不可避免地会夹带润滑油，故除水的同时尚需进行除油。在实际操作中，将空气压缩后，经过冷却，就会有大量水蒸气及油分凝结下来，经油水分离器分离后再通过过滤器。油水分离器有两类：一类是利用离心力进行沉降的旋风分离器；另一类是利用惯性进行拦截的介质过滤器。旋风分离器是利用气流从切线方向进入容器，在容器内形成旋转运动时产生的离心力场来分离重度较大的微粒。介质过滤器是利用填料的惯性拦截作用，将空气中的水雾和油雾分离出来。填料的成分有焦炭、活性炭、瓷环、金属丝网、塑料丝网等，分离效率随表面积增大而增大。

（7）空气的加热　压缩空气冷却到一定温度，分去油水后，空气的相对湿度仍为100%，若不加热升温，只要湿度稍有降低，便会再度析出水分，使过滤介质受潮而降低或丧失过滤效能。所以，必须将冷却除水后的压缩空气加热到一定温度，使相对湿度降低，才能输入过滤器。压缩空气加热温度的选择对保证空气干燥，保证空气过滤器的除菌效率十分关键。一般来讲，降温后的温度与升温后的温度温差在10～15℃左右，即能保证相对湿度降低至一定水平，满足进入过滤器的要求。空气的加热一般采用列管式换热器来实现。

2. 过滤除菌

过滤除菌即把经过预处理的空气经介质过滤从而取得无菌空气（方法和介质参见本节二、4. 和三、）。

五、几种较典型空气净化流程介绍

1. 两级冷却、分离、加热的空气除菌流程

这是一个比较完善的空气除菌流程。它可以适应各种气候条件，能充分地分离空气中含

有的水分，使空气在低的相对湿度下进入过滤器，提高过滤除菌效率。

这种流程的特点是：两次冷却、两次分离、适当加热。两次冷却、两次分离油水的主要优点是可节约冷却用水，油和水雾分离除去比较完全，保证干过滤。经第一次冷却后，大部分的水、油都已结成较大的雾粒，且雾粒浓度比较大，故适宜用旋风分离器分离。第二级冷却器使空气进一步冷却后析出较小的雾粒，宜采用丝网分离器分离，这类分离器可分离较小直径的雾粒且分离效果高。经两次分离后，空气带的雾沫就较小，两级冷却可以减少油膜污染对传热的影响。如图 5-11 所示为两级冷却、分离、加热除菌流程示意。

两级冷却、加热除菌流程尤其适用于潮湿地区，其他地区可根据当地的情况，对流程中的设备作适当增减。

2. 空气压缩冷却过滤除菌流程

如图 5-12 所示是一个设备较简单的空气除菌流程，它由压缩机、贮罐、空气冷却器和过滤器组成。它只能适用于那些气候寒冷、相对湿度很低的地区。由于空气的温度低，经压缩后它的温度也不会升高很多，特别是空气的相对湿度低，空气中绝对湿含量很小，虽然空气经压缩并冷却到培养要求的温度，但最后空气的相对湿度还能保持在 60％ 以下，这就能保证过滤设备的过滤除菌效率，满足微生物培养对无菌空气要求。但是室外温度低到什么程度和空气的相对湿度低到多少才能采用这种流程，需要通过空气中的相对湿度计算来确定。

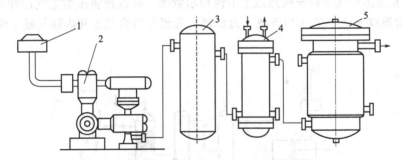

图 5-12　空气压缩冷却过滤流程

1—粗过滤器；2—压缩机；3—贮罐；4—冷却器；5—总过滤器

这种流程在使用涡轮式空气压缩机或无油润滑空压机的情况下效果较好，但采用普通空气压缩机时，可能会引起油雾污染过滤器，这时应加装丝网分离器先将油雾除去。

3. 高效前置过滤空气除菌流程

高效前置过滤空气除菌流程采用了高效率的前置过滤设备，利用压缩机的抽吸作用，使空气先经中、高效过滤后，再进入空气压缩机，这样就降低了主过滤器的负荷，经高效前置过滤后，空气的无菌程度已相当高，可以达到 99.99％，再经冷却、分离，进入主过滤器过滤，就可获得无菌程度很高的空气。此流程的特点是采用了高效率的前置过滤设备，使空气经多次过滤，因而所得空气的无菌程度很高。如图 5-13 所示为高效前置过滤空气除菌的流程示意图。

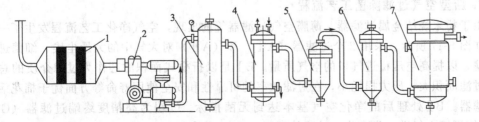

图 5-13　高效前置过滤空气除菌流程

1—高效前置过滤器；2—压缩机；3—贮罐；4—冷却器；5—丝网分离器；6—加热器；7—过滤器

4. 利用热空气加热冷空气的流程

如图 5-14 为利用热空气加热冷空气的流程示意图。利用压缩后的热空气和冷却后的冷空气进行热交换，使冷空气的温度升高，降低相对湿度。此流程对热能的利用比较合理，热交换器还可兼作贮气罐，但由于气-气换热的传热系数很小，加热面积要足够大才能满足要求。

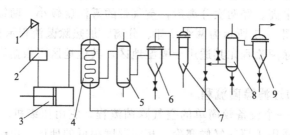

图 5-14　利用热空气加热冷空气的流程
1—高空采风；2—粗过滤器；3—压缩机；4—热交换器；5—冷却器；
6,7—析水器；8—空气总过滤器；9—空气分过滤器

5. 将空气冷却至露点以上的流程

如图 5-15 是将空气冷却至露点以上的流程示意图。该流程将压缩空气冷却至露点以上，使空气在相对湿度 60%～70% 以下进入过滤器。此流程适合北方和内陆气候干燥地区。

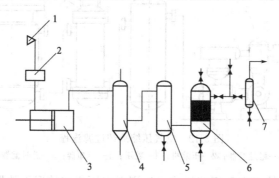

图 5-15　将空气冷却至露点以上的流程
1—高空采风；2—粗过滤器；3—压缩机；4—冷却器；
5—贮气罐；6—空气总过滤器；7—空气分过滤器

6. 一次冷却和析水的空气过滤流程

如图 5-16 为一次冷却和析水的空气过滤流程示意图。该流程将压缩空气冷却至露点以下，析出部分水分，然后升温使相对湿度达到 60% 左右，再进入空气过滤器，采用一次冷却一次析水。

7. 新型空气过滤除菌工艺流程

由于粉末烧结金属过滤器、薄膜空气过滤器等的出现，空气净化工艺流程发生了一些改变，如图 5-17 所示。采用 2 个过滤器（AⅠ）和（AⅡ）对大气中的大量尘埃、细菌进行初级过滤，以提高空压机进气口的空气质量。BⅠ是以折叠式面积滤芯作为过滤介质的总过滤器，过滤面积大，压力损耗小，在过滤效率的可靠性和安全使用寿命等方面优于棉花活性炭总过滤器。BⅡ处理后的净化空气基本达到无菌指标。C 端为高精度终端过滤器（GS-NB型），使压缩空气进一步净化，过滤效率（0.01μm）为 99.9999%。

以上几个除菌流程都是根据目前使用的过滤介质的过滤性能，结合环境条件，从提高过

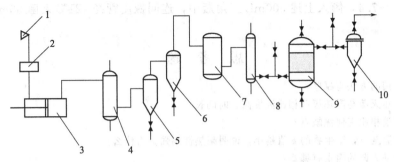

图 5-16　一次冷却和析水的空气过滤流程

1—高空采风；2—粗过滤器；3—压缩机；4—冷却器；5,6—析水器；7—贮气罐；
8—加热器；9—空气总过滤器；10—空气分过滤器

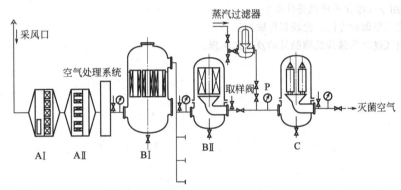

图 5-17　新型空气过滤除菌工艺流程

AⅠ—袋式过滤器；AⅡ—折叠式过滤器；BⅠ—总过滤器；
BⅡ—预过滤器；C—终端过滤器

滤效率和使用寿命来设计的。

六、无菌空气的检查

无菌空气的检查是发酵工业必需的工作内容，但要准确地测定无菌空气中的含菌量有一定的困难。常用的方法有光学法和肉汤培养基测定法。

1. 光学检查法

此法原理是利用微粒对光线的散射作用来测量空气中粒子的大小和数量（不是活菌数）。常用的检测仪器为 YO9-1 型粒子计数器。测量时以一定的速度将试样空气通过检测区，同时用聚光透镜将光源束的光线聚成强烈光束射入检测区。由于空气受到光线的强烈照射，空气中的微粒把光线散射出去，由聚光透镜将散射光聚集投入光电倍增管。将光转换成电讯号，经自动计数计算出粒子的大小和数量。粒子的大小与讯号峰值相关，其数量与讯号的脉冲频率有关。此法可测出空气中的 $0.5 \sim 5\mu m$ 微粒的各种浓度。

2. 肉汤培养基检查法

在分过滤器空气出口端的管道支管处接橡皮管取无菌空气，连续取气数小时或十几小时，小心卸下橡皮管，用无菌纸包扎好管的末端，置于 37℃ 培养箱培养 16h，若出现浑浊，表明空气中有杂菌。检查无菌空气的装置按以下方式制备：取 500mL 三角瓶用带有 2 根 90° 弯的玻璃管，其中一根长的一端插入瓶底培养基内，另一端与橡皮管连接，用牛皮纸包扎好，一根短玻璃管作为排气用，瓶外一端用 8 层纱布包牢。

肉汤培养基是 0.5% 的牛肉膏、1.0% 的蛋白胨和 0.5% 的 NaCl，加水溶解，配制成

25mL，pH7.0～7.4，倾入上述 500mL 三角瓶中，连同橡皮管经 121℃灭菌 30min，冷后使用安装。

思　考　题

1. 培养基灭菌的方法有哪些？
2. 为什么干热灭菌与湿热灭菌相比温度高、时间长？
3. 连消与实消相比有何优缺点？
4. 在相同的温度下，微生物的 k 值越小，说明耐热性越强。为什么？
5. 影响培养基灭菌的因素有哪些？
6. 工业上采用高温瞬时灭菌的理论依据是什么？
7. 根据对数残留定律，如何确定培养基的灭菌时间？
8. 培养基灭菌过程中如何保护营养成分不受破坏而又达到灭菌的目的？
9. 发酵使用空气净化的标准是什么？
10. 列出空气除菌的方法，比较其优缺点。
11. 简述空气过滤除菌预处理的目的及工艺流程。

第六章　发酵设备简介

发酵罐（发酵反应器）是发酵企业中最重要的设备，发酵罐必须具备适宜于微生物生长和形成产物的各种条件，促进微生物的新陈代谢，使之能在低消耗下获得较高产量。例如，发酵罐的结构应尽可能简单，便于灭菌和清洗；循环冷却装置维持合适的培养温度；由于发酵时采用的菌种不同、产物不同或发酵类型不同，培养或发酵条件亦各有不同，因此，要根据发酵过程的特点和要求来设计和选择发酵罐的类型和结构。

发酵分为厌氧性发酵和好氧性发酵两大类，厌氧性发酵需要与空气隔绝，在密闭不通风的条件下进行；好氧性发酵需要空气，在密闭通风条件下进行发酵。

通风发酵设备要将空气不断通入发酵液中，供给微生物所需的氧，气泡越小，气泡的比表面积越大，氧的溶解速率越快，氧的利用率也越高，产品的产率也越高。通风发酵罐有鼓泡式、气升式、机械搅拌式、自吸式、喷射自吸式、溢流喷射自吸式等多种类型。其中机械搅拌通风发酵罐是发酵工厂常用的一种类型，它是利用机械搅拌器的作用，使空气和醪液充分混合促使氧在醪液中溶解，以保证供给微生物生长繁殖、发酵所需要的氧气，同时强化热量传递。无论是微生物发酵、酶催化或动植物细胞培养的生物工程工厂都应用此类设备，占目前发酵罐总数的 $70\%\sim80\%$，常用于抗生素、氨基酸、有机酸和酶的发酵生产。

第一节　机械搅拌通风发酵罐的结构

通用的机械搅拌通风发酵罐主要部件如图 6-1 所示，包括罐体、搅拌器和挡板、消泡器、联轴器及轴承、变速装置、空气分布装置、轴封以及冷却装置等。

一、罐体

罐体为圆柱体，罐顶和罐底采用椭圆形或碟形封头，可比其他型式的封头在同样使用压力下使用较薄的钢板。发酵罐为封闭式，常在一定罐压下操作，同时还需用蒸汽进行空消和实消，所以罐体是一个受压容器。要根据最大使用压力（130℃和 0.25MPa）来决定钢板的厚度。

根据发酵液对钢材腐蚀的程度采用碳钢或不锈钢制造，因不锈钢价格较高，对于大型发酵罐可用衬不锈钢板或采用复合钢板的办法（衬里厚度为 2～3mm），以节约不锈钢材。罐内焊缝要磨光，防止杂菌潜伏导致污染。

2m³ 以下的小型发酵罐罐顶和罐身采用法兰连接，大中型发酵罐大多是整体焊接。为了便于清洗，小型发酵罐罐顶设有清洗用的手孔，大中型发酵罐则要装设人孔，并在罐内设置爬梯，人孔的大小要考虑操作人员能方便进出和安装、检修时大部件能顺利放入或取出。罐顶还装有视镜和灯孔以便观察罐内情况，罐顶的接管还有进料口、补料口、排气口、接种口和压力表等，罐顶上面的排气口位置靠近罐中心，这样可以防止或减少气泡的逃逸，装于罐身的接管有冷却水进出口、空气进口、温度和其他测控仪表的接口等，如图 6-2 所示为大中型发酵罐罐顶部件布置。

取样口可视操作情况装于罐身或罐顶。罐身的接管愈少愈好。可以在不影响无菌操作的条件下将接管加以归并，如进料口、补料口和接种口用一个接管。放料可在罐底设放料口或利用通风管压出。

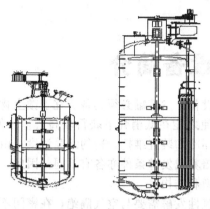

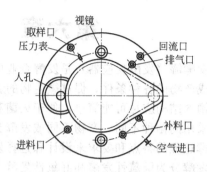

图 6-1　机械搅拌通风发酵罐结构示意图　　　　图 6-2　大中型发酵罐罐顶部件布置

二、搅拌器和挡板

1. 搅拌器

搅拌器的主要作用是混合和传质，即使通入的空气分散成气泡并与发酵液充分混合，气泡细碎以增大气-液界面，获得所需要的溶解氧速率，并使生物细胞悬浮分散于发酵体系中以维持适当的气-液-固（细胞）三相的混合与质量传递，同时强化传热过程。为实现这些目的，搅拌器的设计应使发酵液有足够的径向流动和适度的轴向运动。

搅拌叶轮大多采用涡轮式，涡轮式搅拌器具有结构简单、传递能量高、溶解氧速率高等优点，但其不足之处是轴向混合较差，且其搅拌强度随着与搅拌轴距离增大而减弱，故当培养液较黏稠时则搅拌与混合效果大大下降。常用的有平叶式圆盘涡轮搅拌器、弯叶式圆盘涡轮搅拌器和箭叶式圆盘涡轮搅拌器，叶片数量一般为 6 个，如图 6-3 所示。从搅拌程度来说，以平叶涡轮最为激烈，功率消耗也最大，弯叶次之，箭叶最小。

(a) 平叶涡轮搅拌器　　　　(b) 弯叶涡轮搅拌器　　　　(c) 箭叶涡轮搅拌器

图 6-3　6 平直叶涡轮搅拌器

通用式机械搅拌发酵罐中的平直叶涡轮搅拌器上有一个圆盘，大的气泡受到圆盘的阻碍，只能从圆盘中央流至其边缘，从而被圆盘周边的搅拌桨叶打碎、分散，提高了溶氧系数。为了强化轴向混合，有的采用涡轮式和推进式叶轮共用的搅拌系统。推进式搅拌器，也称螺旋桨式搅拌器，如图 6-4 所示。其将罐内液体向前或向后推进，使流体形成螺旋状运动的圆柱流，混合效果较好，对液体的切剪作用较小（如图 6-5 所示），广泛应用于液-液混合、液-固混合的设备中。

轴向流型搅拌器（Lightnin 式搅拌器）如图 6-6 所示。径向型涡轮搅拌器由于圆盘的存在，使罐内的流动分成上、下两个循环区，虽然区域内能充分混合，但两个区域间混合不均，相反，轴向流型搅拌器则不存在分区循环等欠缺，能使全罐达到良好的循环状态。

2. 挡板

挡板的作用是：防止液面中央产生漩涡；促使液体激烈翻动，增加溶解氧；改变液流的方向，由径向流改为轴向流，如图 6-7 所示。

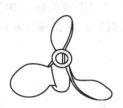

图 6-4　推进式搅拌器

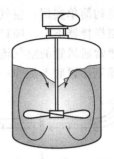

图 6-5　推进式搅拌器搅拌流型

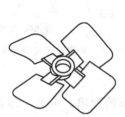

图 6-6　轴向流型搅拌器

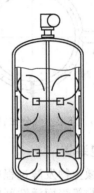

图 6-7　全挡板条件下的搅拌流型

通常挡板宽度取 $(0.1\sim0.12)D$（D 为罐直径），装设 4～6 块即可满足全挡板条件。全挡板条件是指在一定转速下再增加罐内附件而轴功率仍保持不变的条件。

全挡板条件必须满足下式要求：

$$\left(\frac{b}{D}\right)n=\frac{(0.1\sim0.12)}{D}n=0.5 \qquad (6\text{-}1)$$

式中　D——罐的直径，mm；

　　　n——挡板数；

　　　b——挡板宽度，mm。

挡板的高度自罐底起至设计的液面高度为止，同时挡板应与罐壁留有一定的空隙，其间隙为 $(1/8\sim1/5)D$，避免形成死角，防止物料与菌体堆积。发酵罐热交换用的竖立的列管、排管或蛇管也可起到相应的挡板作用，如图 6-8 所示。

三、空气分布器

空气分布装置的作用是向发酵罐内吹入无菌空气，并使空气均匀分布。分布装置的形式有单管及环形管等。

1. 环形管空气分布器

环形管上的空气喷孔应在搅拌叶轮叶片内边之下，同时喷气孔应向下以尽可能减少培养液在环形分布管上滞留，如图 6-9 所示。一般认为，喷孔直径取 2～5mm 为好，且喷孔的总截面积等于空气分布管截面积。空气由分布管喷出上升时，被搅拌器打碎成小气泡，并与醪液充分混合，增加了气液传质效果。这种空气分布装置的空气分散效果不及单管式分布装置，同时喷孔也容易被堵塞。

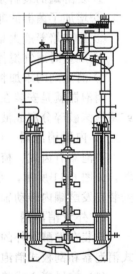

图 6-8　立的列管起
挡板作用

2. 单管式空气分布装置

单管式结构简单实用，空气分散效果较好，如图 6-10 所示。单管式管口正对罐底中央，装于最低一挡搅拌器下面，喷口朝下，管口与罐底的距离约 40mm，若距离过大，空气分散效果较差。通常通风管的空气流速取 20m/s。为了防止空气直接喷击罐底，加速罐底腐蚀，在空气分布器下部罐底上加焊一块不锈钢补强，可防止罐的腐蚀、延长罐底寿命。

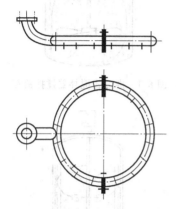

图 6-9　环形空气分布管示意

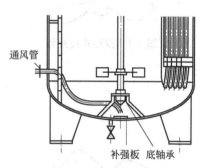

图 6-10　单管式空气分布装置

四、消泡装置

在大多数微生物发酵过程中，通气、搅拌以及代谢气体的逸出，再加上培养基中糊精、蛋白质、代谢物等表面活性剂的存在，培养液中就形成了泡沫。

一定数量的泡沫是正常现象，可以增加气液接触面积，导致氧传递速率增加，但大量的泡沫也引起了许多副作用：

① 发酵罐的装料系数减小、氧传递系统减小；

② 增加了菌群的非均一性；

③ 造成培养液大量逃液，增加染菌机会；

④ 严重时通气搅拌无法进行，菌体呼吸受到阻碍，导致代谢异常或菌体自溶；

⑤ 消泡剂的添加将给提取工序带来困难。

消泡器就是安装在发酵罐内转动轴的上部或安装在发酵罐排气系统上的，可将泡沫打破或将泡沫破碎分离成液态和气态两相的装置，从而达到消泡的目的。

1. 内置消泡器

消泡器有齿式、梳式、孔板式、旋桨梳式、耙式结构等，常用的消泡装置为耙式消泡器，如图 6-11 所示，可直接安装在搅拌轴上，消泡耙齿底部应比发酵液面高出适当高度，安装在发酵罐内转动轴的上部。

2. 外置消泡器

安装在发酵罐外的消泡器有涡轮消泡器、旋风离心式消泡器、叶轮离心式消泡器、碟片式消泡器和刮板式消泡器等，消泡器的安装如图 6-12 所示。

(1) 旋风离心式消泡器　如图 6-13 所示，其工作原理与旋风分离器相同。上部为圆筒形，下部为圆锥形，泡沫从圆筒上侧的矩形进气管以切线方向进入，藉此来获得消泡器内的旋转运动。液滴在离心力作用下脱离气流并沿筒锥体边壁运动，到达壁附近的液滴在气流的作用下回到发酵罐，避免了液滴的尾气汇向轴心区域由排气芯管排出。

(2) 碟片式消泡器　如图 6-14 所示，其工作原理与离心澄清机工作原理很相似，当泡沫上溢与碟片式消泡器接触时，泡沫受高速旋转离心碟的离心力作用，破碎分离成液态及气态两相，气相沿碟片向上，通过通气孔沿空心轴向上排出，液体的离心沉降速度大，则返回至发酵罐中而达到消泡目的。

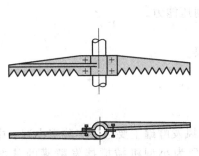

图 6-11 耙式消泡器结构示意图

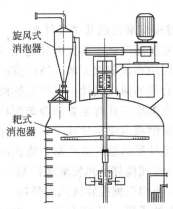

图 6-12 消泡器的安装

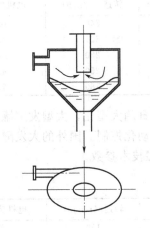

图 6-13 旋风离心式消泡器

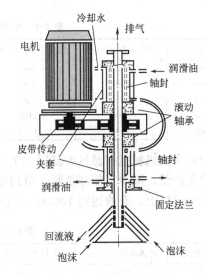

图 6-14 碟片式消泡器

（3）刮板式消泡器 如图 6-15 所示，其消泡原理为：刮板旋转时使泡沫产生离心力被甩向壳体四周，受机械冲击而达到消泡作用。消泡后的液体及部分泡沫集中于壳体的下端，经回流管返回发酵罐，而被分离后的气体则通过气体出口排出。

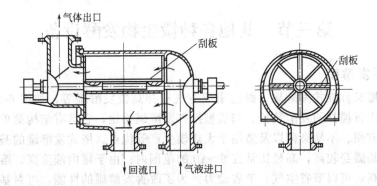

图 6-15 刮板式消泡器

第二节　机械搅拌通风发酵罐的基本参数

发酵罐应满足的基本条件为：

① 发酵罐应具有适宜的径高比（一般高径比为 1.7～3.5）。

② 因用高压蒸汽灭菌，所以发酵罐应有一定的耐压能力。

③ 合理的通风设计，保证发酵液必需的溶解氧。

④ 发酵罐应具有足够的冷却面积，保证制冷效果。

⑤ 发酵罐内应尽量减少死角，保证灭菌能彻底。

⑥ 搅拌器的轴封应严密，防止泄漏，避免染菌。

部分机械搅拌通风发酵罐的基本参数如下所述。

（1）小型机械搅拌通风发酵罐　小型机械搅拌通风发酵罐主要是供实验室小试、中试使用和用作种子罐，其容积为 1～20000L。表 6-1 所列为小型机械搅拌发酵罐的基本技术参数。

表 6-1　小型机械搅拌发酵罐技术参数

公称容积/L	筒体高度 H/mm	筒体直径 D_1/mm	夹套直径 D_2/mm	转速/(r/min)	电机功率/kW
50	813	300	400	340	0.55
500	1400	700	800	321	1.50
1000	1600	900	1000	280	23.00
2000	2100	1100	1200	250	4.00
5000	3000	1400	1500	180	7.50

（2）大型机械搅拌通风发酵罐　工业生产用的发酵罐日趋大型化，大型发酵罐提高了吨罐容的生产量，减少了能源消耗，节约生产成本，便于自动化控制。国外的大发酵罐容积已经在 600m³ 以上，有的达到 1000t，表 6-2 所列为大发酵罐技术参数。

表 6-2　大发酵罐技术参数

公称容积/m³	筒体高度 H/mm	筒体直径/mm	换热面积/m²	转速/(r/min)	电机功率/kW
10	3200	1800	12	150	7.5
30	6600	2400	34	180	45.0
60	8000	3000～3200	65	160	65.0
100	9400	3600	114	170	130.0
200	11500	4600	221	142	215.0

第三节　其他各种微生物发酵设备

一、塔型发酵罐

塔型发酵罐又称柱式发酵罐、鼓泡塔或空气搅拌高位发酵罐等，如图 6-16 所示。它是一种由气流来进行搅拌的发酵装置。与机械搅拌发酵罐相比，它具有结构简单、能耗低、维修简便、清洗方便、不易染菌以及适用于大规模生产等优点。塔式发酵罐的基本结构是一中空圆筒，特点是罐身较高，高径比常在 6～10 的范围内；由于罐内液位高，溶解氧容易，空气利用率就提高，可以节省空气、节省动力。为了改善发酵罐的性能，可对基本塔型作若干改进，如在塔内设有塔板（一般是筛板）、安装搅拌器或静态混合器，或者在塔内设置导流筒等，可用于单细胞蛋白质、抗生素等的生产中。

二、气升式发酵罐

气升式发酵罐是 20 世纪末开始发展应用的一
种新型生物反应器，无机械搅拌结构，最大限度地
减少了染菌率，减少了机械剪切力，对产生菌丝的
各种真菌尤为适宜。气升式发酵罐常见的类型有气
升环流式发酵罐（图 6-17）、鼓泡式发酵罐、气液
双喷射气升环流发酵罐（图 6-18）以及设有多层分
布板的塔式气升发酵罐（图 6-19）等。自 20 世纪
70 年代以来，气升环流式发酵罐多用于酵母单细
胞蛋白生产、酶制剂、有机酸等发酵及废水处理等
领域。

英国伯明翰 ICI 公司的气升环流发酵罐体积达

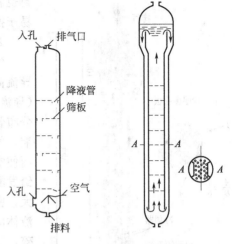

图 6-16　塔型发酵罐示意图

$3000m^3$，发酵液量 $2100m^3$，液柱高达 $55m$，通气
压力高。为了强化气液混合与溶解氧，沿罐高度设有 19 块有下降区的筛板以防止气泡合并
为大气泡，同时为使塔顶的气液部分分离排气，气液分离部分的直径约等于塔径的 1.5 倍，
如图 6-20 所示。

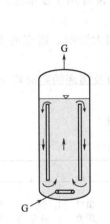

图 6-17　气升环流式
发酵罐

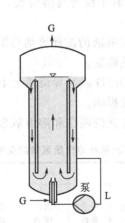

图 6-18　气液双喷射气升
环流发酵罐

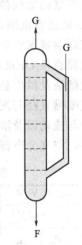

图 6-19　多层空气分布板的
气升环流发酵罐

1. 气升环流式发酵罐的特点

（1）溶液分布均匀　气升式发酵罐可以使基质和溶解氧尽可能地均匀分散，以保证基质
在发酵罐内各处的浓度都在 $0.1\%\sim1.0\%$ 范围内；避免在发酵罐液面生成稳定的泡沫层，
以免生物细胞积聚而受损害甚至死亡。

（2）高的溶解氧速率和溶解氧效率　气升式发酵罐有较高的气含率（gas-holdup）和比
气液接触界面，因而有高传质速率和溶解氧效率，体积溶氧效率通常比机械搅拌罐高，溶解
氧为 $10\%\sim30\%$，$K_{L}\alpha$ 可达 $2000h^{-1}$，且溶解氧功耗相对较低。

（3）结构良好　好气发酵均产生大量的发酵热，故需较大的换热面积与传热系数。气升
式发酵罐便于在外循环管路上加装换热器，以保证除去发酵热，控制适宜的发酵温度。

（4）结构简单，易于加工和操作　气升式发酵罐无机械搅拌系统，所以结构较简单，密

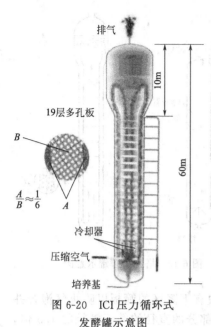

排气

19层多孔板

$\frac{A}{B} \approx \frac{1}{6}$

10m

60m

冷却器

压缩空气

培养基

图6-20　ICI压力循环式
发酵罐示意图

封也容易保证，无轴封渗漏问题，加工制造方便，同时也易于操作。

2. 气升环流式发酵罐的结构及参数

气升环流式反应器构造如图6-17所示，中央有一个导流筒，将发酵醪液分为上升区（导流筒内）和下降区（导流筒外），在上升区的下部安装了空气喷嘴或环形空气分布管。加压的无菌空气通过喷嘴或喷孔喷射进入发酵液，气速可达250～300m/s，通过气液混合物的湍流作用而使空气泡分割细碎，与导流筒内的发酵液密切接触，供给发酵液溶解氧。导流筒内形成的气液混合物因为含气量大，密度降低，加上压缩空气的喷流动能，使导流筒内的液体向上运动，到达发酵罐上部液面后，一部分气泡破碎，二氧化碳排出到发酵罐上部空间，而排出部分气体的发酵液从导流筒上边向导流筒外流动，导流筒外的发酵液因含气率低，密度增大，发酵液下降后再次进入上升管，形成循环流动，实现气液混合与溶解氧传质。

（1）主要结构参数　要获得良好的气液混合与溶解氧传质，发酵罐的结构参数必须在一定的几何尺寸比例范围内。

H/D的适宜范围是5～9，既有利于混合与溶解氧，也便于放大设计用于发酵生产，放大设计应以溶解氧因素为主。

导流筒直径D_E及其高度L_E对发酵液的循环流动与溶解氧也有很大影响，适宜的D_E/D应根据发酵液及微生物的生物学特性确定。

空气喷嘴直径与发酵罐直径比D_1/D以及导流筒上下端面到罐顶及罐底的距离均对发酵液的混合与流动以及溶解氧等有重要影响。

另外，空气分布器的开孔对发酵液的混合和溶解氧也有重要影响。

表6-3　空气分布器开孔与传质系数的关系（范蝉，1999）

| 分布器 | | | | V.V.M | 0.5 | | 1.0 | | | 1.5 | | |
序号	孔径/mm	开孔面积/(mm²)	开孔方位	出口压力/(kg/cm²)	小孔速度/(m/s)	传质系数$K_L\alpha$/h⁻¹	出口压力/(kg/cm²)	小孔速度/(m/s)	传质系数$K_L\alpha$/h⁻¹	出口压力/(kg/cm²)	小孔速度/(m/s)	传质系数$K_L\alpha$/h⁻¹
1#	1.0	60.5	开孔向上	0.2	18.60	52.84	0.5	37.21	82.40	0.7	55.80	100.2
2#	1.5	60	开孔向上	0.2	18.73	44.45	0.4	37.46	83.38	0.6	56.20	106.6
3#	2.0	62.8	开孔向上	0.2	17.90	43.56	0.4	35.80	78.96	0.6	53.70	97.59
4#	3.0	70.7	开孔向上	0.2	15.93	37.78	0.4	31.85	72.98	0.6	47.79	85.63
5#	1.5	60	部分开孔向下	0.2	18.73	40.30	0.5	37.46	68.90	0.75	56.20	94.96
6#	1.5	21.2	开孔向上	0.24	63.68	36.00	0.65	127.3	74.90	0.82	191.0	95.60

注：VVM为每分钟进气量与发酵罐中发酵液体积之比。

由表 6-3 可知，孔径最佳范围为 1.0～1.5mm；小孔速度最佳范围在通气比 1 : 0.5 时为 17～19m/s；开孔朝下，反而压力降增大，供氧系数减小。

（2）气升环流式发酵罐平均循环时间的确定　气升环流式发酵罐内设导流筒，培养液被分在两大区域即上升区和下降区，因导流筒内不断有新气体补充，且混合剪切较强，故此区内混合与溶解氧均较好；而在导流筒外，气含率往往要低于导流筒内。若循环速度太低，则气泡变大，下降区中的气含率就会更低，溶解氧速率也随之变小，发酵液中所含的微生物细胞浓度变化很小，所以下降区中的发酵液易出现缺氧现象。不同的发酵生产以及不同时期，由于细胞浓度及对氧的需求不同，故对循环周期的要求也相异。总的来说，对需氧发酵，若供氧不足，则生物细胞活力下降，因而发酵产率降低，平均循环时间（周期）t_m 由下式确定：

$$t_m = \frac{V_L}{v_c} = \frac{V_L}{\frac{\pi}{4}D_E^2 v_m} \tag{6-2}$$

式中　V_L——发酵罐内培养液量，m^3；

$\quad\quad V_c$——发酵液循环流量，m^3/s；

$\quad\quad D_E$——导流管（上升管）直径，m；

$\quad\quad v_m$——导流管中液体平均流速，m/s。

三、自吸式发酵罐

自吸式发酵罐是一种不需要空气压缩机提供加压空气，而依靠特设的机械搅拌吸气装置或液体喷射吸气装置吸入无菌空气，同时实现混合搅拌与溶解氧传质的发酵罐。这种发酵罐不必配备空气压缩机及其附属设备，可以节约设备投资，减少厂房面积，同时溶解氧速率和溶解氧效率较高。但自吸式发酵罐依靠负压吸入空气，发酵系统不能保持一定的正压，较易产生杂菌污染。20 世纪 60 年代，欧洲和美国开始研究开发，主要应用于单细胞蛋白生产、醋酸发酵以及部分维生素发酵。

1. 机械搅拌自吸式发酵罐

机械搅拌自吸式发酵罐结构如图 6-21 所示，其主要构件有自吸搅拌器（转子，如图 6-22 和图 6-23 所示）和导轮（定子，如图 6-24 所示）。空气管与转子相连接，当发酵罐内装入发酵液，开动电机使转子转动，由于转子高速旋转，液体或空气在离心力的作用下被甩向叶轮外缘的过程中，流体便获得能量。转子的转速愈快，旋转的线速度也愈大，则流体（其中还含有气体）的动能也愈大，流体离开转子时，由动能转变为静压能也愈大，在转子中心所造成的负压也越大。因此空气不断地被吸入，甩向叶轮的外缘，通过定子而使气液均匀分布甩出。由于转子的搅拌作用，气液在叶轮的外缘形成强烈的湍流，使刚刚离开叶轮的空气立即在不断循环的发酵液中分裂成细微的气泡，并在湍流状态下混合、翻腾，扩散到整个罐中，因此转子同时具有搅拌和充气两个作用。

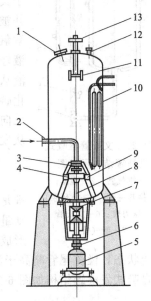

图 6-21　机械搅拌自吸式
发酵罐示意图

1—人孔；2—进风管；3,7—轴封；
4—转子；5—电机；6—联轴器；
8—搅拌轴；9—定子；10—冷却蛇管；
11—消泡器；12—排气管；
13—消泡转轴

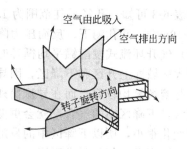

图 6-22　四弯叶自吸式叶轮转子模型　　　　　图 6-23　六直叶自吸式叶轮转子模型

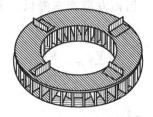

图 6-24　定子模型示意图

2. 文氏管喷射自吸式发酵罐

文氏管喷射自吸式发酵罐是应用文氏管喷射吸气装置进行混合通气的，既不用空压机，又不用机械搅拌吸气转子。

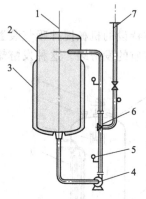

如图 6-25 所示是文氏管自吸式发酵罐结构示意图，文氏管的结构如图 6-26 所示。其原理是用循环泵将发酵液压入文氏管，由于文氏管收缩段中液体的流速增加，形成负压将无菌空气吸入，并被高速流动的液体打碎，与液体均匀混合，提高发酵液中的溶解氧，同时由于上升管中发酵液与气体混合后，密度较罐内发酵液轻，再加上泵的提升作用，使发酵液在上升管内上升。当发酵液从上升管进入发酵罐后，微生物耗氧，同时将代谢产生的二氧化碳和其他气体不断地从发酵液中分离并排出，发酵液的密度变大向发酵罐底部循环，当发酵液中的溶解氧将耗尽时，发酵液又从发酵罐底部被泵入上升管中，开始下一个循环。

图 6-25　文氏管自吸式
发酵罐结构示意图

1—排气管；2—罐体；
3—换热夹套；4—循环泵；
5—压力表；6—文氏管；
7—吸气管

3. 溢流喷射自吸式发酵罐

溢流喷射自吸式发酵罐的通气是依靠溢流喷射器，其吸气原理是液体溢流时形成抛射流，由于液体的表面层与其相邻气体的动量传递，使边界层的气体有一定的速率，从而带动气体的流动形成自吸气作用，进而达到通风的目的。要使液体处于抛射非淹没溢流状态，溢流尾管略高于液面，尾管高 1~2m 时，吸气速率较大，Vobu-JZ 单层溢流喷射自吸式发酵罐结构如图 6-27 所示。Vobu-JZ 双层溢流喷射自吸式发酵罐是在单层罐的

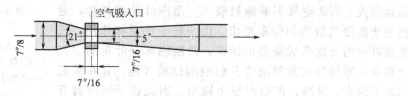

图 6-26　文氏吸气管结构示意图

基础上发展研制的，其不同点是发酵罐体在中部分隔成两层，以提高气液传质速率和降低能耗，其结构如图 6-28 所示。

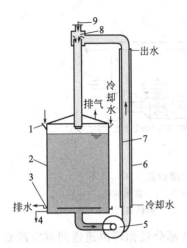

图 6-27　Vobu-JZ 单层溢流喷射自吸式发酵罐

1—冷却水分配槽；2—罐体；3—排水槽；

4—放料口；5—循环泵；6—冷却夹套；

7—循环管；8—溢流喷射器；9—进风口

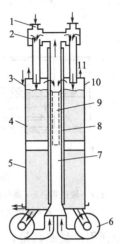

图 6-28　Vobu-JZ 双层溢流喷射自吸式发酵罐

1—进风管；2—喷射器；3—冷却水分配器；

4—上层罐体；5—下层罐体；6—循环泵；

7—冷却水进口；8—循环管；9—冷却夹套；

10—气体循环；11—排气口

四、通风固相发酵设备

1. 自然通风固体曲发酵设备

中国最早关于曲的记载是写于 3000 年前周朝的《诗经》，《诗经》谈到酒精饮料生产中曲是最关键的。中国可能在 6000～7000 年前就发明了曲，当时有黄曲和白曲两种不同颜色的曲，从颜色上看，黄曲可能是米曲霉，白曲可能是根霉或毛霉。

通常曲是以颗粒状态存在的，称为散曲，后来发展成为饼曲和块曲，根霉和酵母比米曲霉生长旺盛许多。黄曲广泛应用于酒精发酵和豆类食品发酵，也是酱油生产的人工曲。根据公元 6 世纪的《齐民要术》和 12 世纪的《北上酒经》记载，小麦是制曲初期主要的谷物原料。

帘子、曲盘和竹匾是常用的自然制曲设备，曲盘和竹匾可用竹木制成。常用曲盘尺寸有 0.37m×0.54m×0.06m、1m×1m×0.06m 或 0.45cm×0.45cm×0.05cm 等，竹匾直径约为 90cm。大的曲盘没有底板，只有几根衬条，上铺竹帘、苇帘或柳条，或者不用木盘，把帘子铺在曲架上，称之为帘子曲。曲架、曲盘和帘子的尺寸可根据产量及曲室的大小并考虑操作方便来确定。

自然通风的曲室设计要求易于保温、散热、排除湿气以及清洁消毒，墙高 3～4m，不开窗或开有少量的细窗口，房顶向两边倾斜，使冷凝水沿屋顶向两边下流，避免滴落在曲上，房顶开有天窗，为方便散热和排湿气。灭菌的方法是熏蒸法，即在密闭的室内，点燃硫黄（25g/m³），或 1/2 高锰酸钾加入甲醛溶液（甲醛用量为 10mL/m³）。

2. 机械通风固体曲发酵设备

机械通风固体曲发酵设备如图 6-29 所示。曲室多用长方形水泥池，宽约 2m，深 1m，长度则根据生产场地及产量等选取，保证通风均匀；曲室底部应比地面高，以便于排水，池底应有 8°～10°的倾斜，以使通风均匀；池底上有一层筛板，发酵固体曲料置于筛板上，料层厚度 0.3～0.5m。曲池一端（池底较低端）与风道相连，其间设一风量调节闸门。曲池通风常用单向通风操作，根据装曲量的多少来决定风机压力，低压风机小于1kPa，中压风机为1～3kPa，高压风机大于3～10kPa，风量以曲池内曲料的4～5倍计算。

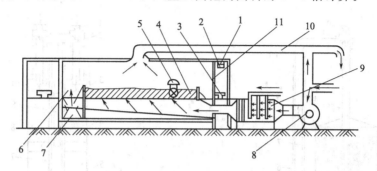

图 6-29　机械通风固体曲发酵设备

1,7—输送带；2—高位料斗；3—送料小车；4—曲料室；5—进出料机；6—料斗；
8—鼓风机；9—空调室；10—循环风道；11—曲料室闸门

为了充分利用冷量或热量，一般把离开曲层的排气部分经循环风道送回到空调室，另吸入新鲜空气。空气适度循环，可使进入固体曲层空气的CO_2浓度提高，可减少霉菌过度呼吸，进而减少淀粉原料的无效损耗。

五、厌氧发酵设备

1. 酒精发酵罐

（1）基本结构　酒精发酵罐筒体为圆柱形。底盖和顶盖均为碟形或锥形的立式金属容器。罐顶装有废气回收管、进料管、接种管、压力表、各种测量仪表接口管及供观察清洗和检修罐体内部的人孔等。对于大型发酵罐，罐底装有排料口和排污口，为了便于维修和清洗，往往在近罐底也设计有人孔。罐身上下部装有取样口和温度计接口。

（2）发酵罐形状　酒精发酵罐的几何形状有：碟形封头圆柱形发酵罐、锥形发酵罐、圆柱形斜底发酵罐、圆柱形卧式发酵罐等。目前常见的 $600m^3$ 以下发酵罐多设计为锥形发酵罐，超过 $600m^3$ 容积的发酵罐多设计为圆柱形斜底发酵罐。现在美国最大的圆柱形斜底酒精发酵罐，容积已达到 $4200m^3$。

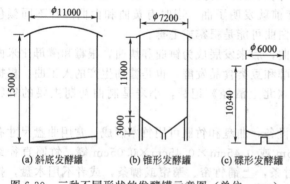

图 6-30　三种不同形状的发酵罐示意图（单位：mm）

发酵罐的形状从通用碟形发酵罐发展到锥形（底）发酵罐和斜底大容积发酵罐，如图 6-30 所示。

碟形发酵罐是早期发酵罐的基本形状，由于醪液排出不如锥形发酵罐顺畅，加之制作大容积碟形发酵罐封头比锥形罐锥体难度大，所以现在大型发酵罐已很少被设计为碟形发酵罐。

锥形罐由于对支撑地基强度要求高，所以目前容积还很难超过 $800m^3$。斜底发酵罐由于地基基础容易处理，斜底角度 3°～20°，发酵罐罐底平坦光滑，相当于变形的锥形发酵罐，斜底发酵罐结构如图 6-31 所示。

发酵罐容积由小变大，已由厂房内小发酵罐发展为露天大发酵罐。小型发酵罐的降温设施是靠罐内蛇管或列管，而蛇管和列管管线长，清洗困难，易染杂菌，降温效果随罐体变大而变差，特别是列管在罐内离不开高温灭菌环节，费时、消耗蒸汽能源。发酵罐列管式降温结构如图 6-32 所示。

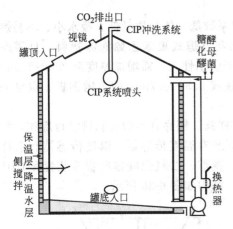

图 6-31　美国大型斜底（15°左右）发酵罐
（3000m³ 以上）结构示意图

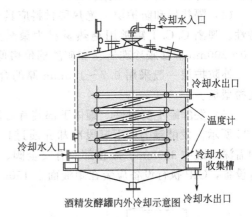

图 6-32　列管式换热器酒精发酵罐

2. 啤酒发酵罐

传统的啤酒发酵设备是由分别设在发酵间的发酵池和贮酒间的贮酒罐组成。目前使用的圆筒体锥底罐（C.C.T）是 20 世纪 20 年代由德国酿酒师 L. Nathan 发明的，为露天大型锥底罐（容积 100～600m³）。

（1）设备的外型特点　外筒体蝶形或拱形盖，锥体底，罐筒体壁和锥底有冷却夹套，如图 6-33 所示。

筒体直径（D）和筒体高度（H）是主要特性参数。对单酿罐一般是 $D:H=1:2$，对两罐法的发酵罐 $D:H=1:(3～4)$，贮酒罐 $D:H=1:(1～2)$，也可采用直径为 3～4m 的卧式圆筒体罐作贮酒罐。增加 H 有利于加速发酵，降低 H 有利于啤酒的自然澄清。

在设计发酵罐锥底角时，考虑到发酵中酵母自然沉降摩擦力最小、最有利的原则，取锥角为 73°～75°，对于贮酒罐，因酵母已收集完毕，主要考虑材料的节约，取锥角为 120°～150°。

（2）罐体材料　大型 C.C.T 均采用碳钢加环氧树脂涂料或不锈钢两种材料制成。啤酒中含有多种有机酸，能造成铁的电化学腐蚀，不锈钢是一种含铬较多的合金，由于其表面能形成铬含量高、化学性质稳定的氧化层，所以能够抗腐蚀。啤酒发酵罐常用的是

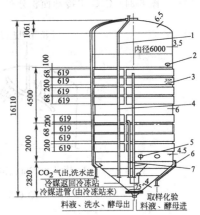

图 6-33　啤酒发酵罐的结构示意图
（单位：mm）

1—通气口；2,5—测温口；3—夹套；
4—冷媒出管；6—取样口；
7—冷媒进管

8Cr18Ni 的不锈钢，提高铬、镍、钼含量可增加抗腐蚀性，但不锈钢的价格较贵，国内多数大型发酵罐材料采用碳钢加环氧树脂涂料。

（3）冷却夹套　冷却夹套的发酵罐或单酿罐内一般分成三段，上段距发酵液面 15cm 向下排列，中段在筒体的下部距支撑底座 15cm 向上排列，锥底段尽可能接近酵母收集口，夹套结构如图 6-34 所示。

啤酒冰点温度一般为$-2.7\sim-2.0℃$。为了防止啤酒在罐内局部结冰而产生冻罐现象，冷媒温度应在$-3℃$以下。国内常用$20\%\sim30\%$酒精水溶液或20%丙二醇水溶液为二次冷媒，一次冷媒常用NH_3或氟利昂。

（4）隔热层和防护层 绝热层材料应具有导热系数低、体积质量低、吸水小、不易燃等特性。啤酒 C.C.T 罐常用绝热材料为聚酰胺树脂和自熄式聚苯乙烯泡沫塑料，只需厚度$150\sim200mm$。膨胀珍珠岩粉和矿渣棉价格低，由于吸水性大，需增加厚度至$200\sim250mm$。

外防护层一般采用$0.7\sim1.5mm$厚的合金铝板或$0.5\sim0.7mm$的不锈钢板，也可采用瓦楞型板。

（5）发酵罐主要附件 罐体下部装有可清洗取样阀，罐底有出酒管和排酵母底阀，如图6-35所示。发酵罐上中下三段冷却介质进口位置下装有温度传感器，温度传感器和取样管均需深入罐中$300mm$。罐顶部应有安全阀、视镜、视灯、二氧化碳排出管等装置和 CIP 执行设备，CIP 执行设备应装在距液面上$150mm$处，结构如图6-36所示。

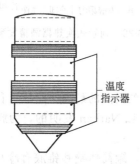

图 6-34 C.C.T 冷却面积分布

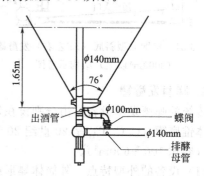

图 6-35 C.C.T 底部结构

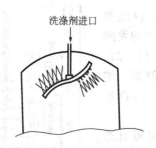

(a) 罐径大于3m采用的洗涤装置

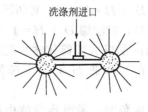

(b) 罐径小于3m采用的洗涤装置

图 6-36 啤酒发酵罐 CIP 装置示意图

思 考 题

1. 简述机械搅拌通风发酵罐主要零部件的名称和功能。
2. 简述机械搅拌通风发酵罐设计的基本要求。
3. 简述机械搅拌通风发酵罐空气分布器的种类和特点。
4. 机械搅拌通风发酵罐的消泡装置有哪些？
5. 机械搅拌通风发酵罐挡板的作用是什么？
6. 简述气升式发酵罐的工作原理。
7. 简述机械搅拌自吸式发酵罐的工作原理。
8. 发酵过程中泡沫引起的副作用有哪些？
9. 简述 C.C.T 发酵罐的主要结构特点。

第七章　发酵过程优化和工艺控制

第一节　概　　述

发酵过程优化是利用发酵过程、生物化学、微生物学、反应模型和自动控制理论等将发酵过程控制在最优的操作环境之下，以提高发酵的性能和水平的过程。

发酵过程优化的目标在于，在不改变菌种和不增加能耗的前提下，解决发酵产品浓度低、副产物多、发酵生产效率低等问题，降低精制、回收成本，提高发酵性能，提高设备使用效率，从而提高发酵工业的整体经济效益。发酵过程的操作条件（如温度、压力、pH值、培养基浓度、通风量/搅拌速度等）是影响发酵过程生产水平的重要因素，优化和控制发酵过程的条件是提高整体发酵水平的捷径或较简单易行的办法。

发酵工程的性能评价指标主要有发酵产率（产品浓度）、发酵强度和转化率。对于不同的发酵过程，性能评价指标可能不同。对高附加值产品的发酵，主要性能指标或最优化目标是产率；对设备投资大、自动化程度高的发酵，强调发酵生产强度；对底物自身污染严重或成本高的发酵，关键是提高转化率。

目的代谢产物的最终浓度或总活性体现了发酵生产能力。通常情况下，发酵过程代谢产物的最终浓度或效价低，提高最终浓度或效价可以极大地减少下游分离精制过程的负担，降低整个过程的生产费用。产物生产强度体现了发酵生产效率。对某些传统和大宗的发酵产品（如酒精、有机酸和某些有机溶剂生产）的发酵生产，下游分离精制过程相对容易，要综合考虑产物生产强度和最终浓度的关系，从商业角度与化学合成过程相竞争。底物向目的产物的转化率体现了原料的使用效率。对反应底物昂贵或严重污染环境的发酵过程，原料的转化效率至关重要，通常要求接近100%（98%～100%）。通过优化发酵过程可以得到所期望的最大目标产物浓度、最大生产效率或者最高原料转化率，但通常这三项优化指标不可能同时最大。例如，在通常情况下，酒精发酵连续操作的生产效率最高，但其最终浓度和原料转化率却明显低于流加或间歇操作，优化提高某一项指标，往往以牺牲其他指标为代价。

实现发酵过程的控制和优化，首先需要确立过程控制和优化的目标函数（即优化指标），明确过程要测量（在线或离线测量）的状态变量（state variables）、操作变量（input variables）和可在线测量的状态变量以及不可测的状态变量，了解过程特性或模型参数和环境条件以及可能存在的过程外部干扰及其对过程控制和优化的影响，然后利用或建立描述状态变量与独立变量（通常是时间）、操作变量之间关系的动力学数学模型。数学模型可以是有明确物理和化学意义的模型，也可以是仅仅反映状态变量与操作变量之间关系的黑箱模型。如果确实没有描述过程动力学特性的数学模型，则可用经验型的、以言语规则为中心的定性模型进行过程的优化和控制。最后，选择和确定一种有效的优化算法来实现发酵过程的优化与控制。

在工业发酵过程的监测和控制中，普遍使用的装置是条形记录仪和模拟控制器。条形记录仪用于描绘发酵过程中各变量，如温度、pH值、溶解氧、尾气成分等变化的曲线，这些变量的变化往往与所需产物的生物合成相关，确定这种相关关系后，就可以用模拟控制器将这些变量控制在合适的变化范围内，以利于产物的生成。但是，这种记录仪和控制器不能有效地监测和控制那些不能直接测量的变量，如氧消耗速率、基质消耗速率、比生长速率等，而这些由几个直接测量信号估计的间接变量，可能与产物合成速率更加密切相关。计算机和某些数字化仪表的应用，使这些间接变量的估计和监控成为可能，从而在发酵工业的发展中起着重要作用。

就总的发酵而言，除了酒精、丙酮-丁醇发酵和某些有机酸发酵属于厌氧发酵外，大部分发酵都是好氧发酵，其发酵过程一般都具有某些共性的特征。根据我国发酵工业的产品种类和比例、装备条件以及操作工人自身素质等，建立一套较完整、具有共性特征、新型、与发酵过程的特点相适应、实施操作简易的集约型发酵过程控制和动态优化技术（简称"新型、集约式发酵过程控制技术"），对于加强我国工业发酵的整体水平和生产力，提升我国在生物过程系统工程国际学科领域中的地位和影响，实现我国自主知识产权生物产品的产业化具有重要意义。

在共性特征和技术方面，如图 7-1 所示，新型、集约式发酵过程控制技术必须能够兼容并包，在使用工业化可靠的检测手段的基础上，对生产各种生物制品的发酵过程具有广泛的通用性和可放大性。

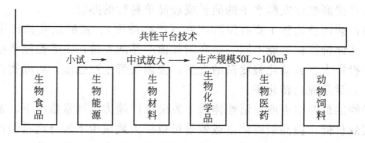

图 7-1　以新型、集约式发酵过程控制技术作为
各类发酵过程的应用和放大平台

在发酵控制技术的新颖性方面，随着生物技术、控制技术、智能技术和计算机技术等的飞速发展，必须要把代谢工程、智能工程和现代控制工程等新兴技术的方法和手段融合到发酵过程的控制和优化技术中。如图 7-2 所示是新型阶层式的发酵过程控制系统的典型例子。代谢网络模型虽然难以直接应用于发酵过程控制系统，但其提供的信息有助于从众多的可选状态变量中挑选出最易实现发酵过程优化控制的状态变量（如 X_1）。发酵过程具有强时变特

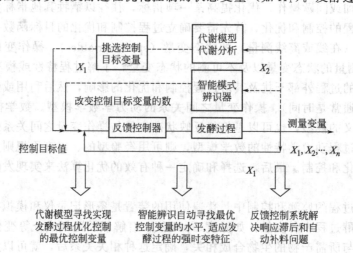

图 7-2　新型阶层式的发酵过程

征，当选定被控状态变量后，其控制水平（设定值）随着发酵的进行而变化。基于智能工程的智能模式辨识器，通过观察和辨识被控变量以外的状态变量的变化模式（如 X_2），自动、自适应地调整最优被控变量的控制水平（X_1），以适应发酵过程的强时变特征，取得最优的发酵性能效果。阶层式过程控制系统的最下层就是一个常规反馈控制系统，但是，该系统必须要在充分利用现代自动控制技术的基础上，具备解决发酵过程中常见的输入输出响应滞后、控制精度差等代表性和关键性问题的能力，从而切实保障发酵的被控变量一直被控制在"理想和最优"的水平。

在发酵控制技术的集成性方面，如图 7-3 所示，必须把各类关联技术和知识捆绑集成到专业交叉性很强的发酵过程控制系统中。新型、集约式发酵过程控制系统应该具有广泛和通用的过程建模、过程状态预测和模式识别、在线控制与优化以及故障诊断和预警的能力，为真正实现发酵过程的控制与优化以及提高发酵性能指标提供便利。

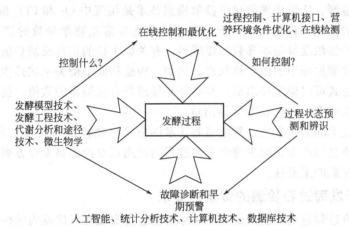

图 7-3　新型发酵过程控制系统的技术集成和范围涵盖

第二节　发酵参数的测定和生物传感器

一、发酵参数的测定

微生物发酵是受内外条件相互作用调控的复杂过程，外部条件包括物理条件、化学条件及发酵液中的生物学条件，内部条件主要是细胞内部的生化反应条件。一般的发酵调控只能对外部因素进行直接调控，即将环境因素调节到最适条件，使其利于细胞生长或产物的生成。因此，发酵过程控制需要了解一些与环境条件和微生物生理状态有关的信息，即需要对过程参数进行检测。

发酵参数和条件的检测非常重要。发酵过程检测是为了获得给定发酵过程及菌体的重要参数（物理的、化学的和生物学参数）的数据，以便实现对发酵过程的优化、模型化和自动化控制。检测所获得的信息有助于人们更好地理解发酵过程，进而对工艺过程进行改进。一般情况下，检测获取的信息越多，对发酵过程的理解越深刻，工艺改进的潜力也越大。一般在无菌条件下进行发酵过程，要获得相关信息，必须采取无菌取样技术取样检测，或在反应器内部进行直接检测。

对于普通的化学反应，只需要检测温度、压力、反应物浓度及产物浓度等几个参数。但微生物发酵需要测定的参数非常多，如表 7-1 所示。

表 7-1 需测定的发酵参数

参数种类	具体参数
物理参数	温度,压力,搅拌转速,功率输入,通气量,料液总质量,料液体积,发酵液黏度,流动特性,放热量,流加物(底物、前体物质、诱导物等)流量和添加物(酸、碱、消泡剂等)累计量
化学参数	氧化还原电位,溶解氧浓度,溶解二氧化碳浓度,传氧速率,排气的氧分压,排气的二氧化碳分压,底物(葡萄糖、蔗糖、淀粉、甲醇等、NH_4^+、SO_4^{2-}、PO_4^{3-}、NO_3^- 等)浓度,金属离子(K^+、Na^+、Mg^{2+}、Ca^{2+}、Fe^{3+} 等)浓度,诱导物浓度,产物浓度,各种比速率(比生长速率、比底物消耗速率、比氧消耗速率、比产物生成速率、比 CO_2 生成速率等)
生物参数	菌体浓度,比生长速率,细胞内物质(包括蛋白质、DNA、RNA、ATP 系列物质、NAD 系列物质等),酶活力等

标准化检测装置的大部分仪器用于检测温度、压力、搅拌转速、功率输入、流加速率和质量等物理参数。这些参数的测量在一般工业中的应用已相当普遍,只需进行微小的调整即可用于发酵过程检测。比较成熟的化学参数检测技术是尾气中 O_2 和 CO_2 浓度、发酵液 pH 值、溶解氧浓度的检测。目前较为缺乏的是用于检测发酵生物学参数的装置,如检测菌体量、基质浓度和产物浓度等基本参数的传感器,有关微生物的信息反馈量极少,只能通过理化指标间接获得发酵过程中的微生物状态。例如,构建物质平衡关系式是生化工程中的重要工具,由平衡关系式可以确定导出量,并能补充传感器直接测得的数值。物料平衡可用于估计呼吸商、氧吸收率、CO_2 得率等导出量。

随着计算机技术的迅速发展,新型检测技术的应用已使检测的仪表化表现出明显优势,例如在提高产品质量与产量、减少整个工艺过程的费用以及产品研发等方面,已体现出合理的仪表化和设备控制的重要性。

二、对用于发酵过程检测的传感器要求

为了满足发酵过程自动控制的需要,应尽可能通过安装在发酵罐内的传感器检知发酵过程变量变化的信息,然后由变送器将非电信号转换为标准电信号,让仪表显示、记录或传送给电子计算机处理。

用于发酵过程的传感器,由于所面临的过程及其检测对象的特殊性,故除了满足常规要求,诸如可靠性、准确性、精确度、响应时间、分辨能力、灵敏度、测量范围、特异性、可维修性等,还应当满足一些特殊要求。因传感器与发酵液直接接触,所以首先面临传感器灭菌问题。一般要求传感器能与发酵液同时进行高压蒸汽灭菌,这对于大部分物理和物理化学传感器来说都是可行的,但有的(如 pH 值和溶解氧)传感器在灭菌后需要重新校准。不能耐受蒸汽灭菌的传感器可在罐外用其他方法灭菌后无菌装入。其次是在发酵过程中保持无菌的问题,这就要求与外界大气隔绝,采用的方法有蒸汽汽封、"O" 形环密封、套管隔断等。还有一个问题是传感器易被培养基和细胞沾污,这可以通过设计时选用不易沾污的材料(如聚四氟乙烯或抛光的不锈钢)、与发酵液的接触面不存在容易包藏污垢的死角以及便于清洗的形状和结构等来克服。

表 7-2 列出了目前可以检测的生化工程参数以及相应的传感器。根据是否能够承受高温灭菌,将其中的各种传感器分为两类:①直接插入型传感器,如 pH 电极、溶解氧电极、溶解二氧化碳电极、膜管传感器、浊度传感器等;②取样检测系统的传感器,如各种离子选择性电极(selective electrode)及生物传感器等。

三、生物传感器的类型和结构原理

生物传感器(biosensor)是利用生物催化剂(生物细胞或酶)和适当的转换元件制成的传感器。用于生物传感器的生物材料包括固定化酶、微生物、抗原抗体、生物组织或器官

表 7-2　能检测的发酵参数及所用传感器

参　数	传感器	参　数	传感器
温度	电热偶,热敏电阻,铂电阻温度计	溶解二氧化碳浓度 醇类物质浓度	二氧化碳电极,膜管传感器 膜管传感器,生物传感器
罐内压力	隔膜式压力表	培养液浊度或菌体浓度	光导纤维法(光电池法),等效电容法
气泡	接触电极		
气体流量	热质量流量计,孔板流量计,转子流量计	发酵液培养基组分及代谢产物浓度	生物传感器
料液量	测力传感器	铵离子	铵离子电极,氨电极,生物传感器
流加物料流量	转速传感器,测力传感器		
搅拌转速	转速传感器	排气的二氧化碳分压	红外气体分析仪
搅拌功率	应变计	排气的氧分压	热磁氧分析仪,氧化锆陶瓷氧分析仪
氧化还原电位	复合铂电极		
pH	复合玻璃电极	金属离子浓度	离子选择性电极
溶解氧浓度	覆膜氧电极,膜管传感器		

等,用于产生二次响应的转换元件包括电化学电极、热敏电阻、离子敏感场效应管、光纤和压电晶体等。

生物传感器包括酶电极、微生物电极、免疫电极及其他生物化学电极,其结构原理如图 7-4 所示。

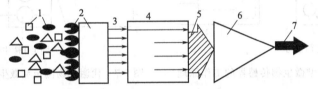

图 7-4　生物传感器的结构原理示意

1—待测物质；2—生物功能材料；3—生物反应信息；
4—换能器件；5—电信号；6—信号放大；7—输出信号

生物传感器的特点如下:①具有特异性和多样性,可制成检测各种生化物质的生物传感器;②无需添加化学反应试剂,检测方便、快速;③可实现自动检测和在线检测。但由于生物活性材料不能耐受高温灭菌,其在线应用仍存在困难,而且稳定性有待提高,使用寿命有待延长。几种常用的生物传感器及其转换元件简要介绍如下。

1. 酶电极

酶电极(enzyme electrode)即酶传感器,主要由固定化酶膜与相应的各类电化学元件构成,其结构原理如图 7-5 所示。

酶电极中的酶需经过处理,以获得活力稳定、响应特性好的酶膜。所用酶可以是一种酶或复合酶,或是酶和辅酶系统。与酶膜相匹配的转换元件根据不同的酶反应及其产物、副产物而定,其信号可分为电流型和电位型。

2. 微生物电极

由载体固定的微生物细胞和相关的电化学检测元件组合构成的微生物电极(传感器)(microbial electrode)分为两类,即呼吸性测定型微生物传感器和代谢产物测定型微生物传感器。其原理分别如图 7-6 和图 7-7 所示,其结构分别如图 7-8 和图 7-9 所示。

呼吸性测定型微生物电极是利用微生物呼吸作用消耗氧或产生 CO_2,进而用氧电极或 CO_2 电极进行检测,利用其浓度的改变与待测物质浓度之间的关系,实现对该物质浓度的测定。代谢产物测定型微生物传感器的原理是微生物活细胞使有机物代谢生成相应的代谢产

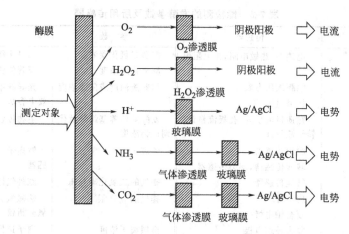

图 7-5 酶电极的结构原理示意

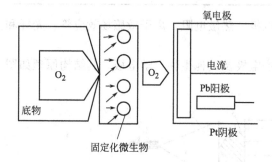

图 7-6 呼吸性测定型微生物传感器的工作原理

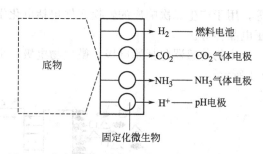

图 7-7 代谢产物测定型微生物传感器的工作原理

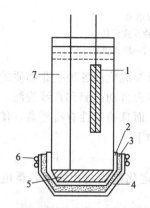

图 7-8 呼吸性测定型微生物传感器的结构

1,5—铂电极；2—聚 PTFE 膜；3—固定化微生物膜；
4—尼龙网；6—O 形环；7—电解液

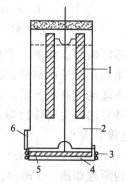

图 7-9 代谢产物测定型微生物传感器的结构

1—过氧化银电极；2—电解液；3—O 形环；4—铂电极；
5—固定化微生物膜；6—阴离子交换膜

物，这些代谢产物中含有电极活性物质，可使电极产生响应。常用的电化学反应装置有燃料电池型电极、离子选择型电极和 CO_2 电极等。

3. 免疫电极

免疫电极（immune electrode）是利用免疫反应的原理研制的生物传感器，具有重现性好、灵敏度高、专一性强和检测速率快等优点。免疫电极可分为非标记免疫型和标记免疫型两种，主要用于识别蛋白质类高分子有机物，标记免疫电极利用酶、红细胞或核糖体作为标记物，在免疫反应后标记物的变化通过电化学转换器转化为电信号后检测，其检测原理如图

7-10 所示。非标记免疫电极是基于电极表面上形成抗原抗体复合物，将所有发生的物理化学变化转换成电信号的生物传感器，主要包括膜免疫电极和化学修饰免疫电极。

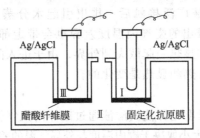

图 7-10　酶标记免疫传感器原理示意

第三节　温度对发酵的影响及其控制

一、温度对发酵的影响

温度对发酵的影响很大。温度不仅影响各种酶反应的速率，还能改变菌体合成代谢产物的方向。利用金霉素链霉菌 NRRLB-1287 进行四环素发酵，在 30℃ 以下金霉素合成增多，提高发酵温度有利于合成四环素，在 35℃ 只产四环素，几乎停止合成金霉素。温度变化还影响多组分次级代谢产物的组分比例。如黄曲霉产生的多组分黄曲霉毒素，在 20℃、25℃ 和 30℃ 发酵所产生的黄曲霉毒素（aflatoxin）G_1 与 B_1 比例分别为 3∶1、1∶2、1∶1。温度还能影响微生物的代谢调控机制。在氨基酸生物合成途径中的终产物对第一个合成酶的反馈抑制作用，在 20℃ 比在正常生长温度 37℃ 的抑制作用更强。温度还影响发酵液的物理性质，如发酵液的黏度、基质和氧在发酵液中的溶解度和传递速率、某些基质的分解和吸收速率等。通过上述影响，最终影响发酵的动力学特性和产物的生物合成。因此，在发酵过程中需要维持适当的温度，才能使菌体生长和代谢产物的合成顺利进行。

二、影响发酵温度变化的因素

在发酵过程中，既有产生热能的因素，又有散失热能的因素，综合作用引起发酵温度的变化。产热的因素有生物热（$Q_{生物}$）和搅拌热（$Q_{搅拌}$）；散热因素有蒸发热（$Q_{蒸发}$）、辐射热（$Q_{辐射}$）和显热（$Q_{显}$）。

1. 生物热（$Q_{生物}$）

在微生物生长繁殖过程中，营养基质被菌体分解代谢产生大量的热能，产生的热能部分用于合成高能化合物 ATP，供给合成代谢所需的能量，其余的热量则以热能的形式释放出来，形成生物热（biological heat）。

生物热随菌种、生长阶段和培养基成分而异。一般同一菌株在同一条件下，菌体处于孢子发芽和生长初期，产生的生物热有限，进入对数生长期后释放的生物热最多，并与细胞的合成量成正比；在对数期后，生物热随菌体逐步衰老而下降。培养基成分越丰富，营养被利用的速度越快，产生的生物热越多。生物热还与菌体的呼吸强度有关，呼吸强度越大，所产生的生物热越多。在四环素发酵中，高产量批号比低产量批号的生物热要高，生物热的高峰也是碳利用速度的高峰。已有研究证明，在一定条件下，发酵热与菌体的摄氧率 Q_{O_2} 成正比。

2. 搅拌热（$Q_{搅拌}$）

搅拌热（agitation heat）是发酵罐搅拌器转动引起的液体之间和液体与设备之间的摩擦

所产生的热量。与通气条件下的单位体积发酵液所消耗的功率成正比。

3. 蒸发热（$Q_{蒸发}$）和显热（$Q_{显}$）

空气进入发酵罐与发酵液广泛接触后，排出引起水分蒸发所需的热能，即为蒸发热（evaporation heat）。发酵罐排出的废气因温度差异也会带走部分热量，这部分热量称为显热（sensible heat）。蒸发热和显热一起散失到外界。由于进入的空气温度和湿度随外界的气候和控制条件而变，所以蒸发热和显热是变化的。

4. 辐射热（$Q_{辐射}$）

发酵罐外壁和大气间的温度差异使发酵液通过罐体向大气辐射散失部分热能，即为辐射热（radiant heat）。辐射热的大小取决于罐内温度与外界气温的差值，差值越大，散热越多。

在发酵过程中，产生的热能减去散失的热能就是发酵热。

$$Q_{发酵} = Q_{生物} + Q_{搅拌} - Q_{蒸发} - Q_{显} - Q_{辐射} \tag{7-1}$$

由于 $Q_{生物}$、$Q_{蒸发}$ 和 $Q_{显}$，特别是 $Q_{生物}$ 在发酵过程中随时间而变化，因此发酵热在整个发酵过程中也随时间变化，引起发酵温度发生波动。为了使发酵能在一定温度下进行，要设法控制温度。

三、温度的控制

1. 最适温度的选择

最适发酵温度包括最适生长温度与最适生产温度，二者往往不一致。在生长阶段，应选择最适生长温度；在产物分泌阶段，应选择最适生产温度。

最适发酵温度随着菌种和菌体生长阶段而不同。微生物种类不同，所具有的酶系不同，所要求的温度也不同。

如谷氨酸产生菌的最适生长温度为 30～34℃，产生谷氨酸的温度为 36～37℃。在谷氨酸发酵的前期长菌阶段和种子培养阶段应满足菌体生长的最适温度，若温度过高，菌体容易衰老。在发酵的中后期菌体生长已经停止，为了大量积累谷氨酸，需要适当提高温度。对乳酸链球菌的乳酸发酵，生产菌最适生长温度为 34℃，产乳酸最多的温度为 30℃，在 40℃ 发酵速度最高。产黄青霉在 2% 乳精、2% 玉米浆和无机盐的培养基中进行青霉素发酵，菌体的最适生长温度为 30℃，而青霉素合成的最适温度为 24.7℃。

生产上采取变温发酵的效果良好。在青霉素变温发酵的过程中，起初 5h 控制温度在 30℃，以后降到 25℃ 培养 35h，再降到 20℃ 培养 85h，最后又提高到 25℃ 培养 40h，放罐，如此变温发酵比在 25℃ 恒温发酵的青霉素产量提高 14.7%。在四环素发酵的中后期保持稍低的温度，可延长产物分泌期，在放罐前的 24h 培养温度提高 2～3℃ 能使最后 24h 的发酵单位提高 50% 以上。但在工业发酵中，由于发酵液的体积很大，升降温度都比较困难，所以在整个发酵过程中，往往采用一个比较适合的培养温度，使产物产量最高，或者在可能条件下进行适当的调整。为了提高发酵效率和产物得率，实际生产中往往采用二级或三级温度管理。

同一微生物在不同培养条件下的最适温度不同，因此，发酵温度的确定还与发酵条件有关。较差通气条件比良好通气条件下的最适发酵温度要低，因低温条件下的溶解氧浓度较大，菌体生长速率较小，从而防止通气不足造成的代谢异常。在基质浓度较稀或营养较易利用的条件下，宜选择较低温发酵，因高温会加快营养消耗，导致菌体自溶和发酵产率下降。比如，提高红霉素发酵温度，在黄豆粉培养基中比在玉米浆培养基中发酵效果好，因黄豆粉较难利用，提高温度有利于菌体对黄豆粉的同化。

综上所述，可根据发酵产品、生产菌种、发酵阶段以及发酵条件，进行发酵温度选择和控制。

2. 最适温度的控制

工业生产一般采用大发酵罐，在发酵过程中会释放大量的发酵热，一般不需要加热，而需要冷却的情况较多。利用自动控制或手动调整的阀门，将冷却水通入发酵罐的夹层或换热盘管中，通过热交换来降温，保持恒温发酵。如果气温较高，冷却水的温度也高，可能使冷却效果很差，达不到预定的温度，此时可采用冷冻盐水进行循环降温。因此，发酵工厂需要建立冷冻站，提高冷却能力，以保证在正常温度下进行发酵。

对于小规模培养罐，产生的发酵热较少，在低温环境下操作时，为维持预定温度，有时需要通过夹层或盘管换热升温。

第四节　pH值对发酵的影响及其控制

一、pH值对发酵的影响

pH值对微生物的繁殖和产物合成的影响有以下几方面：①影响酶的活性，影响菌体的新陈代谢；②影响微生物细胞膜所带电荷的状态，从而影响细胞膜的通透性，影响微生物对营养物质的吸收和代谢产物的排泄；③影响培养基中某些组分的解离，进而影响微生物对这些成分的吸收；④影响菌体的代谢过程，菌体在不同pH值下的代谢过程不同，致使代谢产物的质量和比例不同。

一般认为，培养基的H^+或OH^-并不直接作用于胞内酶蛋白，而是首先作用在胞外的弱酸（或弱碱）上，使之成为易于透过细胞膜的分子状态的弱酸（或弱碱），这样的弱酸（或弱碱）进入细胞后再解离出H^+或OH^-，改变胞内原有的中性状态，影响酶蛋白的解离和所带电荷，进而影响酶的结构和活性。pH值还影响菌体细胞膜的电荷状况，引起膜通透性发生改变，因而影响菌体对营养物质的吸收和代谢产物的形成和排泄等。

pH值还影响菌体对基质的利用速度和细胞的结构或形态，影响菌体的生长和产物的合成。产黄青霉的细胞壁厚度随pH值的增加而减小，在pH6.0时其菌丝直径为$2\sim3\mu m$，pH7.4时为$1.8\sim2\mu m$，并呈膨胀酵母状；pH值下降后菌丝形态又会恢复正常。其合成青霉素的最适pH值范围为6.5～6.8。以基因工程菌毕赤酵母生产重组人血清白蛋白，在pH5.0以下，蛋白酶活性迅速上升，不利于产白蛋白；在pH5.6以上，蛋白酶活性很低，可避免白蛋白损失。

pH值对产物稳定性也有影响。在β-内酰胺抗生素沙纳霉素（thienamycin）的发酵中，在pH6.7～7.5之间，沙纳霉素的产量相近，稳定性未受到严重影响，半衰期也无大的变化；超出该范围，沙纳霉素的合成就受到抑制，pH＞7.5时，稳定性下降，半衰期缩短，发酵单位也下降。在碱性条件下青霉素发酵单位低，也与青霉素的稳定性有关。

二、发酵过程pH值的变化

在发酵过程中，发酵液的pH值是动态变化的，而pH值的变化与所用菌种、培养基成分以及培养条件有关。

微生物在代谢过程中具有一定的调节周围pH值的能力，可构建最适pH值的环境。生产利福霉素SV的地中海诺卡菌分别以初始pH6.0、6.8和7.5进行发酵的结果表明，在初始pH值为6.8和pH7.5时，最终发酵pH值都达到7.5左右，菌丝生长和发酵单位都达到正常水平；而在初始pH值为6.0时，发酵中期pH值只达pH4.5，菌浓仅为20%，发酵单位为零。这说明菌体的自调能力是有限的。

培养基中营养物质的代谢是 pH 值变化的重要原因。如灰黄霉素发酵的 pH 值变化与所用碳源种类密切相关，如以乳糖为碳源，乳糖被缓慢利用，丙酮酸堆积很少，pH 值维持在 6.0～7.0 之间；如以葡萄糖为碳源，丙酮酸迅速积累，使 pH 值下降到 3.6，发酵单位很低。

营养物质的消耗和代谢产物的合成都会引起发酵环境 pH 的变化，因此，发酵液的 pH 值变化是微生物代谢活动的综合反映，有一定的规律性。从代谢曲线的 pH 值变化可以推测发酵的进程和判断发酵是否正常。必须掌握发酵过程中 pH 的变化规律，以便适时监控，维持在生产的最佳状态。

三、发酵 pH 值的确定和控制

1. 发酵 pH 值的确定

最适发酵 pH 的选择依据是获得合适的菌体量和最大比生产速率，以获得最高产量。发酵的 pH 值随菌种和产品不同而不同。同一菌种的最适生长 pH 值与产物合成最适 pH 值可能不同。黑曲霉在 pH2～3 时合成柠檬酸，在 pH 值接近中性时积累草酸。谷氨酸生产菌在中性和微碱性条件下积累谷氨酸，在酸性条件下形成谷氨酰胺。谷氨酸发酵在不同阶段对 pH 值的要求不同，发酵前期控制 pH7.5 左右，发酵中期控制 pH7.2 左右，发酵后期控制 pH7.0，在将近放罐时，控制 pH6.5～6.8，以利于后工序提取谷氨酸。链霉素产生菌生长的合适 pH 值为 6.2～7.0，而合成链霉素的合适 pH 值为 6.8～7.3。因此，应该按发酵过程的不同阶段分别控制 pH 值，使产物的产量达到最大。

一般根据实验结果来确定最适 pH 值。以不同初始 pH 值的发酵培养基进行发酵，定时测定发酵过程中的 pH 值，并维持不同的 pH 值，同时观测菌体生长量，以菌体生长达到最高值的 pH 值为菌体生长的合适 pH 值，同法测得产物合成的合适 pH 值。但同一产品的合适 pH 值还与所用的菌种、培养基组成和培养条件有关。在确定合适发酵 pH 值时，还要定期测定培养温度的影响，若温度提高或降低，合适 pH 值也可能发生变动。

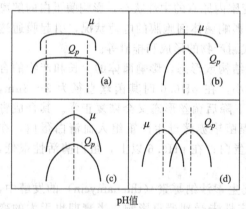

图 7-11　pH 值与比生长速率和比生产速率之间的几种关系

2. pH 值的控制

在发酵过程中，微生物生长和产物合成的适宜 pH 值范围有四种情况（图 7-11），①菌体的比生长速率（μ）和产物比生产速率（Q_p）的适宜 pH 范围接近且较宽（a）；②Q_p 适宜 pH 范围很窄，而 μ 的适宜 pH 范围较宽（b）；③μ 和 Q_p 的适宜 pH 范围接近且较窄（c），即二者对 pH 值都很敏感；④μ 和 Q_p 有各自的最适 pH 值（d）。第一种情况的发酵过程易于控制，第二种和第三种情况的发酵 pH 值应严格控制，第四种情况较复杂，应分别严格控制 μ 和 Q_p 各自的最适 pH 值，才能优化发酵过程。

要控制发酵过程的 pH 值，首先要选择好发酵培养基的成分并确定其适宜的配比，使发酵过程中的 pH 值在合适的范围内。因为培养基中含有代谢产酸的基质（如葡萄糖、硫酸铵等）和代谢产碱的基质（如硝酸钠、尿素等）以及缓冲剂（如 $CaCO_3$）等成分，它们在发酵过程中影响 pH 值的变化，特别是 $CaCO_3$ 能与酮酸等反应而起到缓冲作用，所以它的用量比较重要。在分批发酵中，常采用这种方法来控制 pH 值的变化，但此法调节 pH 值的能力有限，如果达不到要求，可以在发酵过程中直接补加酸或碱和补料的方式来控制，特别是补料的方法效果比较明显。过去曾直接加酸（如 H_2SO_4）或碱（NaOH）来控制，现在常用像 $(NH_4)_2SO_4$ 这样的生理酸性物质和像 $NaNO_3$ 这样的生理碱性物质来控制，它们不仅可以调节 pH 值，还可以补充氮源。当发酵的 pH 值和氮含量均较低时，补加氨水可达到调节 pH 值和补充氮源的目的；而在 pH 值较高和氮含量较低时，补加 $(NH_4)_2SO_4$。

目前，已比较成功地采用补料的方法来调节 pH 值，如氨基酸发酵采用流加尿素法、抗生素发酵常用流加糖法。在青霉素发酵生产过程中，控制葡萄糖的补加速率比恒速率加糖和加酸或碱来控制 pH 值的青霉素产量高 25%。对能产生阻遏作用的物质，少量多次流加还可解除对产物合成的阻遏作用，提高产物产量。采用补料的方法，可以同时实现补充营养、调节 pH 值、延长发酵周期以及控制菌体浓度和产物浓度等目的。

一般通氨是指少量间歇添加或连续自动流加液氨或工业用氨水（浓度 20% 左右），可避免一次加入过多造成局部偏碱。氨极易和铜反应产生毒性物质，从而影响发酵，故需避免使用铜制的通氨设备。在天然油脂类消泡剂加量过多的情况下，可采用提高空气流量来加速脂肪酸的代谢，以调节 pH 值。

第五节　溶解氧对发酵的影响及其控制

一、溶解氧对发酵的影响

溶解氧（dissolved oxygen，缩写为 DO）是好氧微生物生长及合成代谢产物所必需的。氧在水中和发酵液中的溶解度很低，溶解氧（DO）往往易成为好氧微生物发酵过程的限制因素。在对数生长期，在发酵液达到 100% 的空气饱和度的情况下停止供氧，菌体会很快消竭发酵液中的 DO 而处于缺氧状态。满足微生物呼吸的最低氧浓度叫临界溶解氧浓度（critical value of dissolved oxygen concentration），用 $c_{临界}$ 表示。一般好氧微生物临界溶解氧浓度很低，约为 $0.003 \sim 0.05 mmol/L$，大约是饱和浓度的 $1\% \sim 25\%$，一般需氧量为 $25 \sim 100 mmol/(L \cdot h)$。当不存在其他限制性基质时，溶解氧浓度高于临界值，细胞的比耗氧速率保持恒定；如果溶解氧浓度低于临界值，细胞的呼吸速率随溶解氧浓度降低而显著下降，比耗氧速率就会大大下降，细胞处于半厌气状态，代谢活动受到阻碍。抗生素发酵受溶解氧限制，产量将降低；酵母发酵早期氧不足，酵母生长停滞，产生乙醇。

对微生物需氧发酵合成产物，并不是溶解氧愈多愈好，溶解氧太多有时反而抑制产物的形成。为避免发酵处于限氧条件下，需要考查每一种发酵产物的临界氧浓度（critical value of dissolved oxygen concentration）和最适氧浓度（optimal oxygen concentration），并使发酵过程保持在最适浓度。最适溶解氧浓度与菌体和产物合成代谢的特性有关，由实验确定。

溶解氧量会影响菌体的生长和代谢产物的合成。如谷氨酸发酵，供氧不足时，谷氨酸积累就会明显降低，产生大量乳酸和琥珀酸。又如薛氏丙酸菌发酵生产维生素 B_{12} 中，咕啉醇酰胺（cobinamide）是维生素 B_{12} 的组成部分，又称 B 因子，其生物合成前期的两种主要酶受氧阻遏，限制供氧才能积累大量的 B 因子，B 因子又在供氧的条件下才转变成维生素 B_{12}，因而采用厌氧和供氧相结合的方法，有利于维生素 B_{12} 的合成。在天冬酰胺酶发酵的前期好氧、后期厌氧能提高酶活力，重要的是掌握好溶解氧量的转变时机。当溶解氧浓度下降到 45% 时，就从好气培养转为厌气培养，酶的活力可提高 6 倍。供氧对抗生素发酵更重要。对金霉素发酵，在生产菌生长期短时间停止通风可能影响菌体在生产期的糖代谢途径，减少金霉素产量。青霉素发酵的临界氧浓度在 5%~10% 之间，低于此值对青霉素合成不利，时间愈长，产量降低愈多。

　　而氨基酸发酵的需氧量与氨基酸的合成途径密切相关，根据发酵对氧的要求可分为三类。第一类为谷氨酸系氨基酸，有谷氨酸、谷氨酰胺、精氨酸和脯氨酸等，在菌体呼吸充足的条件下，这些氨基酸产量才是最大，如果供氧不足，氨基酸合成就会受到强烈的抑制，大量积累乳酸和琥珀酸；第二类为天冬氨酸系氨基酸，包括异亮氨酸、赖氨酸、苏氨酸和天冬氨酸，供氧充足可得最高产量，但供氧受限并不明显影响产量；第三类有亮氨酸、缬氨酸和苯丙氨酸，仅在供氧受限、细胞呼吸受抑制时，才能获得最大量的氨基酸，如果供氧充足，产物形成反而受到抑制。

　　不同氨基酸的合成需氧程度不同的原因是每类氨基酸的生物合成途径不同，不同的代谢途径产生不同数量的 NAD（P）H，当然再氧化所需要的溶解氧量也不同。第一类氨基酸是经过乙醛酸循环和磷酸烯醇式丙酮酸羧化系统两个途径形成的，产生的 NADH 量最多，NADH 氧化再生的需氧量最多，供氧多有利于合成氨基酸。第二类氨基酸的合成途径是产生 NADH 的乙醛酸循环或消耗 NADH 的磷酸烯醇式丙酮酸羧化系统，产生的 NADH 量不多，因而与供氧量关系不明显。第三类氨基酸的合成不经 TCA 循环，NADH 产量很少，过量供氧会抑制氨基酸的合成。肌苷发酵也有类似的结果。由此可知，发酵需氧量与产物的生物合成途径有关。

二、发酵过程中溶解氧的变化

　　发酵液的溶解氧浓度取决于供氧和需氧两方面。当发酵的供氧量大于需氧量时，溶解氧浓度就上升，直到饱和；反之下降。

1. 微生物耗氧量

　　在发酵过程中，微生物耗氧量（oxygen consumption）与培养基的成分和浓度、菌龄以及发酵条件等因素有关。培养基的成分和浓度对耗氧影响显著。培养基营养丰富，菌体生长快，耗氧量大；发酵浓度高，耗氧量大；发酵过程补料或补糖会使微生物摄氧量增大。菌体呼吸旺盛时，耗氧量大；发酵后期菌体处于衰老状态，耗氧量降低。

　　在最适条件下发酵，耗氧量大。发酵过程中，排除有毒代谢产物如二氧化碳、挥发性的有机酸和过量的氨，也有利于提高菌体的摄氧量。

　　微生物的耗氧量常用呼吸强度和耗氧速率两种方法来表示。呼吸强度（respiratory intensity）是指单位质量的干菌体在单位时间内所吸取的氧量，以 Q_{O_2} 表示，单位为 $mmolO_2/$（g 干菌体·h）。耗氧速率是指单位体积培养液在单位时间内的吸氧量，以 r 表示，单位为 $mmolO_2/(L·h)$。呼吸强度可以表示微生物的相对吸氧量，当培养液中有固体成分存在时，因测定有困难，可用耗氧速率来表示。微生物在发酵过程中的耗氧速率取决于微生物的呼吸强度和发酵液中的菌体浓度。

$$r = Q_{O_2} c(X) \tag{7-2}$$

式中　r——微生物的耗氧速率，$mmolO_2/(L·h)$；

　　　Q_{O_2}——微生物的呼吸强度，$mmolO_2/(g·h)$；

　　　$c(X)$——发酵液中菌体的浓度，g/L。

2. 发酵液的溶解氧浓度变化

　　在生产菌、设备和发酵条件一定时，发酵过程中的溶解氧浓度变化有一定的规律。由图 7-12 和图 7-13 可见，在谷氨酸和红霉素发酵的前期，菌体大量繁殖，菌体浓度不断上升，耗氧量不断增加，使溶解氧浓度明显下降；在对数生长期后，菌体需氧量有所减少，溶解氧浓度维持平稳一段时间（如谷氨酸发酵）或上升（如抗生素发酵）后，开始形成产物，溶解氧浓度也不断上升。在低溶解氧浓度的水平和维持时间随菌种、工艺条件和设备供氧能力而异。

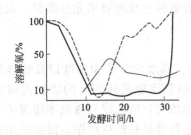

图 7-12 谷氨酸发酵时正常和异常溶解氧曲线
—— 正常发酵溶解氧曲线 ----- 异常发酵溶解氧曲线
—— 异常发酵光密度曲线

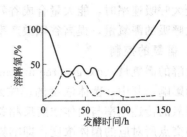

图 7-13 红霉素发酵过程中溶解氧和黏度的变化
—— 溶解氧
----- 黏度

对分批发酵,在发酵中后期,菌体已繁殖到一定浓度,进入静止期,呼吸强度变化不大,如不补加基质和改变供氧量,发酵液的摄氧率变化较小,溶解氧浓度变化也较小。当补料(包括碳源、前体和消泡剂等)时,发酵液的溶解氧浓度会发生变化,并随补料时菌龄、补料种类和剂量的不同,表现出不同的溶解氧变化幅度和维持时间。补糖后的发酵液摄氧率增大,溶解氧浓度下降,经过一段时间又回升;连续补糖会使发酵液溶解氧浓度下降到临界浓度以下,限制产物合成。在发酵后期,菌体衰老,呼吸强度减弱,溶解氧浓度逐渐升高,一旦菌体自溶,溶解氧浓度会迅速上升。

3. 发酵液溶解氧浓度的异常变化

在发酵过程中,有时出现溶解氧浓度明显降低或升高的异常变化,这主要是耗氧或供氧出现了异常造成的。溶解氧下降较常见,原因可能有:①污染好气性杂菌,大量的溶解氧被消耗掉,可能使溶解氧在较短时间内下降到零附近,如果杂菌本身耗氧能力不强,溶解氧变化可能不明显;②菌体代谢异常,需氧增加,使溶解氧下降;③某些设备或工艺控制发生变化或产生故障使溶解氧下降,如搅拌功率或速度变小,供氧能力下降;自动添加消泡剂失灵或人为加消泡剂量太多;其他影响供氧的工艺操作异常(如停止搅拌、闷罐等)。溶解氧异常升高的原因可能有:在不改变供氧条件的情况下,主要是耗氧出现改变,如菌体代谢出现异常,耗氧能力下降,使溶解氧上升。特别是污染烈性噬菌体,影响最为明显,产生菌尚未裂解前,呼吸已受到抑制,溶解氧有可能上升,直到菌体破裂后,完全失去呼吸能力,溶解氧就直线上升。因此,从发酵液中的溶解氧浓度的变化,可以了解微生物生长代谢是否正常、工艺控制是否合理、设备供氧能力是否充足等问题,帮助人们查找发酵不正常的原因和控制好发酵生产。

三、溶解氧浓度的控制

要控制好发酵液中的溶解氧浓度,需从供氧和需氧两方面着手。

1. 供氧的控制

在供氧(oxygen supply)方面,主要是设法提高氧传递的推动力和液相体积氧传递系数 $K_L\alpha$ 值。实际生产中通常采取调节搅拌转速或通气速率来控制溶解氧浓度。供氧量还必须与需氧量相协调,使生产菌生长和产物合成的需氧量不超过设备的供氧能力,发挥生产菌的最大生产能力。保持供氧与耗氧的平衡,才能满足微生物呼吸和代谢对氧的需求。

在发酵生产中,应根据不同的菌种、发酵条件和发酵阶段等具体情况确定供氧量。例如在谷氨酸发酵的菌体生长期,供氧必须满足菌体呼吸的需氧量。若供氧量不能满足菌体的需求,则菌体呼吸受抑制,从而抑制生长,菌体收率降低且积累乳酸等副产物;当供氧使菌体生长速率达最大值时,如果继续提高供氧,不但会抑制生长,还将造成浪费,而且高氧水平下生长的菌体不能有效地合成谷氨酸。与菌体的生长期相比,谷氨酸生成期需氧量较大,在细胞最大呼吸速率时，能大量合成谷氨酸。因此，在谷氨酸生成期要求充分供氧，以满足细胞最大呼吸的需氧量，提高谷氨酸产率。

2. 需氧的控制

发酵的需氧量（oxygen requirement）受菌体浓度、基质的种类和浓度以及培养条件等因素的影响，其中，菌体浓度的影响最明显。发酵液摄氧率随菌体浓度的增加而按比例增加，但氧的传递速率与菌体浓度反相关，传氧速率随菌浓变化的曲线和摄氧率随菌浓变化的曲线的交点所对应的菌体浓度，即临界菌体浓度。为了获得最高的生产率，需要采用摄氧速率与传氧速率相平衡时的菌体浓度，可以控制生产菌的比生长速率比临界值略高来达到最适浓度。最适菌体浓度既能保证产物的比生产速率维持在最大值，又不会使需氧大于供氧，超过此浓度，产物的比生产速率和体积产率都会迅速下降。这是控制最适溶解氧浓度的重要方法。

通过控制基质浓度来控制最适的菌体浓度，如青霉素发酵通过控制补加葡萄糖的速率来控制最适菌体浓度。现已利用敏感型的溶解氧电极传感器来控制青霉素发酵，利用溶解氧浓度的变化来自动控制补糖速率，间接控制供氧速率和 pH 值，实现菌体生长、溶解氧和 pH 值三位一体的控制体系。在工业上，除控制补料速度外，还可采用调节温度（降低培养温度可提高溶解氧浓度）、液化培养基、中间补水、添加表面活性剂等工艺措施改善溶解氧水平。

目前，工业发酵过程的氧利用率（oxygen utilization rate）很低，只有 40%～60%，抗生素工业发酵的氧利用率更低，只有 2%～8%（溶解氧的检测参见第八章通气与搅拌）。

第六节　CO_2 对发酵的影响及其控制

一、CO_2 对发酵的影响

二氧化碳是微生物代谢的产物，也是合成某些代谢产物所需的基质，是细胞代谢的重要参数，在发酵生产中，有时可根据尾气 CO_2 量来估算生长速率和细胞量。发酵液中溶解的 CO_2（dissolved carbon dioxide）影响微生物生长和发酵产物合成。

CO_2 直接影响菌体的生长、碳水化合物的代谢及微生物的呼吸速率。CO_2 及 HCO_3^- 都会影响细胞膜结构，CO_2 主要作用在细胞膜的脂肪核心部位，HCO_3^- 则影响磷脂亲水头部带电荷表面及细胞膜表面的蛋白质。当细胞膜的脂质相中 CO_2 浓度达临界值时，膜的流动性及表面电荷密度发生变化，导致许多基质的膜运输受阻，使细胞处于"麻醉"状态，细胞生长受到抑制，形态发生改变。

大量实验表明，通常情况下，CO_2 对生产过程具有抑制作用。当 CO_2 分压为 $0.08 \times 10^5 Pa$ 时，青霉素合成速度降低 40%，发酵液中溶解的 CO_2 浓度为 $1.6 \times 10^{-2} mol/L$ 时，会严重抑制酵母生长。当进气口 CO_2 含量占混合气体总量的 80% 时，酵母活力只达到对照组的 80%。一般以 $1L/(L \cdot min)$ 的水平通气，发酵液中溶解 CO_2 只达到抑制水平的 10%。当微生物生长受到抑制时，也阻碍了基质的异化和 ATP 的生成，从而影响产物合成。

在 300L 发酵罐的空气进口通以 $1\%CO_2$，发现微生物对基质的代谢极慢，菌丝增长速度降低，氨基糖苷类抗生素紫苏霉素（sisomicin）的产量比对照组降低 33%；通入 $2\%CO_2$，紫苏霉素的产量比对照降低 85%；CO_2 的含量超过 3% 则不产生紫苏霉素。CO_2 会影响产黄青霉菌（*Penicillium chrysogenum*）的形态，在 CO_2 分压为 0～8% 时，菌丝主要是丝状；CO_2 分压为 15%～22% 时，则膨胀、粗短的菌丝占优势；CO_2 为 $0.08 \times 10^5 Pa$ 时，细胞呈球状或酵母状，青霉素合成受阻，比生产速率降低约 40%。

大规模发酵罐中 CO_2 的影响较突出，CO_2 分压是液体深度的函数，在 $1.01 \times 10^5\,Pa$ 气压下操作的 10m 高发酵罐，底部 CO_2 分压是顶部 CO_2 分压的 2 倍。因此，CO_2 对大规模发酵的影响较突出。为了控制 CO_2 的影响，必须考虑 CO_2 在培养液中的溶解度、温度及通气情况。

大发酵罐处在正压发酵状态，其中发酵液的静压为 $1.0 \times 10^5\,Pa$ 以上，罐底部压力可达 $1.5 \times 10^5\,Pa$。CO_2 的溶解度随压力增加而增大，CO_2 不易排出，在罐底形成碳酸，进而影响菌体的呼吸和产物的合成。

个别情况下，CO_2 对生产过程具有促进作用。如环状芽孢杆菌等已经发芽的孢子在开始生长的时候，对 CO_2 有特殊需要，牛链球菌发酵生产多糖，最重要的发酵条件是提供的空气中要含有 5% 的 CO_2，CO_2 还是大肠杆菌和链霉菌等突变株的生长因子，菌体有时需要含 30% CO_2 的气体才能生长，这种现象被称为 CO_2 效应。

二、CO_2 浓度的控制

发酵液中 CO_2 浓度 (carbon dioxide concentration) 的变化受许多因素的影响，如菌体的呼吸强度、发酵液流变学特性、通气搅拌程度、外界压力以及设备规模等。

CO_2 浓度的控制应随其对发酵的影响而定。根据测定排气 CO_2 浓度的变化，通过控制流加基质来控制菌体生长速率和菌体量。如果 CO_2 抑制产物合成，则应设法降低其浓度；若 CO_2 促进产物合成，则应提高其浓度。改变通气和搅拌速率，能调节发酵液中的 O_2 和 CO_2 的溶解度，在发酵罐中不断通入空气，既可保持溶解氧在临界点以上，又可随废气排出所产生的 CO_2，控制其浓度低于能产生抑制作用的浓度。降低通气量和搅拌速率，有利于增加 CO_2 在发酵液中的浓度；反之就会减小 CO_2 浓度。在 $3m^3$ 发酵罐中进行四环素发酵，发酵的前 40h，控制通气量为 $75m^3/h$、搅拌转速为 $80r/min$，以提高 CO_2 浓度；发酵 40h 后，通气量和搅拌分别提高到 $110m^3/h$、$140r/min$，以降低 CO_2 浓度，使四环素产量提高 25%～30%。还可用碱中和 CO_2 形成的碳酸，但不能用 $CaCO_3$。改变罐压也会改变 CO_2 浓度，从而影响菌体代谢和其他参数。

CO_2 的生成量与补料工艺控制密切相关，如在青霉素发酵中，补加的糖用于菌体生长、维持和合成青霉素，这些过程都产生 CO_2，使 CO_2 产量增加，溶解的 CO_2 和代谢产生的有机酸又使培养液 pH 值下降。因此，补糖、CO_2 生成量、发酵液 pH 值三者具有相关性，被用作青霉素补料工艺的控制参数，其中，排气中 CO_2 含量的变化比培养液 pH 值变化更为敏感，常采用 CO_2 释放率作为控制补糖的参数。

在发酵过程中，排气中 CO_2 与 O_2 含量（即体积分数）的变化呈反向同步关系，由此可判断菌体的生长和呼吸情况，求得菌体的呼吸商 RQ（CO_2 释放率与耗氧速率的比值，respiratory quotient）值。

$$\text{呼吸商 } RQ = \frac{CER}{OUR} \tag{7-3}$$

CER 和 OUR 分别是发酵过程中 CO_2 释放率 (carbon dioxide evolution rate) 和耗氧率 (oxygen uptake rate)。

RQ 可以反映菌体的代谢情况。对酵母菌发酵，在 $RQ = 1$ 时，表示进行糖的有氧分解代谢，仅生成菌体，不生成乙醇；在 $RQ > 1.1$ 时，表示糖经 EMP 途径生成乙醇。同一种菌在不同基质中的 RQ 值不同。*E. coli* 以延胡索酸为基质，$RQ = 1.44$；以丙酮酸为基质，$RQ = 1.26$；以琥珀酸为基质，$RQ = 1.12$；以乳酸、葡萄糖为基质，RQ 分别为 1.02 和 1.00。在抗生素发酵中，菌体在不同阶段的 RQ 值也不同。对青霉素发酵，菌体生长期的理论呼吸商为 0.909；菌体维持期的理论呼吸商 $RQ = 1$，青霉素生产期的理论呼吸商 $RQ = 4$。

从上述情况看，发酵早期主要是菌体生长，RQ<1；过渡期菌体维持其生命活动并逐渐形成产物，基质葡萄糖不仅用于菌体生长，RQ 比生长期略有增加。产物形成对 RQ 的影响较明显，若产物还原性比基质大，则 RQ 增加；若产物氧化性比基质大，则 RQ 减少。RQ 值的偏离程度取决于每单位质量菌体利用基质所形成的产物量。

实际生产中测定的 RQ 值明显低于理论值，说明发酵过程中存在着不完全氧化的中间代谢物和除葡萄糖以外的其他碳源。如发酵过程中加入消泡剂，由于它具有不饱和性和还原性，使 RQ 值低于以葡萄糖为唯一碳源时的 RQ 值。在青霉素发酵中，实测 RQ 值为 0.5～0.7，且随葡萄糖与消泡剂加入量之比而波动。

三、发酵罐内氧气和二氧化碳分压的测量

1. 尾气 O_2 分压的检测

微生物呼吸代谢所排出气体中的氧含量是发酵微生物生长、产物形成的主要变量。发酵过程排出气体中氧浓度的测量主要采用磁风式氧分析仪（magnetic draught oxygen analyzer），也叫磁导式氧分析仪，简称为磁氧分析仪（magnetic oxygen analyzer）。磁氧分析仪是利用氧具有极高的磁化率特性设计而成的，当氧气通过非均匀磁场的作用时，将会形成"热磁对流"或称"磁风"。热磁对流强度只随着被测混合气体中含氧量的增减而变化。

在发酵过程中进行排出气体氧含量的分析，测量到的氧含量信号可以指导发酵操作和了解生物生长状态。从这一参数可了解生物对氧的消耗速率，也可以用来指导、控制供气量。

磁氧分析仪的测量准确性和稳定性易受仪器的使用条件和环境的影响。例如取样系统的压力变化、取样管路堵塞等，都将影响氧气流量的稳定。

另外，为确保磁氧分析仪的准确测量，必须定期用标准气对分析仪进行零点和满量程的校验，至少一个发酵罐批校验一次。在选用磁氧分析仪的测量范围时，要根据发酵过程排出气体的氧含量来选择合适的仪器量程规格。对于一般的抗生素发酵生产过程，选用 16%～21%氧浓度的量程范围比较合适。

2. 尾气 CO_2 分压的检测

发酵工业中常用的尾气 CO_2 分压（浓度）检测仪为红外线 CO_2 测定仪（infrared CO_2 tester），其检测原理主要是在近红外波段 CO_2 气体的吸收造成光强度的衰减，其衰减量遵循朗伯-比尔定律，即：

$$\lg(I/I_0)=\alpha L/c_{CO_2} \tag{7-4}$$

式中　I_0，I——入射光强度和衰减后光强度；

$\quad\quad\alpha$——光吸收系数；

$\quad\quad L$——光透过气体的距离，m；

$\quad\quad c_{CO_2}$——CO_2 气体的浓度，%。

大规模发酵的 CO_2 气流测量易于实现，这对掌握发酵过程控制中重要在线信息意义重大。确定产生的 CO_2 的量有助于计算碳回收。有研究发现，生物量生长率与 CO_2 生成速率之间呈线性相关性，据此开发出用于估计细胞浓度的模型；也有简单的算法设计，由在线检测的尾气 CO_2 的数据来估计比生长速率。

第七节　泡沫对发酵的影响及其控制

一、泡沫的形成及其对发酵的影响

在大多数微生物发酵过程中，由于培养基中有蛋白类表面活性剂存在，在通气条件下培

养液中就形成了泡沫（foam）。形成的泡沫有两种类型：一种是发酵液液面上的泡沫，气相所占的比例特别大，与液体有较明显的界限，如发酵前期的泡沫；另一种是发酵液中的泡沫，又称流态泡沫（fluid foam），分散在发酵液中，比较稳定，与液体之间无明显的界限。

泡沫量与搅拌通风状态、培养基组成及灭菌条件有关。蛋白质原料如蛋白胨、玉米浆、黄豆粉、酵母粉等是主要的发泡剂。糊精含量多也易形成泡沫。发酵过程中的泡沫形成有一定的规律性。当发酵感染杂菌和噬菌体时，泡沫异常多。

发酵过程产生少量泡沫是正常的，过多的泡沫会降低发酵罐的装料系数和氧传递系数，造成大量逃液，发酵液从排气管路或轴封逃出而增加染菌机会等，严重时无法进行正常的通气和搅拌，阻碍菌体呼吸，导致代谢异常或菌体自溶。因此，控制泡沫是正常发酵的基本保证。

二、泡沫的消除

控制泡沫的途径主要有两种：①调整培养基成分（如少加或缓加易起泡的原材料）或改变某些工艺参数（如 pH 值、温度、通气和搅拌）或者采用多次投料来控制，以减少泡沫形成的机会。但这些方法对发酵的影响较大，因此，其采用和效果很受限制。②采用机械法或化学法消除已形成的泡沫，化学消泡剂还有抑制泡沫形成的作用。还可以筛选不产流态泡沫的菌种，消除起泡的内在因素，比如，用杂交的方法选育出不产生泡沫的土霉素生产菌株。工业上常采用机械消泡和化学消泡（defoaming），或两者同时采用。

1. 机械消泡

机械消泡（mechanical defoaming）是利用机械强烈振动或压力变化使泡沫破裂。有罐内消泡和罐外消泡两种方式。前者是靠罐内消泡桨转动打碎泡沫或罐内消泡器消除泡沫；后者是将泡沫引出罐外，在罐外消泡器消除泡沫（见第六章第一节四、消泡装置）。

机械消泡法具有节省原料、减少染菌机会等优点，但其消泡效果不理想，仅可作为消泡的辅助方法。

2. 消泡剂消泡

消泡剂（defoamer，antifoamer）消泡就是利用外加消泡剂使泡沫破裂。

消泡剂可降低泡沫液膜的机械强度，或者降低液膜的表面黏度，或者兼有两者的作用，达到破裂泡沫的目的。消泡剂都是表面活性剂，具有较低的表面张力。如聚氯乙烯氧丙烯甘油（GPE）的表面张力仅为 $33 \times 10^{-3} N/m$，而青霉素发酵液的表面张力为 $(60 \sim 68) \times 10^{-3} N/m$。

常用的消泡剂主要有天然油脂类、脂肪酸和酯类、聚醚类及硅酮类，其中以天然油脂类和聚醚类在生物发酵中最为常用。

天然油脂类中有豆油、玉米油、棉籽油、菜籽油和猪油等，它们的消泡能力和对产物合成的影响也不相同。例如，土霉素发酵用豆油、玉米油较好，而用亚麻油则会产生不良的作用。油的质量会影响消泡效果，碘价（表示油分子结构中含有不饱和键的多少）或酸价高的油脂，消泡能力差并产生不良的影响。所以，要控制油的质量，并要进行发酵试验检验。植物油与铁离子接触能与氧形成过氧化物，对四环素、卡那霉素的合成不利，所以要注意油的贮存保管。

聚醚类消泡剂的品种很多。氧化丙烯与甘油聚合而成的叫聚氧丙烯甘油（简称 GP 型），氧化丙烯和环氧乙烷与甘油聚合而成的叫聚氧乙烯氧丙烯甘油（简称 GPE 型），又称泡敌。

第八节 菌体浓度对发酵的影响及其控制

一、菌体浓度对发酵的影响

菌体（或细胞）浓度（cell concentration）是指单位体积培养液中菌体的含量，是科学研究和工业发酵控制的重要参数。菌体浓度是发酵动力学研究的基本参数，可利用菌体浓度来计算菌体的比生长速率和产物的比生产速率等有关动力学参数。

菌体浓度与菌体生长速率有密切关系。比生长速率（μ）大的菌体，菌体浓度增长迅速，反之缓慢。各类微生物的生长速率不同，取决于细胞结构的复杂性和生长机制，细胞结构越复杂，分裂所需的时间就越长。典型的细菌、酵母、霉菌和原生动物的倍增时间分别为45min、90min、3h和6h左右。菌体增长与营养物质和环境条件关系密切。影响菌体生长的环境条件有温度、pH值、渗透压和水分活度等因素。

菌体浓度影响发酵产物的得率。在适当的比生长速率下，发酵产物的产率与菌体浓度成正比，如氨基酸、维生素这类初级代谢产物的发酵。对抗生素这类次级代谢产物发酵，菌体的比生长速率（μ）等于或大于临界生长速率时，发酵产物的产率也与菌体浓度成正比关系。菌体浓度过高会过快消耗营养物质（尤其是溶解氧），积累有毒物质，结果可能改变菌体的代谢途径。

二、菌体浓度的控制

发酵过程中要控制合适的菌体浓度范围。在一定的培养条件下，菌体的生长速率主要受营养基质浓度的影响，所以要通过调节培养基的浓度来控制菌体浓度。首先要确定基础培养基中各组分的适当配比，避免菌体浓度过大或过小。然后通过中间补料来控制，如当菌体生长缓慢、菌体浓度太低时，补加一部分磷酸盐来促进生长和提高菌浓，补加量不宜过多，以免菌体过分生长，超过临界菌体浓度，抑制产物合成。生产上还利用菌体代谢产生的 CO_2 量来控制生产过程的补糖量，以控制菌体的生长和浓度。总之，可根据不同的菌种和产品，采用不同的方法来控制最适的菌体浓度。

三、菌体浓度的检测

1. 菌体浓度的检测方式

菌体浓度的测定可分为全细胞浓度和活细胞浓度的测定，前者的测定方法主要有湿重法、干重法、浊度法和湿细胞体积法等；后者则使用生物发光法或化学发光法进行测定，例如，可通过对发酵液中的 ATP 或 NADH 进行荧光检测而实现对活细胞浓度的测定。

生物量（biomass）和细胞生长速率的直接在线检测，目前尚难以在所有重要的工业化发酵过程中应用。最普遍的离线检测方法是细胞干重法和显微镜计数法，光密度法有时也可实现生物量的在线检测，其他的生物量浓度在线检测方法包括浊度、荧光性、黏度、阻抗和产热等的检测。一种更深层的测定生物量的方法应用了质量平衡，这一方法使用已知的产量系数，这些系数是在过去操作经验基础上得来的，可以和其他测量得来的生产或消耗速率一起使用。如果已知由气体平衡得到的氧气消耗速率和氧/生物量的产量系数 $Y_{O_2/x}$（消耗的氧与生物量的质量比，kg/kg），就可以估算生物量的产率。这一方法也可利用测得的消耗基质、氮源或生成的 CO_2 量来确定生物量。

2. 菌体浓度的检测方法

许多市售的生物量传感器是基于光学测量原理制成的，也有一些利用过滤特性、细胞引起的悬浮液密度的改变或悬浮的完整细胞的导电（或绝缘）性质。已有一些直接用于估计细菌和酵母菌发酵液生物量的典型传感器，大多数传感器测量光密度（OD）。几种常用的菌体浓度（生物量）检测方法及原理简要介绍如下。

（1）光密度法　应用光密度原理的生物量在线直接检测技术，有助于了解反应器中微生物的代谢过程，这种检测对 *E. coli* 等球形细胞十分有效。检测中使用可灭菌的不锈钢探头，通过一个法兰盘或快卸接合装置将探头直接插入生物反应器中。

　　市售的 OD 传感器基于对光的透射、反射或散射而实现测定。由 OD 值直接计算干重浓度是不现实的，但这常用于校准系统。测量细菌应选择在可见光范围内的波长；对于较大的微生物，则选用红外波长；对于更大的植物细胞培养或昆虫细胞培养，可由浊度测定法来估计。随着波长下降，许多基质对光的吸收增强，因此经常采用绿色滤光器、红外二极管、激光二极管或 780～900nm 的激光。用稳定的发光二极管（在 850nm 左右发光）可以得到廉价的变型光源。用几个100Hz 的截光器进行调节，可以使环境光的影响降到最低。另一种方法是使用置于反应器外、装有高质量分光光度计的光纤传感器，它可以在保护室中使用，但相对比较昂贵。

　　（2）电导率法　在低无线电频率下，悬浮液的电容与浓度相关，该浓度是指由极性膜（即完整细胞）封闭的液体组分中悬浮相的浓度。生物量检测器可检测的电容为 0.1～200pF，无线电频率为 200kHz～10MHz。这一原理的局限是最大可接受的电导率（连续相的）约为 24mS/cm，而高密度培养时所用的浓缩培养基中，很容易达到这一极限电导率。气泡在检测过程中会产生噪声。

　　（3）量热法　检测生物量的另一种方法是测定细胞生长过程中的产热，而产热与活细胞量成比例。在明确限定的条件下，对杂交瘤细胞（hybridoma）和缓慢生长的微生物，或对以低生物量产量生长的厌氧细菌而言，量热法是估计其总生物量（或活生物量）较好的方法。

　　（4）在线激光浊度检测法　在半连续发酵过程中，一般通过测量 pH、溶解氧浓度（DO），或者通过分析出口气体中的氧浓度和发酵液体积（V），计算出氧利用速率（OUR）、二氧化碳释放速率（CER）和呼吸商（RQ），进而调节营养物质的流加量。这是一种间接方法，若能直接在线测量生物质浓度，然后依此信息来控制营养物质的流加速率，显然比间接的方法要好。在线激光浊度计测量生物质浓度系统由浊度传感器、激光浊度计、计算机接口以及计算机系统所组成，如图 7-14 所示。计算机存储由激光浊度计传送来的信息和质量（W）数据，每分钟平均一次，同时根据预先校验的数据应用插值方法，将浊度信号变换成干重浓度信号 X。然后，在计算机中，乘以发酵液体积 V 得到 1min 前生物质的总量 XV 的计算值。计算机对每分钟的 XV 和 W 数据进行平滑处理，对过去 30min 内的 XV 和 W 的数据，再用一阶迭代分析获得近似的线性斜率方程，即实时得到生物质的体积增长速率 $d(XV)/dt$ 和质量变化速率 dw/dt。由此，计算机从采集到的 XV 值对其进行自然对数运算，即 $\ln(XV)$，就可以从刚才 30min 的一阶迭代方程估计 $d(XV)/dt$ 的斜率中估计出比生长速率 μ。

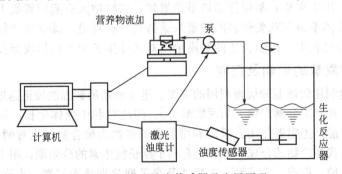

图 7-14　激光浊度传感器及应用原理

第九节　基质浓度对发酵的影响及其控制

一、基质浓度对发酵的影响

　　对于发酵控制来说，基质（substrate）是生产菌代谢的物质基础，涉及到菌体的生长繁殖和代谢产物的形成。因此，选择适当的基质和控制其适当的浓度是提高代谢产物产量的重要方法。Monod 方程：

$$\mu = \mu_{max} \frac{c_S}{K_S + c_S} \tag{7-5}$$

式中，K_S 为饱和常数，其物理意义是生长速率一半时的底物浓度。各种碳源的基质饱和系数 K_S 在 $1\sim10$mg/L 之间。

在 $c_S \ll K_S$ 的情况下，比生长速率与基质浓度呈线性关系。当基质浓度（substrate concentration）$c_S > 10K_S$ 时，比生长速率接近最大值。部分营养物质的上限浓度（g/L）为：葡萄糖 100，NH_4^+ 5，PO_4^{3-} 10。在此限度以内，菌体比生长速率随基质浓度增加而增加；超过此上限，菌体比生长速率随基质浓度增加而下降，生长停滞期延长，菌体浓度下降，即产生基质抑制作用。当葡萄糖浓度低于 $100\sim150$g/L 时，不出现抑制；当葡萄糖浓度高于 $350\sim500$g/L 时，多数微生物不能生长，细胞脱水。

高浓度基质抑制微生物生长的原因有：①基质浓度过大将使生长环境的渗透压过高，造成细胞脱水而死亡；②高浓度基质能使微生物细胞热致死（thermal death），如 10％乙醇就可使酵母细胞热致死；③某些基质会抑制代谢途径中的关键酶或改变细胞组分，如高浓度苯酚（3％～5％）可凝固蛋白；④高浓度基质还会改变菌体的生化代谢而影响生长等。有的基质是合成产物所必需的前体物质，浓度过高会影响菌体代谢或产生毒性，使产物产量降低。如苯乙酸、丙醇（或丙酸）分别是青霉素、红霉素的前体物质，浓度过大对细胞有毒性，使抗生素产量减少。有的是受底物溶解度小的限制，达不到应有的浓度而影响转化率。比如，甾类化合物的溶解度小，使基质的浓度低，造成其转化率不高。

在微生物合成初级或次级代谢产物过程中，有些合成酶受到易利用的碳源或氮源的阻遏，特别是葡萄糖能够阻抑多种酶或产物的合成，如纤维素酶、赤霉素、青霉素等。已知这种阻遏作用不是葡萄糖的直接作用，而是由葡萄糖的分解代谢物所引起。通过补料来限制基质的浓度，可解除阻遏，提高产物产量，其实际应用较多。如缓慢流加葡萄糖，纤维素酶的产量几乎增加 200 倍；将葡萄糖浓度控制在 0.02％水平，赤霉素浓度可达 905mg/L；采用滴加葡萄糖的技术，可明显提高青霉素的发酵单位等。在植物细胞培养中，也采用该技术来提高产量。

实际生产中常用丰富培养基促使菌体迅速繁殖，菌浓增大引起溶解氧下降，培养液黏度增大，传质差，菌体不得不花费较多的能量来维持其生存环境，即非生产能量消耗增加。所以，在微生物发酵过程中，控制合适的基质浓度对菌体生长和产物形成至关重要。

二、碳源对发酵的影响及控制

碳源分为迅速利用的碳源和缓慢利用的碳源。迅速利用的碳源能较迅速地参与代谢、合成菌体和产生能量，并产生分解产物（如丙酮酸等），因此有利于菌体生长，但有的分解代谢产物对产物的合成可能产生阻遏作用；缓慢利用的碳源多数为聚合物（也有例外），被菌体缓慢利用，有利于延长代谢产物的合成，特别是有利于延长抗生素的分泌期，用于许多微生物药物的发酵。例如，乳糖、蔗糖、麦芽糖、玉米油及半乳糖分别是青霉素、头孢菌素 C、盐霉素、核黄素及生物碱发酵的最适碳源。因此，选择最适碳源对提高代谢产物产量很重要。

如图 7-15 所示，对青霉素发酵，在迅速利用的葡萄糖培养基中，菌体生长良好，但青霉素合成量很少；在缓慢利用的乳糖培养基中，青霉素的产量明显增加。乳糖因其被缓慢利用而成为青霉素发酵的良好碳源。糖的缓慢利用是青霉素合成的关键因素，缓慢滴加葡萄糖也可以得到良好的结果。其他抗生素发酵的情况类似。初级代谢也有类似情况，如葡萄糖完全阻遏嗜热脂肪芽孢杆菌产生胞外生物素——同效维生素（vitamer，即化学构造及生理作用与天然维生素相类似的化合物）的合成。因此，控制使用能产生阻遏作用的碳源非常重要。在工业发酵培养基中常采用含迅速和缓慢利用的混合碳源来控制菌体生长和产物合成。

碳源浓度（carbon source concentration）对发酵也有明显影响。营养过于丰富会使菌体异常繁殖，对菌体代谢、产物合成及氧的传递都会产生不良影响。若产生阻遏作用的碳源用量过大，则明显抑制产物合成；而维持量的碳源会使菌体生长和产物合成停止。所以控制合适的碳源浓度非常重要。如在产黄青霉 Wis 54-1255 发酵中，提供维持量的葡萄糖 0.022g/(g·h)，菌体比生长速率和青霉素比生产速率都为零，供给适当量的葡萄糖方能维持青霉素的合成速率。

可采用经验法和动力学法控制碳源浓度，即根据代谢类型或发酵过程中的菌体比生长速率、糖比消耗速率及产物比生产速率等参数，确定补

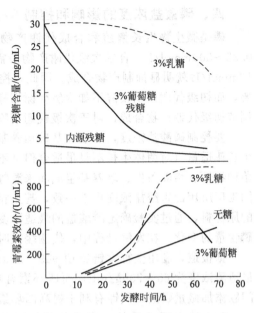

图 7-15　糖对青霉素生物合成的影响试验

糖时间、补糖量和补糖方式，在发酵过程中采用中间补料的方法来控制。

三、氮源的种类和浓度的影响和控制

工业发酵所用氮源包括无机氮源和有机氮源。氮源种类和氮源浓度（nitrogen source concentration）都能明显影响产物合成的方向和产量。如对螺旋霉素的生物合成，发现无机铵盐不利于合成螺旋霉素，而有机氮源（如鱼粉）则有利于合成螺旋霉素。能刺激菌丝生长的铵盐浓度不利于链霉菌的竹桃霉素发酵，铵盐还对柱晶白霉素、螺旋霉素、泰洛星等的合成产生调节作用。又如谷氨酸发酵，NH_4^+ 供应不足有利于形成 α-酮戊二酸；过量的 NH_4^+ 会促使谷氨酸转变成谷氨酰胺；控制适当量的 NH_4^+ 浓度，才能使谷氨酸产量达到最大。氮源也分迅速利用的氮源和缓慢利用的氮源。迅速利用的氮源如氨基（或铵）态氮的氨基酸或铵盐和玉米浆等；缓慢利用的氮源如黄豆饼粉、花生饼粉、棉子饼粉等。快速利用的氮源容易被菌体利用，促进菌体生长，但对某些代谢产物（特别是某些抗生素）的合成产生调节作用，影响产量。缓慢利用的氮源有利于延长次级代谢产物的分泌期、提高产物的产量。发酵培养基一般含有快速利用和慢速利用的混合氮源。如氨基酸发酵用铵盐（硫酸铵或醋酸铵）、麸皮水解液、玉米浆；链霉素发酵采用硫酸铵和黄豆饼粉。但也有使用单一的铵盐或有机氮源（如黄豆饼粉）的。一次投入全部氮源会促进菌体生长和过早耗尽养分，以致菌体过早衰老而自溶，缩短产物的分泌期。为了调节菌体生长和防止菌体衰老自溶，在基础培养基中加入一定量氮源，在发酵过程中再补加氮源。生产上可根据产生菌的代谢情况，在发酵过程中添加某些具有调节生长代谢作用的氮源，如酵母粉、玉米浆、尿素、氨水或硫酸铵等。当 pH 值偏高而又需补氮时，可补加生理酸性的硫酸铵；当 pH 值偏低而又需补氮时，可补加生理酸性的硝酸铵，或补加尿素、氨水或液氨，以达到提高氮含量和调节发酵液 pH 值的双重目的。

在土霉素发酵中，补加酵母粉可提高发酵单位；在青霉素发酵后期，若出现糖利用缓慢、菌体浓度变稀、pH 值下降的现象，补加尿素可改善这种状况并提高发酵单位；在氨基酸发酵中，也可补加作为氮源和 pH 值调节剂的尿素或液氨等。

综上所述，微生物发酵应选择适当的氮源种类和浓度。

四、磷酸盐浓度的影响和控制

磷是微生物生长繁殖和合成代谢产物所必需的成分。微生物生长所需磷酸盐浓度为0.32～300mmol/L，合成次级代谢产物所需磷酸盐最高平均浓度仅为1.0mmol/L，浓度为10mmol/L就明显抑制产物合成。因此，控制磷酸盐浓度对微生物次级代谢产物发酵非常重要，而初级代谢产物发酵不如次级代谢那样要求严格。磷酸盐浓度往往通过促进生长而间接调节初级代谢产物合成，对于次级代谢产物合成的调节机制比较复杂。

要控制磷酸盐浓度，一般在基础培养基中加入适当浓度的磷酸盐。抗生素发酵常常采用生长亚适量（对菌体生长不是最适合但又不影响生长的量）的磷酸盐浓度，最适浓度取决于菌种特性、培养条件、培养基组成和来源等因素。即使是同一种抗生素发酵，不同地区、不同工厂所用的磷酸盐浓度也不一致，甚至相差很大，因此，必须结合当地的具体条件和使用的原材料，通过实验确定磷酸盐的最适浓度。培养基配制方法和灭菌条件也可能引起培养基磷含量的变化。在发酵过程中，代谢缓慢时可补加磷酸盐。

据报道，利用金霉素链霉菌949（$S. aureofaciens$ 949）进行四环素发酵，菌体生长的最适磷浓度为65～70μg/mL，而四环素合成最适浓度为25～30μg/mL。在四环素发酵中，间歇添加微量磷酸二氢钾有利于提高四环素产量。0.01％磷酸二氢钾有利于青霉素发酵。

除上述主要基质外，培养基其他成分也会影响发酵。在以醋酸为碳源的培养基中，Cu^{2+}能提高谷氨酸产量。足够浓度的Mn^{2+}能促进芽孢杆菌合成杆菌肽等次级代谢产物。

总之，在发酵过程中，选择基质的种类和控制其用量非常重要，是发酵成功的关键，必须根据产生菌的特性和产物合成的要求，进行深入细致的研究，以取得良好的结果。

五、补料控制

补料分批培养（fed-batch culture，简称FBC），又称半连续培养或半连续发酵，是指在分批培养过程中，间歇或连续地补加一种或多种成分的新鲜培养基的培养方法。它是介于分批培养和连续培养之间的一种过渡培养方式，是一种控制发酵的好方法，现已被广泛地用于微生物发酵生产和研究中，如酶类、抗生素类、激素药物类、氨基酸和维生素等十余类几十种产品的工业发酵中。

在分批培养中，必须防止基础培养基中基质或抑制性底物浓度过高，采用FBC方式可以控制适当的基质浓度，解除其抑制作用，获得高浓度菌体或产物。FBC的操作比较简单，效果也比较明显。同传统的分批培养相比，FBC可以解除或减弱底物抑制、产物反馈抑制和分解代谢物的阻遏；避免在分批发酵中因一次投料过多造成细胞大量生长所引起的一切影响，改善发酵液的流变学性质；控制细胞质量，以提高发芽孢子的比例；可以使菌种保持在最大生产力的状态，为自动控制和最优控制提供实验基础。同连续培养相比，FBC不需要严格的无菌条件，产生菌也不会产生老化和变异等问题，适用范围更广泛。

补料方式有很多种，有连续流加、不连续流加或多周期流加。按流加速率，可分为快速流加、恒速流加、指数速率流加和变速流加。按补加培养基的成分，可分为单组分补料和多组分补料。按流加操作控制系统，又分为有反馈控制和无反馈控制。反馈控制系统是由传感器、控制器和驱动器三个单元所组成。根据控制所依据的指标，又分为直接方法和间接方法。对间接方法，需要详尽考察分批发酵的代谢曲线和动力学特性，获得各个参数之间有意义的相互关系，确定与过程直接相关的可检参数作为控制指标。间接方法常以溶解氧、pH值、呼吸商、排气中CO_2分压及代谢产物浓度等作为控制参数。对于通气发酵，常利用排气中CO_2含量作为FBC反馈控制参数。如青霉素生产所用的葡萄糖流加质量平衡法，就是利用CO_2的反馈控制，它依靠精确测量CO_2的逸出速度和葡萄糖的流动速度，实现控制菌体的比生长速率和菌体浓度。pH值也已用作控制流加糖的参数。由于长期缺乏可靠的适时测定底物和产物（包括菌体）的手段，无法控制适时补料，所以直接法一直没有用于发酵控制。目前出现的可供在线分析底物和产物的各种生物传感器，仍然存在一些应用问题，比如因耐热性差而不能原位灭菌等，尚待解决。随着一系列技术障碍的克服，生物传感器将会得到迅速普及。常依据个别指标来进行有反馈控制的FBC，在许多情况下并不能奏效，尚需进行多因子分析。

为了改善发酵培养基的营养条件和去除部分发酵产物，FBC还可采用"放料和补料"（withdraw and fill）方法，即在发酵过程中，定时放出一部分含产物的发酵液，同时补充一部分新鲜营养液，从而维持一定的菌体生长速度，延长发酵产物分泌期，提高产物产量，降低成本。但要注意染菌等问题。

六、发酵罐基质（葡萄糖等）浓度的在线测量

可以采用葡萄糖氧化酶传感器检测发酵液中的葡萄糖浓度。其测定原理为：

$$\text{葡萄糖} + O_2 + H_2O \xrightarrow{\text{GOD}} \text{葡萄糖酸} + H_2O_2$$

反应式中的GOD表示葡萄糖氧化酶。可由生物传感器测出氧气的消耗量，这种生物传感器的葡萄糖可渗透性膜包围溶解氧电极尖端，保持溶解氧电极的膜与葡萄糖氧化酶/电解液直接接触。溶解氧电极可测量氧气从液体穿过溶解氧电极膜到达阴极（氧气在此被还原）的流速。当与生物传感器结合使用时，氧气到达电极的流速下降，与GOD转化葡萄糖为葡萄糖酸时葡萄糖的消耗速率相等。这一速率与溶液中葡萄糖浓度成正比，因而溶解氧电极读数的下降与所测的葡萄糖浓度成正比。另外，如果反应中产生的葡萄糖酸没有及时去除，将影响葡萄糖传感器的使用，可将传感器转化为流通式（flow-through）系统，使酶液连续通过电极以去除葡萄糖酸，从而克服这一缺点。其优点是电极可以进行原位灭菌。

另一应用GOD反应的例子为，可以使用连接了pH电极的酶和膜来检测质子流。在这种情况下反应中产生的质子，会使pH电极产生一个额外的与葡萄糖浓度直接相关的电位读数。使用过氧化氢酶可以检测反应中产生的过氧化氢。将过氧化氢酶与氧化酶联用是组合酶系统的一个例子，显示了多酶电极系统的巨大应用潜力。这一系统中合理布置的各种酶顺序地转化复杂的物质，最终产生一个简单的可测量的基于浓度的变化，从而实现对该物质浓度的检测。

1. 原位测定补偿式氧稳定酶电极

为了克服溶液浓度变化对GOD电极的影响，研究出一种补偿式氧稳定酶电极。电极系统包括一支氧电极和由另一支氧电极制作的GOD酶电极，在酶电极敏感部位安装了铂丝电解电极对。在不含葡萄糖的样品中，酶电极与参比电极输出一致；当样品中含葡萄糖时，葡萄糖透过膜与酶发生反应，由于氧的消耗，电极输出差分信号，表示测得的葡萄糖浓度，这一差分信号同时驱动铂丝产生电解电流，在酶电极敏感层的水分子电解产生O_2，直到消除差分信号，由此保证酶电极附近的氧浓度与发酵罐中的氧浓度一致。

这种酶传感器已被先后用于酵母菌和大肠杆菌的发酵控制。当发酵罐中的氧浓度改变时，酶传感器测定结果与罐外常规分析结果吻合性很好。在厌氧发酵条件下，参比氧电极被一个恒定参比电极取代。由水分子的电解提供酶反应所需要的氧。这种传感系统结构比较复杂，当发酵液中氧浓度过低时，GOD酶活力会受到限制，从而影响检测。

2. 原位测定的介体酶电极

介体酶电极的最大特点是以介体作为电子受体，因而能抗氧干扰，是目前最有希望用于原位检测的方法之一。研究设计出一种改进型介体GOD酶电极，GOD经羟基化后与经十

六烷胺处理的石墨电极上的氨基团共价结合固定。该酶电极的特点是：①对氧不敏感，当 $[O_2]\%$（溶解氧的饱和程度）从 0 变化到 100％时，传感器对 20mmol/L 的葡萄糖响应信号仅降低 5％；②使用寿命为 14 天；③响应时间随使用时间的延长而增加，一般为 1～25min；④线性范围较窄，但在非线性范围（约 100mmol/L）仍可工作。

为了能进行原位测定，专门设计了一个不锈钢套，固定在发酵罐上，灭菌后将酶电极、电极对及参比电极装入。电极外部组件均用 95％酒精消毒，电极套底部有一层聚碳酸滤膜（孔径 0.2μm）将酶电极与发酵液分开，以防止发酵液染菌。传感器套中还设计有液流腔，以便进行自动原位标定。

有研究者用这种传感器连续跟踪 2L 和 20L 规模压榨酵母发酵罐中葡萄糖的变化情况。在发酵液体积固定的条件下，用程序控制注射泵将 50％葡萄糖溶液按预设发酵模式以指数递减速率形式补入发酵罐。

第十节　其他化学因子在线分析技术

一、HPLC 在线测量物质浓度

在发酵工业中，大多数采用半连续发酵（fed-batch）形式，因为有些敏感营养物质浓度过高，会抑制生物质的生长或产物的形成，为了获得高的优化产率，对这些抑制物质的浓度在发酵过程中要加以控制，使其保持在优化轨迹上。因此，发酵液中该物质浓度的测量极其重要。然而，至今对这些物质浓度的测量还缺乏工业上可用的在线测量仪表。

高压液相色谱（high pressure liquid chromatography，HPLC）广泛地用来分析液体系统中的有关组分浓度，这在化工、化学分析中大多用作内线分析，但在发酵过程中，发酵液中物质浓度的实验室分析测量过程往往要几个小时，这样，HPLC 的分析响应时间相对来说就可忽略，故可认为是在线测量。

利用 HPLC 在线测量物质浓度，并配有发酵出口气体 CO_2 分析仪和 pH 与氧化还原电极的发酵系统如图 7-16 所示。图中 CO_2 分析仪、pH 与氧化还原电极的信号由一台 HP-349A 来采集，然后送给主机（master PC）。采样过滤后的发酵液进入过滤取样模件 FAM（filter acquisition），再由 HPLC 系统（FAM-HPLC）分析木糖、乙醇和有机酸等物质的浓度。FAM-HPLC 由一台 PC 来控制，这台 PC 测量记录 FAM-HPLC 分析的数据，然后再送给主机。

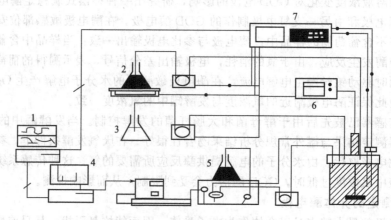

图 7-16　HPLC 在发酵中的应用

1—主机；2—基质；3—碱；4—HPLC 机；5—HPLC 过滤取样模件；6—分析仪；7—HP-349A 信号采集

在线 HPLC 测量系统，首先将发酵液以 100mL/min 速率连续取出，经过过滤把生物质从发酵液分离出来，把清洁的发酵液注入 FAM-HPLC 系统，多余的发酵液再循环回到发酵罐中。经过过滤的清洁发酵液通过取样回路，以 0.05mL/min 排放出来，每 30min 一次，把已经过滤的发酵液 25μL 自动注入到 HPLC 分析柱中。取样注入过程在几秒内完成。样品经分析，特定组分的浓度信号进到主计算机，主计算机根据这些信息来调整流加物质的流加速率。每 30min 采集分析一次，显然比 4h 取样分析得到的数据及时。HPLC 系统作为发酵过程实时优化控制还有待进一步改进。

二、引流分析与控制

早在 1988 年就开始研制开发流动注射式分析仪（flow injection analysis，FIA），现已在实验室应用，正在不断改进以提高其可靠性并应用于工业生产。

这种分析仪的工作原理是，首先把发酵液从发酵罐中经过滤器分离出来，取出清洁的发酵液，再由定量泵以一定的流速注入装有探测头的探测器中，该探测器与清洁的发酵液接触，将不同的发酵液中物质浓度的变化转换成用光学系统可测的光信号，或者将不同的发酵液中 pH 的变化，用离子敏感电极，或者是电势电极与电流电极，或是用电导法，或是热敏电阻等形式测量。FIA 分析仪工作方式不连续，但其重复取样测量分析速率相当高，一般应用时可认为是连续式。

引流分析系统组成包括：采样单元、传感单元和数据处理单元。如图 7-17 所示是酸奶发酵过程中乳酸的流注分析法（FIA）连续监测系统。为防止酸奶分离成凝乳和乳清，取样器设计成一种微型旋转漏斗式。样品混匀后进入 FIA 的液流系统，经稀释、混匀及保温后进入测量池，由 L-乳酸氧化酶电极实现检测，使用计算机处理传感信号并给出调整发酵过程的指令。

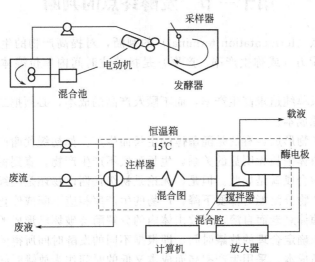

图 7-17　酸奶发酵过程中乳酸在线监测

FIA 由浓度梯度来收集信息，由流体的明确限定的注射区产生这一梯度，该流体分散进入连续的载体流。FIA 装置的基本结构为管路、泵和阀的输送系统及载体流，注射系统向其中注射试样或试剂。流体中通常会发生生化反应，产物和残留基质可由检测系统测定。易于实现试样的萃取、分离和扩散等物理处理过程，检测器的选择具有高度灵活性，除了热敏电阻、质谱仪、生物传感器、微生物电极之外，已广泛应用于光学装置或电子装置。

FIA 具有如下优点：取样频率高（可达 100h⁻¹以上），取样体积小，试剂消耗低，重现性好，检测方法具有通用性。已有报道，在 FIA 分析前采用高效液相色谱来分离化合物，FIA 用于酶分析的自动化性能良好。整个仪器在生物反应器外部工作，因而不会干扰无菌屏障，但对于连接有无菌屏障的取样装置仍需加以注意。FIA 易于满足检测过程的有效性的需求。

FIA 已用于葡萄糖的在线测定，直接估计生物量，或通过扩展卡尔曼滤波器间接地估计生物量，测定化学需氧量（COD），用于水质监测，用于检测氨基酸、酶或肽、抗生素、DNA 或 RNA 以及乳酸或乙醇等简单代谢产物。FIA 还可与血球计数法相结合。可以应用生物传感器作为 FIA 的探测器，以提高 FIA 的选择性和灵敏度。通常采用的生物传感器可用生物酶，这种酶以溶液形式或固定化的形式作为生物探测器。作为固定化酶的物质可以是抗原/抗体、有机细胞或微生物有机组织。

随着非线性校准模型的应用及数据评价技术的改进，在不远的将来 FIA 有望成为生物过程定量监测的最强大的工具之一。当前的趋势是向着多路（multichannel）FIA 系统发展（这一系统可实现并行工作或顺序注射）以及 FIA 设备的小型化及自动化。无需注射，FIA 也可进行工作并给出有价值的结果，甚至是连续的信号。例如，有研究者将反应器中酵母细胞内经过染色的 DNA 去除，在线定量地测定 DNA，从而给出细胞周期依赖于振动的证据。

很多情况下系统需要在采样处安装一个过滤器，以防菌体流入测定系统而污染检测器。这种微过滤器具有良好的抗阻塞能力，但价格昂贵，需要寻找新的过滤方法。滤流中常会有气泡，由取样时吸入或保温时气体从溶液中溢出所形成，气泡在液流中有助于样品与缓冲液的混合，但会产生响应噪声，因此 FIA 系统必须设法解决气泡干扰的问题，例如搅拌式酶电极反应池便是一种有效的方法。

第十一节　发酵终点的判断

微生物发酵终点（fermentation terminal）的判断，对提高产物的生产能力和经济效益是很重要的。生产能力（或称生产率、产率）是指单位时间内单位罐体积发酵液的产物积累量。

生产过程不能只单纯追求高生产率，而不顾及产品的成本，必须把二者结合起来，既要有高产量，又要降低成本。

发酵过程中的产物形成，有的是随菌体的生长而生产，如初级代谢产物氨基酸等；有的代谢产物的产生与菌体生长无明显的关系，生长阶段不产生产物，直到稳定期，才进入产物生产期，如抗生素的合成就是如此。但是，无论是初级代谢产物还是次级代谢产物发酵，到了衰亡期，菌体的产物分泌能力都要下降，产物的生产率相应下降或停止。有的产生菌在衰亡期，营养耗尽，菌体衰老而自溶，释放出体内的分解酶会破坏已形成的产物。

一般通过实验来确定合理的放罐时间，即根据不同的发酵时间所得的产物产量计算出发酵罐的生产率和产品成本，采用生产率高而成本又低的时间作为放罐时间。一般判断放罐的主要指标有：产物浓度、氨基氮浓度、菌体形态、pH 值、培养液的外观、黏度等。

要确定合理的放罐时间，需要考虑下述因素。

一、经济因素

发酵时间的确定需要考虑经济因素，要以最低的成本来获得最大生产率的时间为最适发酵时间。在实际生产中，缩短发酵周期有利于提高设备利用率。如果发酵时间太短，发酵液中残留较多的营养物质（如糖、可溶性蛋白、脂肪等），使原料转化率低而造成原料浪费。在生产率较小（或停止）的情况下，单位体积发酵液的产物产量增长有限，如果继续延长时间，使平均生产率下降，而动力消耗、管理费用支出、设备消耗等费用仍在增加，从而增加产品生产成本。所以，需要根据经济性确定合理的发酵时间。

二、产品质量因素

发酵时间对后续工艺和产品质量有很大的影响。如果发酵时间太短，发酵液中残留较多的营养物质对分离、提取等工序都不利（比如，因增加乳化作用、干扰树脂的交换等影响）。而如果发酵时间太长，菌体会自溶，释放出菌体蛋白或体内的酶，导致发酵液的性质显著改变，增加过滤工序的难度，延长过滤时间，还会破坏一些不稳定的产物，降低产物产量，扰乱提取作业计划。这些影响都可能降低产品质量，为保证产品质量，应确定适宜的发酵周期。

临近放罐时，加糖、补料或加消泡剂都要慎重，因残留物对提取有影响。补料可根据糖耗速率计算到放罐时允许的残留量来控制。

三、特殊因素

对老产品的发酵，放罐时间都已掌握，在正常情况下，根据作业计划按时结束发酵。对新产品的发酵，更需摸索合理的放罐时间。

但在染菌、代谢异常（糖耗缓慢等）等异常情况下，就应根据实际情况进行适当处理。为了能够得到尽量多的产物，应该及时采取措施（如改变温度或补充营养等），并适当提前或拖后放罐时间。染菌罐一般过滤速度较慢。

不同的发酵类型，要求达到的目标不同，对发酵终点的判断标准也应有所不同。一般对发酵和原材料成本占整个生产成本主要部分的发酵产品，主要追求提高生产率、得率（kg 产物/kg 基质）和发酵系数 [kg 产物/（罐容 m³·发酵周期 h）]。对下游技术成本占的比重较大、产品价格较贵的发酵产品，除要求高的生产率和发酵系数外，还要求高的产物浓度。因此，放罐时间的确定还应考虑总生产率（放罐时产物浓度除以总发酵生产时间）。这里的总发酵生产时间包括发酵周期和辅助操作时间，因此，要提高总生产率，则有必要缩短发酵周期，即在产物生成速率较低时放罐。延长发酵虽然略能提高产物浓度，但生产率下降，且耗电大，成本提高，每吨冷却水所得到的产物产量降低。

思　考　题

1. 试述分批发酵中的代谢变化规律。
2. 结合基质对发酵的影响，讨论分批补料操作的优点和控制条件。
3. 为什么要控制发酵温度？怎样进行控制？
4. 筛选耐高温发酵菌种的意义何在？为什么采用耐高温菌可减少染菌机会？
5. pH 值对发酵有哪些影响？生产上怎样控制 pH 值？
6. 分析发酵过程中温度和 pH 变化的原因。
7. 生产上控制溶解氧的措施有哪些？发酵过程中溶解氧控制的原则是什么？
8. 何为呼吸商？它可反映微生物的哪些代谢情况？
9. 讨论影响泡沫形成和稳定的因素。
10. 泡沫对发酵有何影响？简述生产上常用的消泡方法及相应的消泡机理。
11. 根据什么判断发酵终点？

第八章 通气和搅拌

第一节 概　　述

溶解在水体中的氧称为溶解氧。在20℃、100kPa下，纯水中大约溶解氧9mg/L。水体中的生物与好氧微生物所赖以生存的氧气就是溶解氧。不同的微生物对溶解氧的要求有所不同。好氧微生物需要供给充足的溶解氧，一般来说，溶解氧应维持在3mg/L为宜，最低不应低于2mg/L；兼氧微生物要求溶解氧的范围在0.2～2.0mg/L之间；而厌氧微生物要求溶解氧的范围在0.2mg/L以下。由于大多数发酵过程是需氧的，微生物只能利用溶解于水中的氧，氧气是一种难溶气体，在25℃和101.325kPa下，空气中的氧在纯水中的溶解度仅为0.24mol/m³左右。培养基中因含有大量有机物和无机盐离子，因而氧在培养基中的溶解度就更低。如表8-1所示。

表8-1　纯氧在水、盐或酸中的溶解度（1×10^5Pa条件下）

温度 /℃	在水中的溶解度 /(mmol/L)	在25℃溶液中的溶解度/(mmol/L)			
		溶液浓度	溶液名称		
			盐酸	硫酸	氯化钠
0	2.18	0	1.26	1.26	1.26
10	1.70				
15	1.54	0.5	1.21	1.21	1.07
20	1.38				
25	1.26	1.0	1.16	1.12	0.89
30	1.16				
35	1.09	2.0	1.12	1.02	0.71
40	1.03				

人们估算，对于菌体浓度为10^{15}个/m³的发酵液，假定每个菌体的体积为10^{-16}m³（直径5.8nm），细胞的呼吸强度（O_2相对干细胞）为2.6×10^{-3}mol/(kg·s)，菌体密度为1000kg/m³，含水量为80%，则培养液的需氧量为187.2mol/(m³·h)。也就是说，1m³的培养液中每小时需要的氧是纯水饱和溶解氧浓度的750倍。如果中断供氧，菌体在几秒内即可把溶解氧耗尽，可见溶解氧是好氧发酵控制非常重要的参数之一。因氧在水中的溶解度很小，所以在发酵液中的溶解度更小，因此，只有不断调整通风和搅拌，才能满足不同发酵过程对氧的需求。溶解氧程度的大小对微生物菌体生长和发酵产物的形成及产量都会产生不同的影响。正因为在微生物能量代谢过程中，氧的供给非常重要，如果不向培养液中连续供给氧气，菌体的呼吸就会受到强烈抑制，所以，如何迅速不断地补充培养液中溶解氧，保证菌体的正常代谢活动及发酵产物的有效形成，是需氧发酵中的重大研究课题。而如果一味地大量供氧，一则浪费动力，二则可能导致不良的结果，如泡沫严重、液体蒸发过多等，所以在发酵过程中有效而经济地供氧是极为重要的。因此，从摇瓶到发酵罐的放大进程中氧的供应理应作为一个重要因素研究。

好氧发酵是一个复杂的气、液、固三相传质和传热过程，良好的供氧条件和培养基的混合是保证发酵过程传热和传质的必要条件。首先，好氧发酵需要通入充足的空气，以满足微生物对氧的要求，因为空气通入量越大，微生物获得氧应越多；其次，培养液层高度越大，空气在培养基中停留的时间就会增加，极有利于微生物利用空气中的氧；但是空气中的氧是通过溶于培养基中的氧传递给微生物的，气液相的传质面积决定着氧传递速率的程度，也就是说取决于气泡的大小、停留时间、分散速度等因素。气泡越小，微生物获得氧越充足，气体分布器的形式和结构可以满足强化气泡的粉碎的目的，但是程度不够，效果也不明显，只有通过发酵罐内的叶轮转动搅拌将气泡粉碎，才可获得最佳的发酵供氧条件。通过搅拌器的搅拌作用，使发酵罐内的培养基得到充分混合，促使微生物在罐内每一处均能得到充足氧气的同时，还能充分吸收培养基中的营养物质。另外，良好的搅拌可促使微生物发酵过程产生的热量传递给冷却管和发酵罐的冷却内表面。这就是需氧微生物工业发酵在具有通气和搅拌的发酵罐中普遍使用的原因所在。因此，好氧微生物深层发酵时需要适当的溶解氧以维持微生物的呼吸代谢和某些代谢产物的合成，当然，对大多数发酵来说，氧的供给不足会导致菌体代谢异常甚至死亡，也可引起发酵代谢转向不需要的化合物的生成，最终造成发酵产物产量的降低。只有保证和满足好氧微生物工业发酵对氧的需求，通过不断改进通气和搅拌的方法措施进而提高发酵工业对氧的利用率，保障和促进发酵工业产品质量的稳定性。本章将在发酵工程对氧的要求、氧的供给、$K_L\alpha$ 的测定、发酵罐及各种因子对 $K_L\alpha$ 的影响等诸方面进行阐述，以使对通气和搅拌的相关内容有更明确深入的了解。

第二节　发酵工程对氧的要求

一、微生物需氧量与呼吸代谢的关系

氧既是生物体细胞的组成成分，又是各种产物的构成元素，同时又是生物能量代谢的必需元素。氧是好氧微生物氧化代谢的最终电子受体，同时，通过氧化磷酸化反应生成生物体生命活动过程中所需要的能量。

氧对好氧和厌氧微生物都非常重要，特别是好氧性微生物的生长发育和代谢活动都需要消耗氧气，因为好氧性微生物只有在氧分存在的情况下才能完成生物氧化作用。需氧微生物的氧化酶系是存在于细胞内原生质中，因此，微生物只能利用溶解于液体中的氧。而氧在培养液中的饱和浓度只有 0.0032mg/L，发酵中消耗溶解氧 0.32～0.8mg/(L·h)，培养液中的氧只能维持微生物正常呼吸 14～36s。由于各种好氧微生物所含的氧化酶体系（如过氧化氢酶、细胞色素氧化酶、黄素脱氢酶、多酚氧化酶等）的种类和数量不同，在不同环境下，各种需氧微生物的吸氧量或呼吸程度是不同的。微生物的吸氧量常用呼吸强度 q_{O_2}（也称氧比消耗速率）和微生物耗氧率 γ（也称摄氧速率）两个物理量来表示。

微生物耗氧率为单位体积培养液每小时消耗的氧量，记作 γ，单位是 $mmolO_2/(L·h)$。工业微生物发酵 γ 值的范围一般在 25～100mmol/(L·h)；而且微生物耗氧率 γ 可以因微生物种类、代谢途径、菌体浓度、温度、培养液成分及浓度的不同而发生不同的变化。呼吸强度是指单位重量干菌体在单位时间内所吸取的氧量，以 q_{O_2} 表示，单位为 $mmol/(g·h)$。呼吸强度可以因为菌种和反应条件的不同而发生变化，范围一般在 1.5～15mmol/(g·h)。呼吸强度也可以用微生物的相对需氧量表示，但是，当培养液中有固定成分存在时，对测定有困难，这时可用耗氧速率来表示。微生物在发酵过程中的耗氧速率取决于微生物的呼吸强度和单位体积液体的菌体浓度。

对于发酵培养过程中微生物细胞耗氧的一般规律是：在培养初期，菌体呼吸强度逐渐增高，发酵液中菌体浓度较小；在对数生长初期，达到菌体呼吸强度最大，但此时发酵液中菌体浓度较低，微生物耗氧速率并不高；在对数生长后期，达到微生物耗氧速率最大值，此时菌体呼吸强度小于菌体呼吸强度最大值，发酵液中菌体浓度小于发酵液中菌体浓度最大值；对数生长末期，氧的传质速率下降，菌体呼吸强度下降；培养后期，菌体呼吸强度大大下降，微生物耗氧速率大大下降。

溶解氧浓度对菌体生长和产物形成的影响可以通过发酵不同阶段对氧的要求不同加以说明。例如，谷氨酸产生菌是兼性好氧菌，在谷氨酸发酵时供氧量过大或过小对菌体生长和谷氨酸积累都有很大影响。一般在菌体生长繁殖期比谷氨酸生成期对溶解氧要求低，在长菌阶段供氧为菌体需氧量的"亚适量"，要求溶氧系数 K_d 为 $4.0\times10^{-6}\sim5.9\times10^{-6}$ $molO_2/(mL\cdot min\cdot MPa)$；在形成谷氨酸阶段要求溶氧系数 K_d 为 $1.5\times10^{-5}\sim1.8\times10^{-5}$ $molO_2/(mL\cdot min\cdot MPa)$。

微生物的呼吸强度大小受到多种因素影响，其中发酵液中的溶解氧浓度 (c) 对 q_{O_2} 的影响如图 8-1 所示。

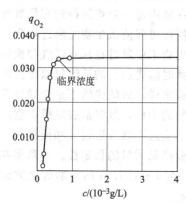

图 8-1 呼吸强度与溶解氧的关系
(参考熊宗贵，2005)

二、微生物的临界溶解氧浓度

好氧微生物发酵时，主要是利用溶解于水中的氧，只有当这种氧达到细胞的呼吸部位才能发挥作用，所以增加培养基中的溶解氧后，可以增加推动力，使更多的氧进入细胞，以满足代谢的需要。在好氧发酵中，微生物的好氧速率受发酵液中氧的浓度的影响，各种微生物对发酵液中的溶解氧有一个最低要求，满足微生物呼吸的最低氧浓度叫临界溶解氧浓度 (critical value of dissolve doxygen concentration)，用 $c_{临界}$ 表示。临界溶解氧浓度不仅取决于微生物本身的呼吸强度，还受到培养基的组分、菌龄、代谢物的积累、温度等其他条件的影响。在培养过程中不需要使溶解氧浓度达到或接近饱和值，而只要超过某一临界氧浓度即可。在 $c_{临界}$ 以下，溶解氧是菌体生长的限制因素，微生物的呼吸速率随溶解氧浓度降低而显著下降，也就是如果溶解氧低于 $c_{临界}$，细胞的比耗氧速率就会大大下降，细胞处于半厌氧状态，代谢活动受到阻碍。一般好氧微生物 $c_{临界}$ 很低，约为 $0.003\sim0.05mmol/L$，需氧量一般为 $25\sim100mmol/(L\cdot h)$。其 $c_{临界}$ 大约是氧饱和溶解度的 1%～25%。当溶解氧浓度在 $c_{临界}$ 以上，溶解氧已不是菌体生长的限制性因素。呼吸强度不再随溶解氧浓度的增加而变化，也就是当不存在其他限制性基质时，溶解氧高于 $c_{临界}$，细胞的比耗氧速率保持恒定。临界溶解氧浓度和生物合成最适溶解氧浓度是不同的，后者是指溶解氧浓度对生物合成有一个最适的范围。过低的溶解氧，首先影响微生物的呼吸，进而造成代谢异常；但过高的溶解氧对代谢产物的合成未必有利，因为溶解氧不仅为生长提供氧，同时也为代谢供给氧，并形成一定的微生物的生理环境，它可以影响培养基的氧化还原电位。

发酵过程中，临界氧浓度与培养液的理化性质以及发酵罐的结构等有关。一般来说，牛顿型发酵液，如细菌和酵母培养液，它们的临界氧浓度不受培养条件的影响，而非牛顿型培养液中的溶解氧浓度与搅拌器的直径和转速有关。

在次级代谢产物发酵过程中，微生物生长阶段和产物合成阶段的呼吸临界氧浓度（分别以 $c_{长临}$ 和 $c_{合临}$ 表示）是不同的。

$c_{长临}$ 和 $c_{合临}$ 是随菌种的生理学特性而变化的，一般有三种状况，即 $c_{长临}$ 和 $c_{合临}$ 大致相同，如缬霉素；$c_{长临}<c_{合临}$，如孢菌素 C；大多数情况下，$c_{长临}>c_{合临}$。如表 8-2 所示列出了一些微生物的临界氧浓度。

表 8-2 部分微生物的临界氧浓度（姚汝华，2001）

微生物名称	温度/℃	$c_{临界}$/(mol/L)	微生物名称	温度/℃	$c_{临界}$/(mol/L)
固氮菌	30	0.018～0.04964	酵母	34.8	0.0046
大肠杆菌	37.8	0.0082	酵母	20	0.0037
大肠杆菌	15	0.0031	橄榄型青霉菌	24	0.022
黏性赛氏杆菌	31	0.015	橄榄型青霉菌	30	0.009
黏性赛氏杆菌	30	0.009	米曲霉	30	0.02

临界氧浓度（$c_{临界}$）是菌体正常生长发育所要求的最低溶解氧浓度，如何确定很重要。施庆珊等研究了氧的满足度对各种氨基酸发酵的影响，结果发现对于谷氨酸和天冬氨酸类氨基酸的生产，当溶解氧浓度低于临界氧浓度时，氨基酸产率下降，而对于苯丙氨酸、缬氨酸和亮氨酸的生产，则在低于临界氧浓度时获得最大生产水平，它们的最佳溶解氧浓度分别为临界氧浓度的 0.55 倍、0.60 倍和0.85 倍。宋培国等在中生菌素产生菌生长临界氧浓度确定的研究中，发现菌体的生长发育若长时间低于此值就会受到影响。从图 8-2 中可以看出，停气后菌体继续消耗发酵液中的溶解氧而使溶解氧迅速下降，

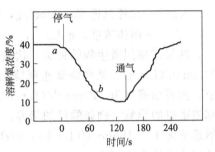

图 8-2 停气后溶解氧浓度的
变化曲线

但是达到 b 点以后曲线出现弯曲，这是因为菌体的呼吸开始受到抑制所致，则 b 点的溶解氧值就是中生菌素产生菌的生长临界氧浓度，实验测得 $c_{临界}$ 为 12% 左右。

巫延斌等在阿维菌素发酵过程参数相关特性研究及过程优化中，证明了溶解氧的控制在发酵前期对除虫链霉菌丝形态以及阿维菌素的产量有密切关系。溶解氧水平直接影响菌丝形态。溶解氧低于临界氧浓度值（20%）以下，菌丝呈发散的团状，因为当溶解氧浓度长时间低于临界氧浓度时，氧成为限制性基质，菌体为获得氧，菌丝形态呈更有利于传质分化的松散团状形。当溶解氧高于正常值（20%）时，菌丝呈边缘比较光滑、结实的球状形，阿维菌素效价增加迅速，51h 达 0.187g/L。

三、比生长速率、比耗氧速率与氧浓度的关系

1. 比生长速率与氧浓度的关系

在好氧性发酵中，当限制性基质的浓度 S 一定或者过量，而溶解氧浓度较低时，氧成为微生物生长的主要限制性基质，微生物的比生长速率与氧浓度的关系可用 Monod 方程式表示为：

$$\mu = \mu_m c/(K_{O_2} + c) \tag{8-1}$$

式中 μ——微生物的比生长速率，h^{-1}；

μ_m——最大比生长速率，h^{-1}；

c——溶解氧浓度，mmol/L；

K_{O_2}——氧饱和常数，mmol/L。

由式(8-1)可知，在氧浓度很低时，微生物细胞的比生长速率 μ 随着溶解氧浓度的升高而增长。随后，增长速度逐渐减慢，当氧浓度达一定值时，即达临界氧浓度 $c_{临}$ 时，比生长速率不再增长。有些情况下，高浓度的溶解氧对某些微生物的酶促反应反而有抑制作用，还会使比生长速率 μ 值有所下降。

各种微生物所要求的最低溶解氧浓度，即临界氧浓度 $c_{临}$ 是不同的。细菌、酵母菌和真菌在培养基中充分分散开，并在 20～30℃ 培养时，其 $c_{临}$ 的平均值大致在 0.1～1.0mg/L 范围内。在发酵生产中，为了不使微生物的生长和代谢受到氧浓度的影响，保持发酵过程正常进行，必须使溶解氧浓度维持在微生物的临界氧浓度以上。

2. 比耗氧速率与氧浓度的关系

单位体积发酵液每小时的耗氧量叫做耗氧速率（也称摄氧速率），以 γ 表示。耗氧速率与菌体浓度成正比，即：

$$\gamma = -dc/dt = q_{O_2} X \qquad (8\text{-}2)$$

式中　γ——耗氧速率，mmol/(L·h)；

　　q_{O_2}——比耗氧速率，mmol/g，也叫比呼吸速率或呼吸强度；

　　X——菌体浓度，g/L。

耗氧速率因微生物的种类、代谢途径和菌体浓度等的不同而不同，其大致范围为 10～25mmol/(L·h)。某些耗氧速率特别高的微生物及高浓度的微生物发酵，则远远超过此数值，如石油酵母为 200mmol/(L·h)。同一种类的微生物，耗氧速率还受温度、发酵液成分和浓度等的影响。例如酵母的培养，当供氧不足、发酵液的葡萄糖浓度为 1% 时，酵母的耗氧速率为 15～18mmol/(L·h)，而在良好供氧情况下，发酵液的葡萄糖浓度为 15% 时，其耗氧速率达 296～342mmol/(L·h)。又如黑曲霉 α-淀粉酶发酵，当以纯氧代替空气时，其溶解氧速率可增加 3 倍。另外，微生物生长和产物形成阶段的耗氧速率有时并不一致，某些发酵中过高的溶解氧速率反而对产物的形成不利。供氧、耗氧和产物形成之间的关系通常有三种类型：①产物形成期的氧消耗与生产菌生长期的最大需氧量一致；②产物形成期的最大需氧量超过生长期的最大需氧量；③产物形成期的最适需氧量低于生长期的最大需氧量。所以，只有掌握不同种类的微生物在各阶段的需氧情况，才能对发酵生产过程进行良好的控制。

第三节　氧 的 供 给

一、氧的溶解特性与影响微生物需氧因素

1. 氧在液体中的溶解特性

气体与液体接触后，可溶解于液体之中，经过一定时间，气体分子在气液两相中的浓度就会达到动态平衡。如果外界条件，如温度、压力等不再变化时，气体在液体中的浓度就不再随时间而变化，这时的浓度即为该条件下的气体在溶液中的饱和浓度（c^*）。氧饱和度通常用发酵液中氧的浓度与临界溶解氧溶度之比来表示，溶解氧的饱和浓度的单位可用 mg/L 或 mmol/L 等表示。各种微生物的临界氧值以空气氧饱和度表示，所以对于一般微生物，它的临界溶解氧浓度应等于 1%～15% 饱和浓度，例如酵母 $4.6×10^{-3}$mmol/L，1.8%；产黄青霉 $2.2×10^{-2}$mmol/L，8.8%；放线菌为 5%～30%；霉菌为 10%～15%。青霉素发酵的临界氧含量为 5%～10% 空气饱和度。低于此临界值时，青霉素的生物合成将受到不可逆的损害，溶解氧即使低于 30%，也会导致青霉素的比生产速率急剧下降。如将溶解氧值调节到大于 30%，则青霉素的比生产速率很快恢复到最大值。由于氧起着活化异青霉素 N 合成酶的作用，因而氧的限制可显著降低青霉素 V 的合成速率。

溶解氧与空气中氧的分压、大气压、水温和水质有密切的关系。氧饱和浓度 c^* 是指：在外界条件不改变，氧气在溶液中的浓度不随时间改变而改变时的氧浓度。影响氧的饱和

浓度的主要因素有以下三个。

（1）温度 温度影响氧的扩散速率，温度与扩散速率存在密切的关系，所以温度影响氧的溶解，溶液的温度越高，氧气的饱和浓度 c^* 越低。温度不同，对氧的溶解度影响不同，如表 8-3 所示，温度越高，氧的饱和浓度 c^* 越低。

表 8-3 一个大气压下氧在水中的溶解度

温度/℃	0	10	15	20	25	30	35	40
溶解度/(mmol/L)	2.18	1.7	1.54	1.38	1.26	1.16	1.09	1.03

温度对发酵的影响及其调节控制是影响微生物生长繁殖的重要因素之一，任何生化酶促反应与温度变化有关。温度对发酵的影响错综复杂，主要表现在对细胞生长、产物合成、发酵液的物理性质等方面。

温度对菌体生长和代谢产物形成的影响是由各种因素综合表现的结果。温度影响微生物细胞生长。随着温度的上升，细胞的生长繁殖加快。生长代谢以及繁殖都是需要酶参与的，温度升高酶促反应速度加快，生长代谢加快，产物生成提前。但随着温度的上升，酶失活的速度也越来越快，菌体易于衰老影响产物形成，发酵周期缩短，对发酵生产不利。微生物受高温的伤害比低温的伤害大，超过一定的耐受温度微生物很快死亡。低于最低温度，微生物代谢受到很大抑制，并不导致死亡。

温度对产物形成的影响，如青霉素生产菌最适生长温度为 30℃，而最适于产青霉素的温度为 20℃。所以微生物生长的温度并不一定是适合产物形成的温度，要根据实际情况来严格把关。

温度影响发酵液的物理性质。温度不但影响微生物的各种反应速度，还通过发酵液的物理性质间接地影响微生物的生物合成。例如，温度对氧的溶解度的影响，温度越高溶解氧越低，从而对一些需氧的生物合成反应有抑制。

温度对产物的合成方向有影响。例如，金色链霉菌在 35℃ 时合成的为四环素，而在 30℃ 的时候合成的却是金霉素。谢希贤等研究了温度对 L-亮氨酸发酵的影响，结果表现为发酵前期影响菌体的生长，发酵中后期影响产酸。发酵温度为 28～32℃ 时，菌体生长旺盛，菌体浓度大，L-亮氨酸产量较高。发酵温度太低，菌体生长缓慢，底物转化率低，L-亮氨酸产量低。发酵温度高，虽然对菌体生长有利，但菌体易衰老，发酵后劲不足，也不利于 L-亮氨酸高产。另外，发酵温度高，发酵液中杂酸含量增多，影响后续的产品提纯与精制。综合考虑，确定 L-亮氨酸的最适发酵温度为 30℃。

总结归纳上述温度对发酵的影响主要表现在如下方面。

① 影响各种酶反应的速率和蛋白质的性质 在一定范围内，随着温度的升高，酶反应速率也增加，但超过最适温度，酶催化活力就下降。温度对合成代谢产生的影响为：

a. 调节菌体合成代谢机制，改变代谢产物的合成方向；

b. 影响酶系组成及酶的特性；

c. 影响多组分次级代谢产物的组分比例。

② 影响发酵液的物理性质

a. 发酵液的黏度；

b. 基质和氧在发酵液中的溶解度和传递速率；

c. 某些基质的分解和吸收速率。

温度影响微生物生长和繁殖及发酵的各个环节，温度影响微生物菌体表面，影响菌体内的热平衡和热传递，影响发酵产物的形成和产量。为了使菌体的生长速度最快和代谢产物的产率提高,提高发酵液质量,在发酵过程中根据菌种特性,选择和控制最合适的温度是最关键的。不同的菌种和不同培养条件以及不同的酶反应和不同的生长阶段,最合适的温度应有所不同。

如何选择最合适的发酵温度,主要根据以下几条原则确定。

① 根据不同的菌种选择　微生物种类不同,所具有的酶系及其性质不同,所要求的温度范围也不同。如黑曲霉生长温度为37℃;谷氨酸产生菌棒状杆菌的生长温度为30～32℃;青霉菌生长温度为30℃。

② 根据生长阶段选择　在发酵前期,取稍高的温度,促使菌的呼吸与代谢,使菌生长迅速;在中期菌量已达到合成产物的最适量,发酵需要延长中期,从而提高产量,因此中期温度要稍低一些,可以推迟衰老。因为在稍低温度下氨基酸合成蛋白质和核酸的正常途径关闭得比较严密有利于产物合成。发酵后期,产物合成能力降低,没有必要延长发酵周期,可提高温度,刺激产物合成到放罐。如四环素生长阶段28℃,合成期26℃,后期再升温;黑曲霉生长37℃,产糖化酶32～34℃。但也有的菌种产物形成比生长温度高。如谷氨酸产生菌生长30～32℃,产酸34～37℃。

③ 最适温度会因发酵条件不同而变化　比如在通气条件差时,最适的发酵温度可能比良好通气条件下低一些,这是由于较低温度下,氧溶解度大,从而弥补了通气不足造成的代谢异常。

④ 最适温度的选择还要考虑培养基的成分及浓度　例如在红霉素发酵中,可用玉米浆或黄豆粉作培养基,用黄豆粉作培养基时,可适当提高培养温度。

⑤ 根据菌生长情况　菌生长快,维持在较高温度时间要短些;菌生长慢,维持较高温度时间可长些。

(2) 溶液的性质　氧在不同性质的溶液中的溶解度不一样,同一种溶液由于其中的溶质含量不同,氧的溶解度也不同(纯水0.265mmol/L,发酵液0.2mmol/L)。

一般情况下,溶质含量越高,氧的溶解度就越小。

① 绝大多数固体物质随温度的升高,溶解度增大。

② 极少数固体物质随温度的升高,溶解度变化不大。如氯化钠。

③ 少数固体物质随温度的升高,溶解度反而降低。如氢氧化钙溶解度随着温度的升高而降低。

④ 硝酸钠、硝酸钾这两种物质的溶解度都是随着温度的升高而升高。

(3) 氧分压　氧分压不同对氧溶解度影响也不同,在系统压力小于0.5MPa的情况下,氧在溶液中的溶解度与氧分压成正比即成直线关系,也即亨利定律:

$$c^* = 1/Hp_{O_2} \tag{8-3}$$

式中　c^*——与气相 p_{O_2} 达平衡时溶液中的氧浓度即饱和浓度,mmol/L;

p_{O_2}——氧分压,mPa,总压力 $p = p_{O_2} + p_{CO_2} + \cdots$;

H——亨利常数(与溶液性质温度等有关),$m^3 \cdot MPa \cdot Kmmol^{-1}$。

气相压力增加时 p_{O_2} 增加,溶液中溶解氧浓度亦随之增加。当向溶液中通入纯氧时,溶液中的氧饱和浓度可达43mg/L。正如许多文献所指出的,在无菌落生成的条件下,微生物溶解氧的"实际"临界浓度为0.001～0.1mg/L,仅仅是饱和值的0.01%～1%。对于处于菌落生成阶段的菌体微生物,通气搅拌的状况时时影响着它的生长和氧耗速率,当氧分压是饱和值的15%～20%时,影响会更大。在系统总压力小于0.5MPa时,氧在溶液中的溶解度只与氧的分压成直线关系。气相中氧浓度增加,溶液中氧浓度也增加。想提高 c^* 就得降低培养温度或降低培养基中营养物质的含量，或提高发酵罐内的氧分压（即提高罐压）。这几种方法的实施均有较大的局限性。已知发酵培养基的组成和培养浓度是依据生产菌种的生理特性和生物合成代谢产物的需要而确定的，不可任意改动。但有时分批发酵的中后期，由于发酵液黏度太大，补入部分灭菌水来降低发酵液的表观黏度，改善通气效果。采用提高氧分压的方法，既可以提高发酵罐压力，又可以向发酵液通入纯氧气。提高罐压会减小气泡体积，减少气-液接触面积，影响氧的传递速率，降低氧的溶解度。影响菌体的呼吸强度，同时增加设备负担。通入纯氧能显著提高 c^*，但该方法的经济性和安全性较差，同时易出现微生物的氧中毒现象。

2. 影响微生物需氧量的因素

需氧发酵过程中影响微生物需氧量的因素很多，主要有菌种的生理特性、培养基组成、发酵液溶解氧浓度以及培养工艺条件等。

（1）微生物种类和生长阶段　微生物的种类不同，微生物本身遗传特征及生理特性亦不同，代谢活动中的需氧量也不同；同一菌种的不同生长阶段，其需氧量也不同。

一般来说，菌体处于对数生长阶段的 q_{O_2} 较高，生长阶段的耗氧率 $\gamma_{生长}$ 大于合成阶段的耗氧率 $\gamma_{合成}$，所以，可认为培养液的耗氧率 γ 达到最高时，菌体浓度达到了最大值。

（2）培养基的组成和浓度　培养基的成分和浓度对产生菌的需氧量的影响是显著的。培养基中碳源的种类和浓度对微生物的需氧量的影响尤其显著。一般情况下，在一定碳源浓度范围内，需氧量随碳源浓度的增加而增加。在补料分批发酵过程中，菌种的需氧量随补入的碳源浓度而变化，一般补料后，摄氧率均呈现不同程度的增大。另外，培养液中溶质浓度影响氧的溶解度，从而影响菌体的耗氧能力。不同碳源种类耗氧速率为：油脂或烃类＞葡萄糖＞蔗糖＞乳糖；培养基浓度不同对需氧量也不同，当培养基浓度大时，呼吸强度增加；反之，呼吸强度降低。

培养基的成分和浓度显著地影响微生物的摄氧率。例如，碳源种类对细胞的需氧量有很大的影响，一般微生物利用葡萄糖的速度比其他种类的糖要快，因此在含葡萄糖的培养基中表现出较高的摄氧率。例如，产黄青霉在含葡萄糖、蔗糖和乳糖的培养基中，最大摄氧率分别为 $3.72\times10^{-3}\,mol/(m^3\cdot s)$、$1.9\times10^{-3}\,mol/(m^3\cdot s)$ 和 $1.4\times10^{-3}\,mol/(m^3\cdot s)$。在发酵过程中若进行补料或加糖，可使微生物的摄氧率随之增加。如链霉素发酵 70h 时，补糖、氮前，摄氧率为 $34.3\times10^{-3}\,mol/(m^3\cdot s)$，补料后 78h 测得摄氧率为 $40.9\times10^{-3}\,mol/(m^3\cdot s)$，在 92h 以后，下降到 $15\times10^{-3}\sim20\times10^{-3}\,mol/(m^3\cdot s)$。如表 8-4 所示为不同碳源对青霉菌摄氧率的影响。

表 8-4　各种有机物对点青霉菌摄氧率的影响[①]

有机物	摄氧率的增加/%	有机物	摄氧率的增加/%
葡萄糖	130	蔗糖	45
麦芽糖	115	甘油	40
半乳糖	115	果糖	40
纤维糖	110	乳糖	30
甘露糖	80	木糖	30
糊精糖	60	鼠李糖	30
乳酸钙	55	阿拉伯糖	30

① 表中数值为与内源呼吸相比较增加的百分数，内源呼吸作为 100%。

（3）培养液中溶解氧浓度 c 的影响　发酵过程中，培养液中的溶解氧浓度 c（即供氧浓度）若大于菌体的 $c_{长临}$（即耗氧）时，菌体的呼吸不受影响，菌体的各种代谢活动不受干扰，若 c 小于 $c_{长临}$，则菌体的各种生化代谢将会受到影响，严重时会产生不可逆地抑制菌体生长和产物合成的现象。例如，L-异亮氨酸的代谢流量与溶解氧浓度有密切关系，可以通过控制不同时期的溶解氧来改变发酵过程中的代谢流分布，从而改变异亮氨酸等氨基酸合成的代谢流量。

（4）发酵培养条件　若干实验表明，微生物呼吸强度的临界值除受到培养基组成的影响外，还与培养液的 pH、温度等培养条件相关。培养条件如 pH 值、温度等影响微生物需氧量。pH 通过酶活力来影响需氧特征，特别是影响代谢过程，代谢最旺盛或合成最旺盛时 q_{O_2} 升高；一般说，温度愈高，营养成分愈丰富，其呼吸强度的临界值也相应增高。温度可通过酶活力及溶解氧来影响需氧特征，另外，在一定的温度范围内温度升高则 q_{O_2} 的临界值增大。

（5）CO_2 的影响　在发酵过程中，有时会产生一些对菌体生长有毒性的物质，如 CO_2 等代谢产物，CO_2 在水中的溶解度是相同条件下 O_2 的 30 倍，当 CO_2 浓度较高时，溶在培养液中影响菌体的呼吸，进而影响菌体的代谢活动。因此，要保证菌体的正常代谢需及时除去 CO_2 和有毒产物的形成及积累。

（6）菌龄及细胞浓度的影响　不同的生产菌种，其需氧量各异。同一菌种的不同生长阶段，其需氧量也不同。一般说，菌体处于对数生长阶段的呼吸强度较高，生长阶段的摄氧率大于产物合成期的摄氧率。在分批发酵过程中，摄氧率在对数期后期达到最大值。因此认为培养液的摄氧率达最高时，表明培养液中菌体浓度达到了最大值。而微生物菌龄处于幼龄菌生长阶段时，其呼吸强度呈增大趋势，但菌体浓度低，总的耗氧量也低；对于微生物菌龄处于晚龄菌生长阶段，其呼吸强度呈减小趋势，但菌体浓度高，总的耗氧量也高。

（7）代谢类型（发酵类型）的影响　对于发酵产物是通过 TCA 循环获取的，则呼吸强度升高，耗氧量增大；如果发酵产物是通过 EMP 途径获取的，则呼吸强度降低，耗氧量减小。

（8）挥发性中间产物的损失　在糖代谢过程中，有时会产生一些挥发性的有机酸，它们随着大量通气而损失，从而影响菌体的呼吸代谢。

二、传氧速率方程

1. 氧的传递途径

在需氧发酵过程中，氧传递包括对微生物的供氧和微生物耗氧两个方面。首先是气相中的氧溶解在发酵液中，然后传递到细胞内的呼吸酶位置上被利用。供氧和耗氧两个方面的一系列传递过程包括空气中的 O_2 从空气泡通过气膜、菌丝丛、细胞膜扩散到细胞内。在整个传递过程中，氧必须克服一系列的阻力才能被微生物所利用。

经过微生物发酵工作者的研究认为，在氧的传递过程中，从气相到液相的过程是限制步骤。因此，提高氧的传递速率，也就是要提高氧从气相到液相的传质（溶解氧）速率。

2. 双膜理论与传氧方程式

（1）氧溶解过程的双膜理论　液体发酵中，微生物对氧的利用方式是通过微生物在液相中进行的反应，只有溶解在溶液中的氧气才能够被微生物所摄取。通入发酵罐中的无菌空气在发酵液中以上升的小气泡的形式出现，并在非均相系统中完成一个从气相到液相的过程，然后微生物完成吸取溶解态氧到细胞的过程。发酵液中溶解氧水平变化取决于发酵罐的供氧能力和微生物的耗氧速率。而气体溶解于液体是一个复杂的过程，至今还未能从理论上完全了解，最早提出而且至今还在应用的是双膜理论。

该理论认为：在气液体系中存在着气膜和液膜，气体溶于液体时，气相中的氧分子首先穿过气膜到达气液两相的接触界面，再通过液膜进入液体主流中。因此，由气相一侧扩散的推动力是空气中氧分压与界面处氧分压之差，进入液相后的推动力则是液体主流中氧浓度与气相界面处的浓度之差。图 8-3 是气体吸收双膜理论图解。

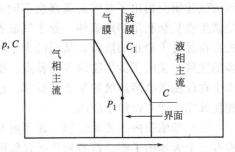

图 8-3　气体吸收双膜理论图解
图中箭头表示传氧方向；P_1 和 C_1 分别
表示液膜界面氧的分压和溶解氧浓度

（2）传氧速率方程推导

根据溶解氧过程的双膜理论可知，在稳定状态时，

$$N_A = K_G(p - p^*) = K_L(C^* - C_L) \tag{8-4}$$

式中　N_A——单位界面传氧速率；

　　　K_G——以氧分压为总推动力的总传质系数，$kmol/(m^2 \cdot h \cdot MPa)$；

　　　K_L——以氧浓度差为总推动力的总传质系数，m/h；

　　　p^*——与液相中氧浓度 c 平衡时的氧分压，MPa；

　　　C^*——与气相中氧分压 p 达平衡时氧的饱和浓度，$kmol/m^3$。

上述的传质系数 K_L 并不包括传质界面积，而传质界面积事实上是难于测定的，最好考虑一种传质系数能包括内界面，方便实际应用，内界面以 α 表示，单位为 m^2/m^3，即单位体积内界面，在气液传质过程中通常将 $K_L\alpha$ 作为一项处理，称体积溶氧系数或体积传质系数。这样，溶解氧速率方程为：

$$N = K_L\alpha(C^* - C) = K_G\alpha(p - p^*) = K_L\alpha \cdot 1/H \cdot (p - p^*) \tag{8-5}$$

式中　N——单位体积液体氧的传递速率，$kmol/(m^3 \cdot h)$；

　　　$K_G\alpha$——以分压差为推动力的体积溶氧系数，$kmol/(m^3 \cdot h \cdot MPa)$；

　　　C——溶液中氧的实际浓度，$kmol/m^3$；

　　　C^*——与气相中氧分压 p 达平衡时氧的饱和浓度，$kmol/m^3$；

　　　p^*——与液相中氧浓度 c 达平衡时的氧分压，MPa；

　　　H——亨利常数，$m^3 \cdot MPa/kmol$；

　　　$K_L\alpha$——以浓度差为推动力的体积溶氧系数，$1/h$；$K_L\alpha$ 又称通气效率，可以用来衡量发酵罐的通气效率，$K_L\alpha$ 越大，通气效率越高。

这是从双膜理论推导出的在通气液体中传氧速率的公式，在氧传递理论中被广泛采用，是该领域内科学试验的基本依据之一。

但尚需指出，双膜理论中假设有膜的存在，并以分子扩散为依据，而实际上是否存在稳定的气膜和液膜还有疑问，故用于通气搅拌的传质问题不完全符合两相界面的实际情况。这与在管壁内外流动的液体的情况不尽相同，后者在固定的壁面两侧确实存在着两层滞流流动着的膜，这种膜可以使之减薄，而不能使之完全消失。但在剧烈地挠动着的气液两相界面上，情况就不会如此简单，此时的传质并不是单纯的分子扩散。由于发展的不完善，尽管目前已经提出了许多新理论（如表面更新理论、渗透理论等），但因双膜理论的研究和建立已有长久的历史，从理论到解决工程问题的方法都较为成熟，故在目前仍然被认为是工程上解决气液传质问题的基本理论。

再者，双膜理论等都是仅仅说明氧溶解于液体的过程，是以微生物只能利用溶解于液体中的氧为依据，与化学工业中无生物体系的气液传质理论没有原则性的区别。有人通过一系列的试验研究提出了与溶解氧概念不同的观点。他们发现，在发酵过程中，除了处于液体中的微生物只能利用溶解氧外，处于气液界面处的微生物还能直接利用空气中的氧，同时微粒的存在扰乱了静止的液膜，从而减少了液膜阻力。这个新的观点是发酵过程传质理论更进一步的发展，说明了微生物培养的特点。据报道，在石油发酵中实际测得的氧吸收量比只考虑微生物仅能吸收溶解氧的量要高得多，已证实了这个观点的正确性，但还需做进一步研究才能使其在生产和设计中应用。

（3）细胞膜内的传质过程　在了解和掌握了双膜理论的同时，还应对细胞膜内的传质过程有一个大概的了解。营养物质通过细胞膜的传递形式主要有：

① 被动传递（又称单纯扩散）　营养物通过简单扩散传递，即由浓度梯度所产生（由高浓度向低浓度），故不需附加能。真菌传递属于该类型。

② 主动传递（又称主动运输）　营养物从低浓度向高浓度的扩散，需消耗能量（代谢能）。

③ 促进传递（又称促进扩散）　营养物依靠载体分子（载体蛋白质或渗透酶）的作用而穿过细胞膜。

细胞膜有一磷脂双分子层，其对极性分子不通透，这一双分子层阻碍离子和内部代谢产物从细胞内扩散出来。同样，某些分子通过细胞膜传入，必须有特别的传递系统。

（4）氧的供需平衡　氧的供需平衡就是发酵液中维持微生物呼吸和代谢所需的氧保持供氧与耗氧的平衡，只有满足微生物对氧的利用，发酵才能正常进行。液体中的微生物只能利用溶解氧，而气液界面处的微生物还能利用气相中的氧，故强化气液界面也将有利于供氧。

保持发酵液一定的溶解氧速度是为了满足微生物呼吸代谢活动的耗氧速度，如果溶解氧速度小于微生物的耗氧速度，则发酵液中的氧逐渐耗尽；当溶液中的氧浓度低于临界氧浓度时，就要影响微生物的生长发育和代谢产物生成。因此，供氧与耗氧至少要平衡，此时可用下式表示：

$$N = K_L\alpha(C^* - C) = K_G\alpha(p - p^*) = q_{O_2}X = \gamma \tag{8-6}$$

$$K_L\alpha = q_{O_2}X/(C^* - C) \tag{8-7}$$

但是，在实际发酵过程中，这种平衡的建立往往是暂时的，由于发酵过程中培养物的生化、物理等性质随时发生变化，相应氧传递情况也不断变化，平衡不断被打破，然后又重新建立。对于一个培养物来说，最低的通气条件可由上式求得。$K_L\alpha$ 亦可称为通气效率，可用来衡量发酵罐的通气状况，高值表示通气条件富裕，低值则表示通气贫乏。在发酵过程中，培养液内某一瞬间溶解氧浓度变化可用下式表示：

$$dC/dt = K_L\alpha(C^* - C) - q_{O_2}X \tag{8-8}$$

在稳定状态下 $dC/dt = 0$，则 $C^* - C = q_{O_2}X/K_L\alpha$。

第四节　$K_L\alpha$ 的测定

测定溶氧系数 $K_L\alpha$ 值的方法有很多种，最早是采用化学法即亚硫酸盐氧化法，继之而起的是极谱法（包括取样法和排气法），直到目前发展到已制成耐高压蒸汽灭菌、灵敏度较高的复膜电极溶氧测定仪，可以测定发酵过程中的溶解氧浓度、菌体耗氧速率及溶氧系数值。此外，还可根据发酵过程中的基质消耗比速率来间接计算出溶氧系数值。

一、亚硫酸盐氧化法

用铜离子作为催化剂时，溶解到水中的氧能立即氧化其中的亚硫酸根离子，使之成为硫酸根离子，其氧化反应速度在较大范围内与亚硫酸根离子的浓度无关。实际上氧分子一经溶入液相，立即就被还原。这样的反应特性排除了氧化反应速度成为溶解氧阻力的可能，因此，氧溶于液体的速度就是控制此氧化反应的因素。反应原理如下：

在 Cu^{2+} 存在下

$$2Na_2SO_3 + O_2 = 2Na_2SO_4$$

剩余的 SO_3^{2-} 与过量的碘作用

$$Na_2SO_3 + I_2 + H_2O = Na_2SO_4 + 2HI$$

再用 $Na_2S_2O_3$ 滴定剩余的碘

$$2Na_2S_2O_3 + I_2 = Na_2S_4O_6 + 2NaI$$

将一定温度（20～45℃）的自来水加入试验罐，加入化学纯的 Na_2SO_3 晶体，使 SO_3^{2-} 约为 1mol/L，再加入化学纯的 $CuSO_4$ 晶体，使 Cu^{2+} 浓度约为 9～10mol/L，待完全溶解后，开阀通气，使空气阀在打开时气体流量即接近预定值，并在几秒内调整至所需的空气流量。当气泡从喷管中冒出的同时，立即计时，为氧化作用的开始，氧化时间可以控制在 5～20min，至停止通气和搅拌，准确地记录氧化时间。

试验前后各用移液管取 10～100mL 样液，立即移入新吸取的过量标准碘液中。移液管下端开口离开碘液液面不要超过 1cm，以防止氧化。然后以淀粉作指示剂，以硫代硫酸钠标准液滴定至终点。

根据反应原理：$4Na_2S_2O_3 \infty O_2$，通过两次取样消耗的 $Na_2S_2O_3$ 溶液的体积差数，计算出溶解氧速率。计算公式 [当操作时压力 $p=1atm$（绝对压力，$1atm=101325Pa$）] 为：

$$N = b \times \Delta V/1000 \times m \times t \times 4 [molO_2/(mL \cdot min)]$$
$$= b \times \Delta V \times 60/m \times t \times 4 [molO_2/(mL \cdot h)]$$

式中　b——$Na_2S_2O_3$ 溶液的浓度（已标定）；

ΔV——两次取样液体用 $Na_2S_2O_3$ 溶液滴定所用体积之差，mL；

m——样液的体积，mL；

t——两次取样的时间间隔，即氧化时间，min。

设体积溶氧系数为 $K_L\alpha$，根据传氧速率方程 $N = K_L\alpha(C^* - C)$，由于在此法中溶液中溶解氧的浓度即 $C=0$，另外，在 25℃纯水、1 个大气压、空气的分压为 0.21atm，与之相平衡的纯水中的溶解氧浓度 $C^* = 0.24mmol/L$，但在亚硫酸盐氧化法的具体条件规定，$C^* = 0.21mmol/L = 0.21 \times 10^{-3} mol/L$（近似氧在实验条件下在亚硫酸钠溶液中溶解的饱和浓度）。

故得：

$$K_L\alpha = N/0.21 = 4.8 \times 10^3 N$$

用亚硫酸盐氧化法测定溶氧系数的优点是：氧溶解速度与亚硫酸盐浓度无关，且反应速度快，不需要特殊仪器。其缺点是不能在真实发酵条件下测定发酵液的溶解氧，工作容积只能在 4～80L 以内测定才比较可靠，表明发酵设备通气效率的优劣。因为亚硫酸盐对微生物的生长有影响，且发酵液的成分、消泡剂、表面张力、黏度，特别是菌体都会影响氧的传递，以这种方法测定的结果仅能相对说明某种发酵罐在该操作条件下的性能，而不足以说明溶解氧和微生物耗氧的全过程，故只能在一定范围内应用。实际的溶氧系数低于亚硫酸盐氧化值，仅在工作容积 4～80L 以内时才较可靠。据资料综合分析，亚硫酸盐氧化法对于细菌和酵母的培养两者还比较接近，可以作为设计发酵罐培养和放大发酵条件时的依据；但对于丝状菌和黏度大的发酵液，则由于菌丝团的阻力上升为主要阻力，同时这种发酵液在罐中各处的耗氧速率也不一样，如采用亚硫酸盐氧化值来设计和放大就不能得出满意的结果。尽管如此，亚硫酸盐氧化法简单方便，在发酵罐的通气效率研究中还是有一定价值的，仍广泛应用于设备溶氧系数的测定。

二、极谱法

伏安法和极谱法是一种特殊的电解方法，是以小面积、易极化的电极作工作电极，以大面积、不易极化的电极为参比电极组成电解池，电解被分析物质的稀溶液，由所测得的电流-电压特性曲线来进行定性和定量分析的方法。当以滴汞做工作电极时的伏安法，称为极谱法，它是伏安法的特例。

发酵液中的溶解氧可用极谱仪来测定，其原理是当电解电压为 0.6～1.0V 时，扩散电流的大小与液体中溶解氧的浓度成正比变化。由于氧的分解电压最低，因此发酵液中的其他物质对测定的影响甚微，且发酵液中的含有氯化钠、磷酸盐等电解质，故可直接用来测定。

极谱法的优点为：可直接测定发酵条件下的溶解氧。极谱法又分为取样极谱法和排气极谱法两种。但取样法和排气法测定溶氧系数的缺点是都不能反映发酵过程中的真实情况。因此，最好能应用复膜电极的溶氧测定仪直接测定发酵过程中的溶氧系数。

三、溶氧电极法

由于亚硫酸盐氧化法和极谱法都不能反映发酵过程的实际情况，因而要求探索能直接测定发酵过程溶氧系数的有效方法。自 20 世纪 50 年代以来，经过对复膜电极的研究和改进，现在国内外已研制出应用复膜电极直接测定发酵过程中溶氧系数的溶氧测定仪。

溶氧电极法的原理为：

① 氧透过性薄膜将电极系统与被测定溶液分隔开；

② 测定的是氧从液相主体到阴极的扩散速率，即氧从被测介质主体经过电极膜外侧的滞留液膜、电极膜和电解质到达阴极表面；

③ 氧从液相主体到阴极的推动力为氧分压差。

特点是：

① 此法避免了外界溶液性质及通风搅拌所引起的湍动对测定产生的影响。

② 应用此法时应维持氧的总传递系数 K 值不变，即影响液膜厚度的搅拌速度和影响液膜传递系数的温度都不变。

1. 稳态法

此法是根据氧供需平衡和传氧速率方程计算的。正在发酵的醪液中，一方面以一定的溶解氧速率向醪液中供氧，另一方面正在生长的微生物也以一定的耗氧速率消耗溶解氧，因而醪液内溶解氧浓度的变化取决于溶解氧供需速率的相互关系。倘若此供需速率相等，则醪液内溶解氧浓度变化速率为零，即能保持一个稳定的溶解氧浓度。

已知 $$N = K_L\alpha(C^* - C) \tag{8-9}$$

又知 $$\gamma = q_{O_2}X$$

当溶解氧的供需速率相等时，γ 可通过下式衡算：

$$\gamma = Q(C_{进} - C_{出})/V$$

式中　γ——微生物的耗氧速率，mmol/(L·h)；

q_{O_2}——微生物的比耗氧速率，mmol/(g·h)；

X——微生物菌体浓度，g/L；

Q——通气量，L/h；

V——发酵液体积，L；

$C_{进}$——通入气体中的氧浓度，mmol/L；

$C_{出}$——排出气体中的氧浓度，mmol/L。

$$\because \gamma = N$$

即
$$Q(C_{进} - C_{出})/V = K_L\alpha(C^* - C) \tag{8-10}$$

$$\therefore K_L\alpha = \frac{Q(C_{进} - C_{出})}{V(C^* - C)}(h^{-1}) \tag{8-11}$$

式中，$C_{进}$ 和 $C_{出}$ 为常量，若按标准空气计，$C_{进} = 8.73 \times 10^{-3}$ kmol/m^3，而液相中饱和氧浓度取决于操作压力，一般地，应取液体上部和下部饱和溶解氧浓度的平均值。$C_{出}$ 可用氧分析仪由排出气体测得，C 为培养液中的溶解氧浓度，用溶解氧电极测得。

2. 动态法

动态法是在不稳态条件下，通过测定醪液中溶解氧随时间的变化曲线来确定 $K_L\alpha$ 值的方法，是在发酵过程中暂时停止通气，短时间后继续通气，人为地制造一个不稳定状态，即使发酵液中的溶解氧处于不平衡状态（$N \neq \gamma$）。此时，对发酵液进行溶解氧衡算有：

$$dC/dt = K_L\alpha V(C^* - C) - q_{O_2} \tag{8-12}$$

当在发酵过程的某一时刻（$t = 0$）暂时停止通风，则上式变为：

$$dC/dt = -q_{O_2}X \tag{8-13}$$

在短时间内，由于耗氧速率（$q_{O_2}X$）不变，对式(8-13)积分得：

$$C = -q_{O_2}Xt + C_0 \tag{8-14}$$

从式(8-14)可知，短时停气期间溶液中氧浓度 C 将随时间 t 成直线下降（图8-4）。时间 t_1 后，恢复通风，溶液中的氧浓度又将逐渐回升，式(8-12)可改写为：

$$C = -\frac{1}{K_L\alpha}\left(\frac{dC}{dt} + q_{O_2}X\right) + C^* \tag{8-15}$$

按式(8-15)，以 $(dC/dt + q_{O_2}X)$ 对 C 作图，如图8-4即得一斜率为 $-1/K_L\alpha$ 的直线，此直线与纵轴的交点即为饱和溶解氧浓度 C^*。

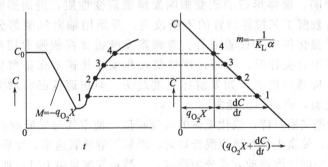

图8-4 短暂停气发酵中氧浓度的变化及 C-$(dC/dt + q_{O_2}X)$ 关系曲线

因此，根据以上动态氧衡算法，由式(8-14)和式(8-15)作图可求出 $K_L\alpha$ 值，具体步骤概述如下。

（1）在发酵过程中，突然停止通气，发酵液中溶解氧浓度将成直线下降，待时间 t_1 后，恢复通气，发酵液中氧浓度又逐渐回升。可用氧电极连续测定并记录停止通气及恢复通气阶段发酵液中的氧浓度 C，由此得出这一过程的 C-t 曲线。但在实验中，必须掌握好停止通气的时间 t_1，使 t_1 值不致降到微生物的临界溶解氧浓度 $C_{临}$ 之下，否则 $q_{O_2}X$ 不为常数，从而影响实验结果。

（2）由式(8-14)可知，在停止供氧阶段，溶解氧浓度成直线下降，且直线的斜率为 $-q_{O_2}X$，由此即可求得耗氧速率 $q_{O_2}X$，进而可求得比耗氧速率 q_{O_2}。

$$q_{O_2} X = (C_0 - C_1)/t_1 = -斜率 \tag{8-16}$$

$$q_{O_2} = (C_0 - C_1)/X t_1 = -斜率/X \tag{8-17}$$

式中　C_0——停止通气前发酵液中的氧浓度，$kmol/m^3$；

　　　t_1——停止通气时间，h；

　　　C_1——停止通气 t_1 时间后发酵液中氧的浓度，$kmol/m^3$。

（3）根据恢复供氧的 C-t 曲线，求取 C-dC/dt 数据，进一步即可绘制 C-$(dC/dt + q_{O_2} X)$ 图形，求得 $K_L\alpha$ 值。

第五节　发酵罐及各种因子对 $K_L\alpha$ 的影响

从式(8-6)可以看出，影响氧传递速率的因素有溶氧系数 $K_L\alpha$ 和推动力 $(C^* - C)$。而与溶氧系数 $K_L\alpha$ 值有关的则有搅拌、空气线速度、空气分布器的形式和发酵液的黏度等；与推动力 $(C^* - C)$ 有关的则为发酵液的深度、氧分压及发酵液性质等。

一、搅拌

好氧性发酵罐通常都设有通风与搅拌装置。通风是为了供给需氧或兼性需氧微生物适量的空气，以满足菌体生长繁殖和积累代谢产物所需要的氧。发酵罐内装配搅拌器的作用有：①使发酵罐内的温度和营养物质浓度均一，使组成发酵液的三相系统充分混合；②把引入发酵液中的空气分散成小气泡，增加了气-液接触面积，提高 $K_L\alpha$ 值；③强化发酵液的湍流程度，降低气泡周围的液膜厚度和湍流中的流体的阻力，从而提高氧的转移速率；④减少菌丝结团，降低细胞壁周围的液膜阻力，有利于菌体对氧的吸收，同时可尽快排除细胞代谢产生的"废气"和"废物"，有利于细胞的代谢活动。另外，通气搅拌可促进发酵罐内换热、混合和供氧，搅拌产生的剪切力对微生物的菌体形态、生长和代谢活力存在一定影响，菌体形态的改变影响发酵液流变性质，进而影响换热、混合和相间传质速率。随着发酵工艺搅拌装置的不断改进，开始用轴向流浆部分或全部替代原先使用的涡轮浆，以强化供氧和改善混合。青霉素发酵需要在较强剪切环境中进行，采用轴向流浆和涡轮浆组合搅拌时，可通过调整浆径和搅拌转速来保证剪切环境满足菌体生长和代谢的需要。应指出的是，如果搅拌速度过快，剪切速度必将增大，菌丝体会受到损伤，影响正常代谢，同时浪费能源。

正因为搅拌能把气泡打碎，强化流体的湍流程度，使空气与发酵液充分混合，气、液、固三相更好地接触，使微生物悬浮液混合均匀，增加了溶解氧速率，促进代谢所需的传质速率。由于发酵罐中的气泡流动方式分为两类：一类是气泡自由上升，如在鼓泡罐、塔式反应器、气升式反应器和工业中常用的搅拌罐等中；另一类呈高湍流型，主要是实验室中使用的反应器及小型搅拌罐中。大型发酵罐归为前一类，这是因为虽然在搅拌浆附近液体呈高湍流状态，但对反应器整体的传质，湍流影响并不大。

由于搅拌对溶解氧产生的影响较大，因此在发酵罐内设置机械搅拌是提高溶解氧的一个可行的好方法。机械搅拌有利于液体本身的混合气-液及液-固间的混合以及质量和热的传递，搅拌对氧的溶解的重要意义在于它可以加强气-液间的湍动，增加气-液接触面积及延长气-液接触时间。

1. 搅拌提高溶氧系数的机制

利用机械搅拌来提高溶氧系数是行之有效而普遍采用的方法，这是因为搅拌可以从以下几方面改善溶解氧效果。

①搅拌能把大的空气气泡打成微小气泡，增加接触面积，而且小气泡的上升速度要比大气泡慢，因此接触时间也增长。

②搅拌使液体作涡流运动，使气泡不是直线上升而是做螺旋运动上升，延长了气泡的运动路线，即增加了气-液接触时间。

③搅拌使发酵液呈湍流运动，从而减少了气泡周围液膜的厚度，进而减少了液膜阻力，因而增大了 $K_L\alpha$ 值。

④搅拌使菌体分散，避免结团，有利于增加固-液传递中的接触面积，使推动力均一。同时，也减少了菌体表面液膜的厚度，有利于氧的传递。

但需注意，不能过度强烈搅拌，否则产生的剪切作用太大，易损伤细胞。特别是对利用丝状菌的发酵，更应考虑到剪切力对菌体细胞的损伤。

2. 搅拌器各项参数对传氧速率的影响

搅拌器的形式、直径大小、转速、组数、搅拌器间距及在罐内的相对位置等，对氧的传递速率都有影响。

（1）搅拌器的形式及流型　搅拌器按液流形式可分为轴向式和径向式两种。桨式、锚式、框式和推进式的搅拌器均属于轴向式，而涡轮式搅拌器则属于径向式。对于气液混合系统，以采用圆盘涡轮式搅拌器比较好。它的特点是直径小、转速快、搅拌效率高、功率消耗较低，主要产生径向液流，在搅拌器的上下两面形成两个循环翻腾，可以延长空气在发酵罐中的停留时间，有利于氧在醪液中的溶解。根据搅拌器的主要作用，打碎气泡主要靠下组搅拌，上组主要起混合作用，因此下组宜采用圆盘涡轮式搅拌器，上组宜采用平桨式搅拌器。如图 8-5 所示为采用圆盘涡轮搅拌器的通用式发酵罐搅拌液体翻动的情况。

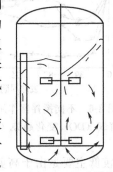

图 8-5　发酵罐搅拌液体流型

图 8-5 的右半边表示一个不带挡板的搅拌流型（发酵罐中液体被搅拌而形成的流动型式简称流型），在中部液面下陷，形成一个很深的旋涡，此时搅拌功率减少，大部分功率消耗在旋涡部分，靠近罐壁处流体速度很低，气液混合不均匀。图的左半边是一个带挡板的搅拌流型，液体从搅拌器径向甩出去后，到罐壁遇到挡板的阻碍，形成向上、向下两部分垂直方向流动，向上部分经过液面后，流经轴心而转下，由于挡板存在的作用是不致使液面形成中央下降的旋涡，液体表面外观是旋转起伏的波动，而液体内部则形成某种轴向运动，阻止大量空气通过旋涡外逸，提高气液混合效率，改善氧的传递条件。一般挡板的尺寸为罐直径的 1/8～1/120（罐直径一般用 D 表示）。在两个搅拌器之间，液体发生向上、向下的垂直流动，流进搅拌器圆盘处随着搅拌器叶径向外甩出，经罐壁遇到挡板的阻碍，迫使液体又发生垂直运动，这样在两只搅拌器的上、下方各自形成了自中间轴心部分到罐壁的循环流动。在下组搅拌器的下方，罐底中间部分液体被迫向上，然后顺着搅拌器方向甩出，形成循环。

由以上分析可知，搅拌器的相对位置对搅拌效果影响很大，从而影响溶氧系数。例如，下组搅拌器距罐底太远，则罐底部分液体不能全部被提升，造成局部缺氧。下组搅拌器距罐底一般以 $0.8D_i～1.0D_i$（D_i 为搅拌器直径）为好。两组搅拌器的距离若太大，会使两支搅拌器之间的部分液体搅拌不到，搅拌效果差；若距离太小，将会发生液体的互相干扰，功率降低，混合效果不好。具体尺寸应根据生产经验和不同的发酵类型决定。一般非牛顿型发酵液，黏度大、菌体易结团，搅拌器间距应小些，在 $2D_i$ 以下；对于牛顿型发酵液可在 $3D_i～4D_i$，甚至更大些。

由于机械搅拌搅拌器的结构形式对溶解氧的影响，在实际生产中发酵罐普遍采用的搅拌器是六弯叶涡轮式和箭叶式。小型发酵罐中平直叶圆盘涡轮搅拌器比箭叶能更好地提高溶解氧，提高发酵单位。大型发酵罐中选用径流、轴流混编的搅拌系统较好，不仅能提高溶解氧，还可以降低能耗。另外还应选择适宜的 d/D 值，其中，d 为搅拌器直径，D 为发酵罐内径。发酵罐的最适 d/D 值随着生产菌种、培养基性质和通气程度等而改变，愈是黏稠的培养基及愈是好氧的菌种应配备较大直径的搅拌器，同时应保证较高的转速。郭瑞文等采用六箭叶桨叶型式适用于庆大霉素产生菌的生长和庆大霉素的生物合成。可以减少剪切力，改变发酵液流变特性，改善菌丝形态，提高菌体的浓度及其黏度，使产素水平提高了 48.6%，达到 $1282\mu g/mL$。朱鸿飘等在 $75m^3$ 谷氨酸发酵罐上进行了不同桨型、桨径及有无挡板等条件的改变，在转化率不变的情况下，与对照罐相比，有的组合能耗要增加约 14%，而有的组合能耗则可减少约 25%，证明了搅拌生物反应器革新改造、寻找最优搅拌系统的重要性。叶勋在 6 个 $50m^3$ 的抗生素发酵罐内将原来三层档中的上、中档搅拌器从原来的 6 片减少到 3 片，在不影响发酵水平的情况下，平均能耗降低 33%，取得了明显的经济效益。陈万河研究了不同搅拌器型式对阿维菌素发酵的影响，即在阿维菌素发酵过程中不同搅拌器型式对菌体形态、生长代谢、溶解氧、糖代谢、阿维菌素合成及搅拌功率消耗的影响。结果表明，阿

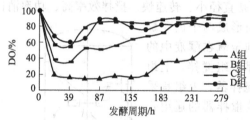

弗曼菌的生理代谢对因发酵过程中使用不同类型搅拌器而引起的发酵液流动性质和剪切力的差异较为敏感，采用 LIGHGTIN A315 和 CD-6 的组合搅拌装置最有利于阿弗曼菌菌体形成致密度合适的菌团，从而影响溶解氧和糖代谢，提高阿维菌素发酵产能，同时降低发酵能耗。在对不同搅拌器对溶解氧的影响中，由图 8-6 可知，39h 时 A 组溶解氧最低，B 组、C 组与 D 组溶解氧较高，均在 30% 以上。A 组

图 8-6　不同搅拌器作用下发酵过程中
溶解氧（DO）变化趋势（陈万河等，2009）

溶解氧较低主要是由于高剪切力使菌丝难以成团，分散菌丝较多，相互缠连使发酵液黏稠，料液不易混合，空气较难均匀分散于发酵液中。此外，A 组菌浓较高，耗氧量加大，也是造成溶解氧低的因素之一。C 组和 D 组的菌丝生成分散球状体，发酵液流动性较好，有利于溶解氧在料液中的分布。C 组的溶解氧较好的另一原因是由于菌丝结成的菌球较紧密，而菌球中心的菌体需氧量减少，使残氧高。由此可见，不同搅拌器影响菌丝形态和发酵液混合效果，从而造成溶解氧的差异。

赵臻伟通过三种不同构型搅拌桨对螺旋霉素发酵合成进行研究，发现不同的搅拌构型对螺旋霉素发酵的影响作用不同。混合式搅拌桨传质能力强、混合效果好、搅拌剪切温和，有利于螺旋霉素产生菌的生长和产物的合成，螺旋霉素平均放罐效价较径向流组合搅拌桨提高了 11.1%。发酵罐的搅拌器构型不同对螺旋霉素发酵产生的影响作用有明显差异。C 型搅拌桨发酵罐的溶解氧水平适中，菌体生长旺盛，合成速率高，对数生产期提前，合成周期长，缩短了发酵周期。在工艺条件相同的情况下，C 型组合搅拌器发酵罐效果最好，搅拌效率最高，搅拌组合最佳。邓毛程等对发酵罐搅拌器和高生物素谷氨酸发酵工艺进行了研究，将 $100m^3$ 发酵罐原有六弯叶圆盘涡轮搅拌器改造为六半圆叶圆盘涡轮搅拌器，优化尺寸后发酵罐的溶氧系数提高了 147%，如图 8-7 所示。

（2）搅拌转速 n 和叶径 D_i 对溶解氧水平及混合程度的影响　当功率不变时，即 $n^3D_i^5$ 为常数时，低转速、大叶径，或高转速、小叶径都能达到同样的功率，然而 n 和 D_i 对溶解氧有不同的影响。消耗于搅拌的功率 P 与搅拌循环量 $Q_{搅}$ 和液流速度压头 $H_{搅}$ 的乘积成正

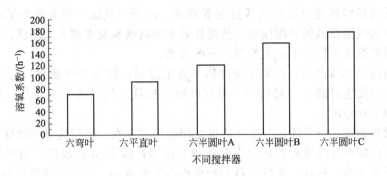

图 8-7　不同搅拌器的溶氧系数（邓毛程等，2008）

比，即：

$$P \propto H_{搅} Q_{搅} \qquad (8\text{-}18)$$

在滞流状态下：

$$P \propto H_{搅} Q_{搅} \propto n^3 D_i^5$$

而

$$Q_{搅} \propto n D_i^3 \qquad (8\text{-}19)$$

$$H_{搅} \propto n^2 D_i^2 \qquad (8\text{-}20)$$

从以上公式可以看出，$Q_{搅}$ 与 n 和 D_i^3 成正比，$H_{搅}$ 与 n^2 和 D_i^2 成正比。增大 D_i，对增加循环量 $Q_{搅}$ 及加强液体混合均匀均有利；增大 n，对提高液流速度压头 $H_{搅}$，加强湍流程度，提高溶解氧水平有利。必须兼顾 $Q_{搅}$ 和 $H_{搅}$，既要求有一定的液体速度压头 $H_{搅}$，以提高溶解氧水平，又要有一定的搅拌循环量，使混合均匀，避免局部缺氧现象。因此，要根据具体情况决定 n 和 D_i 的值。一般来说，当空气流量较小、动力消耗较小时，以小叶径、高转速为好；当空气流量较小、动力消耗较大时，D_i 大小对通气效果的影响不十分明显；当空气流量大、动力消耗较小时，以大叶径、高转速为好。对于黏度大、菌丝易结团的非牛顿型发酵液，宜采用大叶径、低转速、多组搅拌器较好；对于黏度小、菌体易分散均匀的牛顿型发酵液，宜采用小叶径、高转速较好。像谷氨酸发酵，就应采用高转速、小叶径进行。

（3）搅拌器组数对溶解氧的影响　搅拌器组数及搅拌器间距对溶解氧也有较大影响，装设几组搅拌器要考虑到有利于提高溶解氧水平，又要保证混合均匀。例如，在 $H_L/D=2.4$ 的发酵罐中（H_L 为液高，D 为罐径），当培养物为牛顿型醪液时，在功率相等条件下，两组搅拌器的亚硫酸盐氧化值 K_d 比三组搅拌的值高；但对于黏度较高的丝状菌发酵液，当 μ 为 0.7Pa·s（700cP）时，三组搅拌器的 K_d 值比两组搅拌器的 K_d 值高，而当 μ 为 0.5Pa·s（500cP）时，三组和两组搅拌器的 K_d 值基本相等。

二、空气流速

机械搅拌通风发酵罐的溶氧系数 $K_L\alpha$ 与空气线速度 V_s 之间的关系为 $K_L\alpha \propto V_s^\beta$，式中 V_s 单位为 m/s，$K_L\alpha$ 随空气流速的增加而增加，如图 8-8 所示。指数 β 在 0.40～0.72 之间，随搅拌形式而异。这个关系说明，通气效率或 $K_L\alpha$ 是随着空气量的增多而增大的。当增加通风量时，空气线速度相应增加，从而增大溶解氧；但另一方面，增加通风量，在转速不变时，功率会降低，又会使溶氧系数降低。同时，空气线速度过大时，搅拌器就会发生"气泛"或称"过载"现象，该现象指的是在特定条件下，通入发酵罐内的空气流速达某一值时，使搅拌功率下降，当空气流速再增加时，搅拌功率不再下降，此时的空气流速称为"气泛点"或称"过载点"（Flooding point）。带搅拌器的发酵罐的气泛点，主要与搅拌叶的型式、搅拌器的直径和转速以及空气线速度等相关。由于"气泛"现象此时桨叶不能打散空气，气流形成大气泡在轴的周围逸出，使搅拌效率和溶解氧速率都大大降低。因而，单纯增大通风量来提高溶氧系数并不一定能得到好的效果。

开放式涡轮（无圆盘的）或桨叶搅拌器易发生过载，如在空气流速只是 21m/h 时，平桨式搅拌器就会发生过载。一般用一个搅拌叶时，过载空气流速为 90m/h；用 2 个搅拌叶时，则增加为 150m/h。

对一些设备而言，空气流速与空气流量之间呈正相关性。空气流量的改变必然引起空气流速的变化。已知空气流速的变化会引起体积氧传递系数 $K_L\alpha$ 的改变，当空气流速达气泛点时，$K_L\alpha$ 不再增加。这样，空气流量的变化也会改变 $K_L\alpha$，当空气流量达某一值时，$K_L\alpha$ 也不再增加。所以，在发酵过程中应控制空气流速（或流量），使搅拌轴附近的液面处没有大气泡逸出。开放式涡轮（无圆盘的）或桨叶搅拌器易发生"气泛"现象使气体不经分散而沿搅拌叶的中心迅速上升。如图 8-9 所示是表观空气速度与溶氧系数的关系。

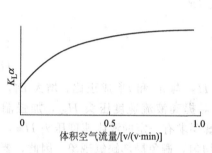

图 8-8　空气流量对 $K_L\alpha$ 的影响

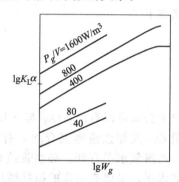

图 8-9　表观空气速度与 $K_L\alpha$ 的关系

P_g 为通气搅拌功率；V 为发酵液体积；W_g 为空气线速度

搅拌功率和空气流速对 $K_L\alpha$ 的影响，实验测出搅拌功率对抗生素产率的影响远大于空气流速。高搅拌转速，不仅使通入罐内的空气得以充分地分散，增加气-液接触面积，而且还可以延长空气在罐内的停留时间。空气流速过大，不利于空气在罐内的分散与停留，同时导致发酵液浓缩，影响氧的传递。但空气流速过低，因代谢产生的废气不能及时排除等原因，也会影响氧的传递。因此，要提高发酵罐的供氧能力，采用提高搅拌功率、适当降低空气流速，是一种有效的方法。

三、空气分布管形式和发酵罐结构

在需氧发酵中，除用搅拌将空气分散成小气泡外，还用鼓泡器来分散空气，提高通气效率。研究指出，大型环状鼓泡器的直径大于搅拌器直径时，大量的空气未经搅拌器的分散而沿罐壁逸出液面，其空气分散效果很差。所以环形鼓泡器的直径一定要小于搅拌器的直径。关于多孔环状鼓泡器和单孔式鼓泡器的通气效果，有的试验表明，当空气流量达到一定值时，单孔式鼓泡器的效果不比多孔环状鼓泡器的效果差。因为在装配有搅拌器的发酵罐中，空气的分散主要依靠搅拌的作用。所以当空气流量增大时，单孔式鼓泡器能增强发酵液的湍流程度。当前的生产实践，发酵罐内空气分布器绝大多数采用多孔环形鼓泡器。

为了弥补一般空气搅拌罐的通气效率的不足，有人在设备上做些相应的改进，增加发酵罐的高度，以求增加气-液接触时间，提高氧的溶解度。

对氧溶解速率产生较大影响的是空气分布管的形式、喷口直径及管口与罐底的相对位置，在发酵罐中采用的空气分布装置有单管、多孔环管及多孔分支环管等几种。当通风量较小时（0.02~0.50mL/s），气泡的直径与空气喷口直径的 1/3 次方成正比，也就是说，喷口直径越小，气泡的直径也越小，相应地溶氧系数就越大。但是，一般发酵工业的通风量都远远超过这个范围，此时气泡直径与通风量有关，而与喷口直径无关，即在通风量大时，无论采用单管还是环形管，其通气效果不受影响。又因为，环形管的小孔极易堵塞，因此，发酵工业大多采用单管空气分布器。空气分布器装在搅拌器的下方，罐底中间位置，管口向下，使空气喷出就被搅拌器打碎，提高通气效率。管口与罐底距离根据发酵罐型式等决定。根据经验数据，当 $d/D>0.3\sim0.4$ 时，管口距罐底 $20\sim40$mm；当 $d/D=0.25\sim0.3$ 时，管口距罐底约 $40\sim60$mm 较为适宜。管径可按空气流速 20m/s 左右计算。空气分布器在采用环形管时，环径以等于 $0.8d$ 为好。小孔直径为 $5\sim8$mm，小孔总面积大致与通风管截面积相等。随着 20 世纪 90 年代末喷环式空气分布器的问世以及在柠檬酸行业应用成功的范例，此种空气分布器的产生促进了当时发酵工业的发展。20 世纪初期又开始在有机酸、阿维菌素、抗生素等方面广泛应用。另外，如采用喷环式空气分布器可较好地起到节能作用，有经验证明，在不改变原有搅拌系统的前提下，可以使混合时间缩短一半，可降低搅拌功率 10％以上，溶氧系数提高 40％。

李增胜等在对微孔分布器与传统环状分布器在 260r/min 时溶解氧对黄原胶发酵的比较研究中发现，用改进的气体分布器来改变溶解氧，使分散出的气体尽可能小，不仅可以延长气体在发酵液中的滞留时间，同时可加大气液接触面积，从而增加溶解氧推动力。在 260r/min 相同转速下，新型桨发酵体系与传统桨发酵体系相比，前者各项发酵动力学参数明显优于后者。由表 8-5 可见，溶解氧对于黄原胶发酵产量有着至关重要的决定作用。

表 8-5　溶解氧对黄原胶发酵的影响（92h）（李增胜等，2009）

最大叶片式桨	黄原胶浓度/(g/100mL)	黄原胶黏度/cP	黄原胶平均分子质量/(g/mol)	丙酮酸功能基团含量/(g/100g)
传统	2.53	1782.5	1.21×10^7	5.5
新型	2.95	2457	1.39×10^7	6.2

四、氧分压

从传氧方程式可以看出，增加推动力 (C^*-C) 或 $(p-p^*)$，可使氧的溶解度增加。根据亨利定律，在平衡状态时液体中氧的溶解度等于 p_{O_2}/H，其中 H 为亨利常数，与温度及液体中固形物的浓度有关，p_{O_2} 则为氧的分压。因此，增加空气中氧的分压会使氧的溶解度增大。采用增加空气压力，即增大罐压或用含氧较多的空气或纯氧都能增加氧的分压，所以适当提高空气压力（即提高罐压）对提高通风效果是有好处的。但过分增加罐中空气压力则不值得提倡，因为罐压增大，空气压力增大，整个设备耐压性都要提高，从而大大增加设备投资费用；同时氧的分压过高也会影响菌的生理代谢，据报道，氧分压过高会造成微生物暂时的中毒现象，中毒容易与否决定于微生物的种类和培养条件。而采用纯氧的办法，也要考虑安全和经济上是否合算。如图 8-10 可表明红霉素产生菌的相对呼吸强度与氧分压的关系。

汪文俊研究了氧供给对啤酒酵母（*S. cerevisiae*）生长和 S-腺苷甲硫氨酸（SAM）合成的影响，如图 8-11 所示，实验结果表明，不同 $K_L\alpha$ 和溶解氧分压对 *S. cerevisiae* 的生长和 SAM 合成有着显著的影响，较高的 $K_L\alpha$ 和溶解氧分压更有利于生长和 SAM 合成。在初始 $K_L\alpha$ 为 148.5h^{-1} 时，*S. cerevisiae* 的生物量、SAM 产量和含量最高，分别为 19.37g/L、1.99g/L 和 103mg/g DCW。在溶解氧分压为较高的 50％时，*S. cerevisiae* 的生物量、SAM 产量较高，最大值分别为 18.57g/L 和 1.91g/L。

提高通气中的氧分压可提高溶解氧浓度，从而增大推动力，加大溶解氧速率。采用纯氧

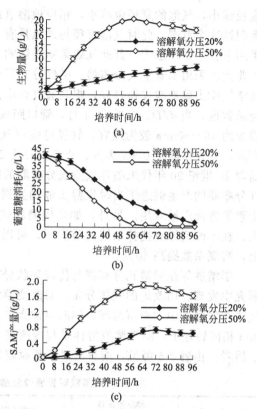

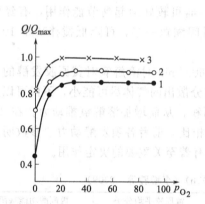

图 8-10　红霉素产生菌的相对呼吸强度
与氧分压的关系（庞康枢，1992）

搅拌器转速：1—150r/min；2—200r/min；
3—300r/min；Q/Q_{max}—菌体的相对呼吸强度

图 8-11　5L 发酵罐中不同溶解氧
分压对 *S. cerevisiae* 生长（a）、葡萄糖消耗（b）
和 SAM 合成（c）的影响（汪文俊，2008）

或含氧量高的空气或增大罐压均能增大氧分压。Lee 等利用大肠杆菌（*Escherichia coli*）MT201 发酵生产 L-苏氨酸，以 25％的富氧空气取代空气使得 L-苏氨酸产量由 77.0g/L 提高至 80.2g/L，同时减少了产物中杂酸的产量。但采用该方法需考虑设备耐压性能的提高及导致成本的增加。马霞等在探讨氧分压和 CO_2 对发酵影响的关系时，根据 Kunikiko 等人发现氧分压对纤维素的产量以及纤维素膜的物理特性均有很大影响，结果显示，当氧分压为大气压的 10％～15％时，纤维素的产量最大，而随氧分压的提高，细胞的生长变化不大。同时在研究测定不同氧分压下二氧化碳的浓度变化时，发现氧分压越大，二氧化碳浓度越高。说明氧分压增大时，细胞呼吸作用加强，加速 TCA 循环，促使葡萄糖转向 TCA 循环，而产生的纤维素相对减少。

细菌纤维素的发酵是一种高黏度性质的非牛顿型发酵，采用增加罐压的办法提高溶氧也会使气相的 CO_2 分压（p_{CO_2}）同时加大，使细菌纤维素的生产速率降低。因为细菌生长或呼吸受到抑制，高 p_{CO_2} 抑制了 ATP 在胞内的含量，抑制细菌纤维素生产所消耗的 ATP，进而抑制了氧耗速率所决定的细菌纤维素的生产速率。T. Kouda 等在 50L 发酵罐中通入含 10％ CO_2 的空气，观察对细菌纤维素生产的摄氧率、细胞生长速率、ATP 浓度等因素的影响。实验结果表明，高 p_{CO_2}（15.2～20.3kPa）会减少细胞浓度及细菌纤维素生产速率与得率。当提高摄氧率与活细胞的 ATP 含量时，细菌纤维素的比生长速率则提高。这说明高 p_{CO_2} 引起细菌纤维素的生产速率降低是由于减少细胞生长而不是抑制细菌纤维素的生物合成，这可能是基质过多地消耗在 ATP 的生成上。

五、罐内醪液高度

发酵罐圆柱体部分高度能延长空气与发酵液的接触时间，增加氧在发酵液中的溶解度。发酵罐的高径比 H/D（H 为筒体高，D 为罐的内径）一般为 1.7～3，一般在不增加功率消耗和空气流量不变时，增加发酵液体积会使通风效率降低，特别是在通风量较小时比较显著。但是在空气流量和单位发酵液体积消耗功率不变时，通风效率是随发酵罐的高径比 H/D 的增大而增加的。根据经验数据，当 H/D 从 1 增加到 2 时，$K_L\alpha$ 值可增加 40％左右；当 H/D 从 2 增加至 3 时，$K_L\alpha$ 值增加 20％。由此可见，H/D 小的发酵罐中氧的利用率差。现在国外倾向于采用较高的 H/D，一般为 3～5；国内有些发酵工厂采用 H/D 为 3，使用效果良好。但应看到 H/D 太大，溶氧系数反而增加不大，相反由于罐身过高，罐内液柱过高，液柱压差大，气泡体积缩小，以致造成气液界面积小的缺点，且 H/D 太大，对厂房要求也高，因此国内一般采用罐高径比 H/D＝2～3。发酵罐筒体部分高能延长空气与料液的接触时间，增加氧在料液中的溶解度。实践证明，当通风量和单位体积的功率消耗一定的时候，H/D＝2 的通风效率是 H/D＝1 的 1.4 倍。发酵罐的容积大（几何形状相似），空气中氧的利用率就高；容积小则氧的利用率低。如原来呈短粗形几何形状的发酵罐，因设计不合理，对氧的利用不利，制约了发酵单位的提高。通过改进通风设置和增加发酵罐罐高 10m，改造后的发酵罐投入使用后，使青霉素的发酵单位最高由 4000U/mL 提高到 50000U/mL。现代化的发酵生产都采用大体积并且罐的筒体较高的长圆柱形发酵罐，这样的发酵罐能节约投资，降低成本，提高生产率。但高径比 H/D 有一定的规定，陈余认为一般标准式发酵罐的 H/D＝1.75～3.0，常用的为 2～2.5。对于细菌发酵罐来说，筒体高度 H 与罐直径 D 的比宜为 2.2～2.5，对于放线菌的发酵罐 H/D 一般宜取为 1.8～2.2，通常罐径大于 1.2m 的发酵罐，罐盖不用法兰联结，而封头直接焊在筒体上，封头上设置人孔，因而可安装搅拌轴的中间轴承。此类发酵罐的筒身高径比大多为 2.0～3.0，对于容积较小而装置有设备法兰的种子罐，由于结构上的原因，其高径比受到限制，一般只为 1.75～2.0。

六、罐容

通常大体积发酵罐的氧利用率高，体积小的氧利用率差。在几何形状相似的条件下，发酵罐体积大的氧利用率可达 7％～10％，而体积小的氧利用率只有 3％～5％。发酵罐大小不同，所需搅拌转速和通风量也不同，大罐的转速较低，通风量较小。这是因为在溶氧系数 $K_L\alpha$ 值保持一定时，大罐气液接触时间长，氧的溶解率高，搅拌和通风均可较小。由表 8-6 所示为不同容积发酵罐所需的搅拌与通风的关系。保持溶氧系数相等时，通风量随发酵罐的容积增大而相对减少，如表 8-7 所示为不同罐容与所需通风量的关系。

表 8-6　不同容积发酵罐所需的搅拌与通风的关系（姚汝华，2001）

发酵罐体积/L	搅拌转速/(r/min)	通风量/[m³/(m³·min)]	发酵罐体积/L	搅拌转速/(r/min)	通风量/[m³/(m³·min)]
50	550	1：(0.5～0.6)	10000	160	1：0.165
500	300	1：(0.25～0.3)	20000	140	1：0.15
5000	185	1：(0.18～0.2)	50000	110	1：0.12

表 8-7　不同罐容与所需通风量的关系（姚汝华，2001）

发酵罐容积/L	通风量/％	发酵罐容积/L	通风量/％
50	100	5000	30
500	60	50000	21.6

七、发酵醪液性质

相关研究表明，$K_L\alpha$ 与发酵液的表观黏度呈反比关系，说明发酵液的流变学性质是影响 $K_L\alpha$ 的主要因素之一。发酵液的组成是与营养物质、生长的菌体细胞和代谢产物等密切相关的。由于微生物的生长、繁殖和发酵产物的形成过程的诸多因素，有多种代谢起作用促使发酵液的组成不断地发生变化，营养物质的消耗、菌体浓度、菌丝形态和某些代谢产物的合成都能引起发酵液黏度的变化，致使发酵过程中的发酵液呈现多种流变学性质。

在发酵过程中，由于微生物的生命活动，分解利用培养液中的基质及大量繁殖菌体积累代谢产物等，都能引起培养液的物理性质的改变，特别是黏度、表面张力、离子强度等，从而影响气泡的大小、气泡的稳定性和氧的传递速率。此外，发酵液黏度的改变还影响液体的湍动性以及界面或液膜阻力，从而影响溶解氧速率，特别是非牛顿型流体的发酵液，其溶氧系数与培养基组成有关。如图 8-12～图 8-14 所示说明了发酵液的流变学性质影响溶解氧浓度和 $K_L\alpha$。

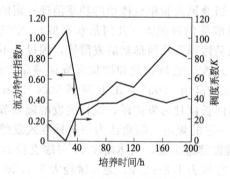

图 8-12　金色链霉菌培养液的黏度、流变特性随时间的变化

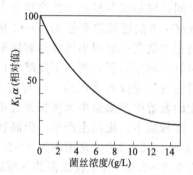

图 8-13　青霉素发酵液中菌丝浓度与 $K_L\alpha$ 的关系

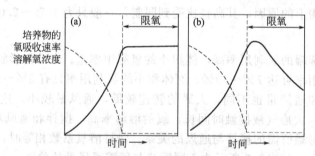

图 8-14　限制条件下对培养物氧吸收速度的影响
(a) 典型细菌发酵；(b) 典型霉菌发酵
┄溶解氧浓度；—培养物氧吸收速度

在发酵过程中，发酵液的性质与发酵液的流变学特性密切相关。以淀粉作碳源的培养基属于非牛顿型流体，随着微生物的生长和代谢作用，其流变学性质不断变化。如生产金霉素时，以淀粉作碳源，接种时，培养基呈平汉塑性流体性质，发酵至 22h，由于微生物的代谢变化，发酵液黏度降至很低（低于 18Pa·s），呈现牛顿型流体性质。自 22h 起，由于菌丝体浓度不断增加，则发酵液黏度逐渐增大，直至黏度达 90Pa·s，表现为胀塑性流体的性质。在单细胞和丝状菌发酵中，对数生长期两者的氧吸收速率是相同的，但在溶解氧浓度受到限制的条件下，达到平衡期，单细胞发酵液的氧吸收速率无变化，而丝状菌发酵液的氧吸收速率却显著下降，其原因是丝状菌发酵液的菌体浓度增加，使发酵液黏度不断增大，致使

$K_L\alpha$ 值降低，进而导致菌体的氧吸收速率下降。在青霉素发酵中，由于菌丝体浓度的不断增加，使发酵液黏度不断增大，$K_L\alpha$ 却随之下降。

发酵过程中的菌体浓度和形态对氧的传递速率的影响较大。我们知道，许多细菌和酵母菌是低黏度发酵，呈现牛顿型流体性质，而霉菌和放线菌大多数是高黏度发酵，属于非牛顿型流体性质，发酵液的流变学特性的不同，对氧的溶解和氧吸收速率会产生较大影响。在液体发酵过程中，发酵液菌体在搅拌的作用下，有的菌体（尤其是霉菌）形成不连续的球状体，有的形成交替的丝状体。一般说，球状体发酵液黏度低，呈现牛顿型流体性质，而丝状体会大大增加发酵液的黏度，呈现非牛顿型流体性质。搅拌强度影响菌体形态，高剪切速率可减少菌丝团的形成，如青霉素发酵中，高搅拌速度易使菌体产生分枝菌丝，低搅拌速度易使菌体形成菌丝团或长成长菌丝。通常当发酵液浓度增大、黏度增大时，$K_L\alpha$ 值降低。据实验，黑曲霉菌丝体的浓度超过 1% 时，发酵液便表现为很强烈的非牛顿特性，其 $K_L\alpha$ 值显著降低。当菌丝浓度达到 2.7% 时，$K_L\alpha$ 值降低了 85%，可见丝状菌发酵液对溶氧系数具有明显的不利影响。秦震方等研究认为阿维菌素发酵液为非牛顿流体，有剪切稀化特性，且随着发酵的进行，表观黏度和稠度系数 K 按一定的规律变化；而在搅拌转速一定的情况下，维持发酵液溶解氧水平所需的通气量与发酵液的流变特性有紧密的关联性。较高的溶解氧水平有利于获得较高效价的阿维菌素；但过高的溶解氧会导致生物量迅速增长，如果控制不当，则将导致发酵液流变特性迅速恶化，并最终可能引起菌丝发糊现象的出现。因此，时时监控高溶解氧条件下的阿维菌素发酵过程，控制前期发酵液流体特性及反应器流场等因素非常必要。

发酵过程中泡沫也时时影响着氧的传递，由于发酵而逐渐产生的泡沫，菌体与泡沫形成稳定的乳浊液，也影响氧的传递，这种情况下加入适量的消泡剂来消除泡沫对氧的溶解是有利的。但是，消泡剂用量过多时，会聚集在微生物细胞表面及气泡液膜表面，增加了传质阻力，大大降低了氧的传递速率（可使 $K_L\alpha$ 值降低 1/3～1/5）。发酵罐中一个气泡直径在 5～20mm 范围内增大时，当发酵液呈较稀的近似牛顿性时，一个气泡的上升速度 w_B 值将由 20cm/min 增至 30cm/min。但当发酵液呈非牛顿性时，w_B 将会呈下降趋势。表 8-8 给出了黏度与气泡上升速度 w_B 之间的关系。

表 8-8 黏度与气泡上升速度的关系（贾士儒，2008）

黏度/Pa·s	气泡直径 d_B/mm	
	$w_B = 30\text{cm/min}$	$w_B = 3\text{cm/min}$
0.001	0.13	0.05
0.1	0.75	0.25
10	5.0	1.5

气泡平均大小的变化是与液体成分、气体的线速度和液体状态以及是否湍流等因素呈相依赖的密切关系。少量的盐或酒精加入到反应液中，会相应减少气泡的大小。

八、温度

温度对溶氧系数 $K_L\alpha$ 的影响可用下式表示：

$$\frac{K_L\alpha(t_2)}{K_L\alpha(t_1)} = \sqrt{\frac{T_2\mu_1}{T_1\mu_2}} \tag{8-21}$$

式中　$K_L\alpha(t_1)$，$K_L\alpha(t_2)$——温度为 t_1 和 t_2 时的 $K_L\alpha$ 值，h^{-1}；

　　　　T_1，T_2——发酵液的绝对温度，K；

　　　　μ_1，μ_2——温度为 t_1 和 t_2 时的黏度，Pa·s。

由此可见，温度升高能提高 $K_L\alpha$ 值。

九、有机物质和表面活性剂

某些有机物质如蛋白胨能降低 $K_L\alpha$ 值，如在水中加入 10^4 mg/kg 的蛋白胨时会将 $K_L\alpha$ 值减少到原来的 1/3 左右，同时气泡直径减少 15％左右。但某些少量的醇、酮和酯反而会使 $K_L\alpha$ 值提高，如将 20mg/kg 的这种物质加入到水中，能使 $K_L\alpha$ 值增加 50％～100％。其原因是气泡直径减小使气液接触面积 α 大大增加，虽然 $K_L\alpha$ 值有所降低，但总的 $K_L\alpha$ 值仍然增加。

同样，加入表面活性剂也有这种情况。当加入少量洗涤剂时会使 $K_L\alpha$ 值降低，当加到一定量时，$K_L\alpha$ 值反而增高。

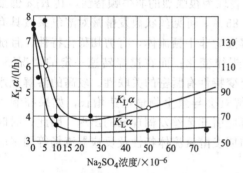

图 8-15　表面活性剂月桂基磺酸钠浓度对溶氧系数 $K_L\alpha$ 的影响（梅乐和等，2007）

消泡剂可作为表面活性剂的另一种作用是培养液中消泡用的油脂等具有亲水端和疏水端的表面活性物质分布在气液界面时，可增大传递阻力，使氧传递系数 $K_L\alpha$ 等发生变化。在发酵过程中加入的消泡剂可使体积溶氧系数 $K_L\alpha$ 下降。如黄单胞菌 BT-112 催化合成 α-熊果苷的过程中，在发酵过程中加入表面活性剂吐温 80，改善细胞膜通透性，加快物质传递运输，从而提高了菌体对对苯二酚的耐受度，菌体对对苯二酚的最大耐受度为 60mmol/L，发酵周期缩短了 12h，降低了原料成本，提高了生产效率。如图 8-15 所示为表面活性剂月桂基磺酸钠浓度对溶氧系数 $K_L\alpha$ 的影响，从图可以看出，加入少量的表面活性剂 $K_L\alpha$ 会快速下降，随着月桂基磺酸钠浓度的增加，$K_L\alpha$ 又有增大的趋势。

十、离子强度

对于一般在电解质溶液中所生成的气泡要比在水中小，因而有较大的比表面积。在同一气液接触的发酵罐中，在同样的条件下，电解质溶液的氧传递系数 $K_L\alpha$ 比水大，而且随电解质浓度的增加，$K_L\alpha$ 也有较大的增加。

发酵液中含有多种盐类，离子强度约为 0.2～0.5mol/L，$K_L\alpha$ 随离子强度的增大而增大，搅拌和通气消耗的功率越大，则 $K_L\alpha$ 随离子强度增大的幅度越大，有时 $K_L\alpha$ 可高达纯水中的 5～6 倍。在盐溶液中生成的气泡比在水中的要小，所以有较大的比表面积，在相同条件下，溶液的 $K_L\alpha$ 比水的 $K_L\alpha$ 大。

十一、氧载体

在深层发酵过程中，溶解氧与发酵产物浓度密切相关。氧分子要经过氧传递中的层层阻力方能到达呼吸细胞器。目前，为了提高氧在液相的溶解度，除了增加搅拌强度和加大供气程度外，在菌体内引入与氧有亲和力的载体，使得呼吸细胞器容易地获得足够的氧，这主要是指在菌体内导入与氧有亲和力的血红蛋白，同时也可在液相中加入氧载体。氧载体一般指不溶于培养基但能够吸附或包裹、溶解氧的物质。因此向发酵液中加入氧载体是提高溶解氧的一个行之有效的方法。可作为氧载体的有：①血红蛋白；②烃类碳氢化合物（煤油、石蜡、甲苯与水等）；③含氟碳化物。烷烃作为氧载体被应用是在石油发酵中被发现的，最近有人报道在产气气杆菌培养中，加入 20％的烷烃（十一烷到十七烷混合物），O_2 的传氧系数可提高 4.6 倍，从而提高菌体生长速率。在不改变搅拌通气条件，即不增加能量输入，加入正烷烃可增加溶氧系数。这一结果很多人已证实，而且烷烃价格低廉，易与水相分离，可重复使用，不失为提高溶解氧的好办法。Rols 和 Condoret 等（Rols 和 Fonade，1990）以正十二烷为分散相，以产气气杆菌发酵生产 2,3-丁二醇为例，实验结果表明，当油相分数达到 15%～25%时，$K_L\alpha$ 值提高了 3.5～5 倍，同时菌体的生长速度也明显加快。因为正十二烷，35℃、10^5Pa 的氧溶解度为 54.9mg/L，而在同样条件下，水中的溶解度为 39.2mg/L。

另外，也可采用氧载体血红蛋白，因为它在菌体内导入与氧有很强的亲和力。在多种工业发酵过程中，氧的代谢影响尤为突出，溶解氧不足造成的溶解氧浓度很低，可影响代谢，导致酵母菌发酵产生乙醇，$E.coli$ 发酵产生乙酸，青霉菌发酵影响青霉素合成。为了提高溶解氧，在发酵液中加入氧载体促进氧代谢，Khosla 和 Bailey 研究将一种丝状细菌叫 $Vitreoscilla$（贝氏硫杆细菌种）的血红蛋白克隆到 $E.coli$ 和放线菌，即可促进有氧代谢、菌体生长和抗生素的合成。

总之，在发酵过程中加入氧载体，可提高 $K_L\alpha$ 值 30%以上。由于发酵溶解氧的调控过程，影响传氧速率的因素主要是由发酵培养基中溶解氧的高低决定，具体是由溶氧系数 $K_L\alpha$ 和推动力（$C^* - C$）两方面决定的。溶氧系数 $K_L\alpha$ 取决于通风量、搅拌转速、发酵罐的径高比、液层高度、搅拌型式、搅拌叶直径大小、空气线速度、空气分布器的形式和发酵液的黏度等多种因素的影响，而推动力（$C^* - C$）取决于培养液浓度性质、培养温度、罐压氧分压、发酵液的深度等多种因素的影响。同样容积的发酵罐，径高比（H/D）大的溶解氧高；液层深的溶解氧高；装挡板的比不装挡板的溶解氧高；转速快的比转速慢的溶解氧高；搅拌叶直径大的溶解氧高；通气量大的溶解氧高。几何形状相似的发酵罐，体积越大，氧的利用率越高；体积越小，氧的利用率越低。发酵罐大小不同，所需搅拌转速与通气量也不同，大罐搅拌转速低，通气量（VVM）小；小罐搅拌转速高，通气量大。

思 考 题

1. 说明微生物好氧发酵过程中溶解氧问题的重要性。
2. 好氧发酵搅拌的目的是什么？
3. 说明影响 $K_L\alpha$ 值的因素有哪些。
4. 测定溶氧系数的方法有哪些？
5. 提高溶氧系数 $K_L\alpha$ 值有哪些途径？
6. 用双膜理论推导传氧速率方程。
7. 如何用动态法测定 $K_L\alpha$？
8. 说明搅拌过程中挡板的作用。
9. 说明如何调节溶解氧速率。
10. 说明影响氧饱和浓度的因素有哪些。

第九章　发酵产物的常用提取分离方法

第一节　概　　述

发酵产物的提取（extraction）与精制（purification）是发酵产品生产的重要环节。通过对发酵产物的提取与精制，可获得高品质的发酵产品，实现发酵的最终目标。相对于前期育种和发酵而言，又称为下游工程。

因为一般要经过一系列单元操作，才能把目的产物从发酵液中提取分离出来，精制成为合格的产品，所以，多数发酵产品的提取和精制成本比发酵过程的成本高得多。通过菌种改良及发酵过程优化，一方面可提高发酵产率，降低单位体积发酵液的提取操作成本，另一方面可改善发酵液组成，使发酵产物易于提取和精制，减少提取和精制的操作难度和生产成本，从而降低发酵生产的综合成本，提高发酵产品的市场竞争力。

一、提取与精制过程的一般工艺流程

发酵产品的分离纯化技术及工艺设计，不仅取决于发酵产物的存在部位、理化特性（如分子形状、大小、电荷、溶解度等）、含量、提取与精制过程规模等，还与产品的类型、用途、价值大小以及最终质量要求有关。

一般提取分离发酵产物的步骤比较多，通常首先要进行固液分离，将微生物细胞和发酵液分开，然后根据目的发酵产物的存在部位确定后续分离步骤。若目的产物存在于发酵液中，则对发酵液进行分离纯化；若目标产物存在于微生物细胞内，则对收集的微生物细胞进行破碎，再分离纯化目的产物。

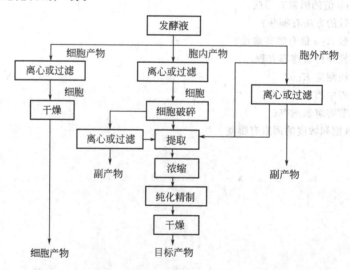

图 9-1　发酵产物提取与精制过程的一般工艺流程

发酵产物的提取分离纯化工艺基本流程如图 9-1 所示，按顺序可把整个提取分离纯化过程分为初步提取分离阶段、纯化精制阶段和成品加工阶段。粗分离阶段是指在发酵结束后发酵产物的提取和初步分离阶段，操作单元包括菌体和发酵液的固液分离、细胞破碎和目的产

物的浸提、细胞浸提液或发酵液的萃取、萃取液的分离和浓缩，以及采用沉淀、吸附等方法去除大部分杂质等环节。纯化精制阶段是在初步分离纯化的基础上，依次采用各种特异性、高选择性分离技术和工艺，如色谱技术、膜分离技术以及结晶技术等，尽可能地将目的产物和杂质分开，使目的产物纯度达到一定的要求，最后制备成可以贮藏、运输和使用的产品。各阶段的每个步骤都可以选用若干单元操作，其中包括许多常见的单元操作，如离心、过滤、萃取、浓缩以及各种色谱技术等，有时会涉及多个单元操作的技术集成。所以，应根据具体情况分别设计确定提取与精制过程的工艺流程。

二、发酵产物提取精制工艺设计原则

发酵产物提取精制方法的优化与工艺设计的目标是产率高、品质优、成本低、操作简便、无环境污染。实现这一目标的基本原则是采用的分离纯化步骤尽可能少，应用单元操作的次序和工艺设计合理。工艺策略不仅影响产品的回收率，还会影响投资大小与操作成本。因此，优化提取精制方法，设计科学合理的提取精制工艺十分重要。

在已报道的有关蛋白质和酶的纯化方法中，主要纯化方法出现的频率分别为：离子交换色谱75%；亲和色谱60%；沉淀分离57%；凝胶过滤色谱50%；其他方法<33%。可见，在各种蛋白质和酶的纯化过程中，离子交换方法使用的频率最高，可作为蛋白质和酶分离纯化的候选方法。在初步选定各个单元操作方法之后，可以根据每个单元操作在纯化阶段的不同效果来确定各个单元操作的先后次序。一般来说，收率高、纯度稍低的方法在前，纯度高的方法在后。如沉淀等方法收率高，但目标产物纯度低，应在分离纯化过程相对靠前的阶段采用，而色谱技术是精制阶段提高目标产物纯度的常用技术，一般要在分离纯化过程相对靠后的阶段采用。

根据单元操作的作用，发酵产物分离纯化一般工艺流程的操作顺序如下：固液分离、细胞破碎或干燥后破碎、细胞内目标产物的浸提或发酵液中目标产物的萃取、细胞浸提液或发酵液的萃取液浓缩、含目的产物的浓缩样上柱色谱分离、结晶、干燥。在工艺流程中，会根据需要反复采用离心、过滤和减压浓缩等单元操作。

一些对热、pH以及剪切力非常敏感的不稳定目的产物，其分离纯化过程常常需要低温、合适的pH以及尽可能小的剪切力等条件，同时要严格防止外界微生物和杂物的污染。所以，整个下游提取精制过程的原则是：快速操作、低温环境、温和条件（如pH选择在目标物质的稳定范围内），尽可能小的剪切作用和防止污染。对于基因工程产品，还应注意生物安全，防止菌体扩散，有时要求在密封环境下操作。

深入研究各种发酵体系的特性及发酵产物的特点，是正确选择合适的下游加工技术及工艺、降低生产成本、提高产品质量的关键。

第二节　发酵液的初步分离

微生物发酵结束后的培养物中含有大量的菌体细胞或细胞碎片、残余的营养物质以及代谢产物，使发酵培养物呈现如下特性：①发酵产物浓度低，发酵液中大部分是水，处理体积大。②微生物细胞的颗粒小，相对密度与液相相差不大。③细胞含水量大，可压缩性大，一经压缩就会变形。④液体流变特性复杂，液相黏度大，容易吸附在滤布上。⑤产物性质不稳定，不耐热，对较强的酸或碱的环境敏感，易于受到空气氧化、微生物污染以及酶分解等作用的影响。以上特性使得发酵培养物很难直接通过离心或过滤实现固液分离。如果对发酵培养物进行适当的预处理，可通过改变其流体过滤特性或离心沉降特性，或相对纯化发酵液等预处理，提高固液分离效率并利于后续的分离纯化。

一、改善发酵液的过滤特性

1. 降低液体黏度

根据流体力学原理,滤液通过滤饼的速率与液体的黏度成反比,因此降低液体黏度可以提高液体过滤效率,降低发酵液黏度的方法通常有以下三种。

(1) 加水稀释法　加水稀释(dilution)虽然能降低液体黏度,但是会增大发酵液的体积,稀释发酵产物的浓度,加大后续过程的处理量。而且,稀释后过滤速率提高的百分比必须大于加水比才算对过滤操作真正有效,即若加水一倍,则稀释后液体的黏度必须下降50%以上才能有效提高过滤速率。故要慎重考虑加水稀释法。

(2) 加热升温法　升高温度可以有效降低液体黏度,提高过滤效率。但加热温度和时间必须控制在不影响目的产物活性的范围内,而且要防止加热导致的细胞溶解,胞内物质外溢,增加发酵液的复杂性和随后的产物分离纯化。例如,把柠檬酸发酵液升温至 $80\sim90℃$,既可以终止发酵,使蛋白质等胶体物质变性凝固,降低发酵液黏度,有利于过滤,同时又不会因升温使菌体破裂释放出胞内杂质,保证不增加后续分离难度和成本。

(3) 酶解法　如果发酵液中含有多糖类物质,可用酶将其降解成寡糖或单糖,以提高过滤效率。比如万古霉素发酵液中含有淀粉,在发酵液过滤前加入 0.025% 淀粉酶,搅拌30min后,再加 2.5% 硅藻土作为助滤剂,可提高发酵液过滤速率 5 倍。

2. 改变菌体细胞或蛋白质分散状态

(1) 凝聚　凝聚是通过中性盐降低胶体粒子之间双电子层排斥电位,使胶体体系不稳定而出现聚集的现象。

发酵液中的菌体细胞或蛋白质等胶体粒子,由于吸附溶液中的离子和自身基团的电离,一般表面都带有电荷。在生理 pH 值下,发酵液中的菌体或蛋白质常带有负电荷,由于静电吸引作用,溶液中带相反电荷的阳离子被吸附在其周围,在界面上形成了双电层,这种双电层的结构使胶粒间不容易聚集而保持稳定的分散状态。双电层的电位越高,电排斥作用越强,胶粒的分散程度就越大,发酵液过滤也就越困难。向胶体悬浮液中加入某种电解质,在电解质中异电离子的作用下,胶粒的双电层电位降低,使胶体体系不稳定,从而相互碰撞而产生凝聚。使胶粒发生凝聚作用的最小电解质浓度(mmol/L)称为凝聚值。可用凝聚值表示电解质的凝聚能力。反粒子的价数越高,凝聚值就越小,凝聚力越强。如阳离子对带负电荷的发酵液胶粒凝聚能力的次序为: $Al^{3+}>Fe^{2+}>H^{+}>Ca^{2+}>Mg^{2+}>K^{+}>Na^{+}$,常用的凝聚电解质有硫酸铝 $[Al_2(SO_4)_3\cdot12H_2O]$ 、氯化铝 $(AlCl_3\cdot6H_2O)$ 、氯化铁 $(FeCl_3)$ 等。

(2) 絮凝　通常采用凝聚方法得到的凝聚体颗粒比较细小,有时还不能有效分离,而采用絮凝法可以形成颗粒大的絮凝体,使发酵液容易分离。絮凝是通过某些高分子絮凝剂与胶粒的架桥作用形成絮凝团的过程。絮凝剂是水溶性的高分子聚合物,分子量可达数万至一千万以上,具有长链结构,其链节上含有相当多的活性官能团,包括带电荷的阴离子以及不带电荷的非离子型基团。通过静电引力、范德华引力或氢键的作用,絮凝剂强烈地吸附在胶粒表面。当一个高分子聚合物的许多链节分别吸附在不同的胶粒表面上产生架桥连接时,就形成较大的絮团,从而产生絮凝作用。

一般絮凝剂分子的化学结构要求为:必须含有相当多的活性官能团,能与胶粒表面相结合;必须具有长链的线形结构,以便同时吸附多个胶粒形成较大的絮团,但分子量不能过大,以使其溶解性良好。发酵工业的适宜絮凝剂包括:有机高分子类如聚丙烯酰胺类衍生物,无机高分子聚合物絮凝剂如聚合铝盐、聚合铁盐等,以及天然有机高分子絮凝剂如多糖类胶粘物、海藻酸类、明胶、几丁质、脱乙酰几丁质等。

采用絮凝技术预处理发酵液的优点在于：提高过滤效率，有效去除杂蛋白质和固体杂质，如菌体细胞和细胞碎片等，提高滤液质量。絮凝效果与絮凝剂的类型、分子量和用量密切相关，溶液 pH 也会影响离子型絮凝剂中官能团的电离度，从而影响其吸附作用。较多的絮凝剂有助于架桥充分，但过多的絮凝剂会在每个胶粒上形成覆盖层，造成吸附饱和，再次使胶粒稳定。生产中往往通过实验确定絮凝剂的最适添加量。

（3）混凝 对于带负电荷的菌体或蛋白质，可单独使用阳离子型高分子絮凝剂，通过降低胶粒双电层电位和产生吸附架桥的双重作用达到目的。非离子型和阴离子型高分子絮凝剂主要通过分子间引力和氢键作用产生吸附架桥，常与无机电解质凝聚剂搭配使用。首先加入电解质，使悬浮离子间的双电层电位降低、脱稳，凝聚成微粒，然后再加入絮凝剂凝聚成较大的颗粒。无机电解质的凝聚作用为高分子絮凝剂的架桥作用创造了良好条件，从而增强絮凝效果。这种同时包括凝聚和絮凝作用的过程称为混凝。

3. 调整发酵液 pH 值

pH 值直接影响发酵液中某些化合物的电离度和电荷性质。氨基酸、蛋白质等两性物质在等电点（pI）的溶解度最小，因此可利用此特性分离或去除两性物质。大多数蛋白质的等电点在酸性范围内（pH4.0～5.5），调节发酵液 pH 值达到蛋白质的等电点，可除去蛋白质等两性物质。此外，细胞、细胞碎片以及某些胶体物质在一定 pH 值也可能絮凝成较大颗粒，有利于过滤。调整发酵液的 pH 值，也可以改变某些物质的电荷性质，使之转入液相，从而减少膜过滤的堵塞和膜污染。

4. 加入反应剂

加入不影响目的产物的反应剂，利用反应剂和某些可溶性盐类反应生成沉淀，从而消除发酵液中某些杂质对过滤的影响，提高过滤效率。如用氧化钙和磷酸盐处理环丝氨酸发酵液，生成磷酸钙沉淀，能使悬浮物凝固，多余的磷酸根离子还能去除钙、镁离子，而且不会在发酵液中引入其他阳离子，避免影响环丝氨酸的离子交换吸附。一般正确选择反应剂和反应条件能提高过滤速率 3～5 倍。

5. 加入助滤剂

在含有大量细小胶体粒子的发酵液中，加入有利于过滤的固体物质即助滤剂（filter aid）。助滤剂微粒会吸附胶体粒子，均匀地分布于滤饼层中，相应地改变滤饼结构，降低滤饼的可压缩性，从而减小过滤阻力。目前，发酵工业常用的助滤剂有硅藻土、珍珠岩粉、活性炭、石英砂、石棉粉、纤维素以及白土等，其中硅藻土最常用。选择助滤剂应考虑助滤剂的品种、粒度以及用量。助滤剂可预涂在过滤介质表面，也可直接加到发酵液中，也可两种方法同时使用。

二、去除发酵液中的杂蛋白

发酵液中杂质很多，杂蛋白和高价无机离子等对后续提取分离影响最大。在选用离子交换法和选用大网格树脂吸附法分离时，杂蛋白会降低树脂的吸附能力；在采用有机溶剂或双水相提取时，杂蛋白容易产生乳化现象，使两相难以分离。在采用离子交换法分离时，高价无机离子会干扰树脂对活性物质的交换容量；在常规过滤或膜过滤时，高价无机离子会降低滤速和污染膜。因此，在预处理时应尽量除去杂蛋白和高价无机离子等杂质。

加热是使蛋白质变性的最常用方法。变性蛋白质溶解度较小，使蛋白质凝聚成胶体，加热还能降低液体黏度，提高过滤速率。例如在链霉素发酵生产中，通过调节发酵液 pH 值至酸性（pH 3.0）、加热至 70℃并维持 0.5h 左右，去除蛋白质，可降低滤液黏度至 1/6（降低到 1.1×10^{-3}～1.2×10^{-3}Pa·s），提高过滤速率 10～100 倍。又如，把柠檬酸发酵液加热至 80℃以上，使蛋白质变性凝固并降低发酵液黏度，从而大大提高了过滤速率。但是，加热处理通常会影响原发酵液质量，特别是增多色素，破坏目的产物。因此加热法只适于对热较稳定的发酵产物的提取。

大幅度改变 pH 值，加乙醇、丙酮等有机溶剂等方法也能使蛋白质变性。此外，在酸性溶液中，蛋白质能与一些阴离子如三氯乙酸盐、水杨酸盐、钨酸盐、苦味酸盐、鞣酸盐、过氯酸盐等形成沉淀。在碱性溶液中，蛋白质能与一些阳离子如 Ag^+、Cu^{2+}、Zn^{2+}、Fe^{3+} 和 Pb^{2+} 等形成沉淀。

三、去除发酵液中的高价无机离子

为了去除钙离子，宜加入草酸，但草酸溶解度较小，故用量大时可用其可溶性盐如草酸钠。反应生成的草酸钙还能促使蛋白质凝固，提高滤液质量。但草酸价格较贵，应注意回收。如调节土霉素发酵的提取液 pH 值到 6.0 左右，加入一定粒度的硫酸铅，反应 4h，生成草酸铅沉淀。分离出草酸铅，加入 6mol/L 的硫酸，在 60℃与草酸铅反应 1h，置换出草酸。如此草酸回收率达到 92％以上，硫酸铅回收率达到 94％～97％，回收硫酸铅与首次使用的硫酸铅对草酸回收效果相同。草酸镁的溶解度较大，故加入草酸不能除尽镁离子。加入三聚磷酸钠 $Na_5P_3O_{10}$，它和镁离子形成可溶性配合物，从而除去镁离子。

$$Na_5P_3O_{10} + Mg^{2+} \Longrightarrow MgNa_3P_3O_{10} + 2Na^+$$

用磷酸盐处理，在除去铁离子的同时，也能大大降低钙离子和镁离子的浓度。

要除去铁离子，可加入黄血盐，与铁离子形成普鲁士蓝沉淀。

$$4Fe^{3+} + 3K_4Fe(CN)_6 \Longrightarrow Fe_4[Fe(CN)_6]_3 + 12K^+$$

第三节　沉淀技术

沉淀（precipitation）是溶液中溶质由液相变成固相析出的过程，是分离和纯化一些生物物质常用的经典方法。

沉淀法的优点是设备简单、成本低、原材料易得、便于小批量生产，溶液中产物浓度越高对沉淀越有利，收率越高；缺点是所得沉淀物可能聚集有多种物质，或含有大量的盐类，或包裹着溶剂，所以沉淀法所得的产品纯度通常都比结晶法低，过滤也较困难。

沉淀技术用于分离纯化具有选择性，即有选择地沉淀杂质或有选择地沉淀所需成分。对于生物活性物质的沉淀，不但要考虑能否发生沉淀，还要注意所用沉淀剂或沉淀条件对生物活性物质的结构是否有破坏作用，沉淀剂是否容易除去；对用于食品、医药行业的生物物质提取所用的沉淀剂还应考虑对人体是否有害等。

目前常用的沉淀方法主要有：盐析、有机溶剂沉淀、等电点沉淀、非离子多聚体沉淀法、生成盐复合物法、选择性变性沉淀以及亲和沉淀等。

一、盐析法

一般来讲，低浓度中性盐离子作用于电解质类物质（如蛋白质、酶等）分子表面极性基团，会增加这些物质与溶剂的相互作用力，增大其溶解度，此现象为盐溶。继续增加溶液中的中性盐浓度，电解质类物质的溶解度反而降低，并从溶液中沉淀出来，此为盐析（salting out）作用。在水溶液中，蛋白质表面被大量的水所包围，蛋白质表面的疏水区一般都未暴露出来，当加入大量盐时，水分子定向排列，活度大大减少，大量的水分子与盐结合，水膜被破坏，蛋白质的疏水区暴露出来并相互作用，同时蛋白质表面电荷也被盐中和，从而使蛋白质形成聚集体，当聚集到足够大时，从水中沉淀分离出来。

1. 盐析操作要点

(1) 盐的种类及选择　可使用的中性盐有：$(NH_4)_2SO_4$、Na_2SO_4、$MgSO_4$、$NaCl$、$NaAc$、Na_3PO_4、柠檬酸钠、硫氰化钾等。根据离子促变序列，多价盐类比单价盐类的盐析效果好，阴离子比阳离子的盐析效果好，离子的主要排序如下。

阴离子：柠檬酸根＞酒石酸根＞PO_4^{3-}＞F^-＞IO_3-＞SO_4^{2-}＞醋酸根＞BrO_3^-＞Cl^-＞ClO_3^-＞Br^-＞NO_3^-＞ClO_4^-＞I^-＞SCN^-

阳离子：Al^{3+}＞H^+＞Ba^{2+}＞Sr^{2+}＞Ca^{2+}＞Mg^{2+}＞Cs^+＞Rb^+＞NH_4+＞K^+＞Na^+＞Li^+

$(NH_4)_2SO_4$、Na_2SO_4 被广泛用于蛋白质盐析。

$(NH_4)_2SO_4$ 最受欢迎，因其具有溶解度大、密度小、溶解度受温度影响小、价廉、对目的物稳定性好以及盐析效果好等优点，其缺点为缓冲能力较弱，所含氮原子对蛋白质分析有一定影响，只能在 pH 小于 8 的范围内使用，pH＞8 会放出 NH_3，此时可采用柠檬酸盐进行盐析。还应注意，工业提取蛋白质选择三级纯度 $(NH_4)_2SO_4$，实验室沉淀蛋白质须纯度较高的 $(NH_4)_2SO_4$，因其中含少量的重金属离子对蛋白质的巯基十分敏感，使用时须用 H_2S 处理，或在样品液中加入 EDTA 螯合剂。高浓度的 $(NH_4)_2SO_4$ 一般呈酸性（pH5.0 左右），用前需用氨水调至所需的 pH 值。

Na_2SO_4 也较常用于蛋白质的盐析，因其不含氮，不影响蛋白质的定量测定，在 30℃ 以上操作效果较好，在 30℃ 以下溶解度太低。

(2) 盐析范围的确定　可通过小量样品的分段盐析，测得盐浓度对蛋白质沉淀量的盐析曲线，根据蛋白质回收率和纯度来选择和确定盐析范围。

(3) 盐的加入量和方式　盐的加入量可以计算得出也可直接查表。直接查表时须注意温度。如 $(NH_4)_2SO_4$ 浓度用饱和度 S（相当于饱和溶解度的百分数）表示，其浓度由 S_1 增大到 S_2 时每升溶液所需添加的量如下：

$$20℃ \quad W = 534 \times (S_2 - S_1)/(1 - 0.3S_2) \tag{9-1}$$

$$0℃ \quad W = 505 \times (S_2 - S_1)/(1 - 0.285S_2) \tag{9-2}$$

主要以固体形式直接加入盐，须在搅拌下分次缓慢加入研细的固体盐，使盐浓度均匀，蛋白质充分聚集，易沉淀。每次加盐须在上一次加盐达到溶解平衡后再继续加入。注意搅拌应缓慢，不能太剧烈，否则可能产生过多的泡沫，使一些敏感的蛋白质类物质变性而被破坏。以液体（饱和盐溶液）形式加入盐，要求所需盐析范围小于 50% 饱和度。如果所需盐析范围较高，使用饱和盐溶液将很难达到最终所要求的浓度。另外，蛋白质溶液浓度低，不仅消耗大量中性盐，对蛋白质回收也有影响；蛋白质溶液浓度高可减少盐用量，但须适中，以避免共沉。

在蛋白质沉淀后，宜在 4℃ 放置 3h 以上或过夜，以形成较大沉淀而易于分离。

2. 其他盐析操作方法

(1) 透析盐析　将蛋白质溶液盛于透析袋，放入一定浓度的盐溶液中，由于渗透压的作用，袋中盐浓度连续性变化，使蛋白质发生沉淀。此法能避免局部盐浓度突然升高所引起的共沉，分离效果好，但处理样品量少，需时长，只适合小试验。

(2) 反抽提法　将包括要分离的蛋白质在内的多种蛋白质一起沉淀出来，然后选择适当的递减浓度的硫酸铵来抽提沉淀物。

许多蛋白质从溶液中沉淀析出十分容易（共沉作用），是非特异性的，但沉淀在溶液中溶解却有相当高的特异性。采用此法提取易失活的酶更有优越性，一般酶活力得率较高，可能是酶蛋白在非溶解状态较能抵御蛋白酶作用。

3. 盐析后的处理

(1) 沉淀的再溶解　将沉淀溶于下一步所需的缓冲液中，一般只需 1～2 倍沉淀体积的缓冲液，不溶解的可能是杂质或变性蛋白质，可离心除去。

（2）脱盐

① 透析脱盐　透析为应用最早的膜分离技术，多用于制备及提纯生物大分子时除去或更换小分子物质、脱盐和改变溶剂成分。人工制作的透析膜多以纤维素的衍生物为材料制成，具有化学惰性和亲水性，在一般溶液中不溶解，有一定的机械强度和良好的再生性能，在溶剂中能形成分子筛状多孔薄膜，只许小分子通过而阻碍大分子通过。实验室小透析装置常带搅拌，并定期或连续更换新鲜溶剂，可大大改善透析效果。

② 超滤脱盐　超滤是以特殊的超滤膜为分离介质，以膜两侧的压力差为推动力，将不同分子量的物质进行选择性分离的方法。在超滤脱盐时，可在压力容器和超滤器之间增加一个洗涤瓶，以提高脱盐的实际效果，这种超滤也称为"透滤"。

③ 凝胶过滤脱盐　凝胶颗粒具三维网状结构，对不同大小的分子流动产生不同的阻滞作用，一般常选择 Sephadex G-25 脱盐。利用凝胶过滤脱盐耗时短，效果好，但对样品有一定的稀释作用。

二、有机溶剂沉淀法

在含有酶、蛋白质、核酸、多糖类等欲提取物质的水溶液中，加入乙醇、丙酮等与水能互溶的有机溶剂后，欲提取物质的溶解度显著降低，并从溶液中沉淀出来，这就是有机溶剂沉淀法（organic solvent precipitation）。此法比盐析法的分辨率高，且易除去并可以回收溶剂，但活性分子易变性，使用范围有限。

1. 基本原理

加入的亲水性有机溶剂会争夺酶、蛋白质等物质表面的水分子，破坏表面的水化层，使蛋白质分子之间更容易碰聚在一起产生沉淀。同时加入有机溶剂会大大降低溶液的介电常数，从而增加了酶、蛋白质、核酸、多糖等带电粒子自身之间的作用力，相对容易相互吸引而聚集沉淀。以上两因素相比较，脱水作用比静电作用更大。

可用库仑公式表示介电常数与静电引力的关系。

$$F = \frac{q_1 q_2}{\varepsilon r^2} \tag{9-3}$$

式中　ε——介电常数，取决于介质的性质，表示介质对带有相反电荷的微粒之间的静电引力与真空对比减弱的倍数，在真空中定为1；

　　　F——相距为 r 的两个点电荷 q_1 和 q_2 互相作用的静电引力。

因公式中 q_1、q_2 和 r 都是定值，所以 F 的大小取决于 ε 值，即在质点电量不变、质点间距离不变的情况下，两带电质点间的静电作用力与介电常数成反比。表 9-1 列出了几种溶剂的介电常数。

表 9-1　几种溶剂的介电常数

溶剂	水	乙醇	丙酮	甲醇	丙醇	2.5mol/L 尿素	5mol/L 尿素
介电常数	80	24	22	33	23	84	91

2. 沉淀条件

（1）温度　升高温度常促使蛋白质分子结构变得松散，使有机溶剂分子有机会进入蛋白质分子结构的疏水区，并与酪氨酸、色氨酸、缬氨酸、亮氨酸等氨基酸残基疏水结合，引起蛋白质的不可逆变性。所以，有机溶剂沉淀法必须低温操作，须将有机溶剂预先冷冻到－20～－10℃，再缓慢加入，以防液体局部升温。

大多数酶和蛋白质的溶解度随温度降低而下降。当加入一定浓度乙醇生成沉淀并收集沉淀后，降低上清液温度，可能会沉淀另一种蛋白质，这就是利用温度差别进行的分级沉淀。

（2）pH　蛋白质、酶等两性物质在有机溶剂中的溶解度随 pH 值变化而变化，一般在等电点的溶解度降低。

（3）被沉淀物浓度　高浓度蛋白质本身具有一定的介电常数，降低蛋白质浓度，不仅可以减少蛋白质之间相互作用产生共沉，还可减少有机溶剂用量，综合考虑，一般认为蛋白类物质的合适起始浓度为 0.5%～3%，黏多糖的合适起始浓度为 1%～2%。

（4）离子强度　中性盐会增加蛋白质在有机溶剂中的溶解度。蛋白质溶液里中性盐浓度越高，则沉淀蛋白质所需要的有机溶剂浓度越大，有时盐会从溶液中析出（高于 0.1～0.2mol/L 时）。采用有机溶剂沉淀时，溶液中适当的低离子强度（0.05～0.2mol/L）可防止酶或蛋白质变性，具有保护作用。用盐析法制得的粗品，若进一步用有机溶剂沉淀纯化，因离子强度过高，必须先透析除盐。

（5）有机溶剂的选择　选择有机溶剂的原则为：①介电常数小、沉淀作用强；②对生物分子的变性作用小；③毒性小，挥发性适中，沸点过低虽然有利于除去和回收溶剂，但挥发损失较大，而且给劳动保护及安全生产带来麻烦；④能与水无限混溶，但一些与水部分混溶或微溶的溶剂如氯仿、乙醚等也有一定应用。

乙醇是常用的有机溶剂，特别适用于制备生化药物，不会引进有毒物质，甲醇比乙醇引起蛋白质变性的可能性小，用丙酮沉淀比醇类温和，其他有机溶剂如乙酸、丙醇、二甲基甲酰胺、二甲基亚砜等也有一定应用。

（6）配合使用多价阳离子　Zn^{2+}、Ca^{2+} 等多价阳离子会与蛋白质形成复合物，并大大降低蛋白质在水和有机溶液中的溶解度，也可提高黏多糖类分子的乙醇沉淀效果。若蛋白质、酶等物质在水-有机溶剂混合液中有明显溶解度，可采用多价阳离子进行分离。采用多价阳离子往往能使有机溶剂的用量减少到原来的 1/2 或 1/3。

使用这种方法须注意：应先加有机溶剂除去杂蛋白；避免使用含磷酸根的溶液，否则会产生沉淀，常用 0.02mol/L 的醋酸锌溶液；在沉淀后尽可能避免这些离子残存于蛋白质中。

（7）有机溶剂用量　为控制溶液中有机溶剂浓度，按下式计算有机溶剂的加入量：

$$V = \frac{V_0(S_2 - S_1)}{100 - S_2} \tag{9-4}$$

式中　V——需加入有机溶剂体积；

V_0——原溶液体积；

S_1——原溶液中有机溶剂的体积分数；

S_2——所需要的有机溶剂的体积分数。

如果所使用的有机溶剂体积分数是 95%，把公式中的 100 改为 95 即可。

三、等电点沉淀法

蛋白质、核苷酸、氨基酸等两性电解质的溶解度因其分子所带电荷而发生变化。一般来说，两性电解质只要偏离等电点，分子所带的静电荷为正或负，分子之间相互排斥。处于等电状态的蛋白质所带静电荷为零，分子之间通过分子的疏水区域、偶极或离子的作用互相吸引而聚集，使溶解度降低。因此，调节溶液的 pH 至溶质的等电点，就可能把该溶质从溶液中沉淀出来。

但由于这种两性电解质（如蛋白质）分子表面往往分布了许多极性基团，结合了大量的水分子形成水化层，仅调节到等电状态并不能使大多数分子沉淀，只有那些水化层薄的分子（如酪蛋白）可能沉淀下来，所以，一般等电点沉淀法（isoelectric precipitation）常与其他方法（如盐析法、有机溶剂沉淀法及其他沉淀剂）结合使用。

与盐析法相比，等电点沉淀法无需后继的脱盐操作，但沉淀操作的 pH 不能在所要提取物的稳定 pH 范围外。

四、选择性变性沉淀

1. 基本原理

当温度、pH、有机溶剂等条件较剧烈时，有些被分离的生化物质分子较稳定，而一些杂质却因不稳定而从溶液中变性沉淀，此即为选择性变性沉淀（selectivede generation precipitation）的原理。

2. 变性沉淀的种类

（1）热变性沉淀　一般随着温度的升高，蛋白质和酶类活性物质会明显变性，把一半量的某种蛋白质产生变性的温度称为半变性温度。各种蛋白质类物质具有不同的半变性温度。在分离纯化蛋白质的过程中，选择一合适的温度，使某一种蛋白质几乎全部变性沉淀，而另一种蛋白质变化很小。黑曲霉发酵制备脂肪酶的发酵液中常含有大量淀粉酶，把 pH3.4 的混合粗酶液在 40℃保温 2.5h，90％以上的淀粉酶将变性沉淀而被除去。

应用热变性沉淀方法时需注意：

① 温度升高常使混合液中的一些水解酶活力升高，被分离的物质有受酶水解的危险。因此，热变性最好在硫酸铵溶液中进行。

② 应选择合适的缓冲液、pH 值、加热方式和加热过程，注意保温时间不同，蛋白质的变性曲线会发生一定的移动，所以条件选择时要把时间考虑进去。

（2）pH 变性沉淀　过酸或过碱的条件下，常常使蛋白质类物质带上相同的电荷，增加分子之间排斥力，或破坏其分子的离子键进而破坏分子的空间结构，从而引起变性。蛋白质的 pH 变性速度主要取决于蛋白质结构趋向松散的速度，各种蛋白质因为本身组成和结构的差别，pH 变性的范围和速度也有一定的差别，此即选择性 pH 变性沉淀去除杂蛋白的依据。温度对该沉淀方法影响很大，为减少目的物的损失，一般控制 pH 变性的温度在 0～10℃。

pH 变性比热变性安全、可靠，能迅速达到或偏离特定的 pH 值，便于扩大应用。应用前提是必须足够了解目的物的酸碱稳定性，切勿盲目使用。

（3）有机溶剂变性沉淀　有机溶剂是蛋白质类物质的变性剂，不同种类的蛋白质往往对有机溶剂的敏感度各不相同，选择性有机溶剂变性沉淀利用混合物在一定条件下与一定浓度的有机溶剂接触，达到沉淀除去一部分杂质的目的。

一般采用有机溶剂沉淀蛋白质时都要注意低温、搅拌、快分离的操作模式，以减少目的蛋白质变性造成的损失。

五、生成盐类复合物的沉淀

1. 分类

生物大分子和小分子都可以生成盐类复合物沉淀，根据所使用盐的种类和作用，把生成盐类复合物的沉淀法（salt complex precipitation）分为：①与生物分子的酸性官能团作用的金属复合盐法（如铜盐、银盐、锌盐、铅盐、钾盐、钙盐等）；②与生物分子的碱性官能团作用的有机酸复合盐法（如苦味酸盐、苦酮酸盐、单宁酸盐等）；③无机复合盐法（如磷钨酸盐、磷钼酸盐等）。以上盐类复合物都具有很低溶解度，极容易沉淀析出。

2. 沉淀操作

若沉淀为金属复合盐，可通以 H_2S 使金属变成硫化物而除去；若为有机酸盐、磷钨酸盐，则加入无机酸并用乙醚萃取，把有机酸、磷钨酸等移入乙醚中除去，或用离子交换法除去。值得注意的是，重金属、某些有机酸与无机酸和蛋白质形成复合盐后，常使蛋白质发生不可逆的沉淀，应用时必须谨慎。

能与酶形成复合物沉淀的物质可称为酶（蛋白质）沉淀剂。常用的有单宁、聚丙烯酸等高分子聚合物。

在以单宁为沉淀剂时，可先将酶液调节到一定的 pH 值（一般控制在 pH4～7，不同的酶所需 pH 值有所不同），然后加入定量的单宁（一般加入的单宁量为酶液的 0.1％～1％），形成酶与单宁复合物沉淀。沉淀分离出来后，沉淀复合物中的单宁可用丙酮或乙醇抽提而除去；酶-单宁的复合物还可用 pH8～11 的碳酸钠或硼酸钠等碱性溶液处理，使酶溶解出来，而单宁仍为沉淀；酶-单宁复合物也可用吐温 60（聚氧乙烯山梨糖醇酐单硬脂酸酯）、吐温 80（聚氧乙烯山梨糖醇酐单油酸酯）、相对分子质量大于 6000 的 PEG 或 PVP 等大分子进行复分解反应，这些大分子与单宁形成难溶的树脂状沉淀，而使酶游离出来。单宁复合沉淀法适用于各种来源的蛋白酶、α-淀粉酶、糖化酶、果胶酶、纤维素酶等的大规模生产。

以聚丙烯酸为沉淀剂时，将酶液调 pH3～5，加入适量聚丙烯酸，反应生成酶-聚丙烯酸复合物沉淀。分离出沉淀后，把 pH 值调到 6 以上，则复合物中的酶与聚丙烯酸分开。此时，加入 Ca^{2+}、Mg^{2+}、Al^{3+} 等，使之生成聚丙烯酸盐沉淀而游离出来。聚丙烯酸的用量一般为酶蛋白量的 30％～40％。聚丙烯酸盐沉淀可用 2mol/L 硫酸处理，回收聚丙烯酸循环使用。

六、亲和沉淀

1. 亲和沉淀的原理

亲和沉淀（affinity precipitation）的原理与通常的沉淀方法不同。亲和沉淀不是依据蛋白质溶解度的差异，而是依据"吸附"有特殊蛋白质的聚合物的溶解度的差异，利用蛋白质与特定的生物或合成的分子（配基、基质、辅酶等）之间高度专一的作用而设计出来的一种特殊选择性的分离技术，为从复杂混合物中分离提取出单一产品提供了有效方法。

亲和沉淀法可用于高黏度或含微粒的料液中目的产物的纯化，因此可在分离纯化的早期采用，有利于减少步骤和降低成本。

2. 亲和沉淀的操作

（1）过程
①将所要分离的目的物与键合在可溶性载体上的亲和配位体配位形成沉淀；②用一种适当的缓冲液洗涤所得沉淀物，洗去可能存在的杂质；③用一种适当的试剂将目的蛋白质从配位体中离解出来。

（2）方式 根据亲和沉淀的机理不同，亲和沉淀又可分为一次作用亲和沉淀和二次作用亲和沉淀。

① 一次作用亲和沉淀 水溶性化合物分子上偶联的两个或两个以上的亲和配基，可与含有两个以上的亲和结合部位的多价蛋白质产生亲和交联，进而形成较大的交联网络而沉淀。

一次作用亲和沉淀虽然简单，但要求配基与目标分子的亲和结合常数较高，沉淀条件难以掌握，并且沉淀的目标分子与双配基的分离需要的透析技术与凝胶过滤技术都难以大规模应用，从而限制了一次作用亲和沉淀大规模的应用。

② 二次作用亲和沉淀 有些水溶性聚合物在物理场（如 pH、离子强度、温度和添加金属离子等）改变时，溶解度下降并发生可逆性沉淀，以这样的水溶性聚合物为载体固定亲和配基制成亲和沉淀介质。亲和沉淀介质结合目标分子后，通过改变物理场使介质与目标分子

共同沉淀。

亲和沉淀研究大多集中于二次作用亲和沉淀法，其中主要探索可逆沉淀性聚合物。

第四节　过滤与膜分离技术

过滤（filtration）是指在压力（或真空）的情况下将悬浮液通过过滤介质以达到固液分离的目的。过滤分离（filtering separation）操作简单，但对含有微小且形状多变的微生物细胞的发酵液的过滤比较复杂，关键是设法改进滤饼的特性和采用非常规的过滤技术和设备。

膜分离技术利用天然或人工合成的，具有选择透过性的薄膜，以及外界能量或化学位差为推动力，对双组分或多组分体系进行分离、分级、提纯或富集，适合对一些贵重目标产品收集。

一、一般过滤设备的选择

在选择过滤器时，应考虑进料性质、产品要求、操作条件、生产水平以及过滤器的材料和结构等因素。

进料性质包括悬浮固体的浓度、颗粒的尺寸分布、系统的组成、液体的物理性质（黏度、挥发性、饱和度）、温度和其他特殊的液体和固体性质。只有细小颗粒百分率含量高的悬浮液需要利用连续预涂层过滤器，一般含有低固体浓度的悬浮液都使用间歇式压滤器。液体黏度超过 $2.5 \times 10^{-2}\mathrm{Pa \cdot s}$，则不能在预涂层过滤器中处理，当采用纤维过滤介质时，液体黏度可以为 $(5 \sim 10) \times 10^{-2}\mathrm{Pa \cdot s}$。在选择真空操作时，必须了解液体的蒸气压和饱和状态可以避免闪蒸和固体沉积物溶解。此外，进料性质还包括是否有腐蚀性和磨蚀效应以及颗粒形状。

根据给定的流速和劳动力费用，确定采用间歇还是连续过滤操作。对于处理大量料液，从劳动力费用考虑，宜采取连续操作，还应该考虑预测到的最大生产能力。

过滤过程还受其他因素的影响，例如无菌或者负载量常常限制了连续过滤器的使用；从水的平衡考虑，则要求逆流洗涤系统和连续操作，使固体能最终合理利用、运输及保藏。过滤介质的选择常受过滤器单元形式，特别是滤饼支撑体和卸料装置的限制，应考虑热（温度）、化学和机械阻力、堵塞趋势、滤饼排除难度、与滤饼颗粒尺寸相比孔的大小、流体流动阻力和成本等。表面光滑的介质有利于清除滤饼，广泛使用编织物（棉花、合成纤维）作过滤介质材料。在有压力情况下常用的过滤设备有板框式、滤叶式、滤管式等过滤机，以板框式使用最多。在真空条件下主要采用转鼓式过滤机。

二、膜分离技术

1. 膜分离技术的类型

按以浓度差为推动力、电场力为推动力或静压力差为推动力等不同，分为透析、电透析（渗析）、微滤、超滤和反渗透等。一般截留颗粒或分子的大小如图 9-2 所示。

（1）透析（渗析）　透析是最早发现、研究和应用的一种膜分离过程，它是利用多孔膜两侧溶液的浓度差使溶质从浓度高的一侧通过膜孔扩散到浓度低的一侧从而得到分离的过程。

（2）电渗析　电渗析是基于离子交换膜能选择性地使阴离子或阳离子通过的性质，在直流电场的作用下使阴阳离子分别透过相应的膜以达到从溶液中分离电解质的目的。目前主要用于溶液中除去电解质（如盐水的淡化等）、电解质与非电解质的分离和膜电解等。

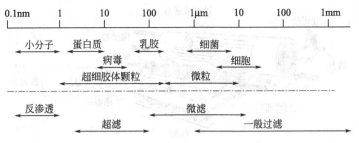

图 9-2 膜分离截留颗粒大小示意图

（3）微滤 它是利用孔径大于 $0.02\sim10\mu m$ 的多孔膜来过滤。微滤广泛用于细胞、菌体等的分离和浓缩，操作压力通常为 $0.05\sim0.5MPa$。目前的销售额在各类膜中占据首位。

（4）超滤 应用孔径为 $10\sim200\text{Å}$（$1\text{Å}=0.1nm$）的超过滤膜来过滤含有大分子或微细粒子的溶液，使大分子或微细粒子从溶液中分离的过程。适用于 $1\sim50nm$ 的生物大分子的分离，如蛋白质、病毒等。操作压力常为 $0.1\sim1.0MPa$。

（5）反渗透 反渗透是在透析膜浓度高的一侧施加大于渗透压的压力，利用膜的筛分性质，使浓度较高的溶液进一步浓缩。用于药物浓缩、纯水制造等。

2. 膜材料

用于分离的膜应具有较大的透过速度和较高的选择性，机械强度好。另外，还要有耐热、耐化学试剂、不被细菌侵袭、可以高温灭菌并且价格低廉等特性。

（1）天然高分子材料 主要是纤维素衍生物，如醋酸纤维、硝酸纤维和再生纤维等，常用于反渗透膜，也可作超滤膜和微滤膜；再生纤维素可用于制造透析膜和微滤膜。醋酸纤维膜最高使用温度和 pH 范围有限，在 $45\sim50℃$、pH3$\sim$8。

（2）合成高分子材料 包括聚砜、聚酰胺、聚酰亚胺、聚丙烯腈、聚烯类和含氟聚合物，其中聚砜最常用，用于制造超滤膜。其优点是耐高温（$70\sim80℃$，可达 $125℃$），pH1$\sim$13，耐氯能力强，可调节的孔径宽（$1\sim20nm$）；聚酰胺膜的耐压较高，对温度和 pH 稳定性高，寿命长，常用于反渗透。缺点是聚砜的耐压差，压力极限在 $0.5\sim1.0MPa$。

（3）无机材料 包括陶瓷、微孔玻璃、不锈钢和碳素等。目前实用化的有孔径>$0.1\mu m$ 的微滤膜和截留>10kD 的超滤膜，其中以陶瓷材料的微滤膜最常用。多孔陶瓷膜主要利用氧化铝、硅胶、氧化锆和钛等陶瓷微粒烧结而成，膜厚方向上不对称优点是机械强度高、耐高温、耐化学试剂和有机溶剂，缺点是不易加工，造价高。

（4）复合材料 将含水金属氧化物（氧化锆）等胶体微粒或聚丙烯酸等沉淀在陶瓷管的多孔介质表面形成膜，其中沉淀层起筛分作用。优点是膜的通透性大，通过改变 pH 值容易形成和除去沉淀层，清洗容易；缺点是稳定性差。

制造膜的高分子材料很多，其中在工业上用得最广的是醋酸纤维素和聚砜。

3. 膜组件

由膜、固定膜的支撑体、间隔物以及容纳这些部件的容器构成的一个单元称为膜组件。目前膜技术的应用主要是以膜组件的形式进行应用，包括管式膜组件、中空纤维式膜组件、平板膜组件和卷式膜组件（图 9-3）等。

4. 膜分离技术的特点

（1）优点

① 能耗低。膜分离不涉及相变，对能量要求低，与蒸馏、结晶和蒸发相比有较大的差异。

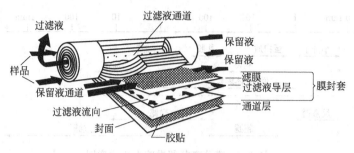

图 9-3　卷式超滤筒的构造

② 分离条件温和，对于热敏感物质的分离很重要。

③ 操作方便，结构紧凑、维修成本低、易于自动化。

（2）缺点

① 膜面易发生污染，膜分离性能降低，故需采用与工艺相适应的膜面清洗方法。

② 稳定性、耐药性、耐热性、耐溶剂能力有限，故使用范围有限。

③ 单独的膜分离技术功能有限，需与其他分离技术联用。

膜分离技术目前在发酵过程中主要用于发酵液或培养液中细胞的收集和除去、细胞破碎后碎片的除去、目标产物部分纯化后的浓缩或滤除小分子溶质、最终产品的浓缩和洗滤除盐以及蛋白质的回收、浓缩和纯化等。

第五节　离心分离技术

一、离心分离因数和沉降速度

分离因数（F_r）和沉降速度（v_g）是离心力场的基本特性。离心机的分离因数为离心机在运行过程中产生的离心加速度和重力加速度的比值。

$$F_r = \frac{r\omega^2}{g} \tag{9-5}$$

式中　r——离心机转鼓半径，cm；

ω——转鼓的角速度，s^{-1}，$\omega = 2\pi\dfrac{n}{60}$；

n——转鼓的转速，r/min；

g——重力加速度，m/s^2。

分离因数 F_r 是离心机分离能力的主要指标，其值愈大，物料所受的离心力愈大，分离效果愈好。对于小颗粒、液相黏度大的难分离悬浮液，需采用分离因数大的离心机加以分离。目前，工业用离心机的分离因数 F_r 值由数百到数十万。分离因数 F_r 与离心机的转鼓半径 r 成正比，与转鼓转速 n 的平方成正比，因此提高转鼓转速比增大转鼓半径对分离因数 F_r 的影响要大得多。分离因数 F_r 的极限值取决于转鼓材料的机械强度，一般超高速离心机的结构特点是小直径、高转速。斯托克斯定律表明了分离效果与物性参数的基本关系。

$$v_g = \frac{d^2(\rho_d - \rho_L)}{18\eta}g \tag{9-6}$$

式中　v_g——颗粒在液相中的沉降速度，m/s；

d——颗粒直径，m；

ρ_d——颗粒密度，kg/m^3；

ρ_L——液体密度，kg/m^3；

η——液体黏度，$Pa \cdot s$；

g——重力加速度，m/s^2。

在离心力场中，颗粒的沉降速度为：$v_g = \dfrac{d^2(\rho_d - \rho_L)}{18\eta} r\omega^2$ 　　　　　　(9-7)

从式(9-6)可见，颗粒的沉降速度 v_g 与颗粒的直径平方成正比，与颗粒和液体的密度差成正比，与液体黏度成反比。在分离过程中，颗粒的沉降速度 v_g 越大，分离效果越显著。

二、离心机的选择

实际应用时，应根据发酵液的悬浮液特性、固体颗粒特性、乳浊液特性等选择离心机。

悬浮液是液体和悬浮于其中的固体颗粒组成的系统。根据固体颗粒的粒度与浓度，悬浮液分为粗颗粒悬浮液、细颗粒悬浮液、高浓度悬浮液和低浓度悬浮液。固体颗粒特性一般指颗粒群中颗粒的主要物理性质，包括颗粒的大小、粒度分布、形状、密度、表面性质等。它们与分离有着密切的关系。离心机的处理能力与固体颗粒的粒度、悬浮液的浓度及滤渣或沉渣的厚度增长率有密切的关系，在设备选型中占有重要地位。可以根据图 9-4 给出的固体颗粒粒度选择离心机。乳浊液是由液体和悬浮于其中的一种或数种其他液体组成的多相系统，其中至少有一种液体以液珠的形式均匀地分散于一个和

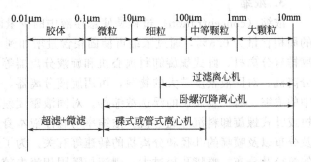

图 9-4　根据固体颗粒的大小选择离心机

它不互溶的液体之中，以液珠形式存在的液体称为分散相（内相或非连续相）；另一相称为连续相（外相或非分散相）。乳浊液的液珠直径一般大于 $0.1\mu m$。乳浊液的稳定性低，悬浮液珠的"临界"大小约为 $0.4 \sim 0.5\mu m$，悬浮液珠小于此值，乳浊液稳定，两相不会分层；悬浮液珠大于此值，乳浊液不稳定，两相会较快地分层。当有表面活性剂或固体粉末存在时，可明显增加乳浊液稳定度。在分离提取发酵产物的过程中，经常伴有脱水、澄清、浓缩等工艺，可根据工艺要求，选择离心机。

1. 脱水

脱水（dehydration）过程是从悬浮液液相分离出固相，且要求固相含液相越少越好。一般有以下三种情况：

（1）固相浓度较高，固相颗粒是刚体或晶体，且粒径较大，则可选用离心过滤机。如果颗粒允许被破碎，则可选用刮刀离心机。若颗粒不允许被破碎，则可选用活塞推料或卸料离心机。

（2）固相浓度较低，颗粒粒径很小，或是无定形的菌丝体。若粒径太小，滤网跑料严重；若滤网太细，则脱水性能下降，无定形的菌丝体和含油的固体颗粒会把滤网堵塞，此时宜采用没有滤网的三足式沉降离心机或卧式螺旋沉降离心机，并根据固相粒径及液固密度差，选择合适的分离因数、长径比（L/D）、流量、转差和溢流半径。如果颗粒大小很不均匀，则可先筛分去除粗颗粒，再用离心机进一步脱水。

（3）悬浮液中固液两相的密度差接近，颗粒粒径在 $0.05mm$ 以上，则可选用过滤离心机。

过滤离心机与沉降离心机的脱水机理不同，前者是通过过滤介质——滤网使固液分离，能耗低，脱水率高，后者是利用固液密度差进行分离，能耗一般较过滤离心机高，脱水率比

过滤离心机低。这些机型的选择还与处理量有关，处理量大应考虑选用连续型机器。

2. 澄清

澄清（clarification）是从含有少量固相的大量液相中除去少量固相，使液相得到澄清。

对大量液相、少量固相且固相粒径很小（10μm以下）或是无定形的菌丝体的情况，可选用卧螺、碟式或臂式离心机。如果固相含量<1%，粒径<5μm，则可选用管式或碟式人工排渣分离机。如果固相含量≤3%，粒径<5μm，则可选用碟式活塞排渣分离机。

其中，管式分离机的分离因数较高（$F_r \geqslant 10000$），可分离粒径在0.5μm左右较细小的颗粒，所得的澄清液澄清度较高，但单机处理量小，分离后固体干渣紧贴在转鼓内壁上，清渣时需拆开机器，不能连续生产。为方便清渣，有时在转筒内壁衬有薄薄的塑料纸筒，出渣时把纸筒抽出即可。碟式人工排渣分离机分离因数也较高（$F_r = 10000$），由于采用碟式组合，沉降面积大，沉降距离小，所得的澄清液的澄清度较高，且较管式离心机处理量大，但分离出的固相也沉积在转鼓内壁，需定期拆机清渣，不能连续生产。

3. 浓缩

浓缩（concentration）过程是使悬浮液中的少量固相得到富集的过程。如原来悬浮液中的固相含量为0.5%，通过浓缩可使固相含量增加到6%～8%。常用的分离设备有碟式外喷嘴排渣分离机、卧式螺旋卸料离心机和旋液分离器等，固相浓缩较普遍采用碟式外喷嘴排渣分离机。对固液密度差大的物料，可用旋液分离器，一般采用多级串并联流程，如淀粉生产中的浓缩、有色金属矿的浮选浓缩等。对固液密度差较小的物料，可用碟式外喷嘴排渣分离机或卧式螺旋卸料沉降离心机。浓缩率与悬浮液本身的浓度、固液相密度差、固相颗粒粒径及分布以及喷嘴的孔径和分离机的转速等有关。为了选择合适的喷嘴孔径，应测定固相颗粒的粒径及分布。喷嘴孔径过大，则液相随固相流失较大，固相浓缩率低；喷嘴孔径过小，则喷嘴易被物料堵塞，使机器产生振动。进料浓度太低时，可采用喷嘴排出液的部分回流，即排出液部分返回碟式分离机进一步浓缩，提高固相浓缩率。

固液分离以后，发酵液分成固体和液体两个部分。如果目的产物位于液体中，可直接处理液体部分；如果目的产物位于微生物细胞中，需对固体部分的微生物细胞进行细胞破碎。

第六节 菌体的破碎

微生物代谢产物大多数分泌到细胞外，分泌到细胞外的代谢产物称为胞外产物，如大多数小分子代谢物、细菌产生的碱性蛋白酶、霉菌产生的糖化酶等。存在于细胞内部的代谢产物被称为胞内产物，如大多数酶蛋白、类脂和部分抗生素等。

要分离提取胞内产物，首先必须将细胞破碎（cell disruption，cell breakage），使产物得以释放。细胞破碎的方法很多，按是否使用外加作用力可分为机械法和非机械法两大类，基本分类如图9-5所示。

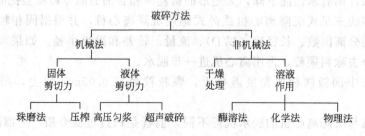

图 9-5 细胞破碎的方法

一、珠磨法

珠磨法（bead grinding，bead beating）是一种有效的细胞破碎方法。进入珠磨机的细胞悬浮液与极细的玻璃小珠、石英砂、氧化铝等研磨剂（直径<1mm）一起快速搅拌或研磨，研磨剂与细胞之间的互相剪切、碰撞使细胞破碎，释放出内含物。借助珠液分离器，将珠子滞留在破碎室，浆液流出，从而实现连续操作。珠磨机采用夹套冷却的方式实现温度控制。

延长研磨时间、增加珠体装量、提高搅拌转速和操作温度等都可有效地提高细胞破碎率，但将大大增加能耗。

珠磨机的主体一般是卧式或立式圆桶形腔体，由电动机带动，磨腔内装钢珠或小玻璃球以提高研磨能力，一般地，卧式机比立式机的珠磨破碎效率高，其原因是立式机中向上流动的液体在某种程度上会使研磨珠流态化，从而降低其研磨效率。

珠磨破碎的能耗与细胞破碎率成正比。增加装珠量，或延长破碎时间，或提高转速，这些措施虽然能提高细胞破碎率，但导致能耗增加，而且会产生较多的热量，引起浆液温度升高，从而增加了制冷费用，致使总能耗增加。实验表明，在破碎率>80％时，能耗大大提高。不仅如此，高破碎率还给后分离带来麻烦。对于可溶性胞内产物的提取，细胞破碎后必须进行固-液分离，将细胞碎片除去。尽管采用高速离心、微孔膜过滤或双水相萃取等技术可以除去碎片，但是破碎率越高，碎片越细小，清除碎片越困难，还可能使产物活性的损失增加。

二、高速匀浆法

高速匀浆法（high-speed homogenization，high-speed homogenate）是常用的大规模细胞破碎方法，所用设备高速匀浆器（高压匀质机，high speed homogenizer）由高压泵和匀浆阀组成。利用高压使细胞悬浮液通过针形阀，由于突然减压和高速冲击撞击环使细胞破裂。从高压室（几十兆帕）压出的细胞悬浮液经过阀座的中心孔道从阀座和阀杆之间的小环隙中喷出，速度可达几百米每秒。这种高速喷出的浆液又射到静止的撞击环上，被迫改变方向从出口管流出。细胞在这一系列过程中经历了高流速下的剪切、碰撞以及由高压到常压（出口处压力）的变化，使细胞产生较大的形变，导致细胞壁破坏。细胞壁是细胞的机械屏障，稍有破坏就会造成细胞膜的破坏，胞内物质在渗透压作用下释放出来，从而造成细胞的完全破坏。

同所有的机械破碎方式一样，高压匀浆法破碎细胞实质上是将细胞壁和膜撕裂，靠胞内的渗透压使其内含物全部释放出来。破碎的难易程度取决于细胞壁的机械强度，而细胞壁的机械强度又取决于微生物的形态和生理状态，因此，细胞的培养条件（包括培养基类型、生长期、稀释率等）会影响细胞破碎；胞内物质的释放速度与其在胞内的位置有关，胞间质的释出先于胞内质，而膜结合酶最难释放。

细胞悬浮液经过一次高压匀浆后，细胞不能100％被破碎，只有部分破碎。为此，需对收集的细胞匀浆进行第二次、第三次或更多次的破碎，也可进行循环破碎，但要避免过度破碎带来产物的损失，以及细胞碎片进一步变小对后面碎片分离造成的困难。

高速匀浆法影响破碎的主要因素是压力、温度和匀浆破碎次数。一般增大压力和增加破碎次数都可以提高破碎率，但压力增大到一定程度对匀浆器的磨损较大。压力选择非常重要，为提高破碎效率，操作压力应尽可能高；为降低能耗和延长设备寿命，操作压力不应很高。当压力小于30MPa时，破碎效果很差；当压力为30～60MPa时，蛋白质释放量迅速增加；当压力大于60MPa时，细胞破碎效果的增加减弱。

团状或丝状真菌较易造成设备阻塞，较小的革兰阳性菌破碎难度较大，有些亚细胞器（如包含体）质地坚硬，易损伤匀浆阀，对这些细胞不适于用高压匀浆器处理，其他微生物细胞都可以用高压匀浆法破碎。在所有酵母菌（如酿酒酵母、毕赤酵母、汉逊酵母）破碎中均得到采用。在操作压力 10^8 Pa 下破碎大肠杆菌，破碎率在 90% 左右，2 次以上的破碎次数可以获得更高的破碎率。

不同悬浮液对高压匀浆效果的影响不同。一般酵母菌较细菌难破碎，处于静止状态较快速生长状态的细胞难破碎，在复合培养基上比在简单合成培养基上培养的细胞难破碎。

三、超声破碎法

用声频高于 15~20kHz 的超声波在高强度声能输入下对细胞进行破碎。其破碎机理尚未完全弄清楚，可能与空化现象引起的冲击波和剪切力有关。空化现象是在强声波作用下气泡形成、胀大和破碎的现象。空化效应（或空穴作用）破碎细胞的过程实际就是空化泡形成、振动、膨胀、压缩和崩溃闭合的过程，须在极短的时间内完成。

超声破碎（ultrasonication）的效率与声频、声能（输出功率）、处理时间、细胞浓度及菌种类型等因素有关。

输出功率反映了超声波能量，增大输出功率有利于形成液体中空穴，产生更多的空化泡，增强破碎作用。

细胞浓度影响液体的黏稠度。细胞浓度低有利于细胞破碎；细胞浓度高会使液体黏稠度大，不利于空化泡的形成、膨胀和破碎，使破碎效果差。短时多次超声波辐射有利于细胞破碎，而延长每次超声波辐射时间、减少辐射次数会明显降低破碎率。短时多次的工作方式能使超声波产生的空化泡有足够的时间和更多的机会完成膨胀和破碎的过程，因此有利于细胞破碎。为了防止超声波空化作用引起液体升温及酶失活，一般采用外加冰浴结合短时多次的超声波辐射操作方法。

超声波空穴作用易产生化学自由基团如氧化性自由基，也会产生一些化学效应（氧化、还原、降解等），前者能使某些敏感活性物质变性失活（如含巯基的酶），处理时必须加保护剂或通氮气，后者使亚细胞粒子碎裂，使酶、蛋白质、核酸、多糖产生不可逆的降解，可通过具体超声破碎条件的控制予以减少。超声破碎的噪声令人难以忍受，大容量装置声能传递、散热均有困难，因而其大规模的工业应用潜力有限，但在实验室规模应用较普遍。

为了在最短的时间达到最佳的破碎效果，对不同的微生物和不同的介质往往采用不同的破碎条件。一般杆菌比球菌易破碎，革兰阴性细菌细胞比革兰阳性细菌细胞易破碎，超声破碎对酵母菌的效果较差。

四、酶溶法

1. 外加酶法

用外加生物酶将细胞壁和细胞膜消化溶解，使细胞内含物有选择地渗透出来。常用的溶酶有溶菌酶、β-1,3-葡聚糖酶、蛋白酶、甘露糖酶、糖苷酶、肽链内切酶、壳多糖酶等，细胞壁溶解酶是几种酶的复合物。

溶酶具有高度的专一性，因此必须根据细胞的结构和化学组成选择适当的酶，并确定相应的使用次序对细胞进行溶酶处理。溶菌酶主要对细菌有作用，其他酶对酵母菌作用显著。

酶溶法（enzymatic lysis）具有选择性释放产物、核酸泄出量少、细胞外形完整等优点。但溶酶价格高，限制了其大规模使用，回收溶酶虽然可以降低成本，但又增加了分离纯化溶酶的操作和成本；此外，对不同菌种，需选择不同的溶酶和相应的最佳溶解条件。

2. 自溶法

自溶（autolysis）是一种特殊的酶溶方式。控制一定条件，可以诱发微生物产生过剩的溶胞酶或激发自身溶胞酶的活力，以达到细胞自溶的目的。影响自溶过程的主要因素有温度、pH、激活剂和细胞代谢途径等。微生物细胞的自溶法常采用加热法或干燥法。

自溶法的缺点是不稳定的微生物易引起所需蛋白质的变性；此外，自溶后细胞悬浮液黏度增大，过滤速率下降。

五、化学渗透法

某些有机溶剂（如苯、甲苯）、抗生素、表面活性剂（SDS、Triton X-100）、金属螯合剂（EDTA）、变性剂（盐酸胍、脲）等化学药品都可以改变细胞壁或膜的通透性，从而使细胞内含物有选择地渗透出来，这种处理方式称为渗透法。

化学渗透法（chemical permeation，chemical osmosis）的处理效果取决于化学试剂的类型及细胞壁和膜的结构与组成，不同化学试剂对各种微生物的作用部位和方式不同。表面活性物质可促使细胞某些组分溶解，其增溶性有助于细胞的破碎；EDTA螯合剂能破坏革兰阴性菌细胞的外层膜；有机溶剂能分解细胞中的类脂；变性剂作用于水中氢键，削弱溶质分子间的疏水作用，从而使疏水性化合物溶于水。常用的化学渗透剂是盐酸胍和脲。

与机械法相比，化学渗透法有以下优点：细胞外形完整，碎片少，选择性释出产物，核酸释出量少，浆液黏度低，便于进一步分离提取。其缺点为时间长，效率低，化学试剂具有毒性，通用性差。

六、微波加热法

微波是频率介于300MHz～300GHz的电磁波。微波加热法（microwave heating）是利用微波场中介质的偶极子转向极化与界面极化的时间与微波频率吻合的特点，促使介质转动能级跃迁，加剧热运动，将电能转化为热能。微波加热导致细胞内的极性物质，尤其是水分子吸收微波能，产生大量的热量，使胞内温度迅速上升，液态水汽化产生的压力将细胞膜和细胞壁冲破，形成微小的孔洞，进一步加热，导致细胞内部和细胞壁水分减少，细胞收缩，表面出现裂纹。孔洞或裂纹的存在使胞外溶剂容易进入细胞内，溶解并释放出胞内产物。

与传统加热回流提取相比，微波破碎细胞提取具有提取时间短、提取液中杂质少等优点。

七、其他方法

1. 渗透压法

渗透压法（osmometry）是一种较温和的细胞破碎法。将细胞放在高渗透压的介质中，达到平衡后，转入到渗透压低的缓冲液或纯水中，由于渗透压的突然变化，水迅速进入细胞内，引起细胞溶胀，甚至破碎，释放出细胞内容物。

2. 反复冻融法

将细胞放在低温下突然冷冻而在室温下缓慢融化，反复冻融（repeated freeze-thawing）多次而达到破坏细胞壁的作用。已应用于从酵母泥中提取蔗糖酶。

3. 干燥法

通过干燥（drying）使细胞壁和膜丧失结合水分，从而改变细胞渗透性。

（1）热空气干燥　有些微生物细胞经热空气吹干，会发生部分自溶，如鲜酵母经25～35℃热空气吹干会发生部分自溶。

（2）真空干燥　经P_2O_5真空干燥过夜的细菌会产生自溶，若用于提取不稳定的酶，在真空干燥过程中须加入保护剂，如对含巯基的酶的提取，需加一定量的半胱氨酸、谷胱甘肽、巯基乙醇、亚硫酸钠等还原剂进行保护。

(3) 冷冻干燥　适于制备不稳定的酶，一般细胞悬浮液浓度为 10％～40％，经冻干后，细胞渗透性变化很大，便于后步提取。

4. 噬菌体破壁法

利用可控的噬菌体破细胞壁的方法（phage breaking cell wall）可以归纳为两类：一类是将噬菌体的 DNA 全部整合到宿主细胞的染色体上形成溶源菌的方法，另一类是将噬菌体的裂解基因克隆到宿主菌中构建基因工程菌的方法。

可避免机械法所需的昂贵设备费用问题以及化学试剂法所带来的试剂回收和环境污染问题。该法为温和的细胞破壁方法，可以避免化学试剂法破壁时对分子的降解。与酶法相比，用可控的噬菌体破壁的方法具有操作简单、细胞裂解控制方便、不需加入外源酶等优点。

在实际应用中，还可以根据生产菌的细胞壁组成、结构等，把化学法或酶法与机械法相结合，以提高细胞破碎效率。

第七节　吸附分离技术

吸附分离是利用适当的吸附剂，在一定的 pH 下，使发酵液中的目的物被吸附剂吸附，然后再以适当的洗脱剂将吸附的目的物从吸附剂上解吸下来，达到分离提纯的目的。在表面上能发生吸附作用的固体称为吸附剂，而被吸附的物质称为吸附物。早期青霉素的提取、链霉素的精制、维生素 B_{12} 的提取等都需分别用活性炭、酸性白土、弱酸性离子交换树脂和大网格聚合物吸附剂等。但是，吸附法选择性差，收率不高，特别是无机吸附剂性能不稳定，不能连续操作，劳动强度大，易造成环境污染，故都不理想。但随着凝胶类吸附剂及大网格聚合物吸附剂的合成和发展，吸附分离技术又重新为抗生素工业所重视和部分获得应用。

吸附法可不用或少用有机溶剂，操作简便、安全，设备简单并且生产过程中 pH 变化小，适用于稳定性较差的产物分离。

一、吸附的类型

按照吸附剂和吸附物之间作用力的不同，吸附可分为以下三种类型。

1. 物理吸附

吸附剂和吸附物通过分子间引力（范德华力）产生的吸附称为物理吸附。这是最常见的一种吸附现象，它的特点是吸附不仅限于一些活性中心，而是整个自由界面都起吸附作用。

物理吸附是可逆的，被吸附的分子由于热运动会离开固体表面，分子脱离固体表面的现象称为解吸。由于分子力的普遍存在，一种吸附剂可吸附多种物质，故物理吸附没有严格选择性。物理吸附与吸附剂的表面积、细孔分布和温度等因素密切相关。

2. 化学吸附

化学吸附是由于吸附剂和吸附物之间电子的转移，发生化学反应而产生，属于库仑力，需要的活化能较高，需在较高的温度下进行。化学吸附的选择性较强，即一种吸附剂只对某种或特定几种物质有吸附作用。因此化学吸附后较稳定，不易解吸。

3. 交换吸附

吸附剂表面如为极性分子或离子所组成，则它会吸引溶液中带相反电荷的离子而形成双电层。这种吸附称为极性吸附。同时在吸附剂与溶液间发生离子交换，即吸附剂吸附离子后，同时要放出等摩尔的离子于溶液中。离子的电荷是交换吸附的决定因素，离子所带电荷越多，电荷相同的离子其水化半径越小，它在吸附剂表面的相反电荷点上的吸附力就越强。

二、常用吸附剂

吸附剂按其化学结构可分为两大类：一类是有机吸附剂，如活性炭、淀粉、聚酰胺、纤维素、大孔树脂等；另一类是无机吸附剂，如白土、氧化铝、硅胶、硅藻土、碳酸钙等。在发酵工业生产中常用的吸附剂有活性炭、白土、氧化铝、硅胶、大孔树脂等，其中应用较广的是活性炭及大孔树脂吸附剂。

1. 活性炭

活性炭具有吸附力强、分离效果好、价格低、来源方便等优点。但由于来源不同或制法不同，生产批号不同，吸附力就可能不同，因此很难使其标准化。生产上常因采用不同来源或不同批号的活性炭而得不到重复的结果。另外，由于活性炭色黑质轻，往往易污染环境。依据形状活性炭可以分为：粉末状活性炭、颗粒状活性炭和锦纶-活性炭。

2. 漂白土

抗生素工业应用较多的是酸性白土，也叫活性白土。如从链霉素（或金霉素）发酵废液中提取维生素 B_{12}。

3. 氧化铝

活性氧化铝是常用的吸附剂之一，特别适用于亲脂性成分的分离，具有价廉、容易再生、活性易控制、吸附能力很强、重复性好等优点。其缺点是有时会产生副反应，操作不便。氧化铝有碱性、中性和酸性之分；碱性氧化铝适用于碱性下稳定的化合物，而酸性氧化铝适用于酸性下稳定的化合物。氧化铝的活性和含水量有很大关系。水分会掩盖活性中心，故含水量愈高，活性愈低。

4. 硅胶

具有多孔性的硅氧烷交链结构，骨架表面具有很多硅醇基团，能吸附很多水分。此种水分几乎以游离状态存在，加热时即能除去。在高温下（500℃）硅胶的硅醇结构被破坏，失去活性。活化后的硅胶极易吸水而活性下降，一般在用以前用 110℃再活化 $0.5\sim 1h$ 后使用。硅胶既能吸附极性物质也能吸附非极性物质，可用于氨基酸、脂肪类化合物的分离。

5. 大孔吸附树脂

大孔吸附树脂（macroporous resin）又称全多孔树脂，是大孔网状聚合物吸附剂，是由聚合单体和交联剂、致孔剂、分散剂等添加剂经聚合反应制备而成。聚合物形成后，致孔剂被除去，在树脂中留下了大大小小、形状各异、互相贯通的孔穴。因此大孔树脂在干燥状态下其内部具有较高的孔隙率，且孔径较大，在 $100\sim 1000nm$ 之间，故称为大孔吸附树脂。

与活性炭等经典吸附剂相比，大孔树脂吸附剂具有选择性好、解吸容易、树脂性能稳定，机械强度好、可反复使用和流体吸力较小等优点。特别是其孔隙大小、骨架结构和极性，可按照需要，选择不同的原料和合成条件而改变，因此可适用于吸附各种有机化合物。按照大网格骨架的极性强弱，可将其分为非极性、中等极性和极性三类。根据"类似物容易吸附"的原则，一般非极性大网格吸附剂适用于从极性溶液中吸附非极性物质；相反，极性吸附剂适用于从非极性溶液中吸取极性物质；中等极性的吸附剂在上述两种情况下均具有吸附能力。

第八节　萃取分离技术

萃取分离（extraction separation）技术是发酵工业上常用的一种提取方法和混合物粗分离的单元操作，广泛应用于抗生素、有机酸、维生素、甾体激素等产物的提取分离。近年来发展起来的双水相萃取法可用于酶和蛋白质等生物大分子的萃取，为胞内蛋白质、核酸的提取纯化提供了有效的手段。此外，利用超临界流体为萃取剂的超临界流体萃取法，也被用于一些生物产物的分离纯化。

一、溶剂萃取

1. 溶剂萃取的概念

萃取是利用溶质在互不相溶的两相溶剂之间分配系数的不同而使溶质得到纯化或浓缩的

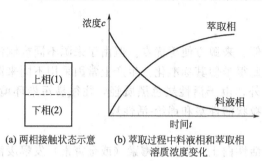

图 9-6 液-液萃取

方法。在萃取操作中至少有一相为流体，一般称该流体为萃取剂。以液体为萃取剂时，如果含有目的产物的原料也为液体，则为液-液萃取（liquid-liquid extraction）；如果含有目标产物的原料为固体，则为液-固萃取（liquid-solid extraction）或浸取（leaching）。以超临界流体为萃取剂时，则为超临界流体萃取（supercritical fluid extraction），含有目的产物的原料可以是液体，也可以是固体。根据萃取剂的种类和形式，液-液萃取又分为有机溶剂萃取（简称溶剂萃取，solvent extraction）、双水相萃取（aqueous two-phase extraction）等。

图 9-6(a) 表示互不相溶的两个液相，密度较小的在上相，密度较大的在下相。若上相为萃取剂（萃取相），下相为料液（料液相），两相之间以一界面接触。在相间浓度差的作用下，料液中的溶质向萃取相扩散，溶质浓度不断降低，而萃取相中溶质浓度不断升高，如图 9-6(b) 所示。

在此过程中，料液中溶质浓度的变化速率即萃取速率，可用下式表示。

$$-\frac{\mathrm{d}c}{\mathrm{d}t} = ka(c - c^*) \tag{9-8}$$

式中　c——料液相溶质浓度，mol/L；

　　　c^*——与萃取相中溶质浓度相平衡的料液相溶质浓度，mol/L；

　　　t——时间，s；

　　　k——传质系数，m/s；

　　　a——以料液相体积为基准的相间接触比表面积，m^{-1}。

当两相中的溶质达到分配平衡（即 $c = c^*$）时，萃取速率为零，各相中的溶质浓度不再改变。显然，溶质在两相中的分配平衡是状态的函数，与萃取操作形式（两相接触状态）无关，而达到分配平衡所需的时间与萃取速率有关。萃取速率受两相性质和相间接触方式（即萃取操作形式）的影响。完成萃取操作后，为进一步纯化目的产物或便于下一步分离操作，往往需要将目的产物转移到水相。这种调节水相条件，将目的产物从有机相转入水相的萃取操作称为反萃取。除溶剂萃取外，其他萃取过程一般也会涉及反萃取操作。

2. 溶剂萃取的方式

一般溶剂萃取的方式有：单级萃取、多级错流萃取和多级逆流萃取。

(1) 单级萃取　单级萃取（single stage cross-flow extraction）只包括一个混合器和一个分离器。料液 F 和溶剂 s 加入混合器中经接触达到平衡后，用分离器分离得到萃取液 L 和萃余液 R，如图 9-7 所示。

(2) 多级错流萃取　多级错流萃取（multistage cross-flow extraction）是指料液经萃取后，萃余液再与新加入的萃取剂混合进一步萃取。如图 9-8 所示为三级错流萃取过程，第一级的萃余液进入第二级作为料液，并加入新鲜萃取剂进行萃取；第二级的萃余液再作为第三级的料液，操作同前。其特点是每级萃取中都加新鲜溶剂，溶剂消耗量大，得到的萃取液平均浓度较稀，但萃取完全，总收率高。

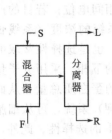

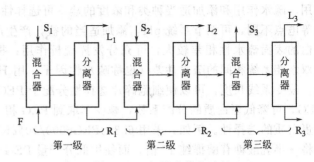

图 9-7　单级萃取工艺　　　　　　　　　　图 9-8　三级错流萃取过程

（3）多级逆流萃取　多级逆流萃取（multistage countercurrent extraction）流程如图9-9所示。多级逆流萃取时，在第 n 级中加入料液，萃余液依次向前一级移动作为前一级料液，而在第一级中加入萃取剂，萃取液依次向后一级移动作为后一级的萃取剂。由于料液移动的方向和萃取剂移动的方向相反，故称为逆流萃取。此法与错流萃取相比，萃取剂耗量较少，因而萃取液平均浓度较高。

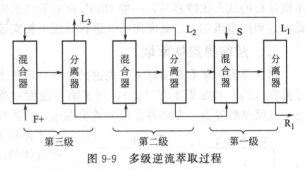

图 9-9　多级逆流萃取过程

二、双水相萃取

某些亲水性高分子聚合物的水溶液超过一定浓度后可形成两相，并且在两相中水分均占很大比例，即形成双水相系统。利用亲水性高分子聚合物水溶液的双水相性质进行物质分离的方法称双水相萃取技术，又称水溶液两相分配法。近年来，该技术发展迅猛且具工业开发潜力，具有快速、容量大、回收率高等特点，尤其适用于直接从含有菌体等杂质的混合物中提纯目的蛋白（如酶、抗体等）。

根据热力学第二定律可知，混合是熵增加的过程，可自发进行。另一方面，分子间存在相互作用力，并且作用力随分子量的增大而增大。因此，传统观点认为，当两种高分子聚合物之间存在相互排斥作用时，由于分子量较大，与混合过程的熵增相比，分子间的相互排斥作用占主导地位，一种聚合物分子的周围将聚集同种分子而排斥异种分子，当达到平衡时，即形成分别富含不同聚合物的两相。这种含有聚合物分子的溶液发生分相的现象称为聚合物的不相容性。绝大多数天然的或合成的亲水性聚合物水溶液，在与第二种亲水性聚合物混合并达到一定浓度时，就会产生两相，两种高聚物分别溶于互不相溶的两相中，如聚乙二醇（PEG）/葡聚糖（Dx）、聚丙二醇/聚乙二醇以及甲基纤维素/葡聚糖等。双水相萃取中常采用的双聚合物系统为 PEG/Dx，该双水相的上相富含 PEG，下相富含 Dx。如用等量的 1.1% 右旋糖酐溶液和 0.36% 甲基纤维素溶液混合，静止后产生两相，上相中含右旋糖酐 0.39%，含甲基纤维素 0.65%；而下相含右旋糖酐 1.58%，含甲基纤维素 0.15%。

要利用双水相萃取技术成功地分离提取目的蛋白质，第一步是选择合适的双水相系统，它使目的蛋白质的收率和纯化程度均达到较高的水平，并且易于利用静置沉降或离心沉降法进行相分离。如果萃取对象为胞内蛋白质，应使破碎的细胞碎片分配于下相中，从而增大两相的密度差，满足两相的快速分离、降低操作成本和操作时间的产业化要求。

影响生物大分子分配系数的因素很多，使选择和设计双水相系统很困难。但是，根据目的蛋白质和共存杂质的表面疏水性、分子量、等电点和表面电荷等性质的差别，综合利用静电作用、疏水作用和添加适当种类和浓度的盐，可选择性萃取目的产物。若目的产物与杂蛋白的等电点不同，可调节系统 pH，添加适当的盐，产生所希望的相间电位；若目的产物与杂蛋白的表面疏水性相差较大，可充分发挥盐析作用；提高成相系统的浓度（系线长度），增大双水相系统相间的疏水性差（也称疏水性因子，用 HF 表示），也是选择性萃取的重要手段。改变系线长度，可以使细胞碎片选择性分配于 PEG/盐系统的下相。采用分子量较大的 PEG，可降低蛋白质的分配系数，减少萃取到 PEG 相（上相）的蛋白质总量，从而提高目的蛋白质的选择性。例如，采用 6.3％PEG6000/10％KPi（磷酸钾）系统，可从细胞匀浆液中将 β-半乳糖苷酶提纯 12 倍，而使用低分子量 PEG 会降低萃取的选择性。此外，在磷酸盐存在的条件下，于 pH>7 的范围内调节 pH 也可提高目的产物的萃取选择性。

在上述理论和经验分析的基础上，设计合理的试差实验，可确定最佳萃取系统。双水相萃取过程的放大比较容易，一般 10mL 离心管内的实验结果即可直接放大到产业化规模。因此，常利用多组 10mL 刻度离心管进行分配平衡实验。

三、超临界流体萃取

超临界流体萃取是国际上最先进的物理萃取技术。对于某一特定的物质，总存在一个临界温度（T_c）和临界压力（p_c），高于临界温度和临界压力后，物质不会成为液体或气体，这一点就是临界点。在临界点以上的范围内，物质状态处于气体和液体之间，这个范围之内

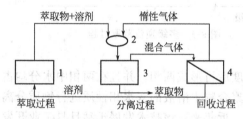

图 9-10　超临界流体萃取工艺流程示意
1—萃取器；2—混合器；
3—产物分离器；4—溶剂分离器

的流体称为超临界流体（SF）。超临界流体具有类似气体的较强穿透力和类似于液体的较大密度和溶解度，具有良好的溶剂特性，可作为溶剂进行萃取，分离单体。利用超临界流体溶解和分离物质的过程称为超临界流体萃取（supercritical fluid extraction，SFE）。超临界流体萃取的工艺流程如图 9-10 所示。

1. 超临界流体

超临界流体（supercritical fluid，SF）是处于临界温度（T_c）和临界压力（p_c）以上，介于气体和液体之间的流体。超临界流体具有气体和液体的双重特性，密度和液体相近，黏度与气体相近，但扩散系数约比液体大 100 倍。由于溶解过程包含分子间的相互作用和扩散作用，因而 SF 对许多物质有很强的溶解能力。可作为 SF 的物质很多，如二氧化碳、一氧化亚氮、六氟化硫、乙烷、庚烷、氨等，其中多选用 CO_2。

CO_2 的临界温度（T_c）和临界压力（p_c）分别为 31.05℃和 7.38MPa，处于这个临界点以上的 CO_2 同时具有气体和液体双重特性，黏度与气体相近，密度与液体相近，而其扩散系数却比液体大得多。此时的 CO_2 是优良的溶剂，能通过分子间的相互作用和扩散作用溶解许多物质，在稍高于临界点的区域内，压力稍有变化，即可使其密度变化很大，从而引起物质溶解度的较大变化。因此，超临界 CO_2 可以从基体中将物质溶解出来，形成超临界 CO_2 负载相，然后降低载气的压力或升高温度，降低物质的溶解度，这些物质就沉淀析出，与 CO_2 分离，从而达到提取分离的目的。

2. 夹带剂

在超临界状态下，CO_2 具有选择溶解性。CO_2-SF 对低分子、低极性、亲脂性、低沸点的成分如挥发油、烃、酯、内酯、醚、环氧化合物等表现出优异的溶解性。对具有极性基团（—OH、—COOH 等）的化合物，极性基团愈多，就愈难萃取，故多元醇、多元酸及多烃

基的芳香物质均难溶于超临界二氧化碳。对于分子量高的化合物，分子量越高，越难萃取，分子量超过 500 的高分子化合物也几乎不溶。要萃取分子量较大和极性基团较多的中草药有效成分，需向有效成分和超临界二氧化碳组成的二元体系中加入第三组分，改变原来有效成分的溶解度。在超临界液体萃取中，通常将具有改变溶质溶解度的第三组分称为夹带剂（也称为亚临界组分）。一般地说，具有很好溶解性能的溶剂，也往往是很好的夹带剂，如甲醇、乙醇、丙酮、乙酸乙酯等。

第九节　结晶分离技术

结晶是制备纯物质的有效方法。作为精制发酵产品的重要手段，结晶主要用于抗生素、氨基酸、有机酸等小分子的纯化，近年来，对蛋白质、核酸等大分子的结晶技术也受到越来越多的重视，发展也较快。

一、结晶的基本过程

结晶（crystallization）是溶质呈晶态从液相或气相等均相中析出的过程。晶体是内部结构中的质点（原子、离子、分子）作规律排列的固态物体。如果生长环境好，则可形成有规则的多面体外形，称为多面体结晶。结晶多面体的面称为晶面，棱边称晶棱。从溶液中结晶出的晶体具有以下性质：①自范性；晶体具有自发地生长为多面体结构的可能性。②各向异性，几何特性及物理性质随方向而有差异。③均匀性，晶体中每一宏观质点的物理性质和化学组成都相同（因内部晶格相同）。晶体的均匀性保证了工业生产的晶体产品具有高纯度。

结晶过程的实质就是新相形成的过程，也就是从液相中产生固体相的过程，包括传质、传热过程，并且质点受晶格的制约做定向排列，因此，结晶过程需要一定的时间。

结晶过程取决于固体与其溶液之间的平衡关系。通常以溶质的溶解度作为该溶质饱和浓度的量度。通常以 100g 溶剂中所含溶质的质量（g）来表示溶解度。溶液恰好饱和时，溶质既无溶解也无结晶，即溶质与溶液处于平衡状态，此溶液称为饱和溶液；溶液未饱和时，若添加固体，则固体溶解；如溶液已过饱和，超过饱和点的溶质迟早要从溶液中结晶出来。所以，要使溶质从溶液中结晶出来，须首先使溶液达到过饱和状态，即必须设法产生一定的过饱和度作为推动力。溶液的过饱和度与结晶的关系可用图 9-11 表示。

图 9-11 中 AB 为饱和曲线，CD 为过饱和曲线（无晶种、无搅拌时自发产生晶核的浓度曲线）。

工业规模的结晶过程都有搅拌（或强或弱）、有晶种，因此，实际上的过饱和曲线 CD 是一组曲线，且比静止状态下的 CD 低。

曲线 AB、CD 将图 9-11 分为稳定区、介稳区和不稳区。稳定区的溶液尚未饱和没有结晶的可能。介稳区的溶液也不会自发产生晶核，但若有晶核，则晶核长大而吸收溶质直至浓度回落到饱和曲

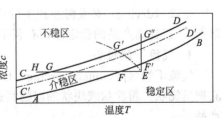

图 9-11　饱和曲线和过饱和曲线

线上。不稳区内能自发产生晶核。图中 E 点是溶液的原始未饱和状态，EH 是冷却结晶线，F 点是饱和点，因为缺乏结晶推动力——过饱和度，不能结晶；穿过介稳区，到达 G 点时，自发产生晶核，越深入不稳区（如 H 点），自发产生的晶核越多，$EF'G''$ 为恒温蒸发过程，EG' 为冷却蒸发过程。

通常结晶溶液中的杂质相当多。结晶时，溶液中溶质（目的产物）与杂质溶解度的差异

使溶质结晶而杂质留在溶液中，从而互相分离；若两者的溶解度相差不大，可借助晶格不同而互相分离（有些情况下会出现混晶现象）。原始结晶溶液虽含杂质，结晶出来的晶体却非常纯洁，是化学均一的固体。因此，结晶是生产纯固体产品的有效方法，对小分子产品更有效。

二、影响结晶过程的因素

1. 过饱和溶液的形成

形成过饱和溶液的主要途径有：

（1）蒸发部分溶剂法 通过蒸发部分溶剂使溶质的浓度达到溶解度以上形成过饱和溶液。

（2）饱和溶液冷却法 将饱和溶液冷却降低溶质的溶解度形成过饱和溶液。特别适合溶解度随温度降低而明显下降的体系。

（3）化学反应结晶法 加入某种反应剂使生成物的溶解度明显降低，从而形成过饱和溶液。

（4）盐析沉淀结晶法 通过加入另一种溶质（比如盐析剂）或另一种溶剂以形成过饱和溶液。加入的新溶剂应满足以下条件：①应与原来溶剂（大多数情况下为水）能互溶；②欲结晶分子在新溶剂中不能溶解，或者溶解度很小，而杂质溶解度最大；新溶剂加入量大，约为 $1\sim12$ 倍，一般为 $5\sim8$ 倍，有利于提高收率。

为了提高实际生产的产品纯度，在精制阶段往往采取重结晶工艺，即以适当的溶剂溶解粗制品或不合格产品甚至已部分失效变质的产品，经脱色过滤等处理后再以适当方法将目的产物重新结晶出来。重结晶的关键是选择溶剂。一般对杂质含量小于 5％的生物产物，适用重结晶来进一步纯化。

2. 晶核的形成和生长

控制好晶核的形成速度，有利于控制结晶晶体的大小和晶体的纯度以及产品的收率等。一般通过控制溶液的浓度在介稳区的某个范围内，可使过饱和度适当。晶核不能自发形成，但可诱导形成，从而控制结晶质量。在晶核形成的基础上，控制好晶体的生长速度，既能保证产品质量，又能保证生产效率。

第十节 干 燥

干燥（drying）是发酵生产中最后一道工序，目的在于除去发酵产物中所含的水分（或溶剂），以提高产品的稳定性，有利于产品的加工、贮存和使用。以下介绍各种干燥设备。

1. 气流干燥设备

气流干燥（pneumatic drying, flash drying）是一种连续式高效固体流态化干燥方法，它把呈泥状、粉粒状或块状的湿物料送入热气流中，与之并流，从而得到分散成粒状的干燥产品。

（1）气流干燥的基本流程 气流干燥的基本流程如图 9-12 所示。湿物料自螺旋加料器进入干燥管，空气由鼓风机鼓入，经加热器加热后与物料汇合，在干燥管内达到干燥目的。由旋风除尘器和袋式除尘器回收干燥后的物料，由抽风机经排气管排出废气。

（2）气流干燥设备特点

① 优点

a. 有利于传热和传质。由于气流速度高，被干燥物料在气流中分散成悬浮状态，气-固相间的接触面积很大，汽化表面不断更新，膜阻力减小，传热、传质过程得到加强。

b. 干燥时间短。物料在干燥器内停留时间一般为 0.2～2s，最长 5s，不会对热敏性或低熔点物料造成热变性。可采用较高温度的空气作干燥介质，由于气-

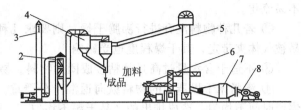

图 9-12　气流干燥基本流程图
1—抽风机；2—布袋式除尘器；3—排气管；4—旋风除尘器；
5—干燥管；6—螺旋加料器；7—加热器；8—鼓风机

固相的并流作用，物料在表面汽化阶段始终处于与其接触干燥介质的湿球温度，一般不超过 60～65℃，在干燥末期，气体的温度已大大降低，物料温度不超过 70～90℃。

c. 设备简单，占地面积小，投资省。能连续操作，适合采用自动控制。

d. 处理量大，适用性广。可用于粉状、块状、泥状等物料的干燥，物料粒径约为 0.1～10mm，湿含量 10%～40%。因为物料悬浮在气流中，物料的临界含水量可为之降低，干燥的最终含水量可达到较低水平。

② 缺点　气-固之间相对速度大，造成气-固、固-固之间摩擦，粒子被粉碎磨损，因此，不适于对晶体形状有一定要求的物料；也不适于易粘壁、非常黏稠的物料以及需干燥到临界湿含量以下的物料。

2. 沸腾床干燥器

沸腾床干燥器（fluidized-bed dryer）也称流化床干燥器，利用热空气流（或其他高温气体）使置于筛板上的颗粒状或粉状湿物料呈沸腾状态的干燥过程。

（1）沸腾床干燥流程　图 9-13 为最简单的单层圆筒形沸腾床干燥装置操作流程。空气由鼓风机送入加热器，经加热后的热空气进入沸腾床干燥器的下部，通过多孔板使被干燥的物料在干燥器内呈沸腾状翻动，经传热、传质后，湿气从干燥器顶进入旋风分离器，与被夹带的细粉物料一起被排出。湿物料连续或间歇进入干燥器内，被干燥后的物料从出料口引出。

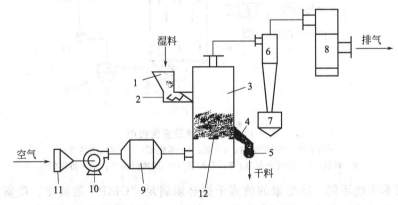

图 9-13　单层圆筒形沸腾床干燥流程
1,7—料斗；2—螺旋加料器；3—干燥室；4—卸料管；5—星形卸料器；
6—旋风分离器；8—袋滤器；9—加热器；
10—风机；11—空气过滤器；12—气体分布板（筛板）

（2）沸腾床干燥的使用条件

① 干燥物料颗粒直径在 30～60μm 之间较合适，粒度太小易被气流夹带走，粒度太大

不易流化。

②若几种物料混合进行沸腾干燥，则要求几种物料的密度要接近。否则密度小的物料易被气体夹带走，其干燥程度也受影响。

③不适于含水量过高且易粘接成团的物料。易粘壁和结块的物料易粘壁和堵床。

④沸腾床干燥器内的物料纵向返混十分严重。对于单级连续沸腾干燥，物料在设备内停留时间不均匀，造成排出的产品干湿不均匀。

⑤处于沸腾状态的物料，气-固之间和固-固之间摩擦较严重，因此，不适于对产品外观要求严格的物料。

（3）沸腾床干燥特点　在沸腾干燥时，热空气的流速保持在颗粒临界流化速度与颗粒带出速度（即自由沉降速度）之间，此时颗粒在热空气中呈沸腾状翻动，在颗粒周围的滞流层几乎消除，气-固间的传热效果优于其他干燥设备。沸腾床干燥器的容积传热系数可达 $(0.836 \sim 2.5) \times 10^4 kJ/(m^3 \cdot h \cdot ℃)$。由于固体呈分散沸腾状，气-固间接触面积较大，传热、传质效果好。干燥器内的温度较均匀，易于控制，不易发生物料过热现象。另外，可以控制物料在沸腾床干燥器内停留时间，使物料的终点水分降到较低的水平。沸腾床干燥器密封性好，产品纯度易于保证。设备结构简单，机动性较好，既可连续操作，又可间歇操作，应用广泛。

沸腾床干燥器的型式很多，单层圆筒形沸腾床干燥器、多层沸腾床干燥器和欧式多室沸腾床干燥器具有代表性。

3. 喷雾干燥器

（1）喷雾干燥的原理　喷雾干燥（spray drying）的原理如图 9-14 所示，浓缩液经雾化器在外力的摩擦作用下，将膜状浓液粉碎成细丝状，然后断裂，在表面张力作用下形成细微液滴，其与热空气接触的表面积立刻增加几百倍，强化汽化速度，在数十秒内达到干燥之目的。

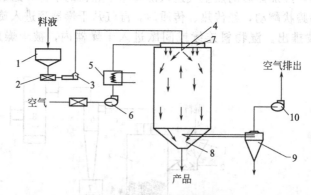

图 9-14　喷雾干燥装置流程图

1—料液槽；2—过滤器；3—泵；4—雾化器；5—空气加热器；

6—风机；7—空气分布器；8—干燥室；9—旋风分离器；10—排风机

与一般喷雾干燥不同，抗生素的喷雾干燥必须满足"GMP"的要求。喷雾干燥中用雾化器将溶液、乳浊液、悬浊液等（含水量 50% 以上）喷成雾滴分散于热气流中，在液滴下落过程中，水分迅速被蒸发，产生粉末状或颗粒状干燥成品。由于喷成雾状液滴的蒸发表面极大（每千克溶液雾化后有 $100 \sim 600 m^2$ 的蒸发表面），所以干燥时间极短，一般为数秒或数十秒。特别适用于不能借结晶方法得到固体成品而又热敏的生物产品。如氨基糖苷类抗生素、链霉素、卡那霉素、庆大霉素等。

（2）喷雾干燥器的特点

① 优点

a. 干燥十分迅速，雾化后的液滴约为 $10\sim50\mu m$，在高温气流中，瞬间可蒸发 95%～98% 的水分，完成干燥时间约 5～40s。

b. 干燥过程中液滴温度不高。即使采用高温热风，在干燥初期，物料温度不会超过周围空气的湿球温度（t_w），由于物料停留时间短，产品温度不会很高，因此干燥产品质量好。适合于热敏性物料的干燥。

c. 在空气中完成干燥过程，产品基本是与液滴相近似的球状，具有良好的分散性、流动性和溶解性。

d. 生产过程简化，料液直接雾化干燥得成品，省去浓缩、结晶、分离、粉碎等工序。产品的粒径、松密度、含水量等参数在一定范围内可调整。

e. 整个过程可在密闭条件下进行，能满足抗生素等产品的无菌要求，改善操作环境，并可连续化大规模生产。

② 缺点

a. 当热风温度低于150℃时，其体积传热系数较低 [约为 $83.6\sim418kJ/(m^3 \cdot h \cdot ℃)$]，此时蒸发强度小，要求较大的干燥塔体积。

b. 干燥所需介质量大，热利用率很低，蒸发 10kg 水需 1.5×10^5kJ 的热量，热量损失达 80% 左右，能耗大。

c. 回收废气中 $5\mu m$ 以下粉末所需装置要求较高。

（3）喷雾干燥器种类　目前国内外发酵工业采用较多的是气流式喷雾干燥器和离心式喷雾干燥器。

气流式喷雾干燥器是将料液用 $0.15\sim0.5MPa$（表压）的压缩空气，一起经特殊的喷嘴喷出，料液在高速气流的作用下，克服表面张力而形成雾滴，再经热空气气流干燥，即可直接获得粉末，故可省去蒸发、结晶、分离、粉碎等工序。其缺点是干燥介质用量多，动力消耗大，单个喷嘴生产力小，处理量少，收率低（除粘塔粉外，旋风分离器不能有效收集 1～5nm 粉末，尚需袋滤等后集尘处理）等。

离心式喷雾干燥器是将料液注入急速旋转的喷雾盘上，在离心力的作用下喷洒成细微的雾滴，一般喷盘转速 500～2000r/min，其圆周速度为 100～160m/s。其优点是产量高，黏稠液、悬浮液同样也能较好地喷洒成雾滴；缺点是制造复杂，雾滴直径较大，需要较大的塔径，且动力消耗也大。近几年来，喷雾干燥技术在不断地发展，应用日益扩大，如采用密闭循环喷雾干燥系统可以回收溶剂并防止污染大气，国外已将此种喷雾干燥系统用于生产青霉素、四环素、红霉素等，用鼓风机送热风可减少动力消耗，经高效微孔过滤器和静电除尘器，在层流工作台收粉。干燥青霉素时则以氮气代替空气。另有一种能提高干燥单位容积强度和避免粘塔粉的喷雾干燥塔，其改进之处主要是空气并流引入，空气分配头集中于喷头附近，保证热空气吹出气体不紊乱，加强了热交换，并能防止细粉过热，在热风周围吹出少量冷风以降低金属壁温度，减少或达到无粘塔现象。

4. 冷冻干燥设备

冷冻干燥（freeze drying）也称升华干燥（lyophilization），是将湿物料在较低温度下（$-50\sim-10℃$）冻结成固态，然后置于高度真空 $0.1\sim100Pa$（$1\sim0.001mmHg$）下，料内水分不经液态直接升华成气态，物料脱水为成品。

（1）冷冻干燥原理　水可以在不同温度和压力下形成气态、液态和固态。不论是液态的水还是固态的水，在不同的温度下都具有不同的饱和蒸气压，冰在低于其饱和蒸气压的真空度下，水分就会升华蒸发，所以一般在冷冻干燥时，所采用的真空度约为相应温度下冰的饱和蒸气压的 1/4～1/2，如－40℃干燥操作，此时冰的饱和蒸气压为 13Pa（0.097mmHg），而采用的真空度为 6～7Pa（0.02～0.05mmHg）。

在冷冻干燥时，湿物料可不事先预冻，而是利用高真空时水分汽化吸热而将物料自行冻结，这种冻结叫做蒸发冻结。其优点为能耗低，但是该操作法易使溶液产生泡沫或产生飞溅，造成物料损失，也不易获得多孔性的均匀干燥产品。

在冷冻干燥中，一般升华温度为－35～－5℃。抽出的水分可在冷凝器上冷冻聚集或吸收于吸湿剂或直接由真空泵排出。升华时需要的热量，可直接由所处理的物料供给，或者经干燥室的间壁通过热介质由外界供给。如无外界供给热量，则物料的温度将随之降低，以至于冰的蒸汽压过分降低而使升华速率降低。因此，在控制干燥速率时，既要供给物料热量，又要避免固体物的融化。

（2）冷冻干燥过程　冷冻干燥过程分两个阶段：①在低于熔点的温度下，从冻结的物料内将水分升华，大约除去 98%、99% 的水分；②将物料温度逐渐升到或略高于室温，此时物料的水分已很低，不会再融化，水分可降到 0.5% 以下。冷冻干燥设备主要由冷冻部分、真空部分、水汽去除部分和加热部分组成。

（3）冷冻干燥的特点

① 优点

a. 整个干燥过程处于低温状态，蛋白质等生物物质不会发生变性，无氧化以及其他化学反应，特别适合生物产品的干燥。

b. 冷冻干燥后的产品疏松、易溶、含水率低，易长期保存。

c. 冷冻干燥不会破坏天然组织和构造，适合菌种保藏。

② 缺点

a. 设备投资大，运行动力消耗多。

b. 干燥时间较长。

冷冻干燥对产品的破坏程度最低，而且产品疏松易溶，因此，十分适于干燥生物制品。目前冷冻干燥主要用于不能以结晶方法得到产品而直接从浓缩液经干燥得到成品的场合。冷冻干燥的成品质量在效价、色泽、易溶性等方面均优于喷雾干燥。另外，在分装一些微量制剂（如一些抗肿瘤的抗生素）时，每瓶装量 10mg 以下，不能用直接称量法分装，将其溶液定量注入瓶内，经冷冻干燥就可获得准确含量的微剂量抗生素制品。

5. 真空干燥设备

（1）真空干燥设备操作及特点　真空干燥（vacuum drying）为在抽真空的干燥器内，物料所含水分由液态变成气态，不断抽出蒸汽，使物料干燥。真空干燥的操作压力在 610Pa（4.6mmHg）到一个大气压之间，真空度愈低，汽化温度愈低，干燥的推动力就愈大。凡是不能经受高温的热敏性物料，以及在空气中易氧化、易燃易爆等危险物料或在干燥过程中会挥发有害、有毒气体以及被除去的蒸汽需要回收的场合，都可采用真空干燥方法。特别适合某些生物产物的干燥，如青霉素、红霉素等。

（2）真空干燥设备种类　根据操作方式，真空干燥设备可分为连续式和间歇式两类，连续真空干燥设备有真空滚筒式干燥器、真空带式干燥器、真空圆盘式干燥器，间歇真空干燥设备有真空箱式干燥器、双锥回转式真空干燥器等。

双锥回转式真空干燥机结构示意如图 9-15 所示。该设备由带夹套的双锥形容器、加热装置、真空装置及驱动装置组成，有的还配有蒸汽冷凝回收装置。物料装入双锥容器内，回转中物料靠重力混合搅拌，夹套内通入一定温度的热水，间接加热，容器内抽真空，以较低的干燥温度得到较高的干燥速率。特别适合干燥热敏性物料。另外，双锥不断回转，物料不断翻动混合，产品质量均一，已被推广应用在干燥青霉素、土霉素等。

　　国内双锥回转真空干燥机已经系列化。真空干燥效果主要取决于物料在容器内形成的最佳物流状态、最大的物料蒸发表面积及最大的排气空间三个因素。当装料量大时，物料蒸发面积减少，排气空间小，干燥速率下降；而装料量少时，产量小，不经济，因此需针对特定产品试验得到最佳装料量。一般物料装量为双锥容器的30%～50%，若干燥容积变化较大的物料，其装料量可达全容积的65%。

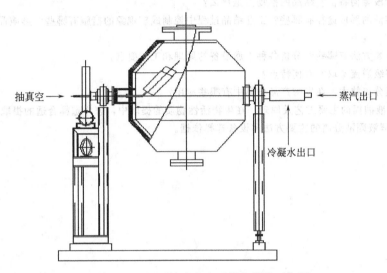

图9-15　双锥回转式真空干燥机结构示意图

6. 微波干燥

　　（1）微波干燥原理　微波干燥（microwave drying）实质是一种微波介质加热干燥，利用微波在快速变化的高频电磁场中与物质分子相互作用，微波能量直接被介质吸收而产生热效应，从而达到干燥的目的。微波干燥所用的频率范围在300～300000MHz，波长在1～0.001m。

　　微波干燥设备主要由直流电源、微波管、传输线或波导、微波炉及冷却系统等几个部分组成。

　　（2）微波干燥的特点

　　① 优点

　　a. 干燥速度快。微波能够深入物料内部，而不依靠物料本身的热传导，只需常规方法10%～1%的时间就可完成干燥。

　　b. 干燥均匀，产品质量好。微波干燥是从物料内部加热干燥，而且有自动平衡性能，即使被干燥物料的形状复杂，也能均匀干燥。

　　c. 有一定的选择性。微波加热干燥与物料的性质有密切关系，介电常数高的介质，容易用微波来干燥。而水的介电常数特别高，能够强烈吸收微波，所以干燥含水物料时，水分比干物料吸收热量大得多，温度也就高得多，很容易蒸发，而物料本身吸收热量少，且不过热，有利于保持产品特色，提高产品质量。

　　d. 热效率高，一般可高达80%。

　　② 缺点　主要是费用较高。

　　微波干燥不仅适用于含水物质，也适用于许多有机溶剂、无机盐类药物的干燥，如四环类抗生素、灰黄霉素中间体等，特别适合于易燃易爆及温度控制不好易分解的某些抗生素。

思 考 题

1. 说明发酵产品分离的一般过程。
2. 发酵液预处理的目的是什么？
3. 利用蛋白质的性质来去除发酵液中杂蛋白的方法有哪些？
4. 简述常用细胞破碎的方法、原理、特点及适用范围。
5. 结晶各阶段有何特征？结晶的推动力是什么？
6. 过饱和溶液的形成途径有哪些？工业结晶过程中控制成核现象的措施有哪些？影响晶体纯度的因素有哪些？
7. 常用的干燥方法有哪些？分析各种干燥设备的原理和工艺要点。
8. 什么是多级逆流萃取？有何特点？
9. 什么是膜分离技术？在发酵产品分离中有哪些应用？
10. 简述液-液抽提的主要工艺及原理。在生物活性物质的提取中，怎样选择合适的提取剂？
11. 简述发酵液固液分离的主要方法和设备选择依据。

第十章 发酵产品生产简介

第一节 氨基酸发酵

一、概述

氨基酸在药品、食品、饲料、化工等行业中都有重要应用。氨基酸的生产始于1820年，当时是靠酸解或水解蛋白质生产氨基酸，1850年利用化学方法成功合成了氨基酸，1956年分离到谷氨酸棒状杆菌，日本采用微生物发酵法工业化生产谷氨酸获得成功，1957年生产谷氨酸钠（味精）商业化，从此推动了氨基酸生产的大规模发展。

目前，世界上氨基酸的生产技术主要有四种方法：发酵法、化学合成法、化学合成-酶法和蛋白质水解提取法。

（1）发酵法 发酵法生产氨基酸是利用微生物具有的能够合成其自身所需的各种氨基酸能力，通过对菌株的诱变等处理，选育出各种缺陷型及抗性的变异菌株，以解除代谢节中的反馈与阻遏，达到以过量合成某种氨基酸为目的的一种氨基酸生产方法。应用发酵法生产氨基酸，产量最大的是谷氨酸，其次是赖氨酸、苏氨酸、异亮氨酸、缬氨酸、精氨酸、组氨酸、脯氨酸、鸟氨酸、瓜氨酸。另外，色氨酸、苯丙氨酸、亮氨酸、丙氨酸等也可由发酵法获得，但因生产水平低，尚无规模化生产。生产菌株一般是各种营养缺陷型的黄色短杆菌。微生物细胞内氨基酸的生物合成都是利用能量代谢过程中衍生的一些中间代谢产物为起点，经过一系列伴随着自由能损失的不可逆反应，来保证各种氨基酸的不断供应。如图10-1所示为以葡萄糖为碳源细胞内氨基酸的代谢途径。

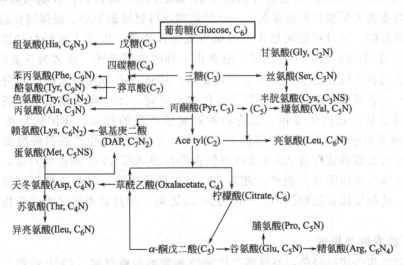

图 10-1 以葡萄糖为碳源细胞内氨基酸的代谢途径

（2）化学合成法 化学合成法是借助于有机合成及化学工程相结合的技术生产氨基酸的一种方法。虽然化学合成法可以生产目前已知的所有氨基酸，但多数不具备工业价值，原因是应用化学生产的氨基酸含有 D 和 L 两种旋光异构体（手性异构体），其中的 D-异构体不能被大多数动物所利用。目前在氨基酸工业中应用化学合成法批量生产的氨基酸只有甘氨酸、蛋氨酸和色氨酸等少数几种。其中，甘氨酸是应用化学合成法生产的最理想的品种，因为甘氨酸没有旋光异构体。DL混合型蛋氨酸及色氨酸能为畜禽利用，因此也具有一定价值。

（3）化学合成-酶法　此法生产氨基酸的原理是利用化学合成法制得的廉价中间体，借助酶的生物催化作用，使许多本来用发酵法或化学合成法生产的光学活性（具有不同的旋光异构体）氨基酸具有工业生产的可能。应用此法批量生产的氨基酸有赖氨酸、L-胱氨酸等。

（4）蛋白质水解法　蛋白质水解法生产氨基酸是传统的氨基酸生产方法。但由于上述三种生产方法的迅速发展，使这一传统的氨基酸生产方法受到极大的冲击。目前应用这一方法生产的氨基酸有半胱氨酸等，但在一些发展中国家，许多品种的氨基酸还是采用这种方法生产。

主要的产氨基酸菌种有谷氨酸棒杆菌、黄色短杆菌、乳糖发酵短杆菌、短芽孢杆菌等，一般是生物素缺陷型，有些是氨基酸营养缺陷型，还可以采用基因工程菌进行生产。氨基酸市场中，谷氨酸钠约占氨基酸总量的75%，其次为赖氨酸，约占总产量的10%，其他的约占15%。

二、谷氨酸发酵

谷氨酸（图10-2）是一种重要的氨基酸，常见的是L-谷氨酸，又称为α-氨基戊二酸或麸氨酸，为白色或无色鳞片状晶体，呈微酸性，相对密度1.538，在200℃时升华，247～249℃时分解，微溶于冷水，较易溶于沸水，不溶于乙醇、乙醚和丙酮，能治疗肝性昏迷症。

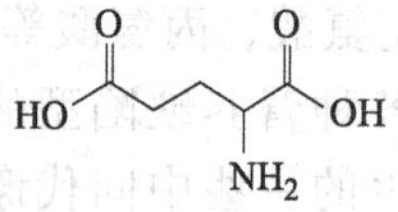

$$\text{HO}\underset{\text{NH}_2}{\overset{\text{O}}{\parallel}}\text{OH} \qquad\qquad \text{NaOOC—CH}_2\text{—CH}_2\text{—CH—COOH}$$
$$\underset{\text{NH}_2}{}$$

图10-2　谷氨酸结构式 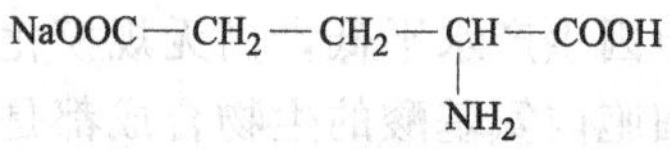　　　　　　　　　图10-3　谷氨酸钠结构式

味精是以谷氨酸为原料生成的谷氨酸单钠（图10-3）的俗称。谷氨酸除制造味精外，还可以制成对皮肤无刺激性的洗涤剂——十二烷酚基谷氨酸钠肥皂、能保持皮肤湿润的润肤剂——焦谷氨酸钠、质量接近天然皮革的聚谷氨酸人造革，以及人造纤维和涂料等。1866年，德国人利用H_2SO_4水解小麦面筋，分离出一种酸性氨基酸，命名为谷氨酸。1910年，日本味之素公司首先以面筋水解方法生产谷氨酸。1956年日本协和发酵公司分离选育出一种新的细菌——谷氨酸棒状杆菌，进行工业化生产研究。1957年发酵法生产谷氨酸正式用于商业中。随后其产量连年递增，成为各种氨基酸产量的首位。我国味精的生产开始于1923年，上海天厨味精厂最先用水解法生产。1958年开始筛选生产谷氨酸的菌种。1969年我国分离选育出北京棒状杆菌AS.1.299和钝齿棒杆菌AS.1.542两株生产菌，同年在上海建厂，随后全国各地纷纷建厂投产。随着几十年的发展建设，目前味精年产量约65万吨，居世界第一。莲花集团谷氨酸钠年生产能力为30万吨，超过日本味之素成为世界最大生产企业。

1. 谷氨酸发酵的机理

谷氨酸的生物合成途径是：谷氨酸产生菌将葡萄糖经糖酵解（EMP途径）和戊糖磷酸支路（HMP途径）生成丙酮酸，再氧化成乙酰辅酶A，然后进入三羧酸循环，生成α-酮戊二酸。α-酮戊二酸在谷氨酸脱氢酶的催化及NH_4^+存在的条件下，生成谷氨酸。当生物素缺乏时，菌种生长十分缓慢；当生物素过量时，则转为乳酸发酵。因此，一般将生物素控制在亚适量条件下，才能得到高产量的谷氨酸。

在谷氨酸发酵中，如果能够改变细胞膜的通透性，使谷氨酸不断地排到细胞外面，就会大量合成谷氨酸。研究表明，影响细胞膜通透性的主要因素是细胞膜中的磷脂含量。因此，对谷氨酸产生菌的选育，往往从控制磷脂的合成或使细胞膜受损伤入手，如生物素缺陷型菌种的选育。生物素是不饱和脂肪酸合成过程中所需的乙酰辅酶 A 的辅酶。生物素缺陷型菌种因不能合成生物素，从而抑制了不饱和脂肪酸的合成，而不饱和脂肪酸是磷脂的组成成分之一。因此，磷脂的合成量也相应减少，这就会导致细胞膜结构不完整，提高细胞膜对谷氨酸的通透性。

2. 谷氨酸发酵工艺

国外谷氨酸采用甘蔗糖蜜或淀粉水解糖为原料的强制发酵工艺，产酸率为 $13\%\sim15\%$，糖酸转化率为 $50\%\sim60\%$；国内采用淀粉水解糖或甜菜糖蜜为原料、生物素亚适量发酵工艺，产酸率为 11% 左右，转化率为 60% 左右。

（1）原料处理　谷氨酸发酵生产以淀粉水解糖为原料。淀粉水解糖的制备一般有酶水解法和酸水解法两种。

① 酶解工艺　采用耐高温 α-淀粉酶，最适温度 $93\sim97℃$，可耐 $105℃$，最适 pH6.2～6.4，加氯化钙调节钙离子的浓度为 $0.01mol/L$，酶的用量为 $5u/g$ 淀粉，液化程度：DE 值保持在 $10\sim20$ 之间，终点以碘液显色控制。液化结束后，采用螺旋板降热器降温至 $50\sim60℃$，加糖化酶，调节 pH4.5～5.5，酶的用量为 $80\sim100u/g$ 淀粉，当葡萄糖值达 96% 以上时，$100℃$，5min，灭酶活。

② 淀粉酸水解工艺　干淀粉用水调成 $10\sim11°Bé$ 的淀粉乳，用盐酸调至 pH1.5 左右；然后直接用蒸汽加热，水解压力 30×10^4Pa，时间 25min 左右；冷却糖化液至 $80℃$，用 NaOH 调节 pH4.0～5.0 使糖化液中的蛋白质和其他胶体物质沉淀析出；然后用粉末状活性炭脱色，活性炭用量约为淀粉量的 $0.6\%\sim0.8\%$，于 $70℃$、酸性环境下搅拌；最后在 $45\sim60℃$ 下过滤得到淀粉水解液。

（2）菌种扩大培养　谷氨酸产生菌扩大培养的工艺流程为：斜面菌种→三角瓶培养→一级种子培养→二级种子培养→发酵罐。

（3）谷氨酸发酵生产　发酵初期，菌体约 2～4h 后即进入对数生长期，代谢旺盛，糖耗快，须流加尿素以供给氮源并调节培养液的 pH 值至 7.8～8.0，同时保持温度为 30～32℃。本阶段主要是菌体生长，几乎不产酸，菌体内生物素含量由丰富转为贫乏，时间约 12h。随后转入谷氨酸合成阶段，此时菌体浓度基本不变，α-酮戊二酸和由尿素分解后产生的氨合成谷氨酸。这一阶段应及时流加尿素以提供氨及维持谷氨酸合成最适 pH7.2～7.4，需大量通气，并将温度提高到谷氨酸合成最适温度 34～37℃。发酵后期，菌体衰老，糖耗慢，残糖低，需减少流加尿素量。当营养物质耗尽、谷氨酸浓度不再增加时，及时放罐，发酵周期约为 30h。如图 10-4 所示为谷氨酸发酵工艺流程。

（4）谷氨酸分离提取　谷氨酸提取有等电点法、离子交换法、金属盐沉淀法、盐酸盐法和电渗析法，以及将上述方法联合使用的方法。国内多采用的是等电点-离子交换

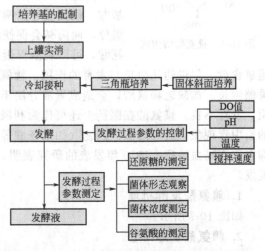

图 10-4　谷氨酸发酵工艺流程

法。谷氨酸的等电点为 3.22，这时它的溶解度最小，所以将发酵液用盐酸调节到 pH3.22，谷氨酸就可结晶析出。晶核形成的温度一般为 25～30℃，为促进结晶，需加入 α 型晶种育晶 2h，等电点搅拌之后静置沉降，再用离心法分离得到谷氨酸结晶。等电点法提取了发酵液中的大部分谷氨酸，剩余的谷氨酸可用离子交换法进一步进行分离提纯和浓缩回收。谷氨酸是两性电解质，故与阳性或阴性树脂均能交换。当溶液 pH 低于 3.2 时，谷氨酸带正电，能与阳离子树脂交换。目前国内多用国产 732 型强酸性阳离子交换树脂来提取谷氨酸，然后在 65℃ 左右，用 6% NaOH 溶液洗脱，以 pH3～7 的洗脱液作为高流液，返回等电点法提取。如图 10-5 所示为谷氨酸的分离与味精的制备流程。

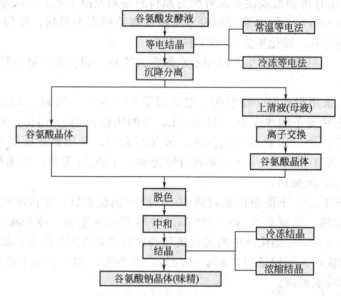

图 10-5　谷氨酸的分离与味精的制备

三、赖氨酸发酵

　　赖氨酸（图 10-6）又名 L-2,6-二氨基己酸；L-赖氨酸（食用级），分子式为 $C_6H_{14}N_2O_2$。赖氨酸为碱性必需氨基酸。由于谷物食品中的赖氨酸含量甚低，且在加工过程中易被破坏而缺乏，故称为第一限制性氨基酸。赖氨酸可以调节人体代谢平衡，赖氨酸为合成肉碱提供结构组分，而肉碱会促使细胞中脂肪酸的合成。向食物中添加少量的赖氨酸，可以刺激胃蛋白酶与胃酸的分泌，提高胃液分泌功效，起到

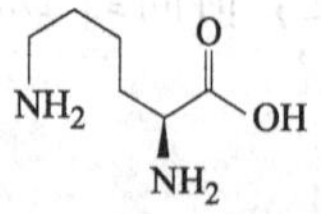

图 10-6　赖氨酸结构式

增进食欲、促进幼儿生长与发育的作用。赖氨酸还能提高钙的吸收及其在体内的积累，加速骨骼生长。如缺乏赖氨酸，会造成胃液分泌不足而出现厌食、营养性贫血，致使中枢神经受阻、发育不良。赖氨酸在医药上还可作为利尿剂的辅助药物，治疗因血中氯化物减少而引起的铅中毒现象，还可与酸性药物（如水杨酸等）生成盐来减轻不良反应，与蛋氨酸合用则可抑制重症高血压病，1979 年发表的研究表明，补充赖氨酸能加速疱疹感染的康复并抑制其复发。

　　1. 赖氨酸发酵机理

　　如图 10-7 所示。

　　2. 赖氨酸发酵工艺

　　赖氨酸发酵法分为二步发酵法（又称前体添加法）和直接发酵法两种。

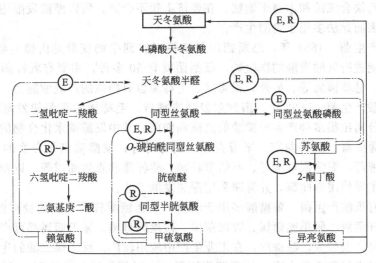

图 10-7　赖氨酸生物合成途径

E—反馈抑制；R—反馈阻遏

（1）二步发酵法　20 世纪 50 年代初开发的二步发酵法以赖氨酸的前体二氨基庚二酸为原料，借助微生物生产的酶（二氨基庚二酸脱羧酶），使其脱羧后转变为赖氨酸。由于二氨基庚二酸也是用发酵法生产的，所以称二步发酵法。70 年代后，日本采用固定化二氨基庚二酸脱羧酶或含此酶的菌体，使内消旋 2,6-二氨基庚二酸脱羧连续生产赖氨酸，改进了这一工艺。尽管这样，该工艺仍较复杂，现已被直接发酵法取代。

（2）直接发酵法　这是广泛采用的赖氨酸生产法。常用的原料为甘蔗或甜菜制糖后的废糖蜜、淀粉水解液等廉价糖质原料。此外，醋酸、乙醇等也是可供选用的原料。直接发酵法生产赖氨酸的主要微生物有谷氨酸棒状杆菌、黄色短杆菌、乳糖发酵短杆菌的突变株等 3 种。这种方法是在 20 世纪 50 年代后期开发的，70 年代以来，由于育种技术的进展，选育出一些具有多重遗传标记的突变株，使工艺日趋成熟，赖氨酸的产量也得到成倍增长。工业生产中最高产酸率已提高到每升发酵液 100～120g，提取率达到 80%～90%。

第二节　有机酸发酵

一、概述

有机酸是分子中含有羧基（—COOH）的酸类。柑橘、葡萄、食醋、泡菜等的酸味都是有机酸造成的。许多有机酸广泛存在于动、植物和微生物体内。微生物合成的有机酸有 50 多种，其中在国民经济中具有较大用途，现已工业化生产的有：柠檬酸、乳酸、醋酸、葡萄糖酸、苹果酸、曲酸、亚甲基丁二酸、α-酮戊二酸、丙酸、琥珀酸、抗坏血酸、水杨酸、赤霉酸及多种长链二元酸等。

中国古代，人们并不知道有微生物的存在，但已经利用微生物的自然发酵来制造食醋，中国周朝的《礼记》中就有关于醋的记载。1861 年，L. 巴斯德证明酒的醋化是由啤酒和葡萄酒表面皮膜内的微生物所致。此后，人们不仅广泛研究了产生醋酸的微生物，而且分离出多种有机酸的产生菌。

（1）醋酸产生菌　主要是醋杆菌属和葡萄糖酸杆菌属的许多种。它们能以酒精为原料，在有氧条件下，将乙醇脱氢生成乙醛，再使乙醛加水、脱氢生成醋酸。但从醋酸发酵液中分离醋酸，比起乙炔合成法和木材干馏法，在经济上很不合算，所以醋酸发酵用于纯醋酸的生产十分少见，因而此法多用于食醋生产。

（2）乳酸产生菌　1857年，巴斯德用显微镜观察到牛奶变酸是由微生物所致。此后，人们发现大量能进行乳酸发酵的微生物，仅细菌就有50多种，主要有乳杆菌属、明串珠菌属、片球菌属、链球菌属等。另外，根霉属、毛霉属也有很强的产乳酸能力。

（3）柠檬酸产生菌　1893年，韦默尔发现青霉属、毛霉属的真菌能发酵糖液生成柠檬酸，后又陆续分离出很多种产生柠檬酸的真菌和细菌。其中发酵碳水化合物的有黑曲霉、泡盛酒曲霉、斋藤曲霉、温特曲霉、平滑青霉、橘青霉等；发酵碳氢化合物的有解脂假丝酵母、热带假丝酵母、涎沫假丝酵母、石蜡节杆菌、棒杆菌和雅致曲霉等。以糖质为原料的柠檬酸工业生产主要使用黑曲霉，并普遍采用深层发酵工艺。

（4）其他有机酸产生菌　葡糖酸多用于医药，除葡糖酸杆菌生产葡糖酸的能力较强外，曲霉菌属、棒杆菌属、假单胞菌属、青霉菌属、假丝酵母菌、镰刀菌属都可产生葡糖酸，其中黑曲霉产品纯，杂酸少，易提取，在工业生产中应用较广。反丁烯二酸的生产菌主要有根霉和毛霉，尤其米根霉产酸力强，发酵糖质原料时，对糖的转化率达到90％～95％。以石蜡为原料生产反丁烯二酸多采用假丝酵母（例如皱褶假丝酵母），反丁烯二酸的产率达6％，对石蜡的转化率达16％。生产苹果酸的微生物有曲霉、青霉和酵母等。也有人用担子菌生产苹果酸，转化率达40％～50％。曲酸可作为香精的生产原料，人们用米曲霉和黄曲霉生产曲酸。

二、柠檬酸发酵

柠檬酸（critic acid）又称枸橼酸（图10-8）、2-羟基丙烷-1,2,3-三羧酸、3-羟基-3-羧基戊二酸，分子式为$C_6H_8O_7$，相对密度1.542，熔点153℃（失水），折射率1.493～1.509，无色半透明的结晶或白色的颗粒，或白色结晶状粉末，无臭，味极酸，溶于水、醇和乙醚。水溶液呈酸性。在干燥空气中微有风化性，在潮湿空气中有潮解性。175℃以上分解放出水及二氧化碳。用作实验试剂、色谱分析试剂及生化试剂，也用于缓冲液的配制。用

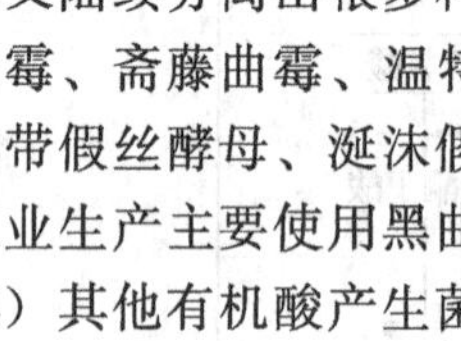

图10-8　柠檬酸结构式

于食品工业酸味剂、医药清凉剂和其他化合物一同作为保藏剂，在洗涤剂工业，它是磷酸盐理想的代替品，可作为锅炉化学清洗酸洗剂和锅炉化学清洗漂洗剂。天然柠檬酸在自然界中分布很广，在植物如柠檬、柑橘、菠萝等果实和动物的骨骼、肌肉、血液中都含有柠檬酸。1784年C. W. 舍勒首先从柑橘中提取了柠檬酸。1893年C. 韦默尔发现青霉（属）菌能积累柠檬酸。1913年B. 扎霍斯基报道黑曲霉能生成柠檬酸。1916年汤姆和柯里以曲霉属菌进行试验，证实大多数曲霉菌如泡盛曲霉、米曲霉、温氏曲霉、绿色木霉和黑曲霉都具有产柠檬酸的能力，而黑曲霉的产酸能力更强。1923年美国菲泽公司建造了世界上第一家以黑曲霉浅盘发酵法生产柠檬酸的工厂。随后比利时、英国、德国、前苏联等相继研究成功以发酵法生产柠檬酸。这样，依靠从柑橘中提取天然柠檬酸的方法逐渐为发酵柠檬酸所取代。1950年以前，柠檬酸采用浅盘发酵法生产。1952年美国迈尔斯试验室采用深层发酵法大规模生产柠檬酸。此后，深层发酵法逐渐建立起来，现

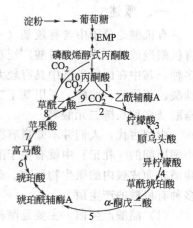

图10-9　柠檬酸的代谢途径

已成为柠檬酸生产的主要方法。

1. 柠檬酸发酵的机理

如图 10-9 所示，柠檬酸是 TCA 循环代谢过程中的中间产物。在发酵过程中，当微生物的乌头酸水合酶和异柠檬酸脱氢酶活性很低，而柠檬酸合成酶活性很高时，才有利于柠檬酸的大量积累。

2. 柠檬酸发酵与提取

发酵有固态发酵、液态浅盘发酵和深层发酵 3 种方法。固态发酵是以薯干粉、淀粉粕以及含淀粉的农副产品为原料，配好培养基后，在常压下蒸煮，冷却至接种温度，接入种曲，装入曲盘，在一定温度和湿度条件下发酵。采用固态发酵法生产柠檬酸，设备简单，操作容易。液态浅盘发酵多以糖蜜为原料，其生产方法是将灭菌的培养液通过管道转入一个个发酵盘中，接入菌种，待菌体繁殖形成菌膜后添加糖液发酵。发酵时要求在发酵室内通入无菌空气。深层发酵生产柠檬酸的主体设备是发酵罐，现多采用通用发酵罐，发酵罐径高比例一般是 1:2.5，应能承受一定的压力，并有良好的密封性。除通用式发酵罐外，还可采用气升式发酵罐、塔式发酵罐和喷射自吸式发酵罐等。

柠檬酸的发酵因菌种、工艺、原料而异，但在发酵过程中还需要掌握一定的温度、通风量及 pH 值等条件。一般认为，黑曲霉适合在 28～30℃时产酸。温度过高会导致菌体大量繁殖，糖被大量消耗以致产酸降低，同时还生成较多的草酸和葡萄糖酸；温度过低则发酵时间延长。微生物生成柠檬酸要求低 pH，最适 pH 为 2～4，这不仅有利于生成柠檬酸，减少草酸等杂酸的形成，同时可避免杂菌的污染。柠檬酸发酵要求较强的通风条件，有利于在发酵液中维持一定的溶解氧量。随着菌体生成，发酵液中的溶解氧会逐渐降低，从而抑制了柠檬酸的合成。采用增加空气流速及搅拌速度的方法，使培养液中溶解氧达到 60% 饱和度对产酸有利。柠檬酸生成和菌体形态有密切关系，若发酵后期形成正常的菌球体，有利于降低发酵液黏度而增加溶解氧，因而产酸就高；若出现异状菌丝体，而且菌体大量繁殖，造成溶解氧降低，使产酸迅速下降。发酵液中金属离子的含量对柠檬酸的合成有非常重要的作用，过量的金属离子引起产酸率的降低，由于铁离子能刺激乌头酸水合酶的活性，从而影响柠檬酸的积累。因此必须用离子交换法或添加亚铁氰化钾脱去过多的铁，然而微量的锌、铜离子又可以促进产酸。

在柠檬酸发酵液中，除了主要产物外，还含有其他代谢产物和一些杂质，如草酸、葡萄糖酸、蛋白质、胶体物质等，成分十分复杂，应通过物理和化学方法将柠檬酸提取出来。大多数工厂仍是采用碳酸钙中和及硫酸酸解的工艺提取柠檬酸。除此之外，还可用萃取法、电渗析法和离子交换法提取柠檬酸。

三、乳酸发酵

乳酸 (lactic acid)，又名 2-羟基丙酸，或 α-羟基丙酸，乳酸是一种重要的一元羟基羧酸，分子量为 90.08，分子式为 $CH_3CHOHCOOH$，纯无水乳酸为白色晶体，液体乳酸纯品无色，工业品为无色到浅黄色液体，67～133Pa 真空条件反复蒸馏可得高纯度乳酸，进而可以得到晶体。纯品无气味，具有吸湿性，相对密度 1.2060(25/4℃)，熔点 18℃，沸点 122℃(2kPa)，折射率 $n_D(20℃)$ 1.4392。能与水、乙醇、乙醚、丙酮、丙二醇、甘油混溶，不溶于氯仿、二硫化碳和石油醚。在常压下加热分解，浓缩至 50% 时，部分变成乳酸酐，因此产品中常含有 10%～15% 的乳酸酐。乳酸分为工业级、食品级和药典级。乳酸纯品无毒，其盐类只要不是重金属盐也无毒。乳酸可以参与氧化、还原、酯化、缩合等多种反应，L-(+)-乳酸可充分脱水缩聚成聚 L-乳酸，聚 L-乳酸水解后总酸为 125，聚乳酸表示为

HO—$[CH—COO]_n$H。乳酸分子含有一个不对称的碳原子，具有旋光性，因此按其旋光性可分为 3 种：D 型（左旋）、L 型（右旋）和 DL 混型。右旋乳酸即 L-(＋)-乳酸 $[\alpha]_D^{20}$ 为＋3.3°（水）；左旋乳酸即 D-(－)-乳酸 $[\alpha]_D^{20}$ 是－3.3°（水）（图 10-10）。这两种乳酸的性质除旋光性不同（旋光方向相反，比旋光度的绝对值相同）外，其他物理、化学性质都一样。乳酸广泛存在于植物、动物、人体和微生物中，乳酸及其盐类、酯类在医药、农业、环保和印刷、印染、制革等化工领域都有广泛的应用，特别是食品工业中重要的酸味剂、稳定剂和防腐剂。尤其是通过活性乳酸菌发酵生产而富含乳酸的发酵酸奶、发酵蔬菜、发酵谷物等更是不可替代的现代食品。

由于人体只含有 L-乳酸脱氢酶，不含 D-乳酸脱氢酶，因此 D-(－)-乳酸基本上不代谢。若食用过多的 D-(－)-乳酸可导致 D-乳酸在血液中积累，引起疲劳、代谢紊乱甚至酸中毒。

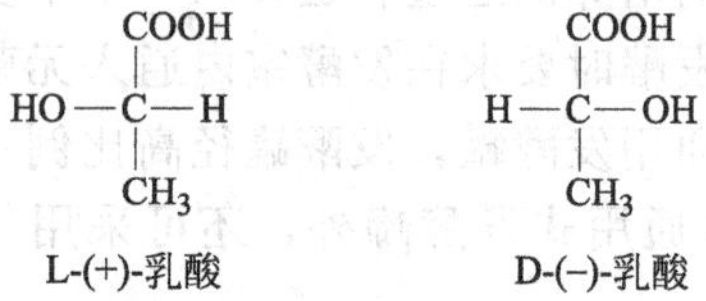

1. 乳酸发酵机理

如图 10-11 至图 10-13 各个途径可知，乳酸菌将葡萄糖转化生成丙酮酸，丙酮酸除在乳酸脱氢酶的作用下生成乳酸外，还会在丙酮酸脱羧酶和乙醇脱氢酶的作用下生成乙醇；经丙酮酸脱氢酶系进入 TCA 循环产生能量和中间代谢产物。因此，高产乳酸的菌株应有较高的乳酸脱氢酶活性和弱化的丙酮酸脱氢酶活性及丙酮酸脱羧酶活性，而且不以乳酸为唯一碳源。丙酮酸在相应的 L-(＋)-乳酸脱氢酶或 D-(－)-乳酸脱氢酶的作用下，分别生成 L-(＋)-乳酸和 D-(－)-乳酸，90％～96％旋光性的乳酸，称为 D 或 L-乳酸；DL 乳酸是指乳酸含量的 25％～75％是 L 型或 D 型。

图 10-10 乳酸分子结构式

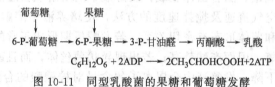

图 10-11 同型乳酸菌的果糖和葡萄糖发酵

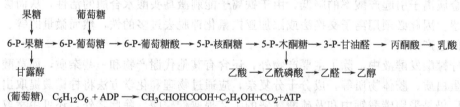

图 10-12 异型乳酸菌的果糖和葡萄糖发酵

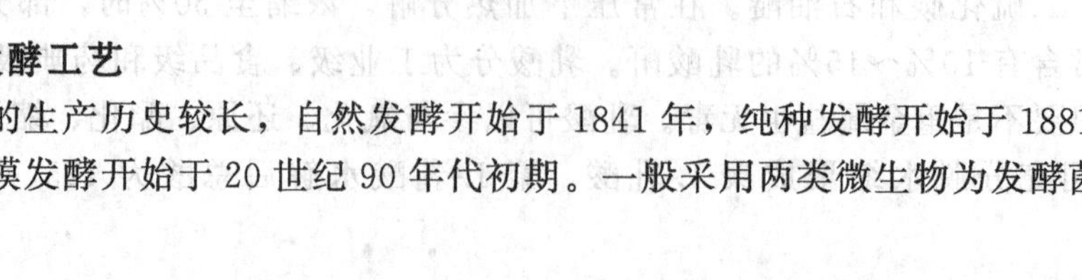

图 10-13 乳酸菌的戊糖发酵

2. 乳酸发酵工艺

发酵乳酸的生产历史较长，自然发酵开始于 1841 年，纯种发酵开始于 1881 年美国阿伏利公司，大规模发酵开始于 20 世纪 90 年代初期。一般采用两类微生物为发酵菌株。一种以

Lactobacillus 为生产菌株，产物为 DL 型乳酸，多为厌氧发酵，对糖的转化率理论值为
100％，产物以 D-乳酸、L-乳酸为主；国内多以根霉 *Rhizopus lactics* 为菌种发酵生产乳酸，
生产的乳酸以 L-型居多，但根霉为异型乳酸发酵，产物复杂，产率较低，产物除乳酸外，
还有酒精、乙酸和富马酸等副产物。

（1）分批发酵　为最广泛使用的乳酸发酵方法，适当的控制工艺参数可以保证每一批乳
酸发酵的最大成功率，糖类或薯类原料经液化、糖化后，使含糖量达到 8％～10％，糖液经
过滤除渣后进入发酵罐，根据菌种的特点控制适宜的温度，并进行适当的搅拌，pH 保持在
5.5～6.0，传统 pH 调节采用 $CaCO_3$ 中和，然后从乳酸钙中提取乳酸，此工艺复杂，而且
乳酸钙对细胞代谢也有抑制作用。乳酸在发酵罐中积累到高峰时应及时排出。由于是分批发
酵，可以及时发现发酵过程中出现的各种问题，并找到适当的解决方案，减少发酵损失，但
间歇发酵会受到产物的抑制作用、发酵周期长，总体发酵效率不高。

（2）一步法发酵　即淀粉的糖化作用和糖液发酵生成乳酸在同一个发酵容器内进行，又
称为 SSF 法。糖化产生的葡萄糖可随即被发酵成乳酸，克服糖化酶的产物抑制作用和高浓
度葡萄糖对乳酸发酵的抑制，由于糖化和发酵同时进行，可以加快整个工艺周期。

（3）半连续发酵　是指在分批发酵过程中间歇或连续地补加一种或多种营养成分
的发酵方法，多以补充葡萄糖为主。同传统的分批发酵相比，可以克服高浓度葡萄糖
对乳酸发酵的抑制、避免一次投料细胞大量的生长，可以得到比分批发酵更高的乳酸
得率和产量。

（4）连续发酵　连续发酵法生产乳酸是指在发酵罐中连续添加培养基，同时连续收获乳
酸的生产方法，发酵罐中的菌体细胞浓度和底物浓度保持不变，微生物在恒定状态下生长，
有效地延长了对数生长期，可以有效地解除乳酸对发酵的抑制。连续发酵产酸效率和设备利
用率高，易于实现自动化控制。Bowmans 公司利用连续发酵工艺，在 2L 的连续发酵装置
上，每天置换 1.5 倍体积的培养液，连续发酵了 64 天。连续发酵主要缺点是在杂菌污染多
的状态下难以长期操作、乳酸不易分离，目前尚未实现大规模的工业生产。

（5）固定化细胞发酵　在固定化细胞颗粒和生物颗粒中，细胞被固定在载体上而保留了
较高的生物活性，菌体生长的表面积大，固定化细胞可以反复使用，转化率和产量高，易于
产物分离，为实现连续发酵奠定了基础。由于乳酸菌是兼性厌氧菌，发酵过程中不需要通
氧，乳酸菌对营养要求高、易受产物抑制和 pH 值抑制，固定化发酵能及时更新培养液和产
物，为菌体繁殖和乳酸生产创造了有利的条件。常见的固定化方法包括包埋法和中空纤维固
定法。

（6）原位分离技术发酵　传统分批发酵随着发酵过程中乳酸的不断产生，发酵液的 pH
逐渐降低，使乳酸菌的生长和产酸量受到抑制，加入碳酸钙等中和剂，会影响乳酸的分离过
程和产品质量。原位分离发酵（ISPR）是利用一定的装置使成熟发酵液流向后处理单元的
同时，使菌体返回生物反应器内继续使用，并排除衰老细胞，因此也称为细胞循环发酵，主
要包括：电渗析发酵、萃取发酵、膜发酵和吸附发酵等。

第三节　核苷类物质发酵

鸟苷（guanosine，图 10-14）分子式为 $C_{10}H_{13}N_5O_5$，分子量为 283.24，熔点为 250℃，
白色或类白色结晶性粉末。鸟苷的用途十分广泛，是食品和医药产品的重要中间体，可用于
合成食品增鲜剂 5′-鸟苷酸二钠和核苷类抗病毒药物如利巴韦林、阿昔洛韦等，也是用于制
造三氮唑核苷（ATC）、三磷酸鸟苷钠（GTP）等药物的主要原料。

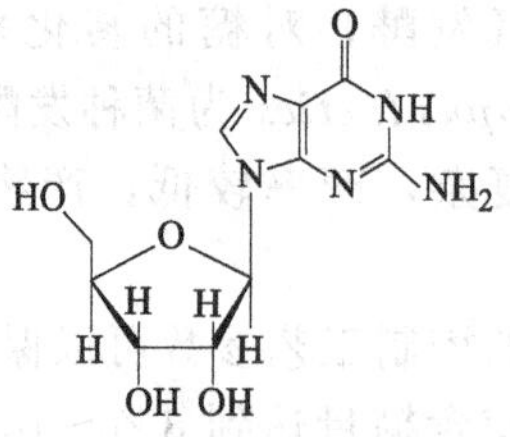

图 10-14 鸟苷的结构式 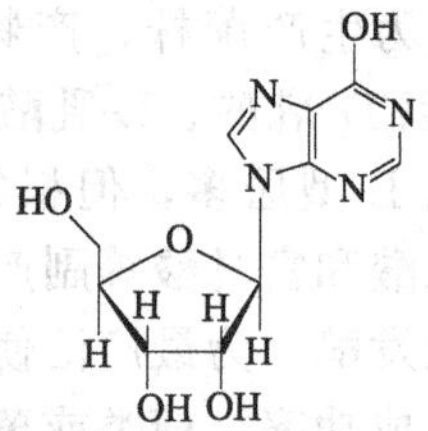   图 10-15 肌苷的结构式

肌苷（inosine，图 10-15）分子式为 $C_{10}H_{12}N_4O_5$，分子量为 268.23，熔点为 212～213℃，白色结晶性粉末，分解温度 218℃。微溶于水、稀盐酸、氢氧化钠溶液，极微溶于醇。无臭，味微苦。能直接透过细胞膜进入人体细胞，使处于低能、缺氧状态下的细胞能继续顺利地进行代谢，并能活化丙酮酸氧化酶类，参与人体蛋白质的合成。主要用于各种类型的肝疾病、心疾患、白细胞减少症、血小板减小、中心性视网膜炎以及预防和解除锑剂引起的副作用。

一、鸟苷和肌苷发酵的机理

肌苷酸或鸟苷酸产生菌以葡萄糖为底物，利用 HMP 途径产生的 5-P-R 合成 PRPP，PRPP 在酰胺转移酶的作用下生成 PRA，PRA 在谷氨酰胺、甘氨酸、一碳单位、二氧化碳及天冬氨酸的逐步参与下合成 IMP，IMP 在 SAMP 合成酶和 SAMP 裂解酶作用下合成 AMP；在 IMP 脱氢酶和 GMP 合成酶作用下合成 GMP。如图 10-16 所示。

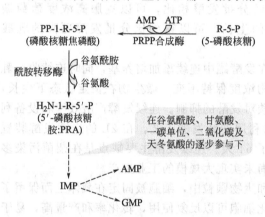

图 10-16 肌苷酸和鸟苷酸的代谢途径

二、鸟苷发酵

直接发酵糖质原料或利用鸟嘌呤作前体都能得到鸟苷酸，发酵生成鸟苷酸的微生物有谷氨酸棒杆菌、产氨短杆菌的多种变异株，但因直接发酵糖质原料生产 GMP 的产量只有 2g/L 左右，还不能用于工业生产，产氨短杆菌 ATCC6872 虽然在前体鸟嘌呤添加时，可生成 15.3g/LGMP，但也因前体物昂贵尚无法投产。GMP 工业生产多用发酵法先制成鸟苷，然后通过微生物或化学磷酸化作用转变为 GMP。

生产 GMP 的另一种方法是，首先发酵糖质原料生成黄苷酸，然后再用另一种菌将黄苷酸转化为 GMP，也可将两种菌混合培养制成 GMP。谷氨酸小球菌和产氨短杆菌的变异株都可积累黄苷酸，把黄苷酸转化为 GMP 的菌株多采用产氨短杆菌的变异株。如果将黄苷酸产生菌和把黄苷酸转化为 GMP 的菌混合培养时，前者与后者恰当的比例为 10∶1，GMP 生成量达 9.67g/L。

生产 GMP 的第三种方法是：先以发酵法生产 AICAR（5-氨基-4-甲酰胺咪唑-核糖），再以 AICAR 为原料，化学合成 GMP。

三、肌苷发酵

1961 年有人发现枯草杆菌可以在培养液中蓄积少量肌苷酸，在生产中应用的菌种多是产氨短杆菌的变异株。由产氨短杆菌 ATCC6872 紫外光照射得到的 KY1302 菌株，可生成肌苷酸 11.2～12.8g/L。产氨短杆菌 NO.15003 在有乳清添加时，可生成肌苷酸 25.4g/L。

　　可以由酵母或细菌提取 RNA，然后依靠橘青霉或金色链霉菌的 5-磷酸二酯酶和脱氨酶的作用制成肌苷酸，也可以用微生物发酵糖质原料制成肌苷，再以化学方法或微生物的核苷酸磷酸化酶催化肌苷和无机磷酸进行反应，生成肌苷酸。

　　枯草杆菌、短小芽孢杆菌、产氨短杆菌的很多腺嘌呤缺陷型突变株都是优良的肌苷生产菌。腺嘌呤的浓度是肌苷发酵的关键，一般在培养基中需维持低水平的腺嘌呤才能保证肌苷的产生，不溶性的磷酸盐对肌苷的产生有促进作用。

　　枯草杆菌 NO.102 经紫外光诱变和 DNA 转化法得到的腺嘌呤、黄嘌呤双缺陷型并对 8-氮杂鸟嘌呤有抗性的变异株，可发酵糖质原料生成肌苷 22.3g/L，如向培养基中添加黄嘌呤，肌苷产率可达 33.1g/L。据报道，一株产肌苷能力强的菌株是由产氨短杆菌经亚硝基胍诱变得到的抗 6-巯基鸟嘌呤的变异株，蓄积肌苷的能力高达 52.4g/L。

第四节　抗生素发酵

一、抗生素的分类

　　抗生素是生物体在生命活动中产生的一种次级代谢产物。这类有机物质能在低浓度下抑制或杀灭活细胞，这种作用又有很强的选择性，例如医用的抗生素仅对造成人类疾病的细菌或肿瘤细胞有很强的抑制或杀灭作用，而对人体正常细胞损害很小。目前人们在生物体内发现的 6000 多种抗生素中，约 60％来自放线菌。抗生素主要用微生物发酵法生产，少数抗生素也可用化学方法合成，人们对天然得到的抗生素进行生化或化学改造，使其具有更优越的性能，这样得到的抗生素叫半合成抗生素，其数目已达到两万多种。抗生素不仅广泛用于临床医疗，而且已经用于农业、畜牧业及环保等领域中。通常抗生素分为：

　　① β-内酰胺类　即结构中含有 β-内酰胺环的抗生素，主要包括：青霉素类、青霉烯类、头孢菌素类、单环 β-内酰胺类和 β-内酰胺酶抑制剂类等。

　　② 氨基糖苷类　包括链霉素、庆大霉素、卡那霉素、妥布霉素、丁胺卡那霉素、新霉素、核糖霉素、小诺霉素、阿斯霉素等。

　　③ 四环素类　包括四环素、土霉素、金霉素及强力霉素等。

　　④ 氯霉素类　包括氯霉素、甲砜霉素等。

　　⑤ 大环内酯类　临床常用的有红霉素、白霉素、无味红霉素、乙酰螺旋霉素、麦迪霉素、交沙霉素等。

　　⑥ 作用于 G⁺ 细菌的其他抗生素　如林可霉素、氯林可霉素、万古霉素、杆菌肽等。

　　⑦ 作用于 G⁻ 菌的其他抗生素　如多黏菌素、磷霉素、卷霉素、环丝氨酸、利福平等。

　　⑧ 抗真菌抗生素　如灰黄霉素。

　　⑨ 抗肿瘤抗生素　如丝裂霉素、放线菌素 D、博莱霉素、阿霉素等。

　　⑩ 具有免疫抑制作用的抗生素　如环孢霉素。

　　青霉素是最早发现并用于临床的一种抗生素，1929 年为英国人 A.Fleming 发现，40 年代完成分离、精制与结构测定，并肯定了疗效，随即广泛应用，在化学治疗与抗生素发展史上占有极其重要的地位。

二、青霉素的结构和性质

　　青霉素是霉菌属青霉菌所产生的一类抗生素的总称，是 β-内酰胺类抗生素，青霉素母核是氢化噻唑环与 β-内酰胺环并合的杂环。天然的青霉素共有七种，其中以苄青霉素的效用较好，其钠盐或钾盐为治疗 G⁺ 感染的首选药物。

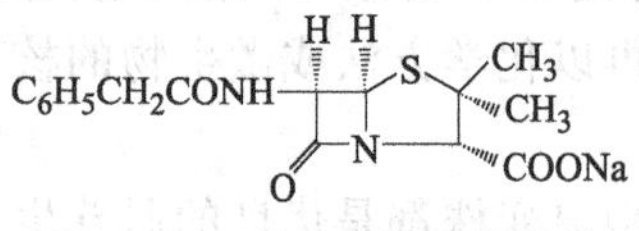

图 10-17　青霉素钠的结构式

$C_6H_5CH_2CONH$ ... S CH_3 / CH_3 / $COONa$ / O N

青霉素钠（图 10-17）为白色结晶性粉末，无臭或微有特异臭，易吸潮，水中极易溶解。游离的青霉素呈酸性，不溶于水，可溶于有机溶剂（如醋酸丁酯）。

干燥时对热稳定，可在室温存放。水溶液在 pH6～6.8 时稳定；青霉素性质不稳定，遇酸、碱、氧化剂、醇、青霉素酶迅速失效，粉针剂水溶液室温下易失效。

青霉素的不稳定性和抗菌活性与 β-内酰胺环有密切关系。由于分子结构中 β-内酰胺环的羰基和 N 上的孤对电子对不能共轭，易受亲核性试剂的进攻，使环破裂，引起失效。

其抗菌作用机制是抑制细菌细胞壁的合成，主要耐药机制是细菌可产生青霉素酶，催化水解 β-内酰胺环，使青霉素失活所致。这类抗生素按来源分为：天然青霉素、生物合成青霉素、全合成青霉素与半合成青霉素。

临床应用 40 多年，主要控制敏感金黄色葡糖球菌、链球菌、肺炎双球菌、淋球菌、脑膜炎双球菌、螺旋体等引起的感染，对大多数革兰阳性菌（如金黄色葡萄球菌）和某些革兰阴性细菌及螺旋体有抗菌作用。优点为毒性小，但由于难以分离除去青霉噻唑酸蛋白（微量可能引起过敏反应），需要皮试。

三、青霉素发酵

1. 青霉素发酵生产菌株

最初由弗莱明分离的点青霉，只能产生 2U/mL 的青霉素。目前全世界用于生产青霉素的高产菌株，大都由菌株 WisQ176（一种产黄青霉）经不同改良途径得到；20 世纪 70 年代前育种采用诱变和随机筛选方法，后来由于原生质体融合技术、基因克隆技术等现代育种技术的应用，青霉素工业发酵生产水平已达 85000U/mL 以上。青霉素生产菌株一般在真空冷冻干燥状态下保存其分生孢子，也可以用甘油或乳糖溶剂作悬浮剂，在 −70℃冰箱或液氮中保存孢子悬浮液和营养菌丝体。

2. 青霉素发酵生产培养基

碳源：采用淀粉经酶水解的葡萄糖糖化液进行流加。

氮源：可选用玉米浆、花生饼粉、精制棉籽饼粉，并补加无机氮源。

前体：苯乙酸或苯乙酰胺，由于它们对青霉菌有一定毒性，故一次加入量不能大于 0.1%，并采用流加的方式。

无机盐：包括硫、磷、钙、镁、钾等盐类，铁离子对青霉菌有毒害作用，应严格控制发酵液中铁含量在 $30\mu g/mL$ 以下。

3. 青霉素发酵工艺

国内青霉素生产，已占世界产量的近 70%，国内较大规模的生产企业单个发酵罐规模均在 $100m^3$ 以上，发酵单位在 70000U/mL 左右，而世界青霉素工业发酵水平达 100000U/mL 以上。

（1）发酵工艺流程　如图 10-18 所示。

冷冻干燥孢子 → 琼脂斜面 → 米孢子 → 种子罐 → 发酵罐
过滤 ← 醋酸丁酯提取 → 脱水脱色 → 结晶
洗涤晶体 → 工业盐 → 菌丝体 → 综合利用

图 10-18　青霉素发酵工艺流程

（2）种子制备　在培养基中加入比较丰富的容易代谢的碳源（如葡萄糖或蔗糖）、氮源（如玉米浆）、缓冲 pH 的碳酸钙以及生长所必需的无机盐，并保持最适生长温度（25～

26℃）和充分通气、搅拌。在最适生长条件下，到达对数生长期时菌体量的倍增时间为6～7h。在工业生产中，种子制备的培养条件及原材料质量均应严格控制以保持种子质量的稳定性。

（3）发酵过程控制　影响青霉素发酵产率的因素有环境因素，如pH值、温度、溶解氧饱和度、碳氮组分含量等；有生理变量因素，包括菌丝浓度、菌丝生长速度、菌丝形态等，对它们都要进行严格控制。反复分批式发酵，100m³发酵罐，装料80m³，带放6～10次，间隔24h，带放量10%，发酵时间204h。发酵过程需连续流加补入葡萄糖、硫酸铵以及前体物质苯乙酸盐，补糖率是最关键的控制指标，不同时期分段控制。在青霉素的生产中，让培养基中的主要营养物只够维持青霉菌在前40h生长，而在40h后，靠低速连续补加葡萄糖和氮源等，使菌半饥饿，延长青霉素的合成期，大大提高了产量。所需营养物限量的补加常用来控制营养缺陷型突变菌种，使代谢产物积累到最大。

① 培养基　青霉素发酵中采用补料分批操作法，对葡萄糖、铵、苯乙酸进行缓慢流加，维持一定的最适浓度。葡萄糖的流加，波动范围较窄，浓度过低使抗生素合成速度减慢或停止，过高则导致呼吸活性下降，甚至引起自溶，葡萄糖浓度调节是根据pH、溶解氧或CO_2释放率予以调节。

a. 碳源　生产菌能利用多种碳源，如乳糖、蔗糖、葡萄糖、阿拉伯糖、甘露糖、淀粉和天然油脂。

b. 氮源　玉米浆是最好的，是玉米淀粉生产时的副产品，含有多种氨基酸及其前体苯乙酸和衍生物。如玉米浆质量不稳定，可用花生饼粉或棉籽饼粉取代，补加无机氮源。

c. 无机盐　硫、磷、镁、钾等。

d. 流加控制　补糖，根据残糖、pH、尾气中CO_2和O_2含量。残糖在0.6%左右，pH开始升高时加糖。补氮，流加硫酸铵、氨水、尿素，控制氨基氮0.05%。

e. 添加前体　合成阶段，苯乙酸及其衍生物，苯乙酰胺、苯乙胺、苯乙酰甘氨酸等均可作为青霉素侧链的前体，直接掺入青霉素分子中，也具有刺激青霉素合成作用。但浓度大于0.19%时对细胞和合成有毒性，还能被细胞氧化。应采用流加低浓度前体，一次加入量低于0.1%。

② 温度　生长适宜温度30℃，分泌青霉素温度20℃。但20℃时青霉素破坏少，周期很长。生产中采用变温控制，不同阶段不同温度，前期控制在25～26℃左右，后期降温控制在23℃。过高则会降低发酵产率，增加葡萄糖的维持消耗，降低葡萄糖至青霉素的转化得率。有的发酵过程在菌丝生长阶段采用较高的温度，以缩短生长时间，生产阶段适当降低温度，以利于青霉素合成。

③ pH　合成的适宜pH为6.4～6.6，避免超过7.0，青霉素在碱性条件下不稳定，易水解。前期pH控制在5.7～6.3，中后期pH控制6.3～6.6，通过补加氨水进行调节。pH较低时，加入$CaCO_3$、通氨调节或提高通气量，pH上升时，加糖、天然油脂或直接加酸。

④ 溶解氧　溶解氧小于30%饱和度，产率急剧下降，低于10%，则造成不可逆的损害。所以不能低于30%饱和溶解氧浓度。通气比一般为1:0.8VVM。溶解氧过高，菌丝生长不良或加糖率过低，呼吸强度下降，影响生产能力的发挥。适宜的搅拌速度，保证气液混合，提高溶解氧，根据各阶段的生长和耗氧量不同，对搅拌转速进行调整。

⑤ 菌丝生长速度与形态、浓度　对于每个有固定通气和搅拌条件的发酵罐进行的特定好氧过程，都有一个使氧传递速率（OTR）和氧消耗率（OUR）在某一溶解氧水平上达到平衡的临界菌丝浓度，超过此浓度，OUR＞OTR，溶解氧水平下降，发酵产率下降。在发酵稳定期，湿菌浓度可达15%～20%，丝状菌干重约3%，球状菌干重在5%左右。另外，

因补入物料较多，在发酵中后期一般每天带放一次，每次放掉总发酵液的10％左右。

⑥ 消沫　发酵过程泡沫较多，需补入消沫剂。天然油脂：玉米油；化学消沫剂：泡敌。采取少量多次的原则，不适宜在前期多加入，影响呼吸代谢。

（4）发酵后处理

① 过滤　发酵液在萃取之前需进行预处理，发酵液加少量絮凝剂沉淀蛋白，然后经真空转鼓过滤或板框过滤，除掉菌丝体及部分蛋白。青霉素易降解，发酵液及滤液应冷至10℃以下，过滤收率一般在90％左右。

② 萃取　青霉素的提取采用溶剂萃取法。青霉素游离酸易溶于有机溶剂，而青霉素盐易溶于水。利用这一性质，在酸性条件下青霉素转入有机溶剂中，调节pH，再转入中性水相，反复几次萃取，即可提纯浓缩。选择对青霉素分配系数高的有机溶剂。工业上通常用乙酸丁酯和乙酸戊酯，萃取2～3次。从发酵液萃取到乙酸丁酯时，pH选择1.8～2.0，从乙酸丁酯反萃到水相时，pH选择6.8～7.4。发酵滤液与乙酸丁酯的体积比为1.5～2.1，即一次浓缩倍数为1.5～2.1。为了避免pH波动，采用硫酸盐、碳酸盐缓冲液进行反萃。发酵液与溶剂比例为3～4。几次萃取后，浓缩10倍，浓度几乎达到结晶要求。萃取总收率在85％左右。整个萃取过程应在10℃以下进行。

③ 脱色　萃取液中添加活性炭，除去色素、热源，过滤，除去活性炭。

④ 结晶　萃取液一般通过结晶提纯。青霉素钾盐在乙酸丁酯中溶解度很小，在二次丁酯萃取液中加入乙酸钾-乙醇溶液，青霉素钾盐就结晶析出。然后采用重结晶方法，进一步提高纯度，将钾盐溶于KOH溶液，调pH至中性，加无水丁醇，在真空条件下，共沸蒸馏结晶得纯品。

第五节　酒　精　发　酵

酒精，化学名称乙醇，是具有一个羟基的饱和一元醇，分子式为C_2H_5OH，能与醇、醚等有机溶剂良好混合，是一种重要的有机溶剂，广泛用于食品、医药和化工等领域。

一、酒精发酵机理

酵母菌的酒精发酵过程包括葡萄糖酵解（EMP途径）和丙酮酸的无氧降解两大生化反应过程。整个过程可分4个阶段、12步。简言之，由1mol葡萄糖生成2mol丙酮酸；丙酮酸先由脱羧酶脱羧生成乙醛，再由乙醇脱氢酶还原成乙醇。总反应式为：

$$C_6H_{12}O_6 + 2ADP + 2H_3PO_4 \xrightarrow{\text{酒化酶}} 2C_2H_5OH + 2CO_2 + 2ATP + 10.6kJ$$

葡萄糖　　　　　　　　　　　　　　　　　　　酒精

酒化酶是从葡萄糖到酒精的一系列生化反应中各种酶及辅酶的总称。这些酶均为酵母的胞内酶。如图10-19所示为酒精的代谢途径。

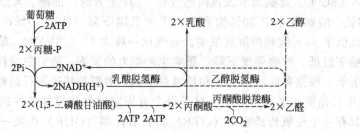

图10-19　酒精的代谢途径

二、发酵法生产酒精及其工艺流程

酒精的生产方法可分为微生物发酵法和化学合成法两大类。其中微生物发酵法最常用且简单。

微生物发酵法是指利用淀粉质、糖质或纤维质原料，通过微生物发酵作用生成酒精的方法，简称发酵法。制得的酒精称为发酵酒精，目前普遍采用酵母菌作为发酵菌。此外，亦可用运动发酵单胞菌（*Zymomonas mobilis*）和乙醇高温厌氧菌（*Thermoanaerobacter ethanolicus*）作为酒精发酵菌种。根据其原料不同，发酵酒精可分为淀粉质原料酒精、糖质原料酒精、纤维质原料酒精等。它们的生产工艺流程分别如图 10-20 至图 10-22 所示。

1. 淀粉质原料制造酒精

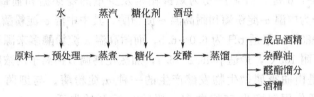

图 10-20　淀粉质原料制造酒精工艺流程

2. 糖质原料（糖蜜）制造酒精

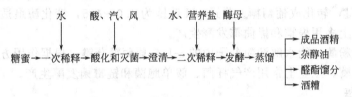

图 10-21　糖质原料制造酒精工艺流程

3. 纤维质原料制造酒精

图 10-22　纤维质原料制造酒精工艺流程

第六节　其他产品发酵

一、酶制剂

世界酶制剂工业从 19 世纪末诞生，二次世界大战后抗生素工业的通风搅拌发酵技术的利用，使微生物酶制剂工业得到迅速发展。而 20 世纪后期遗传工程、蛋白质工程等现代生物技术的研究成果，则促使世界酶制剂工业持续地高速发展，成为生物工程 4 大主导产业中最早产业化的高技术产业。由于生物酶催化的优越性，对应用产业在开发新品种、提高质量、节约原料和能源、降低成本、保护环境等方面产生了巨大的经济效益和社会效益。目前工业用酶 50～60 种，治疗和诊断用酶 120 多种，酶试剂 300 多种，已涉及食品、医药、发酵、日用化工、轻纺、制革、水产、木材、造纸、能源、农业、环保等方面。国际上酶制剂的年产量已超过 10 万吨，其中微生物酶制剂是工业酶制剂的主体。

我国酶制剂工业是一个充满生机活力的新型产业，1965年国家建立了第一个专业酶制剂工厂——无锡酶制剂厂，改革开放以来，由于不断引进技术、资金和设备，酶制剂工业得到迅猛发展，产量以平均每年20%以上的速度增长，应用范围愈来愈广泛，经济效益显著提高。酶的使用，使全国味精、淀粉糖、柠檬酸、酒精、白酒、啤酒用粮一年平均节粮2.3%，使工业成本下降，效益提高。此外，酶在饲料、纺织行业的应用也取得明显的经济效益。1989年至今，由于耐高温α-淀粉酶、高转化率糖化酶"双酶法制糖"的酶特性和喷射液化装备的配套，使淀粉深加工行业大为得益。

1. 淀粉酶

（1）α-淀粉酶　又称液化酶或糊精酶，为内切淀粉酶，作用于分子内任意α-1,4键，不能分解也不能越过α-1,6键，分解产物为短链糊精及少量的麦芽糖和葡萄糖。

细菌α-淀粉酶分为中温α-淀粉酶和耐高温α-淀粉酶，其中中温α-淀粉酶多来源于枯草芽孢杆菌，最适温度为70~80℃，最适pH为6.0~6.5，而耐高温α-淀粉酶多来源于地衣芽孢杆菌，最适温度93~97℃，可耐105℃，最适pH6.2~6.4，加氯化钙调节钙离子的浓度为0.01mol/L。

真菌α-淀粉酶是由曲霉属微生物发酵产生的一种α-淀粉酶。与细菌α-淀粉酶不同的是，真菌α-淀粉酶的最适作用温度为55℃左右，超过60℃开始失活。

（2）糖化酶　糖化酶又称葡萄糖淀粉酶，学名为α-1,4-葡萄糖水解酶。糖化酶是一种淀粉外切酶，能使淀粉从非还原末端逐一水解α-1,4-葡萄糖苷键，产生葡萄糖，也能缓慢水解α-1,6-葡萄糖苷键，转化成葡萄糖。最适pH范围为4.0~4.5，糖化酶最适作用温度范围为58~60℃。工业上多用根霉和黑曲霉发酵生产。

（3）支链淀粉酶　能水解淀粉分子中的α-1,6-葡萄糖苷键，根据作用方式又分为直接解支酶和间接解支酶，工业上常用产气杆菌、假单胞菌和链霉菌发酵生产。

2. 纤维素酶

（1）纤维素酶的产生菌　其中酶活力较强的菌种为木霉属（*Trichoderma*）、曲霉属（*Aspergillus*）和青霉属（*Penicillium*），常见的有里斯木霉（*Trichoderma reesei*）和绿色木霉（*Trichoderma virde*）。

（2）纤维素酶的种类　纤维素酶是降解纤维素生成葡萄糖的一组酶的总称，它不是单成分酶，而是由多个酶起协同作用的多酶体系。C_1酶：这是对纤维素最初起作用的酶，它破坏纤维素链的结晶结构，起水化作用。即C_1-酶是作用于不溶性纤维素表面，使结晶纤维素链开裂、长链纤维素分子末端部分游离，从而使纤维素链易于水化。C_x酶：这是作用于经C_1-酶活化的纤维素、分解β-1,4键的纤维素酶。主要包括内切-1,4-β-葡聚糖酶和外切-1,4-β-葡聚糖酶。前者是从高分子聚合物内部任意位置切开β-1,4键，主要生成纤维二糖、纤维三糖等。后者作用于低分子多糖，从非还原性末端游离出葡萄糖。C_b酶（β-葡萄糖苷酶），即将纤维二糖、纤维三糖及其他低分子纤维糊精分解为葡萄糖。

（3）纤维素酶的生产方法　纤维素酶的生产有固体发酵和液体发酵两种方法。以秸秆为原料的固体发酵法生产的纤维素酶很难提取、精制。目前，我国纤维素酶生产厂家采用直接干燥法粉碎得到固体酶制剂或用水浸泡后压滤得到液体酶制剂。其产品外观粗糙且质量不稳定，发酵水平不稳定，生产效率较低，易污染杂菌，不适于大规模生产。液体发酵法生产工艺过程是将玉米秸秆粉碎至20目以下进行灭菌处理，然后送发酵罐内发酵，同时加入纤维素酶菌种，发酵时间约为70h，温度低于60℃，进行通气搅拌。发酵完毕后的物料经压滤机板框过滤、超滤浓缩和喷雾干燥后制得纤维素酶产品。

3. 蛋白酶

（1）酸性蛋白酶　酸性蛋白酶是采用黑曲霉3.4310菌株，经液体发酵培养，提取精制而成。它是一种在酸性环境下（pH2.5～4.0）催化蛋白质水解的酶制剂，属于内肽酶，适用于在酸性介质中水解动物、植物蛋白质。

酸性蛋白酶在40℃（作用温度范围30～50℃）条件下，最适作用pH在3.0左右（作用范围pH2.5～4.0）。在pH2.0～4.0条件下，40℃以下比较稳定，超过50℃酶活力损失较严重，60℃以上酶很快失活。酸性蛋白酶可被Mn^{2+}、Ca^{2+}、Mg^{2+}等离子激活，亦可被Cu^{2+}、Hg^{2+}、Al^{3+}等离子抑制。

（2）中性蛋白酶　多数微生物中性蛋白酶是金属酶，一分子酶蛋白含一原子锌，锌离子在酶同底物之间起着桥梁作用，有些酶分子含钙，对稳定构象起着重要作用。工业上常用栖土曲霉3942和枯草芽孢杆菌AS1.398发酵生产。

（3）碱性蛋白酶　多数微生物碱性蛋白酶pH范围为7～11，除水解肽键外，还具有水解酯键、酰胺键和转酯、转肽的能力，为丝氨酸酶，可用短小芽孢杆菌和地衣芽孢杆菌发酵。

4. 其他酶类

（1）脂肪酶　脂肪酶即三酰基甘油酰基水解酶，它催化天然底物油脂水解，生成脂肪酸、甘油和甘油单酯或二酯。脂肪酶基本组成单位仅为氨基酸，通常只有一条多肽链。它的催化活性仅仅决定于它的蛋白质结构。主要来源于根霉、曲霉、假丝酵母、假单胞菌、色杆菌等。

（2）单宁酶　来源于黑曲霉，水解有两个苯酚基的酸。单宁酶是一种胞外酶，可应用于果汁、茶饮料及啤酒行业去除单宁。

（3）果胶酶　主要来源于曲霉，是指分解果胶质的多种酶的总称，包括对果胶作用的解聚酶和果胶酯酶。果胶酶广泛存在于高等植物和微生物中，通常动物细胞不能合成这类酶。果胶酶在食品工业中应用十分广泛，如果胶酶应用于果汁加工有利于提高果汁产量，促进沉淀物分离，从而使果汁澄清，在橘子罐头加工中，采用果胶酶脱橘子囊衣比用酸碱法好。

二、甾体激素的微生物转化发酵

1. 甾体化合物的结构和性质

甾族化合物也叫类固醇化合物，它们广泛存在于动、植物体内，对动、植物的生命活动起着极其重要的调节作用。

（1）结构特点　甾体化合物在结构上的共同特点是都含有环戊烷（D环）多氢菲甾核，并且在甾核上一般还含有三个侧链。4个环分别用A、B、C、D标明。C10、C13上常连有甲基，称为角甲基，它们都位于环平面的前方，用实线表示。C17上常连有不同的烃基、含氧基团或其他基团。C^3H上一般有羟基。如图10-23所示为甾体化合物母核的基本结构。甾体激素根据来源及生理作用的不同，可以分为性激素和肾上腺皮质激素两类。

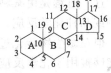

图10-23　甾体化合物母核的基本结构

（2）性激素　性激素有雄性激素和雌性激素之分，它们分别是睾酮和雌甾醇，有促进动物的发育、生长及维持性特征的作用。

黄体酮使受精卵在子宫中发育，临床上用于治疗习惯性流产，也具有抑制脑垂体促性腺素的分泌，卵巢得不到促性腺的作用，阻止了排卵，因而可用于避孕。

口服避孕药主要是甾体化合物，它们可以阻碍或干扰女性的排卵周期。目前，研究出效果比较好而作用时间又比较长的避孕药有炔雌醇、炔诺酮、甲地孕酮等（图10-24）。

（3）肾上腺皮质激素　它是哺乳动物肾上腺皮质的分泌物。到目前为止，用人工的方法

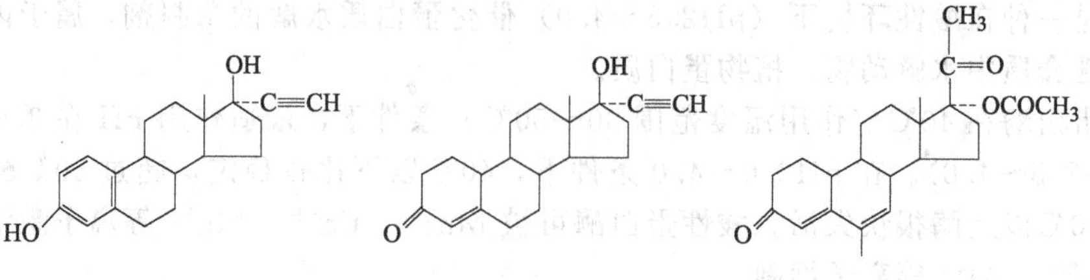

图 10-24　主要性激素结构式

已从肾上腺皮质中提取出三十多种甾体化合物，但具有显著生理活性的只有下列七种：可的松、氢化可的松、皮质酮、11-脱氢皮质酮、17α-羟基-11-脱皮质酮、11-去氧皮质酮和甲醛皮质酮（图 10-25）。它们的结构特征是 C3 都为酮基，C4-C5 间为双键，C17 上连有—$COCH_2OH$ 基团。它们的区别仅在于 C11、C17、C18 上氧化的程度不同。C11 位有含氧官能团的（如可的松、氢化可的松）对促进糖代谢有强大的作用。临床上多用于控制严重中毒感染和风湿病等。

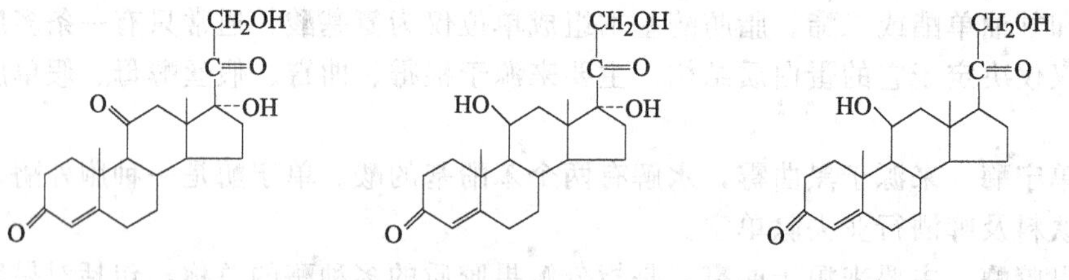

图 10-25　主要肾上腺皮质激素结构式

可的松和氢化可的松等主要影响糖、脂肪和蛋白质的代谢，能将蛋白质分解变为肝糖以增加肝糖原，增强抵抗力，因此称为糖代谢皮质激素或促进糖皮质激素，由于它们还有抗风湿和抗炎作用，所以也称为抗炎激素。

2. 微生物转化法生产甾体化合物

微生物转化的本质是某种微生物将一种物质（底物）转化成为另一种物质（产物）的过程，这一过程是由某种微生物产生的一种或几种特殊的胞外或胞内酶作为生物催化剂进行的一种或几种化学反应，这些具有生物催化剂作用的酶大多数对其微生物的生命过程也是必需的，但在微生物转化过程中，这些酶仅作为生物催化剂用于化学反应。由于微生物产生的这些能够被用于化学反应的大多数生物催化剂不仅能够利用自身的底物及其类似物，且有时对外源添加的底物也具有同样的催化作用，即能催化非天然的反应（unnatural reactions），因而微生物转化可以认为是有机化学反应中的一个特殊的分支。某种特殊的微生物能够将某种特定的底物转化成为某种特定的产物，其本质是酶的作用。酶转化与微生物转化的差别仅在于：前者是一个单一的酶催化的化学反应，而后者为了实现这一酶催化反应，需要为微生物提供一个能够生物合成这些酶的条件，微生物选择性地修饰或改造甾体化合物分子结构的作用是通过微生物产生的酶催化进行的。

1937 年 L. 马莫利和 A. 韦瑟洛纳曾发现 1 株酵母能还原甾体 17 碳位上的酮基为 17β-羟基。1943 年，G. E. 屠飞特发现诺卡菌能彻底降解胆甾醇。但微生物转化甾体化合物的能力，直到在可的松合成中被采用后才引起人们的重视。可的松是一种皮质激素药物，具较强的抗炎活性。1952 年，美国普强药厂的生物化学家 D. H. 彼得森和微生物学家 H. C. 默里发现少根根霉能使孕酮的 11 碳位羟基化，生成 11-羟基孕酮，而后又用黑根霉转化，获高达95%的得率，大大降低了可的松的成本。不久，科学家们又相继发现细菌、真菌、放线菌中的某些种，可以使一定结构的甾体化合物在一定的部位上发生分子结构的改变。这种酶促反应具有严格的底物特异性，一般能使底物分子上1个或2个基团起反应，而并不需要对其他基团进行保护，有的还能把手征性的中心引入光学上无活性的分子中。至今已发现微生物转化甾体化合物的反应类型，几乎包括任何已知的微生物酶促反应和已经发现的化学反应，如氧化、还原、水解、缩合、异构化、新的碳碳键的形成以及杂基团的导入等。通常，一个酶促反应可以代替几个化学反应步骤，这就使甾体药物的合成工艺变得更有效并更经济。

　　一种微生物可在同一甾体的不同部位产生不同类型的反应，也可在不同结构的甾体化合物上发生同一类型的反应。各种不同的微生物又能在同一种甾体上产生相同的转化反应，也可产生不同的反应。

　　在甾体药物的工业生产中，目前国内外采用微生物转化的反应有11α-羟基化、11β-羟基化及16α-羟基化，A环或B环脱氢，17位加侧链等，它们都已分别在各种皮质激素、性激素、口服避孕药、蛋白同化激素、抗癌剂、利尿剂等药物的合成中成为关键步骤，酵母、霉菌、放线菌和细菌都有应用。

　　由于甾体化合物的微生物转化作用是利用微生物的酶对甾体底物进行特定的化学反应，因而转化的产物不是微生物代谢的产物。在整个发酵过程中，微生物的生长和甾体的转化反应可以完全分开。首先进行菌的培养，积累转化所需要的酶，再利用这些酶改造甾体分子。转化反应可直接用菌体细胞或孢子，也可用有活性的酶或者采用固定化细胞或固定化酶来完成。

　　为提高转化反应的效果，可通过菌种筛选、诱变或培养条件的考察提高酶活性；也可通过改造底物结构、使用酶的抑制剂等方法避免不需要的负反应，提高转化产物的产量；另外，用固体粉末状底物直接投加或使转化反应在水不混溶性溶剂中进行，可大幅度提高浓度及转化收率。

　　中国科技工作者从1958年就已开展这一研究，至今年来已为甾体药物的生产提供了各类生产菌种，并在转化条件、转化机制等方面做了许多工作，推动了甾体药物工业的发展。

三、微生物多糖发酵

1. 黄原胶

　　黄原胶是由引起植物细菌性病害——甘蓝黑腐病的黄单胞菌生产的一种杂多糖，是由D-葡萄糖、D-甘露糖、D-葡萄糖酸、乙酸和丙酮酸组成的"五糖重复单元"聚合体。一般分子量大于10^6D，其结构如图10-26所示。

　　黄原胶广泛应用于食品、化妆品、药品工业中，而且还可以和其他食品胶共同作用，是理想的增稠剂，有电解质存在时，100℃以上也不会破坏，因具有抗氧化性可使一些油质食品保质期增长。

　　黄原胶（xanthan gum）最早由美国农业部于1959年开发成功，1969年美国FDA批准黄原胶在食品中应用。据估计，世界黄原胶产量接近40000t，国内现在使用的高质量黄原胶很多为进口。发酵生产一般采用搅拌式发酵罐，体积为100～250m³，发酵生产使用高C/N培养基，一般组成如下：

葡萄糖　25.0～40.0g/L

谷氨酸盐（硫酸铵）　3.5～7.0g/L

磷酸二氢钾　0.68g/L

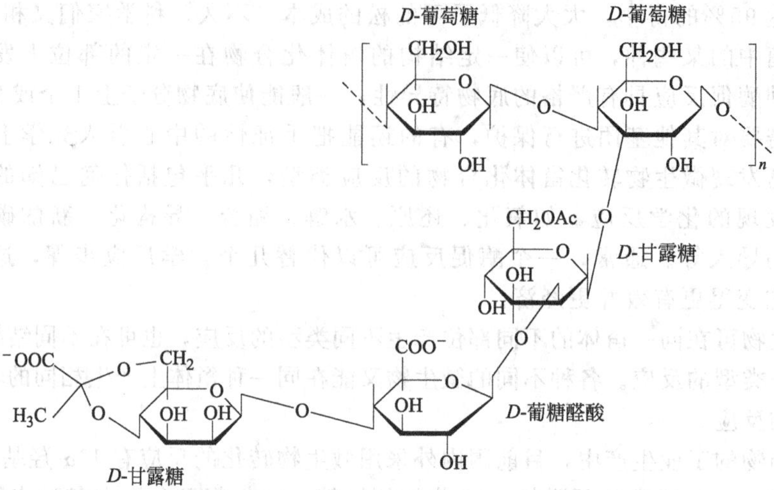

图 10-26 黄原胶的结构式

MgSO₄ · 7H₂O   0.40g/L

CaCl₂ · 2H₂O   0.012g/L

FeSO₄ · 7H₂O   0.011g/L

黄原胶的提取用异丙醇沉淀，然后浓缩至使用浓度，溶剂沉淀成本很高，因此对沉淀剂的有效回收十分重要，黄原胶用于食品中，微生物的数量要少于 1000 个/g，最好少于 250 个/g，因此要采用化学和热处理的方法来处理产品。目前黄原胶生产的主要问题不是无菌操作和发酵工艺，主要是化学成分达到标准以及微生物含量和成分的稳定性。

2. 乳酸菌的胞外多糖

由德氏乳杆菌和乳酸乳球菌、瑞士乳杆菌和米酒乳杆菌产生的胞外多糖已得到确认，这种生物聚合体由 D-半乳糖通过 α-1,3 和 α-1,4 糖苷键连接而成（图 10-27）。乳酸菌胞外多糖在牛奶发酵食品中可赋予产品良好的流变特性，使其在酸奶食品生产过程中减少增稠剂和稳定剂的添加。

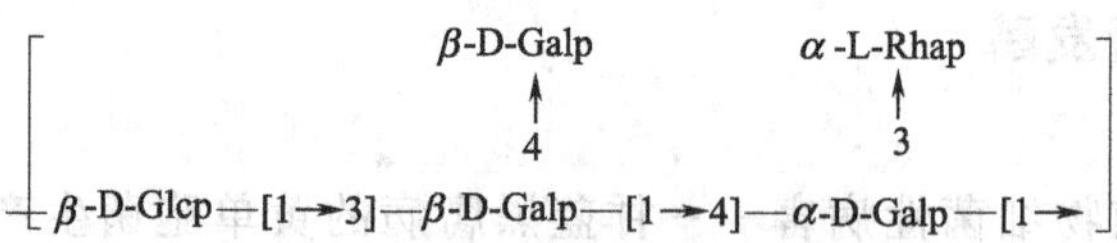

图 10-27 乳酸菌胞外多糖的结构式

3. 普鲁兰多糖

普鲁兰多糖（图 10-28）是出芽短梗霉生成的胞外多糖，由吡喃型葡萄糖以 α-1,4 键和 α-1,6 键组成或由麦芽三糖通过 α-1,6 键连接而成，普鲁兰多糖主要用于可食用薄膜以及保鲜等。

四、甘油发酵

甘油（glycerin），别名丙三醇，无色、透明、无臭、味甜，具有吸湿性，是基本的有机化工原料，广泛用于医药、食品、日用化学、纺织、造纸、油漆等行业。

甘油的生产方法有皂化法（油脂水解）、化学合成法和发酵法。随着石油能源的日渐紧张，化学合成法生产甘油产量逐年降低，皂化法生产甘油受油脂工业的影响，发酵法生产甘油因原料来源广泛成为后起之秀。发酵法生产甘油有以下两种途径。

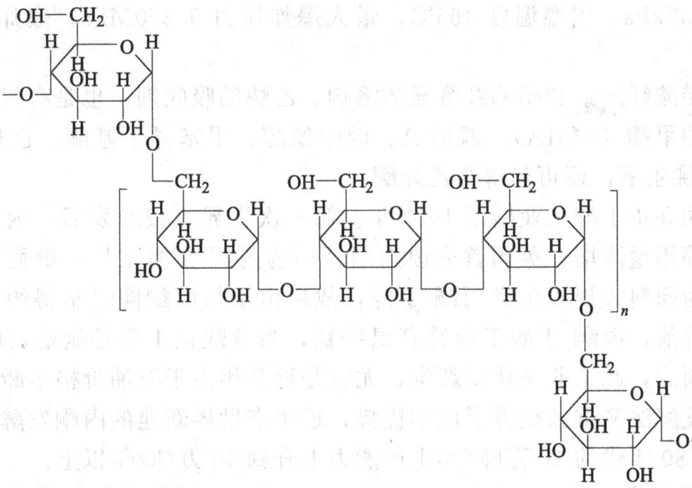

图 10-28　普鲁兰的结构式

1. 厌氧发酵法生产甘油

厌氧发酵法的机理是酵母对蔗糖和葡萄糖等进行厌氧酵解，在碱性条件下把 EMP 途径中己糖产生的丙糖作为主要的氢受体还原为甘油。

在工业化生产中，因亚硫酸钠的使用量有限制，甘油的转化率在 20%～25%（理论产率是 51%）。用糖蜜作为底物，用蒸馏、溶剂萃取等传统的方法提取甘油时，产品回收率、产率、转化率较低，在经济上显得不合算。

2. 耐渗透压环境的发酵法生产甘油

在高渗透压环境下，甘油是丝状真菌、藻类、昆虫、甲壳动物、脊椎动物的主要渗透压调节剂，这是生物体细胞内积累低分子量溶质以适应高渗透压环境，调节细胞内外渗透压，维持生命的自然选择结果。当酵母细胞处于高渗透压环境时，甘油被诱导合成以提高胞内渗透压，这一过程受高渗甘油应答途径（HOG）的调控。在渗透压允许的条件下，甘油可以对细胞中的酶和生物大分子的结构进行较大程度的保护，而且甘油的溶解性和黏度几乎不随其浓度的增加而变化。基于这种生物适应环境的生理机制，筛选高产甘油的耐渗透压酵母和藻类等，可以进行甘油的生产开发。

耐渗透压酵母与一般酵母生产甘油的基本差别在于：①在需氧而不是微氧或厌氧条件下生长；②不需要加入转向剂；③耐渗透压酵母可在较高的糖浓度生长发酵；④可得到较高的糖转化率及甘油产率。

耐渗透压酵母通过 EMP 和 HMP 途径生产甘油及其他多元醇，其产率受生长条件的影响，如培养基的组成、供氧水平、温度等。

1945 年首次分离出耐渗透压酵母，可在不需要亚硫酸氢盐、亚硫酸盐及其他转向剂条件下生产甘油；50 年代后期，又从蜂蜜、干果中分离出产阿拉伯醇和甘油的耐渗透压酵母；自 60 年代起，诸葛健等分离选育出生产甘油的优良菌株 *Candida glycerolgenesis*，并已用于工业化生产。

五、丙酮-丁醇发酵

丙酮（propanone 或 ace-tone），也称二甲基酮（dimethylketone），分子式为 C_3H_6O，分子量为 58.079，是最简单、重要的脂肪酮。为无色透明易流动液体，有类似薄荷的芳香气味，极易挥发，极度易燃，具有刺激性。与水互溶，可溶于乙醇、乙醚、氯仿、油类、烃类等多种有机溶剂。熔点 -94.6℃，沸点 56.5℃，相对密度（H_2O）0.80，相对饱和蒸汽压（39.5℃）53.32kPa，引燃温度465℃，最大爆炸压力0.870MPa，爆炸下限2.5%，爆炸上限13.0%。

丙酮可用作醋酸纤维素和硝基纤维素的溶剂、乙炔的吸收剂，也是有机合成的原料。如可合成甲基丙烯酸甲酯（MMA）、双酚A、丙酮氰醇、甲基异丁基酮、己烯二醇（2-甲基-2,4-戊二醇）、异佛尔酮，还可热解为乙烯酮。

发酵生产丙酮和正丁醇工业始于1913年。第一次世界大战暴发后，丙酮用于制造炸药和航空机翼涂料等用量激增。英国首先改造酒精厂为丙酮-丁醇工厂，继而又在世界各地建立分厂，以玉米为原料大规模生产丙酮-丁醇，战后由于与丙酮同时制得约有二倍量的正丁醇未发现可利用价值，丙酮-丁醇工业曾衰退停顿，当发现正丁醇是制造乙酸丁酯作为硝酸纤维素之最佳溶剂后，此工业又获得新生，尤其是近几年由于石油价格不断上涨，化学合成法受到了限制，发酵法又重新获得了成本优势，近年来世界新建的丙酮发酵装置规模不断扩大，已由20世纪80年代的10万吨/年生产能力上升到40万吨/年以上。

利用丙酮-丁醇梭菌（*Clostridium aceto-butylicum*）在严格嫌气条件下进行发酵，其生成途径由葡萄糖发酵生成乙酸、丁酸、二氧化碳和氢气，当pH值下降至4～4.5时，还原生成丙酮、正丁醇和乙醇。丙酮-丁醇发酵可用分批或连续发酵法进行，大规模工业生产可采用连续发酵。将菌种试管斜面接入种子瓶，于（38±1）℃培养18～22h，然后接入种子罐，于40～41℃培养24h后接种于活化罐40～41℃培养4h，再从活化罐上部连续添加蒸煮醪，经活化的种子液不断从活化罐底部放入发酵罐，若干个发酵罐相互串联，发酵醪流向是下进上出，从进入第一级罐到最后一级罐流出需时24～36h左右。成熟发酵醪经多塔精馏，分别得到丙酮、正丁醇、乙醇和杂醇油。丙酮、正丁醇、乙醇质量比约为3：6：1，每吨总溶剂可得CO_2、H_2等气体1.7t，其质量比为氢气占2.7%、CO_2占97.3%，因原料、菌种不同，溶剂比和废气比有所变化。

六、维生素发酵

目前仅有维生素C、维生素B_2、维生素B_{12}、β-胡萝卜素等少数几种维生素可完全或部分地利用微生物发酵进行工业生产。

1. 维生素B_2

维生素B_2又称核黄素，分子式为$C_{17}H_{20}N_4O_6$，由异咯嗪和核糖醇构成，是人体细胞中促进氧化还原的重要物质之一，在生物代谢中为重要的递氢体，参与体内糖、蛋白质、核酸、脂肪的代谢，促进生长发育。参与细胞的生长代谢，调节肾上腺素的分泌，具有保护皮肤毛囊黏膜及皮脂腺的功能，还有维持正常视觉机能的作用。人体如果缺乏核黄素，就会影响体内生物氧化的进程而发生代谢障碍，继而出现口角炎、眼睑炎、结膜炎、唇炎、舌炎、耳鼻黏膜干燥、皮肤干燥脱屑等。

1879年英国化学家布鲁斯首先从乳清中发现，1933年美国化学家Kuhn从牛奶中分离出了纯维生素B_2，1935年又确定了其结构并合成了它。纯维生素B_2为黄棕色针状晶体，味苦，几乎无气味。它微溶于水而不溶于丙酮、苯、氯仿和乙醚等有机溶剂。

目前，维生素B_2的生产制备方法分为化学合成和微生物发酵两种方法，相对来说，微生物发酵法更具优势。

发酵生产维生素B_2的微生物主要有阿氏假囊酵母（*Eremotecium ashbyii*）和棉阿舒囊菌（*Ashbya gossypii*）2种菌。经过菌种改良后，维生素B_2生产的最高水平可达到10000U/mL。维生素B_2的发酵生产一般采用三级发酵法。将在25℃培养成熟的维生素B_2产生菌的斜面孢子用无菌水制成孢子悬浮液，接种于种子培养基中培养（30℃，30～40h），最后将二级种子液移种至三级发酵罐发酵（30℃，160h），得到维生素 B₂ 发酵液。然后用碱（或酸）溶液提取和喷雾干燥得到核黄素颗粒。

2. 维生素 C

维生素 C 又称抗坏血酸，分子式为 $C_6H_8O_6$，能参与人体内多种代谢过程，使组织产生胶原质，影响毛细血管的渗透性及血浆的凝固，刺激人体造血功能，增强机体的免疫力。由于它具有较强的还原能力，可作为抗氧化剂，已在医药、食品工业等方面获得广泛应用。

随着维生素 C 应用范围的增加，市场需求量日益增大，促使人们对维生素 C 生产技术不断进行研究改进，维生素 C 生产技术的发展经历了浓缩提取、化学合成和生物发酵三个阶段。在 20 世纪 30 年代以前，维生素 C 是从柠檬中提取的，价格昂贵，远不能满足人们的需要。1933 年，德国 Reisehstein 等用化学合成法提取维生素 C 获得成功，后来进一步改进为由一步发酵和化学合成来生产维生素 C，此方法通称为莱氏法，这种方法是以葡萄糖酶促还原所制备 D-山梨醇为原料，由生黑葡萄糖酸杆菌或醋酸杆菌属的某些菌株发酵产生 L-山梨糖，经过酮化、化学氧化和水解几步反应过程即可得到维生素 C 的重要前体 2-酮基-L-古龙酸，再经转化生成维生素 C，目前国外几家主要的生产维生素 C 的公司都采用此方法。虽然莱氏法工艺路线成熟，原料简便易得，产品质量好，收率高，但此方法工艺线路长，难以连续化操作，且需耗费大量有毒、易燃、易爆的化学药品，既危险又污染环境，因此自 20 世纪 60 年代以来，各国科学家又开始探索以微生物转化法取代莱氏法并已经取得较大的成功。目前较有前途的发酵方法有：二步发酵法、新二步发酵法和一步发酵法。

（1）二步发酵法 即从 L-山梨糖发酵产生 2-酮基-L-古龙酸（2-KLG），是美国的 H. T. Huang 等首先发现的，葡萄糖酸杆菌或黑醋酸菌将 L-山梨醇氧化成 L-山梨糖，后者再经过假单胞菌发酵生成维生素 C 前体 2-KLG。

（2）新二步发酵法 又称葡萄糖串联发酵法，即从 2,5-二酮基-D-葡萄糖酸（2,5-DKG）发酵产生 2-酮基-L-古龙酸，遵循的是葡萄糖-2,5-二酮基葡萄糖酸合成途径，此发酵过程由 2 种微生物完成，第一步由葡萄糖酸杆菌属（*Gluconobacter* sp.）或欧文菌属（*Erwinia* sp.）的微生物直接氧化 D-葡萄糖，生成 2,5-DKG，再由棒状杆菌属（*Corynebacterium* sp.）微生物将 2,5-DKG 还原生成 2-KLG。

（3）一步发酵法 即从 D-葡萄糖直接发酵生成 2-酮基-L-古龙酸，构建具欧文菌和棒状杆菌相关的特性的基因工程菌，由葡萄糖氧化直接生成 2-KLG 的过程。

得到的 2-KLG 发酵液经除杂、酸或碱转化、烘干等得到维生素 C 产品。

思 考 题

1. 简述谷氨酸和赖氨酸的代谢途径。
2. 简述谷氨酸的分离与味精的制备工艺。
3. 乳酸的代谢途径有哪几种？
4. 乳酸的发酵工艺有哪几种？
5. 鸟苷高产菌的育种策略有哪些？
6. 青霉素的后处理工艺有哪些？
7. 简述淀粉质原料的酒精发酵工艺流程。
8. 简述纤维素酶的种类。
9. 简述微生物转化法生产甾体化合物的原理。
10. 维生素 C 发酵生产的方法有哪些？
11. 简述耐渗透压环境发酵生产甘油的原理。

参 考 文 献

[1] 葛绍荣等. 发酵工程原理与实践 [M]. 上海：华东理工大学出版社，2011.
[2] 新龙等. 发酵工程 [M]. 杭州：浙江大学出版社，2011.
[3] 杨汝德. 现代工业微生物学教程 [M]. 北京：高等教育出版社，2009.
[4] 张卉. 微生物工程 [M]. 北京：中国轻工业出版社，2010.
[5] 曹军卫等. 简明微生物工程 [M]. 北京：科学出版社，2008.
[6] 韩德权等. 发酵工程 [M]. 哈尔滨：黑龙江大学出版社，2008.
[7] 严希康，生物物质分离工程 [M]. 北京：化学工业出版社，2010.
[8] 田亚平，周楠迪. 生化分离原理与技术 [M]. 北京：化学工业出版社，2010.
[9] 余龙江. 发酵工程原理与技术应用 [M]. 北京：化学工业出版社，2008.
[10] 韦革宏，杨祥. 发酵工程 [M]. 北京：科学出版社，2008.
[11] 史仲平等. 发酵过程解析、控制与检测技术 [M]. 北京：化学工业出版社，2010.
[12] 李艳等. 发酵工程原理与技术 [M]，北京：高等教育出版社，2008.
[13] 沈萍等. 微生物学 [M]. 北京：高等教育出版社，2009.
[14] 贺小贤. 生物工艺原理. 北京：化学工业出版社，2003.
[15] 熊宗贵. 发酵工艺原理 [M]. 北京：中国医药科技出版社，2005.
[16] 罗大珍. 现代微生物发酵及技术教程 [M]. 北京：北京大学出版社，2006.
[17] 俞俊棠等. 新编生物工艺学 [M]. 北京：化学工业出版社，2006.
[18] 姚汝华. 微生物工程工艺原理 [M]. 广州：华南理工大学出版社，2004.
[19] 肖冬光. 微生物工程原理 [M]. 北京：中国轻工业出版社，2006.
[20] 陈坚等. 发酵工程实验技术 [M]. 北京：化学工业出版社，2003.
[21] 周德庆. 微生物学教程 [M]. 北京：高等教育出版社，2002.
[22] 盛祖嘉. 微生物遗传学 [M]. 北京：科学出版社，2007.
[23] 管敦仪. 啤酒工业手册 [M]. 北京：中国轻工业出版社，2007.
[24] 顾国贤. 酿造酒工艺学. 北京：中国轻工业出版社，2005.
[25] 翁连海等. 食品微生物学基础与应用 [M]. 北京：高等教育出版社，2000.
[26] 张克旭. 氨基酸发酵工艺学 [M]. 北京：中国轻工业出版社，2006.
[27] 叶勒. 发酵过程原理 [M]. 北京：化学工业出版社，2005.
[28] 王福源. 生物工艺技术 [M]. 北京：中国轻工业出版社，2006.
[29] 陈必链. 微生物工程 [M]. 北京：科学出版社，2010.
[30] 程殿林等. 微生物工程技术原理 [M]. 北京：化学工业出版社，2007.
[31] 吴振强. 固态发酵技术与应用 [M]. 北京：化学工业出版社，2006.
[32] 陈国豪. 生物工程设备 [M]. 北京：化学工业出版社，2006.
[33] 李汴生，阮征. 非热杀菌技术与应用 [M]. 北京：化学工业出版社，2004.
[34] 高孔荣. 发酵设备 [M]. 北京：中国轻工业出版社，2001.
[35] 梁世忠. 生物工程设备 [M]. 北京：中国轻工业出版社，2006.
[36] 贾树彪. 新编酒精工艺学 [M]. 北京：化学工业出版社，2008.
[37] 于文国. 微生物制药工艺及反应器. 北京：化学工业出版社，2005.
[38] 戚以政等. 生化反应动力学与反应器 [M]. 北京：化学工业出版社，1998.
[39] 【日】石崎文彬. 発酵工学の基礎 [M]. 东京：学会出版センター，1988.
[40] 【日】合葉修一等. バイオテクノロジ-Ｑ＆Ａ [M]. 東京：科技社，1989.
[41] 【日】川瀬义矩. 生物反応工学の基礎 [M]. 東京：化工株式会社，1993.
[42] 山根恒夫. 生物反応工学 [M]. 日本東京：產業図書株式会社，1985.
[43] 【日】合葉修一等. 発酵プロセスの最適計制御 [M]. 東京：サイエンスフォーラム株式会社，1983.
[44] 吴剑波，张致平. 微生物制药 [M]. 北京：化学工业出版社，2002.
[45] 戚以政，夏杰. 生物反应工程 [M]. 北京：化学工业出版社，2004.
[46] 张元兴，许学书. 生物反应器工程 [M]. 上海：华东理工大学出版社，2001.
[47] 朱素贞. 微生物制药工艺 [M]. 北京：中国医药科技出版社，2001.
[48] 顾觉奋，王鲁燕，倪孟祥. 抗生素 [M]. 上海：上海科学技术出版社，2001.

[49] 李津等. 生物制药设备和分离纯化技术 [M]. 北京：化学工业出版社，2003.

[50] 焦瑞申. 微生物工程 [M]. 北京：化学工业出版社，2005.

[51] 田洪涛. 现代发酵工艺原理与技术 [M]. 北京：化学工业出版社，2007.

[52] 王绍辉，崔志峰. α-淀粉酶发酵生产影响因素的研究进展 [J]. 食品工业科技，2011，(3)：456-458.

[53] 景晓辉，丁友士，王之婉. 100L罐中深层发酵生产 L-苹果酸的研究 [J]. 食品与发酵工业，2005，31 (2)：48-50.

[54] 高淑红，邱蔚然. D-核糖发酵过程参数的研究与控制 [J]. 工业微生物，30 (4)：19-22.

[55] 谢希贤，杜军，刘淑云等. L-亮氨酸高产菌 TGL8207 的定向选育及其发酵过程研究 [J]. 中国食品学报，2009，9 (2)：29-33.

[56] 杨海军，周小苹，周文平. L-色氨酸 10L罐发酵溶氧条件的研究 [J]. 农产品加工·学刊，2011，(7)：63-73.

[57] 路新利，赵士豪，郭会灿等. L-山梨糖流加发酵高效生产 2-酮基-L-古龙酸 [J]. 生物技术，2005，15 (2)：59-61.

[58] 巫延斌，储消和，王永红等. 阿维菌素发酵过程参数相关特性研究及过程优化 [J]. 华东理工大学学报，2007，33 (5)：643-646.

[59] 秦震方，储消和，陈中兵等. 阿维菌素发酵过程液流体特性分析 [J]. 中国抗生素杂志，2010，35 (12)：911-923.

[60] 于信令，于军. 氨基酸发酵生产的调控优化 [J]. 发酵科技通讯，2006，35 (1)：28-30.

[61] 冯容保. 氨基酸发酵与溶氧系数 [J]. 发酵科技通讯，2006，35：36.

[62] 刘晓波，李宗伟，同世梁. 溶氧控制对氨基酸发酵的影响 [J]. 安徽农业科学，2008，36 (19)：7977-7979.

[63] 高年发，刘冰，王勇等. 5L发酵罐产 L-乳酸的优化研究 [J]. 中国酿造，2009，(10)：41-43.

[64] 宋志建，李建成，曹芳等. 不同添加剂对黑曲霉菌柠檬酸发酵的影响 [J]. 食品与发酵科技，2009，45 (2)：26-29.

[65] 贾士儒. 采用氧载体提高发酵生产能力的研究 [J]. 食品与发酵工业，1997，23 (1)：7-10.

[66] 常天俊，胡道伟，康健雄等. 出芽短梗霉发酵过程溶氧控制的研究 [J]. 生物技术，2004，14 (2)：47-49.

[67] 石荣华等. 大型发酵罐设计及实例 [J]. 医药工程设计杂志，2002，23 (1)：5-10.

[68] 刘文玉，史应武，王杏芹等. 低温 β-半乳糖苷酶产生菌 14-1 摇瓶发酵研究 [J]. 中国乳品工业，2007，35 (8)：19-22.

[69] 郭元昕，李景森，储炬等. 豆油对头孢菌素 C 发酵影响的初步研究 [J]. 中国抗生素杂志，2010，35 (10)：747-750.

[70] 商纯良，王志，陈雄等. 豆油和丙氨酸对利福霉素 SV 生物合成的影响 [J]. 食品与发酵工业，2011，37 (5)：56-60.

[71] 沈兆兵，陈国豪，陈长华. 豆油在红霉素发酵中的作用及作用机制的研究 [J]. 中国抗生素杂志，2006，31 (11)：657-660.

[72] 邓毛程，吴亚丽，梁世中等. 高生物素谷氨酸发酵中溶氧水平与生物素用量的研究 [J]. 食品与机械，2008，24 (3)：10-69.

[73] 张智，滕婷婷，王森等. 工业发酵中溶氧因素的探讨 [J]. 中国酿造，2008，(23)：4-6.

[74] 王霞，张世有. 好氧发酵过程中影响溶解氧的因素及如何提高溶解氧的浓度 [J]. 黑龙江医药，2005，18 (4)：276-277.

[75] 刘维英，韩亚杰，胡坤等. 合成己酸乙酯脂肪酶产生菌的筛选及发酵条件的研究 [J]. 生物技术通报，2009，(3)：115-118.

[76] 李增胜，张庆，徐世艾. 搅拌和溶氧对黄原胶发酵的影响 [J]. 食品科学，2009，30 (17)：253-257.

[77] 王岁楼，吴晓宗，陈德经等. 金属离子和氧载体对红酵母 NR06 胡萝卜素发酵的影响 [J]. 食品开发与机械，2008，(1)：5-8.

[78] 蒋顺进，杨亚勇，王惠青. 克拉维酸发酵工艺的优化研究 [J]. 中国抗生素杂志，2004，29 (6)：335-337.

[79] 何向飞，张梁，石贵阳. 利用溶氧控制策略进行高密度和高强度乙醇发酵的初步研究 [J]. 食品与发酵工业，2008，34 (1)：20-23.

[80] 陈余. 浅谈发酵罐的选型设计 [J]. 化学工程与装备，2011，(10)：86-89.

[81] 刘玉平，林建强. 浅谈如何提高发酵生产的溶解氧浓度 [J]. 医药工程设计杂志，2005，26 (2)：23-25.

[82] 石天虹，刘雪兰，刘辉等. 微生物发酵的影响因素及其控制 [J]. 家禽科学，2005：45-48.

[83] 路新利，赵士豪，李宝库. 维生素 C 二步发酵菌发酵条件的优化 [J]. 食品开发与机械，2008，(3)：34-36.

[84] 贾士儒，毛希琴，王明霞等. 氧载体发酵体系的氧传递特性及提高衣康酸产酸能力的研究 [J]. 工业微生物，1997，27 (4)：9-13.

[85] 施庆珊，陈仪本，欧阳友生. 影响发酵过程中氧利用效率的一些因素 [J]. 发酵科技通讯，2008，37 (3)：35-38.

[86] 张克旭. 培养基内溶解氧的高低取决于哪些因素 [J]. 发酵科技通讯，2009，(4)：30-30.

[87] 杜冰，刘长海，姚汝华. 不同前体物质对破囊弧菌合成 DHA 影响的研究 [J]. 现代食品科技，2005，21（3）：1-3.

[88] 方传记，陆兆新，孙力军等. 淀粉液化芽孢杆菌抗菌脂肽发酵培养基及发酵条件的优化 [J]. 中国农业科学，2008，41（2）：533-539.

[89] 陈聪，李今煜，关雄. 二次回归旋转组合设计在苏云金杆菌发酵培养基优选中的应用 [J]. 武夷科学，2005，21：7-12.

[90] 张玉辉，贾翠英，李兰等. 高产精氨酸菌株选育及发酵培养基优化 [J]. 生物学杂志，2011，28（4）：88-92.

[91] 王晓辉，窦少华，迟乃玉等. 海洋低温 BS070623 菌株选育及其发酵培养基优化 [J]. 渤海大学学报，2009，30（2）：97-100.

[92] 钟为章，罗一菁，张忠智等. 红螺菌科光合细菌液体培养基的优化 [J]. 化学与生物工程，2009，26（7）：67-69.

[93] 马雷，张蓓，武改红等. 基于 BP 神经网络与遗传算法的鸟普发酵培养基优化 [J]. 天津科技大学学报，2005，20（3）：17-19.

[94] 左斌，胡超，谢达平. 均匀设计对大肠杆菌产谷氨酸脱羧酶培养基优化的应用 [J]. 湖南农业大学学报，2008，34（5）：531-533.

[95] 关亚鹏，娄忻，张莉等. 均匀设计法优化咪唑立宾发酵培养基配方 [J]. 中国抗生素杂志，2008，33（8）：471-473.

[96] 杨波涛. 均匀设计和正交设计在微生物最佳培养基配方中的应用 [J]. 渝州大学学报，2000，17（1）：14-19.

[97] 王艳萍，孙振环，张克旭等. 均匀设计在肌苷发酵中的应用 [J]. 天津轻工业学院学报，1999，（4）：16-20.

[98] 石炳兴，赵红，刘喜朋等. 抗生素 AGPM 摇瓶发酵条件的正交实验 [J]. 过程工程学报，2001，1（4）：442-444.

[99] 邢晨光，王光路，宋翔等. 利巴韦林（病毒唑）发酵培养基的正交优化 [J]. 发酵科技通讯，2009，38（1）：13-15.

[100] 张健，高年发. 利用响应面法优化丙酮酸发酵培养基 [J]. 食品与发酵工业，2006，32（8）：52-55.

[101] 冀宏，汪虹. 灵芝深层培养的药质培养基及发酵工艺条件优化 [J]. 食品科学，2008，29（12）：358-361.

[102] 张蓓，熊明勇，张克旭. 人工神经网络在发酵工业中的应用 [J]. 生物技术通报，2003，14（1）：74-76.

[103] 代志凯，张翠，阮征. 试验设计和优化及其在发酵培养基优化中的应用 [J]. 微生物学通报，2010，37（6）：894-903.

[104] 周海鸥，汪传高，张益波等. 统计学分析方法应用于桑黄菌发酵培养基的优化 [J]. 食品研究与开发，2009，30（5）：44-48.

[105] 肖怀秋，李玉珍. 微生物培养基优化方法研究进展 [J]. 酿酒科技，2010，（1）：90-94.

[106] 戴剑漉，李瑞芬，王以光等. 响应面法优化必特螺旋霉素发酵培养基 [J]. 沈阳药科大学学报，2011，27（6）：482-488.

[107] 赵颖，罗璇，钟晓凌等. 响应面法优化产类胡萝卜素红酵母液体发酵培养基的研究 [J]. 化学与生物工程，2007，24（12）：39-42.

[108] 赵沁沁，刘军，徐爱才等. 响应面法优化酿酒酵母工程菌产甜蛋白 monellin 发酵培养基 [J]. 中国酿造，（9）：50-55.

[109] 刘艳，胡刘秀，叶生梅等. 响应面法优化叶酸高产菌发酵培养基及发酵条件 [J]. 生物数学学报，2011，26（3）：533-539.

[110] 尤新. 我国发酵工业的发展现状、问题和努力方向 [J]. 第二届发酵工程学会论文集，1998，（2）：538-545.

[111] 张晓萍，杨静，勇强等. 响应面优化法在纤维素酶合成培养基设计上的应用 [J]. 林产化学与工业，2010，30（3）：29-34.

[112] 吴楠，祖国仁，孙浩等. 响应面优化壳聚糖酶产生菌培养基组分研究 [J]. 中国酿造，2010，（12）：94-97.

[113] 袁辉林，康丽华，马海滨. 响应曲面法及其在微生物发酵工艺优化中的应用 [J]. 安徽农业科学，2011，39（16）：9498-9500.

[114] 姜丽艳，李雪，逯家辉. 应用统计学分析方法优化乳链菌肽发酵培养基 [J]. 化学反应工程与工艺，2008，24（6）：562-567.

[115] 贾士儒. 油脂在抗生素发酵工业中的应用 [J]. 生物工程进展，2001，21（6）：74-76.

[116] 王东阳，蔡传康，同汝东. 正交试验优化 L-色氨酸发酵培养基的研究 [J]. 安徽农业科学，2011，39（4）：1910-1914.

[117] 田云龙，蒋细良，姬军红等. 中生菌素产生菌发酵合成培养基的设计优化 [J]. 中国抗生素杂志，2010，35（3）：189-193.

[118] 李勇昊，周长海，丁雷等. 发酵培养基优化策略 [J]. 北京联合大学学报，2011，25（2）：54-59.

[119] 赵树欣，李春明. 离子注入与紫外诱变筛选高级醇低的果酒酵母. 酿酒科技，2006，149（11）.

[120] 虞龙，张宁. 离子注入微生物诱变育种的研究与应用进展. 微生物学杂志 [J]，2005，25（2）：80-83.